バイオイノベーションに向けて
―バイオテクノロジーの新技術からの新しい視点―

Bio-innovation
-Novel Developments by New Biotechnologies-

監修：植田充美
Supervisor：Mitsuyoshi Ueda

シーエムシー出版

はじめに

生命や生物現象の分子解析においては，2010年代に入り，ゲノム配列解読のスピードが急上昇し，次世代やナノポアシークエンサーの登場もあって，ゲノムの既読量は膨大化しつつある。ゲノム解析技術の進歩と相まって，モノリスなどの新材料を用いた高性能ナノ分離や高度な質量分析など，多くの機器分析も進化してきた。この背景には，半導体などの飛躍的な機能向上によるコンピュータの性能やクラウドシステムに代表される記憶容量の高度化もあるのは周知のことであろう。DNAやRNA，タンパク質や代謝物の解析については，定性分析と定量分析が研究の主流であることは不変である。

これらの研究に，さらに，「時」系列という要素，いわゆる，「時間」という要素も加味した解析が取り込まれてきている。生命を構成するこれらの分子を網羅的に解析する，いわゆるゲノミクス，トランスクリプトミクス，プロテオミクス，メタボロミクスは，個々に進んできたが，今や時代は，これらを統合した「トランスオミクス」，さらには，それらを融合した「フェノーム（セローム）」解析時代に突入した。さらに，ゲノム編集技術なども可能になり，ライブ・イメージング，エピジェネティック解析，インターラクトーム解析やsnRNA解析も加わり，集積データは膨大になり，まさに，「ビッグデータ」の解析時代である。すなわち，多種多様な生命分子を分離・同定し定性・定量分析していく技術の高度化（微量化や超高速化も含まれる）とそれらを基盤とするVR（バーチャルリアリティ）による再構成がクローズアップされてきている。このシリーズで取り上げてきた「人工細胞の創製」への潮流も自然の流れである。

「時間」や，さらに「空間」という要素の取り込みにより，「記憶」，「感覚」，「感情」，さらには，「思考」にいたる，いわゆる心理的，哲学的，宗教的，などと，これまで精神的な領域として分類されていた領域にまで，分子レベルでの研究領域が広がってきている。その先には，ヒト脳機能の分子レベルでの詳細研究へとつながる。すべての分子の動態をまさに，時々刻々と「ありのまま」に解析するというリアリティのある研究の時代を迎えている。生命のビッグデータの情報を，積極的に，かつ，論理的にもしっかりと整理し，それから導き出す新しい成果や概念を，産学官の医療・創薬・モノづくり・環境などの研究領域の新しい展開研究や実用的な製品にしていく新しい時代のバイオサイエンスのイノベーションの世界の基盤の確立が急務であり，重要であると考えている。

生物や生命の世界は，我々も一員でありながら，いまだによくわからないところの多い不思議な世界であった。しかし，ここ数年の間に，これまでとりあげてきたマルチオミクスやナノテクノロジーのめざましい発展と，既刊の「一細胞解析」，「ビッグデータ解析」や「AI関連のバイオ展開」でも取り上げたICTの技術との融合により，新しいバイオテクノロジーが展開しつつある。このバイオイノベーションともとらえられている展開により，不思議な世界の秘められた謎から生命の真の姿と再現性の担保された実用化への道が着実に見え始めている。

本著では，これまでのバイオテクノロジーから一歩前に進み始めたバイオイノベーションを視点に持たれて研究展開をされておられる方々に執筆をお願いした。ご執筆いただいた先生方には，この場をお借りして深謝いたします。読者の方々には，是非，この機会に本著を利用して，新しい展開を見せ始めたバイオテクノロジーの世界を実感していただくとともに，その実現を模索して実践しつつある監修者が主宰する京都バイオ計測センター（http://www.astem.or.jp/kist-bic/）とともに，新しいバイオテクノロジーのイノベーションの世界の入り口に立っていただければ幸いです。

平成31年1月1日

京都大学　大学院農学研究科　応用生命科学専攻
教授　植田充美

執筆者一覧（執筆順）

植田充美　京都大学　大学院農学研究科　応用生命科学専攻　教授；京都バイオ計測センター；JST-CREST

城口克之　(国研)理化学研究所　生命機能科学研究センター　ユニットリーダー

小川泰策　(国研)理化学研究所　生命機能科学研究センター　基礎科学特別研究員

笹川洋平　(国研)理化学研究所　生命機能科学研究センター　バイオインフォマティクス研究開発ユニット　上級研究員

二階堂愛　(国研)理化学研究所　生命機能科学研究センター　バイオインフォマティクス研究開発ユニット　ユニットリーダー；筑波大学　グローバル教育院　ライフイノベーション学位プログラム　生物情報領域　教授（協働大学院）

久木田洋児　奈良先端科学技術大学院大学　先端科学技術研究科　疾患ゲノム医学研究室　特任准教授

佐藤慶治　㈱DNA チップ研究所　新事業開発部　マネージャー

的場亮　㈱DNA チップ研究所　新事業開発部

天井貴光　京都大学　大学院農学研究科　応用生命科学専攻

黒田浩一　京都大学　大学院農学研究科　応用生命科学専攻　准教授

西田敬二　神戸大学　先端バイオ工学研究センター，科学技術イノベーション研究科　教授

三好航平　大阪大学　大学院工学研究科　生命先端工学専攻

生田宗一郎　大阪大学　大学院工学研究科　生命先端工学専攻

福崎英一郎　大阪大学　大学院工学研究科　生命先端工学専攻　教授

新間秀一　大阪大学　大学院工学研究科　生命先端工学専攻　准教授

三浦史仁　九州大学　大学院医学研究院　医化学分野　講師

伊藤隆司　九州大学　大学院医学研究院　医化学分野　教授

北原奈緒　京都大学　大学院農学研究科　応用生命科学専攻

芝崎誠司　兵庫医療大学　准教授

青木航　京都大学　大学院農学研究科　応用生命科学専攻　助教；京都バイオ計測センター；JST-さきがけ，JST-CREST

和泉自泰　九州大学　生体防御医学研究所　附属トランスオミクス医学研究センター，大学院システム生命科学府　システム生命科学専攻　准教授

馬場健史　九州大学　生体防御医学研究所　附属トランスオミクス医学研究センター，大学院システム生命科学府　システム生命科学専攻　教授

野村暢彦　筑波大学　生命環境系　教授

泊直宏　(地独)京都市産業技術研究所　研究室　バイオ系チーム　主席研究員

山本佳宏　(地独)京都市産業技術研究所　経営企画室　研究戦略リーダー，バイオ計測センター管理者

瀧浪欣彦　ブルカージャパン㈱　ダルトニクス事業部
マーケティング担当マネージャー
小林孝史　イルミナ㈱　営業本部　技術営業部
Senior Applied Genomics Specialist
掛谷知志　㈱スクラム　マーケティング本部　部長
甲斐　渉　フリューダイム㈱　ゲノミクスチームリーダー
細野直哉　バイオストリーム㈱　フィールドアプリケーション
アプリケーションサイエンティスト
細川正人　早稲田大学　理工学術院総合研究所　次席研究員，研究院講師；
科学技術振興機構　さきがけ研究者
西川洋平　早稲田大学　先進理工学研究科　生命医科学専攻　日本学術振興会
特別研究員（DC1）
齋藤真人　大阪大学　大学院工学研究科　助教，産総研・阪大
先端フォトニクス・バイオセンシングオープンイノベーションラボラトリ
吉野知子　東京農工大学　大学院工学研究院　生命機能科学部門　教授
根岸　諒　東京農工大学　大学院グローバルイノベーション研究院　特任助教
柳沼謙志　京都大学　農学部　応用生命科学科
瀧ノ上正浩　東京工業大学　情報理工学院　情報工学系　准教授
髙木俊幸　東京大学　大気海洋研究所　海洋生命科学部門
分子海洋生物学分野　助教
広津崇亮　㈱HIROTSUバイオサイエンス　代表取締役
吉田早祐美　㈱HIROTSUバイオサイエンス　中央研究所　研究員
文東美紀　熊本大学大学院　生命科学研究部　分子脳科学分野　准教授；
科学技術振興機構　さきがけ
岩本和也　熊本大学大学院　生命科学研究部　分子脳科学分野　教授
洲﨑悦生　東京大学　大学院医学系研究科　機能生物学専攻
システムズ薬理学教室　講師；科学技術振興機構　さきがけ研究者；
(国研)理化学研究所　生命機能科学研究センター
合成生物学研究チーム　客員研究員
山口真広　名古屋大学　大学院創薬科学研究科　細胞薬効解析学分野
森本菜央　名古屋大学　大学院創薬科学研究科　細胞薬効解析学分野，
高等研究院　神経情報処理研究チーム　助教
小坂田文隆　名古屋大学　大学院創薬科学研究科　細胞薬効解析学分野，
高等研究院　神経情報処理研究チーム，未来社会創造機構
ナノライフシステム研究所　准教授；科学技術振興機構　CREST
三浦夏子　大阪府立大学　大学院生命環境科学研究科　応用生命科学専攻
発酵制御化学研究グループ　助教
片岡道彦　大阪府立大学　大学院生命環境科学研究科　応用生命科学専攻
発酵制御化学研究グループ　教授

目　次

第1章　分子バーコードの視点から

第2章　ゲノム編集の視点から

第3章　分析の視点から

第4章　マイクロデバイスの視点から

第５章　研究対象の視点から

第１章　分子バーコードの視点から

1　DNA分子バーコード法とその新機能

城口克之*[1]，小川泰策*[2]

1.1　はじめに

DNA分子バーコード法は，次世代シークエンサを用いた核酸の塩基決定において高い精度を実現し，核酸の定量解析を“アナログ”計測から“デジタル”計測へと変革した。本稿では，DNA分子バーコード法の意義，原理，注意点，新機能，そして応用について概説する。

1.2　核酸の配列決定・定量解析における課題

DNAシークエンサは，核酸の配列を決定する定性的な解析装置としてその威力を発揮してきた。近年では，一度の測定により1億個やそれ以上のDNA分子の配列を同時に決定できる次世代シークエンサを用い，網羅的な解析が行われている。しかしながら，これまでのサンガーシークエンス法と異なり，次世代シークエンサは，塩基の配列決定時にエラーが多いことが課題となっている。例えば臨床サンプルの解析において，1塩基の違いが診断やその後の治療へ強い影響を与えることもあり，正確に配列を決定することが求められている。

次世代シークエンサを用いてどのような配列が何個存在するかを問う定量的な解析も発展している。その際，少量のサンプルから測定を行うことも多く，核酸の増幅が必要となる。増幅には，簡便であり効率の良いPCR（Polymerase chain reaction）法がよく用いられる。しかし，増幅をする場合は，増幅産物の数から増幅前の核酸の数を“推定”していることを意識しなければならない。この“推定”の精度は増幅に依存し，異なる配列の核酸の比較は配列に依存した増幅バイアスに影響されることがある。さらに，少数の核酸の数を比較する場合は，PCR中の毎回のサイクル反応の際に核酸が確実に倍増するわけではない事などに起因するノイズの影響を受ける。正確な定量を行うためには，このようなバイアスやノイズの影響を受けにくい測定法が必要である。

1.3　DNA分子バーコード法による高精度な塩基配列決定

分子バーコード法により，次世代シークエンサを用いて，塩基配列を網羅的かつ高精度に決定

＊1　Katsuyuki Shiroguchi　(国研)理化学研究所　生命機能科学研究センター
ユニットリーダー

＊2　Taisaku Ogawa　(国研)理化学研究所　生命機能科学研究センター
基礎科学特別研究員

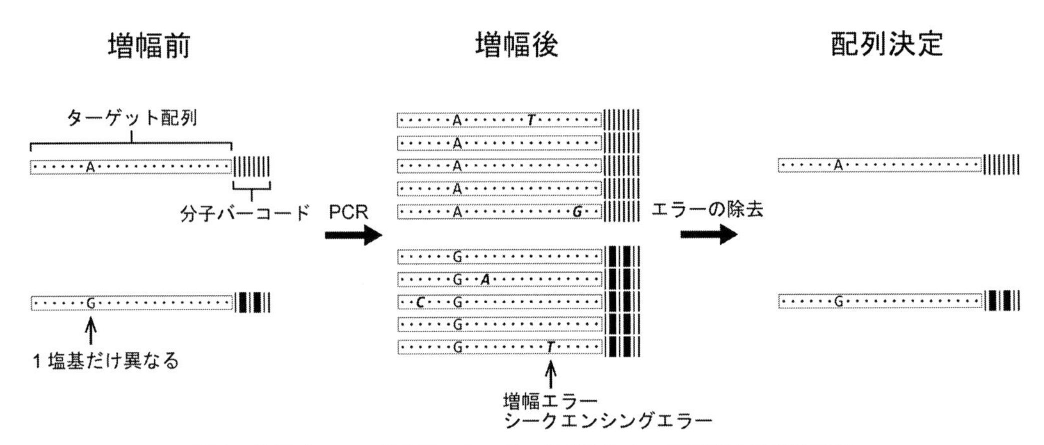

図1　分子バーコードを用いたエラーに依存しない高精度な配列決定法
増幅後に同じ分子バーコードを持つ核酸は同じ分子から増幅されたものであり，増幅後も同じ配列を持つことが想定される。これにより，増幅後に同じ分子バーコードを持つ分子のターゲット配列を比較して，共通な配列を増幅前の配列として決定する。

することが可能になった[1)](図1)。この方法は増幅反応との組み合わせで行う。まず，増幅前にターゲットである各核酸分子にそれぞれ異なる配列を持つ分子バーコードを結合させる。分子バーコードは数十程度のランダム塩基から構成されることが多く，例えば10塩基のランダム塩基をもつバーコードは，10^6（$= 4^{10}$）程度の種類の配列を含む。このバーコードを付加した後に増幅し，増幅した核酸分子のシークエンシングを行い，ターゲット部位と同時にバーコード配列も決定する。この時，同じバーコードをもつ増幅産物は同じ分子から増幅されたものであるので，同じバーコードをもつ増幅産物のターゲット部位の配列は基本的に同じである。実際はシークエンシングエラーがあるのでターゲット部位の配列が異なることがあるが，多数決の原理を用いてこのエラーを取り除くことができる。これに加えて，DNA分子の二つの鎖の塩基が相補的であることを利用して，さらに精度を高めた塩基決定法も報告されている[2,3)]。

1.4　DNA分子バーコード法による核酸のデジタル定量解析

分子バーコード法により，次世代シークエンサを用いて，核酸の高精度な定量解析を網羅的に行うことが可能になった[4,5)]（図2A：RNAシークエンシングの例（後述））。実際は定量解析と上記の高精度配列決定は同時に行うことができる。定量解析においても，増幅前のターゲット分子にバーコード配列を付与し，その後に増幅した分子をシークエンシングして，ターゲットとバーコードの配列を決定する。この時，増幅後にバーコードの種類の数を計数することで，増幅前の分子を計数することができる。増幅産物の分子を計数することで結果が増幅に依存していた従来法（“アナログ法”）とは異なり，本方法の定量値は基本的に増幅バイアスやノイズの影響を受けず，それぞれのバーコードを検出できればその分子数によらず「1」と計数するデジタル計測である。この方法を用いると，異なるターゲット配列を持つ核酸分子の数の比較や少数分子の

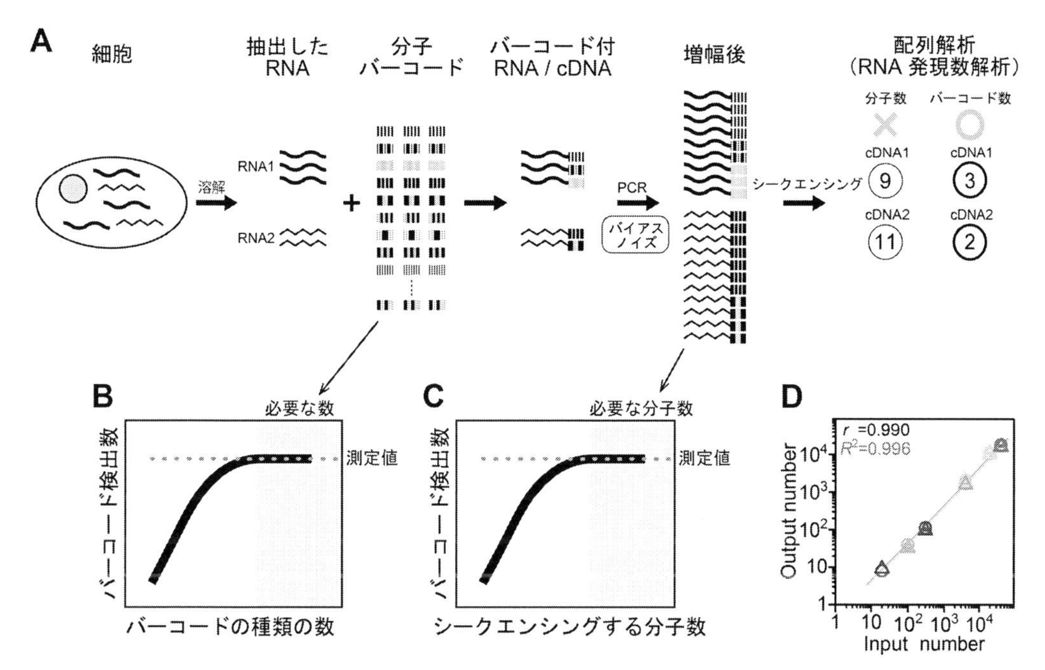

図2　デジタル RNA シークエンシング（Digital RNA-seq）と定量解析

(A)細胞由来の RNA が2種類存在し（RNA1 と RNA2），それぞれのコピー数が3と2だとする。十分な種類数の分子バーコードを加え，各 RNA/cDNA に十分高い確率で異なる配列を持つ分子バーコードを結合させる。PCR で増幅すると，配列に依存する増幅効率の差などにより，増幅後の RNA1 と RNA2 由来の分子数の比は増幅前と異なる場合がある。分子バーコードを用いていない場合は図中の RNA 由来の配列部分の数を定量するので，cDNA1：cDNA2＝9：11 となり増幅前の比（3：2）と異なる。一方で，分子バーコードの種類を数えると cDNA1：cDNA2 = 3：2 となり，増幅後の計数から増幅前の cDNA(RNA)の比や絶対数を決めることができる。(B)正確な定量値を得るためには，測定する分子の数よりも十分多いバーコードの種類が必要となる。(C)正確な定量値を得るためには，測定する分子の数に対して十分多い分子数をシークエンシングする必要がある。(D)横軸の値は増幅前の核酸の分子数を，縦軸の値は本稿で紹介している筆者らが開発した定量法による結果を示している。10,000 個を超える核酸を定量することができている（文献 13）から引用)。

計数をより正確に行うことができる。

このデジタル定量法は，cDNA の計数を行う遺伝子発現解析において広く利用されている（図2A)。この方法は RNA シークエンシングと呼ばれ，逆転写酵素を用いて RNA から cDNA を合成し，cDNA の数を計数することにより RNA の数を定量する[6]。1細胞から RNA を増幅する技術が開発され[7]，その測定精度を高めるために，分子バーコードが用いられることが多い[8]。近年では，たくさんの細胞の遺伝子発現状態を解析する方法へと展開し，細胞集団の特性を評価することに貢献している[9~11]。

1.5　DNA 分子バーコード法の注意点と評価法

分子バーコードによるデジタル定量法は，開発されて以来広く使われているが，その定量性を評価した研究は少ない。2017 年に I. Sudbery らが，エラーの種類を限定してはいるが，シミュレーションにより 100 個の分子までを正確に定量できることを示した[12]。同年に筆者らは，実験的に 10,000 個以上の分子を正確に定量できることを報告した[13]（図 2 D）。このような評価は，デジタル計測の利点を生かしながら正しく使用するために非常に重要である。以下で筆者らのアプローチについて紹介する。

分子バーコードを用いたデジタル定量では，バーコード配列の種類の数を計数するために同じバーコード配列をもつ分子をまとめる必要があり，配列を決定したすべての分子においてバーコード配列が同じか異なるかを比較する（これは塩基配列を決定する時も同様である）。しかし，バーコード配列にもシークエンシングエラーが含まれるため，注意が必要である。例えば定量においては，バーコード配列にエラーがおこるとバーコードの数が見かけ上増えるため，計数結果が大きくなる。この問題を解決するため，筆者らはバーコード配列のデザインや解析法を工夫し，バーコード部位のエラーの影響を受けにくい計測システムを開発した。例えば，ランダム塩基の間に固定配列を加え，挿入・欠損エラーを検出できるようにした。また，バーコード配列をそれぞれの位置における塩基の類似性に基づいてクラスタリングすることにより，塩基置換エラーを検出できるようにした。さらに重要なこととして，バーコード配列内の固定塩基の数や位置，また，クラスタリングに用いるパラメータなどが最終的に得られる計数値に与える影響などを実験データを基に評価した。これらにより，正しい計測結果を得られるシステムを構築した。

分子バーコード法によるデジタル定量計測において，さらに重要な要素が 2 つある。1 つ目はバーコードの種類の数である（図 2 B）。例えば，測定したい（増幅前の）核酸分子の数よりもバーコードの種類数が小さいと，測定結果は最大でバーコードの種類数となってしまう。また，バーコードの種類数が測定したい核酸の分子数より少し多い程度の場合でも，異なる核酸分子に同じ配列をもつバーコードが付与される頻度が多くなり，計数値は測定したい核酸の分子数よりも小さくなってしまう。したがって，バーコードの種類数は測定したい分子数よりも十分に大きくなければならない。一方で，バーコードの種類数を増やすために，やみくもにランダム塩基の数を増やすことは得策ではない。ターゲット配列をより長く決定するためにはバーコード配列は短い方がよく，長いバーコード配列は増幅反応などにおいて予期せぬ副産物を生むこともある。このように，測定に合った適切なランダム塩基の数を用いることが重要となる。

2 つ目の重要な要素は，シークエンシングする分子の数である（図 2 C）。例えば，計数したい分子数よりもシークエンシングする分子数が少なければ得られる計数値は過小評価となり，シークエンシングする分子数を増やすと測定値は大きくなっていく。デジタル計測のため，すべての増幅前の分子（バーコード配列）が検出された後は，シークエンシングする分子数を増やしても測定値は変わらない。したがって，シークエンシングする分子を増やすにしたがって測定結果は一定の値に収束する。では，計数したい分子数の何倍くらいの数の分子をシークエンスすればよ

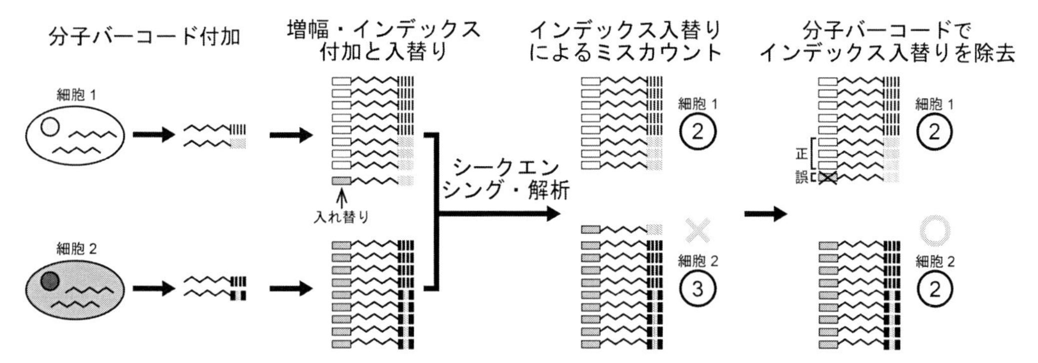

図３　分子バーコードによりインデックスの入替りを検出する方法
シークエンシングをする前に，サンプルを区別するためにインデックス配列を付与するが，これが入れ替ってしまう場合がある。この時，増幅前に付与した分子バーコードの配列も比較することで，入替ってしまったインデックスを検出し，正しい計数値を得ることができる。

いのだろうか。シークエンスする分子数が増えるとコストが増えるので，適切な範囲を知ることが重要となる。

申請者らは，これらの二つの要素がどのように計数結果に影響するか，また適切な範囲はどれくらいかを解析して報告した（詳細は原著論文を読んでいただきたい[13)]）。得られた結果はシークエンサの種類や増幅に用いた酵素などにも依存すると思われるが，重要なことは，測定結果が正しい値であるかを評価するための方法を提示したことにある。

1.6　DNA分子バーコード法の新機能

筆者らは，インデックス配列の入替りを見つけることができるという，分子バーコードの新機能といえる効果を見出した（図３）[13)]。インデックス配列とは，複数のサンプルを同時にシークエンシングする際に，サンプルを区別するために付与する配列のことである。インデックス配列を付与する際のコンタミネーションなどが理由で，付与されるインデックスが他のサンプル用のインデックスに入替ってしまうことがある[14)]。しかし，分子バーコードを付与されていれば，この入替りを見つけることができる。分子バーコードとインデックスのペアはユニークであるため，同じ分子バーコード配列に対して２種類のインデックスが見つかった場合，どちらかのインデックスが間違いということになる。この際に，同じバーコードを持つ分子の中で，より少ないインデックスが間違いであると結論する。この時，異なるサンプル（インデックス）間でも同じ配列の分子バーコードが付与されない条件になっていることが必要であり，このことからも，バーコードの種類数が十分であり計測システムが機能しているかを評価しておくことは重要である。

1.7 DNA 分子バーコード法の応用展開

分子バーコード法は，高精度な塩基配列決定や定量性という特性が生かされる局面で応用が進んでいる。例えば，血液中に存在するフリー DNA の配列や存在量を解析する液体生検に利用され，がんの診断などに使う研究が行われている[15]。また，ウイルスの配列決定にも利用されている[16]。抗体に分子バーコードを結合させ，抗体が結合する蛋白質の定量にも使われている[17,18]。このように，分子バーコードとそれを読みだす次世代シークエンサの組み合わせにより，様々な方面での応用研究が進んでいる。

1.8 おわりに

DNA 分子バーコード法は核酸の解析に変革をもたらした。実際に非常に多くの研究グループや企業で利用されており，今後もさらに応用範囲が広がるであろう。一方で，本稿でも触れたように，利用にあたっては注意も必要であり，得られた値を評価する姿勢が大事である。本稿により，DNA 分子バーコード法の新たな利用者が増え，また新しい研究分野が開拓されてくことに貢献できるとしたら幸いである。

文　　献

1） J. J. Salk *et al., Nat. Rev. Genetics,* **19**, 269 (2018)
2） M. W. Schmitt *et al., Proc. Natl. Acad. Sci. USA,* **109**, 14508 (2012)
3） S. R. Kennedy *et al., Nat. Protocols,* **9**, 2586 (2014)
4） K. Shiroguchi *et al., Proc. Natl. Acad. Sci. USA,* **109**, 1347 (2012)
5） T. Kivioja *et al., Nat. Methods,* **9**, 72 (2012)
6） A. Mortazavi *et al., Nat. Methods,* **5**, 621 (2008)
7） F. Tang *et al., Nat. Methods,* **6**, 377 (2009)
8） S. Islam *et al., Nat. Methods,* **11**, 163 (2014)
9） A. M. Klein *et al., Cell,* **161**, 1187 (2015)
10） E. Z. Macosko *et al., Cell,* **161**, 1202 (2015)
11） Y. Sasagawa *et al., Genome Biol.,* **19**, 29 (2018)
12） T. Smith *et al., Genome Res.,* **27**, 491 (2017)
13） T. Ogawa *et al., Sci. Rep.,* **7**, 13576 (2017)
14） R. Sinha *et al., bioRxiv,* doi: https://doi.org/10.1101/125724 (2017)
15） A. M. Newman *et al., Nat. Med.,* **20**, 548 (2014)
16） C. B. Jabara *et al., Proc. Natl. Acad. Sci. USA,* **108**, 20166 (2011)
17） M. Stoeckius *et al., Nat. Methods,* **14**, 865 (2017)
18） V. M. Peterson *et al., Nat. Biotech.,* **35**, 936 (2017)

2　1細胞 RNA シーケンス法を支えるバーコード配列技術と cDNA 分子変換技術

笹川洋平*[1]，二階堂　愛*[2]

2.1　はじめに

我々の体は，機能の異なる数百種類以上の細胞から成り立つ。例えば，臓器では，ごく僅かに含まれる幹細胞から，多種多様な細胞種が，長期に渡って適切に供給されており，臓器の正常な機能の維持を担う。このような，多種多様な細胞の機能を知るには，細胞種の同定や細胞種内での細胞状態変化の計測が重要である。そのためには，細胞集団をすりつぶして解析するのではなく，1細胞ごとに機能を調べる必要がある。1細胞 RNA シーケンス法は，全遺伝子の中から発現する mRNA 分子の種類と数を計測することで，事前知識なく，細胞集団内に存在する，細胞の種類を推定できる。近年，1細胞 RNA シーケンス法は，数千以上の細胞が扱える"高出力化・低コスト化"と，検出される遺伝子数の改善"高感度化"の2つの軸で大きく発展を遂げた。これにより，細胞種の同定だけではなく，細胞状態変化など連続的に変化する現象も精細に捉えられるようになってきた。この発展には DNA バーコード法が大きな貢献を果している。本稿では，1細胞 RNA シーケンス法と DNA バーコード法の関連を解説し，その最新動向と展望について紹介する。本稿では主に cDNA 変換と細胞・分子バーコード技術に焦点を絞り言及する。

2.2　1細胞 RNA シーケンスを実現する cDNA 分子変換・増幅技術

後に述べる細胞バーコードや分子バーコードによる1細胞 RNA シーケンス法の改善には，反応原理の理解が必要となる。そのため，まず，1細胞 RNA シーケンスの反応原理の概要を解説する。1細胞 RNA シーケンス法では，以下3つの過程からなる。①1細胞を採取する過程，②1細胞由来の RNA から cDNA を合成し増幅する過程，③増幅した cDNA をシーケンス可能な形に変換してシーケンサーで検出する過程。

一般的な1細胞は，1-30 pg ほどの total RNA を持ち，そのほとんどが rRNA からなる。検出対象である mRNA（3'末端にポリ A 鎖の付いた RNA）は，total RNA の 1-5%である。例えば，1細胞が持つ 10 pg total RNA のうち1%が mRNA だった場合，量にして 0.1 pg であり，分子数に換算すると，約 10^5分子である。一方で，イルミナ社の短鎖型シーケンサーに使用する DNA は，約 2-10 ng，おおよそ 10^9-10^{10}分子である。イルミナ社のシーケンサーは，直接的に

＊1　Yohei Sasagawa　(国研)理化学研究所　生命機能科学研究センター
バイオインフォマティクス研究開発ユニット　上級研究員
＊2　Itoshi Nikaido　(国研)理化学研究所　生命機能科学研究センター
バイオインフォマティクス研究開発ユニット　ユニットリーダー；
筑波大学　グローバル教育院　ライフイノベーション学位プログラム
生物情報領域　教授（協働大学院）

はDNAしか読めない。よって，1細胞由来のmRNAを逆転写反応によりcDNAにする必要がある。しかし，シーケンスするには，分子数を増やす必要があり，そのためには，cDNAをまず増幅可能な形に変換し，cDNAを増幅する必要がある。この変換が効率的にできないと，そもそも増幅してシーケンスできない。よって，mRNAから増幅可能なcDNAへの変換効率が1細胞RNAシーケンス法の検出感度に直接反映される。

まずcDNAを増幅する技術について述べる。1細胞RNAシーケンス法で活用されている増幅技術は，PCR（polymerase chain reaction）法，IVT（In vitro transcription）法，RT-RamDA（Reverse-Transcription with Random Displacement Amplification）法の3つである。またcDNAを増幅可能な形に変換するために，全cDNAに共通配列を付与することを“タギング（Tagging）”と呼んでいる。PCR法ならびにIVT法は，タギングを必要とし，逆転写反応時にoligo-dTプライマーに共通の配列を付け，cDNAに共通配列を付与する。IVT法では，T7 RNA polymeraseの認識配列を共通配列に含ませ，後のT7 RNA polymeraseによる増幅に使用する。PCR法は，cDNAの両端に共通配列を必要とするため，RNA鋳型の5'末端側のcDNAに，追加で共通の配列を付ける。これをDNA polymeraseにより増幅する。RT-RamDA法は，タギングを必要とせず，RNA鋳型から，逆転写反応中にcDNAを直接増幅できる方法であり，1本のRNAから数十から数百倍の断片化したcDNAを生み出す[1]。

タギングを活用し，cDNAを増幅可能な形に変換する方法として，3つの基本手法が主流である。“template switching法”，“ポリAタギング法”，“IVT法”の3つがある。紙面の関係上，それぞれの特徴については文献22）を参照していただきたい。近年，我々はポリAタギング法を採用したQuartz-Seq2法を報告した。30年以上放置されてきた，ポリAタギングの改良を網羅的な条件スクリーニングにより，約360％まで反応効率を改善させた。Quartz-Seq2は，どの1細胞RNAシーケンス法よりもmRNA分子の検出効率が高い[2]。セッション4のデータ評価方法で詳細を述べる。

2.3　1細胞RNAシーケンス法とDNAバーコード技術

1細胞RNAシーケンス法の多くは，高出力化，mRNAの検出のデジタル化のためにDNAバーコードを利用する。バーコードは，前項で解説したタギングによりcDNA分子に付加される。DNAバーコードは，細胞バーコードや分子バーコードに大別される。以下にその詳細を述べる。

2.3.1　1細胞RNAシーケンス法の高出力化と細胞バーコード

1細胞RNAシーケンス法で，1細胞ごとにRNAからシーケンスライブラリDNAまで個別に調整すると，試薬を多く使い，操作も煩雑となる。そのため，多数の1細胞を扱うことが困難になる。1細胞RNAシーケンス法の高出力化で，重要な考え方としては，“細胞バーコード”によるearly multiplexingである[3,4]。1細胞ごとのRNAから合成されるcDNAに，ユニークなDNA配列で標識する。標識されたcDNAを混合しても，情報科学的に1細胞ごとのデータに分離することが可能になる。その結果，試薬量の削減，操作の簡便化の両方を達成でき，高出力化が可能になる。数百から数千の１細胞由来の cDNA を１つのチューブにまとめることで，扱う cDNA 量の絶対量が増加する。そのため，１細胞あたりの cDNA 量は少なくても，PCR サイクルを下げられる。これは，PCR 増幅バイアスを下げることができ，遺伝子検出精度や発現量定量性の向上効果も持つ。細胞バーコードの配列は，オリゴ dT 配列を持つ逆転写プライマーの一部に配置されるが，Template switching oligo の一部に配置されることもある。これら細胞バーコードを付与する方式として，３つの手法が存在し，メリット・デメリットが存在する（図１）。以下個別に説明する。

はじめに，セルソーターを用いた方法について紹介する。あらかじめ，384 ウェル PCR プレートの各ウェルに，細胞バーコード付き逆転写プライマーが入った細胞溶解液を入れる。各ウェルにセルソーターで１細胞を採取し，逆転写反応後，全てのウェルから cDNA 溶液を回収しその後の増幅反応を行う。この方法を採用した代表的な手法としては，Quartz-Seq2，MARS-seq，SCRB-seq，CEL-seq2 などがある[2,5~7]。この方法は，細胞バーコードの種類数に応じて，個別に逆転写プライマーを人工合成する必要があり，現時点でのこの方式での最大数は，Quartz-Seq2 の 1,536 種類である。各ウェルに配置された細胞バーコードは配列とウェルの位置の対応が付いている。なおかつセルソータでは，１細胞を分取したウェルの位置と，フローサイトメトリーから得られる情報も利用できるため，トランスクリプトームとサイトメトリーのデータを統合して解析できる（図１a)）。

次に，微細流路上で生成した液滴内で，細胞バーコードを付与する方法を紹介する。基盤技術は，細胞バーコードを表面上に固相化したビーズである。Combinatorial indexing という手法で，ビーズ上に同じ細胞バーコード配列を持つ逆転写プライマーを大量に合成・固相化する。これにより１ビーズごとに，ユニークな細胞バーコードが付加された状況をつくり出せる。だいたい 10^7 の種類の細胞バーコードビーズを用意できる。これらビーズと細胞を，液滴中でランダムに出会わせ，細胞バーコードによる付与を行う（図１a)）。細胞バーコードが付加された分子は，混合して反応しても，後のデータ処理で１細胞ごとのデータに分離できる。この原理を採用した手法としては，Drop-seq や inDrop が代表的である[8,9]。微細流路による細胞バーコード処理は，数分間で数千から数万細胞を処理できるため，計測する細胞数を増やしやすい。10xGenomics 社の Chromium や，Illumina 社と BioRad 社が共同で開発した ddSEQ，Dolomite Bio 社の Nadia Instrument，1CELLBIO 社の inDrop system など様々な装置ならび付随のキットが上市されている。商業ベースの展開が盛んになり，それに伴い訴訟の動きも散見されるようになった。上訴中ではあるが，BioRad 社の流路に関する特許侵害で 10xGenomics 社に約 30 億円の賠償命令が下っている。また BD 社は，分子バーコード（後述する）などの特許侵害で 10xGenomics 社を訴えている。

３つめに，“Combinatorial cellular indexing” 方式について言及する。まず，96 ウェルプレートに１細胞ではなく複数個の１細胞をそれぞれ採取する。次に，細胞バーコードが付加された

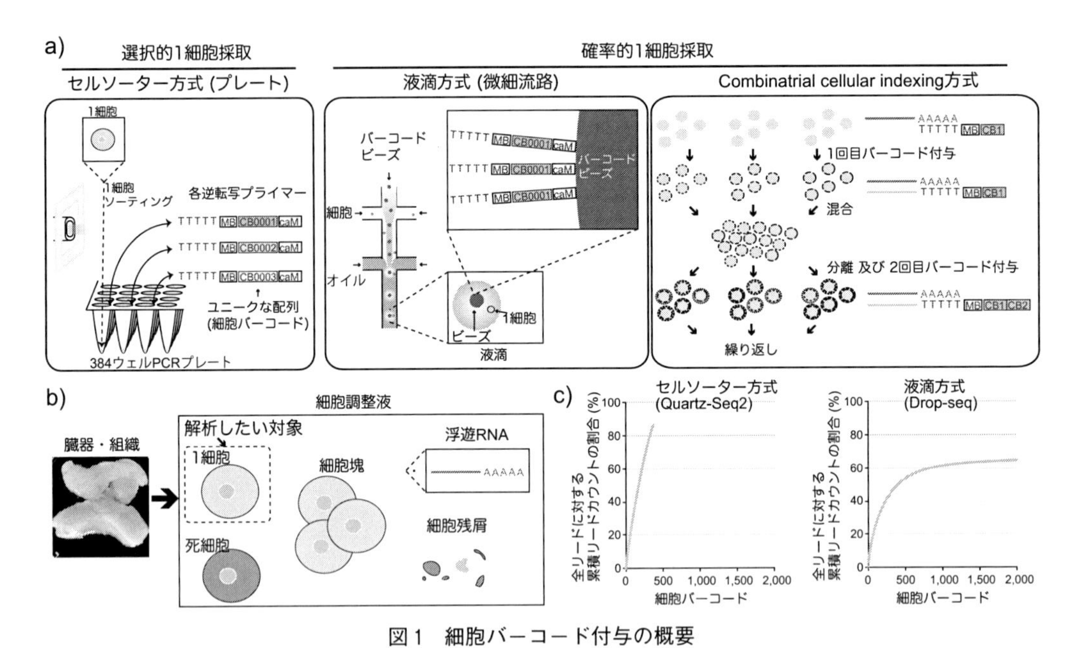

図1　細胞バーコード付与の概要

a）細胞バーコード付与方法。CB：細胞バーコード。b）臓器から調整した細胞調整液に含まれる対象物。c）細胞バーコードにアサインされるリード数の累積分布プロット。

Oligo-dT プライマーで逆転写反応を行うが，これを細胞内で行う。細胞バーコードはウェルごとに異なる。つまりウェル内の数百細胞は同一の細胞バーコードが付加されて区別ができない。そこで，各ウェルの細胞を1つに混ぜた後，再び，複数個の1細胞をランダムに96ウェルプレートに取り分ける。次に，細胞内で細胞バーコードを cDNA にライゲーションする。これにより，ほとんどの細胞が異なる2つの細胞バーコードを持つことになる。この混合と分離を繰り返しながら細胞バーコードを付加することで，1細胞ごとに含まれる細胞バーコードがユニークになる(図1a))。混合・分離を繰り返すことから“split-and-pool”とも呼ばれる。細胞を混合・分離するには，1細胞由来の RNA を液相に分離してはならず，粒子として隔離されている必要がある。本方式が，1細胞ゲノム科学に最初に応用されたのは，RNA シーケンス法ではなく，クロマチンが開いた領域を検出するエピゲノミクスのシーケンス方法である[10]。近年，1細胞 RNA シーケンス法に適応され SPLiT-seq という方法が報告された[11]。細胞バーコードを多段階的に簡便に付加できるため，液滴方式より更に，1細胞 RNA シーケンス法を高出力化できる潜在能力を秘めている。一方で，cDNA に対して繰り返し標識を行うため，標識効率はその回数のべき乗で悪くなる。そのため，理論的に検出遺伝子感度が低くなりがちである。また細胞により，標識する RNA 分子が細胞などから物理的に拡散により失われるなど，方法として改善の余地がある。

最後に，細胞バーコードの割り当て率について述べる。本来，すべてのシーケンスリードは，細胞バーコードに正しく振り分けられると期待している。しかし，実際は，正しい細胞バーコードにリードが振り分けられなかったり，存在しない細胞バーコードが出現したりする。この細胞バーコードの割り当て率は，細胞残屑などの混入に大きく影響される。この割合が低い場合，1細胞に割り当てられるリード数が低くなり，十分な遺伝子発現の定量性能が得られない。例えば，セルソーター方式と液滴方式を比べると，セルソーター方式の方が，細胞バーコードの割り当て率が高い。一般的に，培養細胞や臓器・組織を1細胞化する際に，doublet/triplet といった細胞塊や，死細胞，細胞質の断片などの細胞残屑，また破砕された細胞から浮遊 RNA などが出てくる（図1b)）。臓器・組織だと，培養細胞よりもこれらが格段に多い。セルソーター方式の場合，前方/側方散乱光や蛍光プローブなどの情報を使い，1細胞とこれら細胞残屑・細胞塊などを分けて，真の1細胞のみを選択的に採取可能である。対して液滴方式の場合，過剰量存在する細胞バーコードビーズがこれら全ての細胞由来成分を捉えてしまう。そのため，細胞調整の際に生まれる，1細胞以外の細胞由来物が多ければ多いほど，無駄なシーケンス量を消費してしまう。細胞残屑が非常に少ない，培養細胞の場合でも，液滴方式はセルソーター方式に比較して，1細胞以外の細胞由来のリードが5倍ほど多い（図1c)）。液滴方式の場合，できるだけ細胞残屑の少ない細胞調整方法を検討するのが，高品質なデータ生産に重要である。

2.3.2　1細胞 RNA シーケンス法の高精度化と分子バーコード

次に分子バーコードについて述べる。核酸分子ごとに，ユニークな DNA 配列を付け読み取れば，その後に PCR 増幅バイアスで，核酸分子間の存在比率が変わっても，補正できる技術である。この配列を分子バーコード配列と呼ぶ。これにより核酸増幅を伴う1細胞 RNA シーケンス法の遺伝子発現定量性を向上できる。分子バーコード法は，2018年現在からみて15年以上前に，その理論が提唱されており[12]，Fodor ラボにより，はじめて実験・報告された[13]。

分子バーコードを付与する方式として，2方法ある。1つは，断片化されたゲノム DNA もしくは断片化された RNA から作られた二本鎖 cDNA に対して，DNA ライゲーションにより分子バーコードを付ける方式で，Fodor ラボと Xie ラボから報告されている[13,14]。もう一つは，逆転写反応の際に，cDNA に分子バーコードを付与する方式で，Taipale ラボと Linnarson ラボの共同で報告されている[15]。彼らは，初めて分子バーコードを UMI（unique molecular identifier）と呼び，後に同方式を1細胞 RNA シーケンスに実装したことから，1細胞 RNA シーケンス法では，UMI の方がメジャーな呼び方である[16]。現在の1細胞 RNA シーケンス法の多くで，cDNA の5’末端もしくは，3’末端に，UMI 配列を付与する。UMI により PCR バイアスを除去したリードは，UMI カウントと呼ばれ，シーケンサーにより検出された mRNA 分子とほぼ同意義と考えられている。

次に UMI の効果を評価する方法を紹介する。図2b)では，Quartz-Seq2 での UMI 効果の実データを示した。384 well の全ウェルに，精製した1細胞レベルの total RNA を入れて，遺伝子発現量の検出の技術的なばらつきを評価している。X 軸に，各遺伝子の平均発現量，Y 軸に各遺伝子の発現量のばらつきをプロットすることから CV^2-mean plot と呼ばれる。理論的に，CV^2-mean plot は，ポワソン分布に従う。Quartz-Seq2 の実測値では，UMI 補正前でも技術的なば

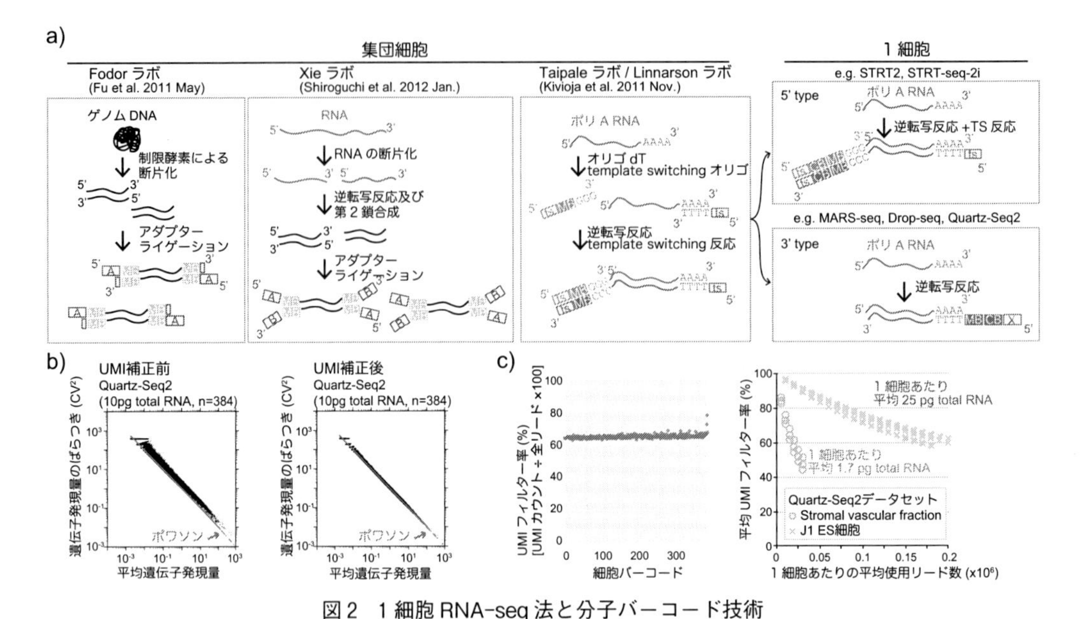

図2　1細胞 RNA-seq 法と分子バーコード技術

a) 主要な分子バーコード技術および1細胞 RNA-seq 法への流れ。b) 分子バーコードによる PCR バイアスの低減。c) UMI フィルター率と1細胞あたりにアサインされるリード数の関係。

らつきは少ない。これはもともと PCR 増幅バイアスが非常に少ないことを示す。さらに，UMI 補正するとポワソン分布の理論値にほぼ重なる。つまり，UMI を利用して技術的なばらつきをほぼ消すことができ，非常に遺伝子発現の定量性が高いことを示す。このように CV^2–mean plot を利用することで，増幅の技術的な評価が可能となる。

また UMI 補正前後のリードカウントの比率を見ると，シーケンスリード数が適切であったか判断できる。この比率は，1細胞が持つ mRNA 分子数やインプットのリード数に依存する。1細胞あたりの平均 total RNA 量が，1.7 pg の stromal vascular fraction（SVF）と 25 pg の ES 細胞の場合，SVF の方が，検出される UMI カウント数がいち早く飽和し，結果早く比率が落ちる。UMI カウントが飽和していればリード数が十分であることがわかる。また，高い感度を持つ1細胞 RNA シーケンス法ほど，比率が下がりにくく，多くの mRNA 分子を捉えられる。そのため，シーケンス法の比較にも利用できる。

2.4　1細胞 RNA シーケンス法の性能評価と DNA バーコード

最後に，高出力型1細胞 RNA シーケンス法の性能評価法について述べる。高出力型1細胞 RNA シーケンス法では，1細胞あたりに使用できるリード数が，細胞集団の RNA シーケンスと比較して，1/100，約10万リード以下と少ない（図3 a)）。そのため，限られたシーケンスリードを漏れなく利用できることが重要となる。ところが，これまでに説明した，非1細胞由来リードや，PCR 重複リードなど様々な要因で，リードはロスしていく。我々は，UMI conversion efficiency（UCE）という評価指標を提唱し，どれだけロスなくリードを利用しているかを定量化した（図3b)）。この指標は，シーケンスされたすべてのリードのうち，どのぐらいがUMIカウントに変換されるかを示す割合である。様々な1細胞RNAシーケンス法を，あらゆる実験条件を正確にあわせて比較した結果，我々の開発したQuartz-Seq2が最も高いUCEを示し，リードを効率良く使えていた。UCEが高いと多くの種類のmRNA分子を検出でき，結果として検出される遺伝子の種類数が多くなる（図3c)）。Quartz-Seq2では，高い検出遺伝子数を保ったまま，多数の細胞を解析できるため，希少な細胞の状態や細胞機能を類推可能になった[2)]。このようにUCEを利用することで，1細胞RNAシーケンス法の開発者はその性能を比較できる。

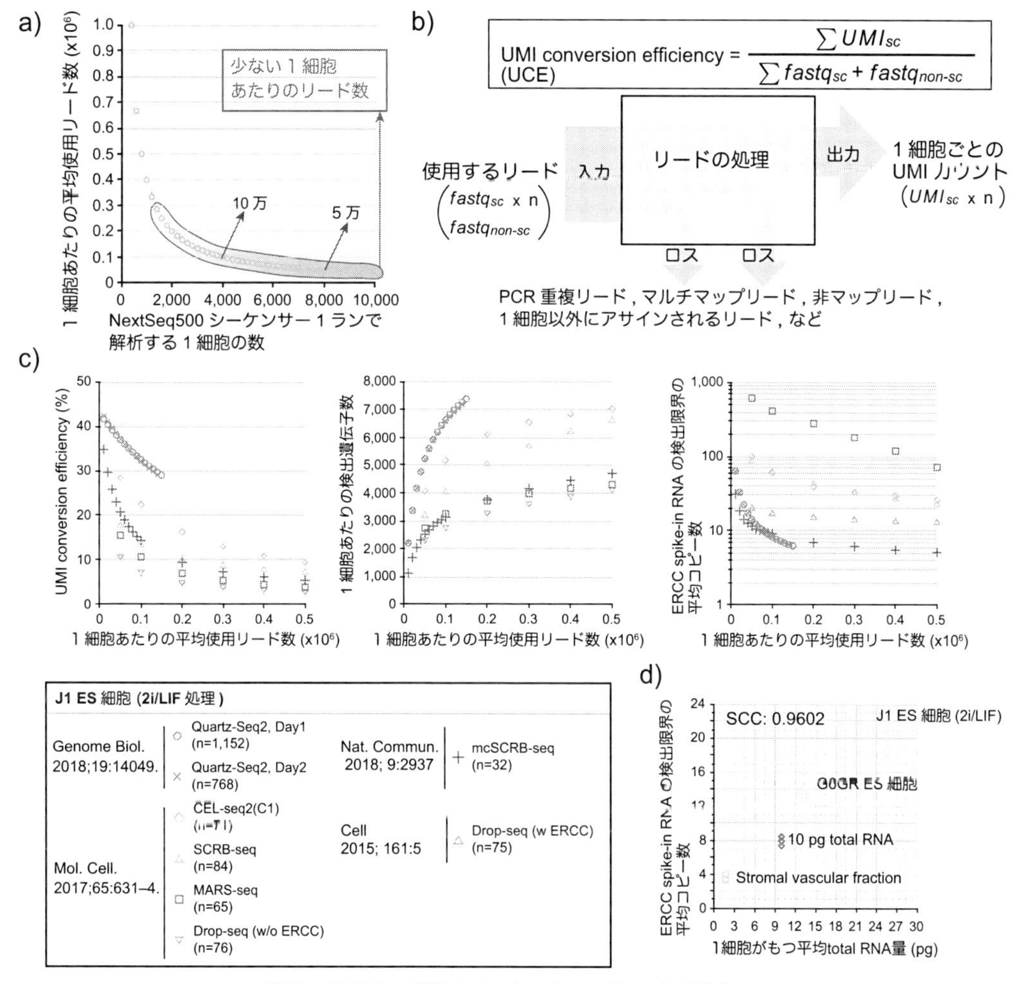

図3　高出力1細胞RNAシーケンス法の定量性能

a）1細胞あたりに使用される入力リード数とNextSeq500 1ランで解析する細胞数の関係。
b）UMI conversion efficiencyを求める計算式。c）マウスJ1 ES細胞をつかった1細胞RNAシーケンス法の比較。d）Quartz-Seq2における外部コントロールRNAの検出限界コピー数と解析対象の細胞が持つtotal RNA量の関係。

また，1細胞 RNA シーケンス法の利用者は，自身が行う実験の品質評価が行える。

次に外部コントロール RNA による1細胞 RNA シーケンス法の評価について述べる。まず，ポリA鎖の付いた92種類の外部コントロール RNA（ERCC spike-in RNA）をあらかじめ決めた分子だけ用意し，1細胞 RNA シーケンスの際に混入させる。この RNA は，細胞の品質に影響されずに増幅されるため，実験のコントロールとして利用できる。外部コントロール RNA の50%検出確率（50% detection probability）という指標を使うことで，実験やその手法の性能評価ができる。まず，92種類の外部コントロール RNA の UMI カウントを検出できたかどうかの2値にする。次に，入れた外部コントロール RNA の copy 数を X 軸に，2値化された UMI カウントを Y 軸に92点をプロットする。このプロットから RNA の50%検出されたコピー数を近似で導き，RNA 分子の検出限界とする。これが低ければ低いほど，少ない分子数を検出できると判断する[17]。

このように外部コントロール RNA は1細胞 RNA シーケンスの性能・品質評価に利用されるが，その利用には十分な注意が必須である。まず，反応原理によって，外部コントロール RNA の方が細胞由来 mRNA より検出しやすい場合もあるし，その逆もある（図3c））。また，1細胞あたりの入力リード数に依存して，外部コントロール RNA の検出力が異なる。そのためリード数を厳密に揃えて比較する必要がある。さらに，外部コントロール RNA の検出率は，1細胞が持つ total RNA 量に非常に強い依存性がある（図3d））。またたくさんの量の外部コントロール RNA を入れれば，その指標では見かけデータが良くなる。しかし，外部コントロール RNA ばかりがシーケンスされ，細胞由来 mRNA の検出感度は下がることになり，本末転倒である。このような基本的な考え方が不十分で，まったく異なる細胞種や条件で行われた1細胞 RNA シーケンス実験データから，外部コントロール RNA のデータだけ比較したり解析条件を揃えず比較した論文が多く散見され，この分野の混乱を招いている。本来，知りたいのは1細胞由来 mRNA の情報であり，外部コントロール RNA の検出力ではない。よって，外部コントロール RNA よりも，細胞由来 mRNA の検出力を見ることが本質的であり，正確な性能評価法であろう。

2.5 おわりに

1細胞 RNA シーケンス法が発表されてから，今年で10年になる[18]。黎明期では，熟練の技術が必要であり，身近な技術ではなかった。しかし，近年では市販のキットや装置が発売され，商業ベースのサポートも厚くなり，生命科学にとって無くてはならないプラットフォームになりつつある。今後，ますますコモディティ化・商業化・中身のブラックボックス化が進むだろう。1細胞 RNA シーケンス法を正しく最大限に活用するには，その反応原理やデータの特性を十分に理解する必要がある。本稿で述べたノウハウや考え方が，1細胞 RNA シーケンス法の中身の理解に基づく適切かつ有効な活用に貢献できれば幸いである。

今後の1細胞 RNA シーケンス法の発展として，多検体の1細胞 RNA シーケンス法の開発が重要となるだろう。ここでもDNAバーコード法が重要になるだろう。高出力型1細胞RNAシーケンス法は，たくさんの1細胞を解析できるが，元になる細胞集団としては，少数の検体が由来である。数十から数百の検体をすべて1細胞RNAシーケンスすることは困難である。それをある程度解決する技術として，“Cell Hashing”が提案されている。Cell Hashingでは，抗体にポリA配列と抗体ごとにユニークなバーコード配列を持つDNAプライマーを付与しておく。これを細胞集団ごとにを別々の抗体バーコードを組み合わせて標識した後，検体を混合して1細胞RNAシーケンスを実施する[19]。つまり，検体ごとに細胞を標識すれば，検体をearly multiplexできるということである。これは検体バーコードと呼ぶことができそうである。この技術は，そもそも，表面タンパク質を標的とした抗体を利用し，表面タンパク質の種類や量とトランスクリプトームを同時に1細胞で計測できるCITE-seqを応用した技術である[20]。これにより100以下程度の多検体1細胞RNAシーケンスへの扉が開けた。抗体の他に，化合物を使うアイデアも提案されている[21]。

一方でさらなる高出力化のためには，たとえ細胞集団間をCell Hashingで混ぜられ並列化できたとしても，1細胞あたりのシーケンスライブラリDNA調整費やシーケンスコストが，律速になっている。1000細胞，1万条件で1細胞あたり10万リードが必要となると，総額10億円以上になり，現実的ではない。今後，より高出力な1細胞RNAシーケンスを実現するには，反応とシーケンスコストが1/100-1/1000ほどになる必要があるだろう。今後のさらなる技術発展に期待したい。

文　　献

1) Hayashi *et al., Nat. Commun.,* **9**, 1435 (2018)
2) Sasagawa *et al., Genome Biol.,* **19**, 14049 (2018)
3) Hashimshony *et al., Cell Rep.,* **2**, 666 (2012)
4) Islam *et al., Genome Res.,* **21**, 1160 (2011)
5) Hashimshony *et al., Genome Biol.,* **17**, 892 (2016)
6) Jaitin *et al., Science,* **343**, 776 (2014)
7) Soumillon *et al., biorxiv,* https://doi.org/10.1101/003236 (2014)
8) Klein *et al., Cell,* **161**, 1187 (2015)
9) Macosko *et al., Cell,* **161**, 1202 (2015)
10) Cusanovich *et al., Science,* **348**, 910 (2015)
11) Rosenberg *et al., Science,* **360**, 176 (2018)
12) Hug and Schuler, *Journal of Theoretical Biology,* **221**, 615 (2003)
13) Fu *et al., Proc. Natl. Acad. Sci. U.S.A.,* **108**, 9026 (2011)

14) Shiroguchi *et al., Proc. Natl. Acad. Sci. U.S.A.,* **109**, 1347 (2012)
15) Kivioja *et al., Nat. Methods,* **9**, 72 (2011)
16) Islam *et al., Nat. Methods,* **11**, 163 (2013)
17) Svensson *et al., Nat. Methods,* **6**, 150 (2017)
18) Tang *et al., Nat. Methods,* **6**, 377 (2009)
19) Stoeckius *et al., Genome Biol.,* **19**, 58 (2018)
20) Stoeckius *et al., Nat. Methods,* **14**, 865 (2017)
21) Gehring *et al., biorxiv,* https://doi.org/10.1101/315333 (2018)
22) 二階堂愛，実験医学別冊「オルガノイド実験スタンダード」，4章8 (2019)

3　分子バーコード配列タグを使った血中循環腫瘍 DNA 検出法の開発

久木田洋児*

3.1　はじめに

患者ごとに適切な治療が行われることが医療の理想だと思われる。近年，がんの治療においてはその原因となる異常分子を標的とした分子標的治療薬の開発により，個別化医療が行われつつある。これらの治療においては最初に異常分子の特定が必要となり，免疫染色法による異常蛋白質の検出やそれをコードする異常遺伝情報の検出が行われる。通常，どちらの場合も検査試料として，体内に存在するがん組織が必要になる。肺癌の場合，気管支鏡検査や経皮肺生検により癌組織を採取する。どちらも侵襲性が高いだけでなく，技術的に難しい部分もあり，気胸のリスクなど身体的負担を患者に強いなければならないので，より侵襲性の低い方法も求められている。

血液中には白血球などの有核細胞の DNA 以外にも，様々な臓器細胞から細胞死により放出された遊離 DNA（cell-free DNA, cfDNA）が含まれている。がん患者では，その一部分はがん細胞／組織の増殖や治療の過程で死んだがん細胞に由来し，血中循環腫瘍 DNA（circulating tumor DNA, ctDNA）と呼ばれている。全身を循環する血液の血漿成分から抽出した cfDNA を解析し，がん特有の体細胞遺伝子変異を指標にして ctDNA を検出すれば，原発巣だけではなく，遠隔転移部位など，全身での腫瘍の遺伝子異常状況を知ることができる。また，採血は上記の生検方法に比べて侵襲性が低いので，経過観察や治療中に複数回の ctDNA 検査が可能であり，腫瘍の状況を詳細にモニタリングすることができる。このことは，患者，医療提供者の両方に好都合であり，ctDNA 解析はリキッドバイオプシーの代表的なものとなっている。

多くの場合，ctDNA は cfDNA 中に 1 %前後しか含まれていない。個人差はあるが，cfDNA は平均して血液 1 mL あたり 10 ng 程しか含まれていない上，約 160 bp のサイズに断片化されている。それで，生検や手術摘出組織から抽出した DNA を解析する場合と比べると，cfDNA 試料の量と質は ctDNA（微量変異）検出の障害となっており，ctDNA の解析には高感度，高精度な DNA 解析技術が求められる。これまでにドロップレットデジタル PCR（ddPCR）や次世代シーケンシングを用いた様々な解析方法が考案されている。ddPCR は 1 分子レベルの検出能力を持つ高感度な測定技術であり，肺癌患者における ctDNA 上の EGFR 遺伝子変異検出に使用されている[1)]。しかし，測定対象変異ごとにプローブを用意する必要があるので，一度に多数の領域を解析対象にすることはできない。大規模に DNA 配列を決定することができる次世代シーケンシングは，全ゲノム，エキソーム解析を可能にしたが，配列決定の精度に問題があり，通常の使用では微量変異の検出は困難である。この弱点を補う方法として，分子バーコード技術と次世代シーケンシングを組み合わせた方法が複数のグループから考案されており，ctDNA 検出に取り入れられている。

---

*　Yoji Kukita　奈良先端科学技術大学院大学　先端科学技術研究科
疾患ゲノム医学研究室　特任准教授

3.2　分子バーコード技術

分子バーコード技術は分子それぞれに異なる指標をラベルして，1分子ずつ識別できるようにする技術である。シーケンシングの場合では，調べたい鋳型DNA 1分子の塩基配列情報を取り出すことになる。塩基配列決定の代表的な方法，サンガー法ではシーケンシングの鋳型分子集団の平均配列が読み取りデータとして得られるが，次世代シーケンシングでは各鋳型分子の配列が読み取りデータとして得られる。解析したいDNAの量が多い場合，PCRによる増幅を介さずに次世代シーケンサーで分析することにより，各DNA分子の配列情報を解析することが可能である。しかし，cfDNAなど微量検体の場合にはシーケンシング反応を効率よく行うためにPCR増幅が必要になる。それで，次世代シーケンシングの鋳型を調整する前に，解析対象領域を含むDNA断片にアダプターを付加する。このアダプターには12塩基程度のランダムなバーコード配列（N_{12}など）を組み込んでおく。例えば，12塩基であれば，4^{12}＝16,777,216種類の配列が存在することになるので，鋳型DNA分子数が数千程度であれば，各分子を配列の違うバーコード配列で標識することができる。その後，PCRによるDNA断片の増幅などにより，シーケンシングライブラリーを調整し，シーケンシングの工程を経てリード（配列データ）を得る。各リードにはバーコード配列が含まれており，同じバーコードを持つリードは同一DNA分子由来である。それで，バーコード情報をもとにしてリードをグループ化し，それらのコンセンサス配列を作ることにより，実験中（PCRやシーケンシング）に挿入されたエラー（ポリメラーゼの伸長時やシーケンサーのシグナル読み取り時のエラー）を除くことができる。さらに，検出できたバーコード配列の種類数は解析された鋳型DNA分子数を表す（図1）。以上のように分子バーコード技術と次世代シーケンシング技術を使うことで，cfDNA中の解析対象領域を高精度に分析することが可能となる。

cfDNAは前にも述べたように，既に断片化されているので，シーケンシングライブラリーを調整する際に，その末端に直接分子バーコードを含んだアダプターを付けることができる。cfDNA断片の長さはちょうどヌクレオソームの単位と一致し，末端がリンカー内に位置しているようである[2)]。リンカー部分は20塩基ほどであり，その中でのcfDNA末端の位置は決まってはいない。また，ゲノム上でのヌクレオソームの位置も定常的ではないので，末端配列／部位もDNA分子識別情報（内在性の分子バーコード）として使用することができる（図2）[3~5)]。

3.3　分子バーコード技術を使った血中循環腫瘍DNA（ctDNA）解析方法

ctDNA解析の分野では微量変異を正確に検出し，血中（血漿中）での存在割合を測定することを目的として，分子バーコード技術と次世代シーケンシングを組み合わせた解析方法が考案されている（表1）。どの方法も操作の基本的な流れ（標的DNAを分子バーコードで標識 → シーケンシングライブラリーの調整 → シーケンシング → 分子バーコード情報を基にしてシーケンシングリードのグループ化 → コンセンサス配列の作成 → 変異検出と定量）は同様であるが，分子バーコード配列の付加方法や標的領域の回収方法が異なっている。それらに基づいて，①分

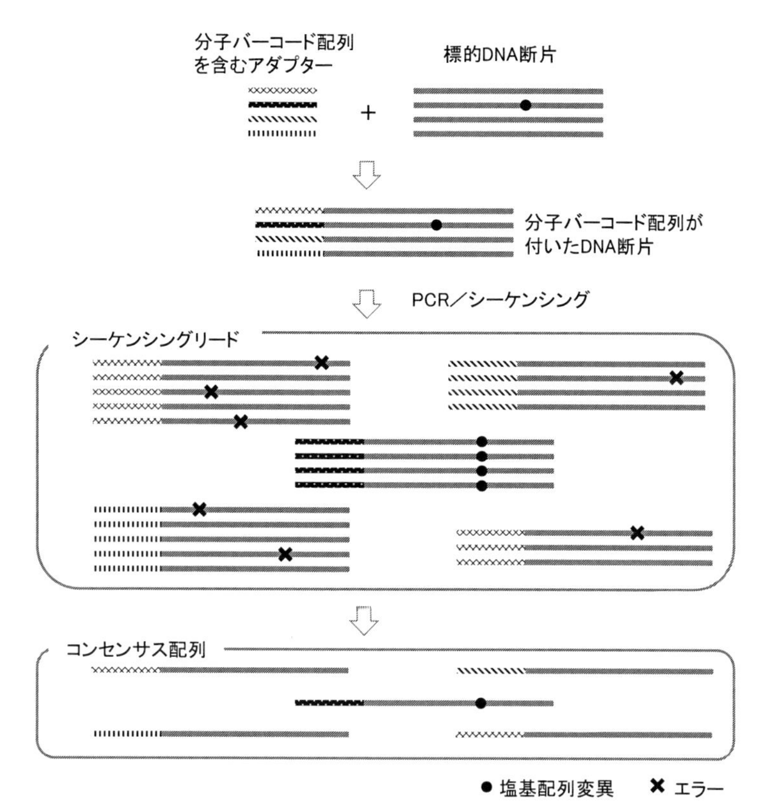

図１　分子バーコード技術と次世代シーケンシングを組み合わせた解析方法

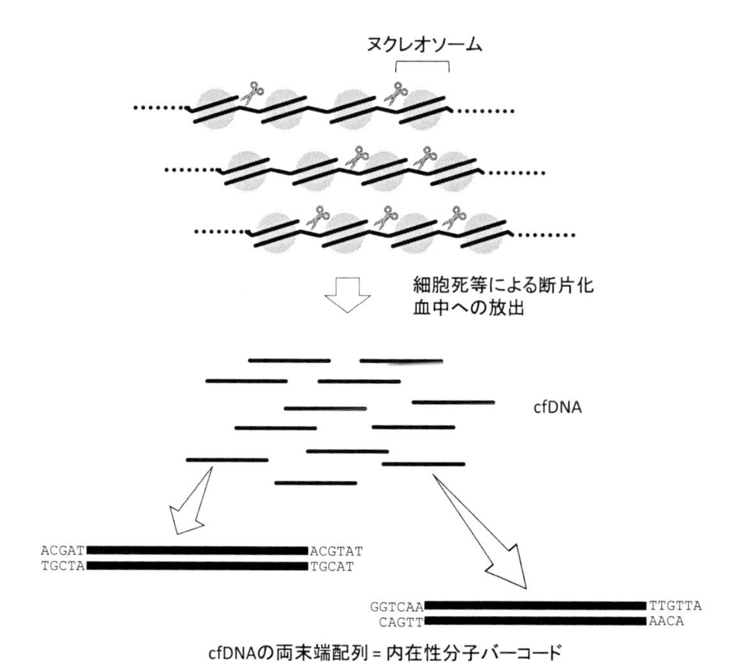

図２　cfDNA の末端配列は内在性の分子バーコードである

表1　分子バーコード技術を使った主な血中循環腫瘍解析法

方法名	測定DNA鎖	分子バーコード付加方法	標的選択方法	開発機関	参考文献等
Safe-SeqS	片鎖	PCR	multiplex PCR	Johns Hopkins大学	4)
Narayan (2012)	片鎖	PCR	multiplex PCR	Yale大学	20)
NOIR-SeqS	片鎖	ライゲーション	multiplex PCR	大阪府立成人病センター（現大阪国際がんセンター）	8, 9)
Digital Sequencing	両鎖	ライゲーション	hybridization-capture	Guardant Health社	3)
Paweletz (2016)	片鎖	ライゲーション	multiplex PCR	Dana-Farberがん研究所	7)
CAPP-Seq & iDES	両鎖	ライゲーション	hybridization-capture	Stanford大学	5)
TEC-Seq	両鎖	ライゲーション	hybridization-capture	Johns Hopkins大学/Personal Genome Diagnostics社	13)
Oncomine Assay	片鎖	PCR	multiplex PCR	Thermo Fisher Scientific社	6)
QIAseq	片鎖	ライゲーション	multiplex PCR	QIAGEN社	10)

子バーコード配列を含む標的特異的PCRプライマーを使い，PCRで標的領域の選択を行う方法，②分子バーコードを含んだアダプターをDNA断片に付加した後，PCRにより標的領域の選択を行う方法，③分子バーコード配列をDNA断片に付加した後，ハイブリダイゼーションにより標的領域の選択を行う方法，に分類することができる（表1）。下記にそれぞれの特徴を述べる。

① 分子バーコード配列を含む標的特異的PCRプライマーを使い，分子バーコードの付加と標的領域の選択をPCRで行う方法

この方法の代表的なものに，Johns Hopkins大学のグループにより開発されたSafe-SeqSがある[4]。最初の報告の方法では，標的特異的なプライマーの一方に分子バーコード配列を付加したプライマーセットを用意し，2サイクルのPCR反応により分子バーコード配列を標的DNA配列に取り込ませる。プライマーを除去した後，ユニバーサルプライマーを使ってPCR増幅し，シーケンシングライブラリーを作製する。まず，2サイクルだけ反応するので，標的DNA配列の両鎖を別々のバーコード配列で標識することになるが，複製されるDNAに異なるバーコード配列が取り込まれることはない。しかし，この方法をベースにして多領域を標的にしたマルチプレックスPCRを行った報告では，分子バーコードを付加するPCRサイクルが徐々に増やされている（～15サイクル）。3サイクル以上になると，複数種類の分子バーコードで標識された複製DNAが存在することになり，最終的にはそれらは別々の分子として扱われるようになる。塩基配列を正確に決定することはできるが，元の分子数は反映されない。この方法は下記のものと異

なり，スタート時の試料が断片化されている必要が無いので，組織検体から抽出したDNAも直接解析に使うことができる。Thermo Fisher Scientific社のOncomine Assayシステムはこの方式をとっている[6]。

② 分子バーコードを含んだアダプターをライゲーション反応によりDNA断片に付加した後，標的領域特異的プライマーとアダプタープライマーを用いたPCRにより標的領域の選択を行う方法

この方法では，①と異なり，PCR反応前に分子バーコード配列がDNA断片に付加されるので，DNA分子の複製物は複数のバーコードで標識されず，元の分子数情報が保持される。通常のPCR法とは違い，片方のプライマーはアダプター内のユニバーサルプライマー，もう片方に標的特異的プライマーを使う。標的領域の選択は片側だけで行うことになるが，数十種類のプライマーを使ったマルチプレックスPCRを行うだけの標的特異性は維持されている[7~9]。当然ながらアダプターを付加するために標的配列の近傍がDNA末端になっている必要がある。アダプターをcfDNAに直接付加するだけでなく，制限酵素切断を介して付加する場合もある[8,10]。

③ 分子バーコード配列をライゲーション反応によりDNA断片に付加した後，標的特異的プローブとのハイブリダイゼーションにより標的領域の選択を行う方法（hybridization capture法）

DNA断片への分子バーコード配列の標識は②と同じであるが，標的領域の回収はRNAまたはDNAプローブを使用したハイブリダイゼーションを介して行われる。がん患者に対するcfDNAの解析では，主要ながん関連遺伝子50種類ほどを標的にしている。この方法は全遺伝子のコーディング領域を対象としたエキソーム解析の縮小版と考えることができ，対象領域の拡張が行い易い。幅広いがん種を対象とした場合に用いられている[3,5,11]。

3.4　バイオインフォマティクスを利用した変異検出精度の改善

分子バーコードを利用したシーケンシングにより，上記方法ではDNA塩基配列決定時のエラー発生率を10^{-5}程度に抑えることができている。解析に使用するcfDNA量（通常，数十ng。ヒトゲノムに換算すると数十コピー分。）に基づく対象領域の分子数を考えると，十分な精度が達成されている。しかし，完全にエラーが無くなっているわけではない。データを精査すると，実験特有のエラーが除かれないことも観察されている。例えば，hybridization capture法では，長時間のハイブリダイゼーションによるDNAの酸化損傷によるエラーが生じている[5]。これらはDNAの片方の鎖に生じるので，同一DNA分子由来の両鎖を解析することで除去することも可能であるが[12]，両鎖由来のシーケンシングリードの回収率が低いので，大量のシーケンシングデータが必要となり実用的ではない。これらに対処するために，複数の健常人を解析したin houseデータをもとに常同的なエラーを除くフィルターを作製し，それを使って検体の解析デー

タからエラーを取り除く方法（integrated digital error suppression：iDES）が開発されている[5)]。

がん患者のcfDNA/ctDNA解析において，偽の変異（偽陽性）はシーケンシングエラーだけではない。クローン性造血（clonal hematopoiesis of indeterminate potential：CHIP）に由来する体細胞変異もcfDNA中に観察されることが分かってきた。これらは高齢者に高頻度で見られ，造血器腫瘍のリスクと関連していることが知られているが，固形がん患者においては，がん組織に由来するものではないので，がん体細胞変異と区別する必要がある。Johns Hopkins大学／Personal Genome Diagnostics社が開発したTEC-SeqではCHIPに関係していることが知られている6遺伝子の変異については陽性にしない処理を行っている。彼らはこの他に，SNPデータベースやヒトゲノムアノテーション情報を利用して，SNPや相同配列上の多型も解析対象から外している[13)]。また，Grail社らの学会発表では，cfDNA解析で検出される変異の大部分はCHIP由来であるとしている。白血球ゲノムDNAの解析を並行して行うことで，それらクローナルな変異を除くことも可能であるが，労力は倍になる[14)]。

サンガー研究所のCOSMICデータベースには，大規模ながんゲノムプロジェクトとして知られている国際がんゲノムコンソーシアム（the international cancer genome consortium：ICGC）や米国のがんゲノムアトラス（the cancer genome atlas：TCGA）からのデータを含め，ほぼ全ての既知がん特異的な変異が登録されている。ただし，その中にも実験的エラーやDNA損傷によるがんとは関係のない変異も含まれている。それで筆者らは，COSMICへのエントリー数を考慮した変異／エラーフィルタリング処理を考案し，膵癌患者のctDNA解析に適用して，偽陽性の除去を行った[9)]。

3.5 分子バーコード配列内のエラー処理

分子バーコード技術の特徴には，最終的に検出されるバーコード配列の種類数から，実験に使ったDNA分子の絶対量を知ることができる点もある。実際にはバーコード配列部分にも実験過程でのエラーが入るので，それらを検出，排除しなければならないが，N_{12}オリゴヌクレオチドなどランダムに設計した配列では，シーケンシング後にエラーが入った配列を見分けることが出来ない。この問題を解決するために，既知配列の分子バーコードを使う方法があるが，用意できる種類数に限りがある。それで通常，バーコード配列あたりのリード数が少ないもの（例えば，1～2リード／バーコード配列）はエラーを含んだバーコード配列であるとみなして除去する，といった恣意的な方法がとられている。一方，筆者らはシーケンシングシステムの特徴を考慮してシーケンシングデータごとにバーコード配列部分を解析し，エラーバーコード配列を除く方法を考案している[8)]。また，分子バーコード配列内にエラーが入るのを抑える為に配列長を短くしている方法もある。この場合バーコード配列の種類数が減少するので，cfDNA末端のマッピング情報と組み合わせて分子バーコード情報としている[5,13)]。

3.6　早期がん診断に向けた動向

上記で述べてきたcfDNAの変異検索技術は，先に述べたように試料（血漿）に含まれる量（分子数）を考慮すると十分な検出感度を持っている。血漿中のctDNA量（変異DNA断片量）はがんの症状が重症になるにつれ多くなる傾向にあるので，重度のがん患者検体の解析では，変異検出感度が70～90%以上に達しており，臨床的に使える状況にある。一方，早期がん患者においては生体内でのがん組織の絶対量が少ないので，血漿中に存在するctDNAの絶対量も少なくなり，cfDNAの解析だけではがん由来の情報を捕らえることは難しい[15]。そのため，Johns Hopkins大学のグループはcfDNA解析と血中タンパク質バイオマーカーを組み合わせた解析方法（CancerSEEK）を提案している。CancerSEEKを用いた8つのがん種，1000人超の解析報告では，転移の無い早期がん患者の解析でもがんの検出感度が69-98%であったとしている[11]。

3.7　ctDNA解析の新しい方向性

ここ数年のゲノムワイドなcfDNAの研究から，がん由来のctDNAは正常組織由来のDNAより数十塩基ほど短くなっていることが分かってきている[16]。この現象はがん特異的変異以外のctDNAの特徴である。英国のグループはこれを利用して，90-150 bpに分布するcfDNAを選別して変異検索を行い，検出率を上げた報告をしている[17]。また，ゲノムワイドなDNAメチル化の状態もがんと正常組織を識別することに利用できるので，cfDNAのメチル化解析も行われている[18,19]。血中のがん細胞由来のDNA断片は変異配列を含まないものが圧倒的に多い。ctDNAのサイズ分布やメチル化状態解析は変異の無いDNA断片も解析対象とするので，早期がんの診断に役立つ可能性があり，今後の研究の進展が期待される。

文　　献

1）G. R. Oxnard *et al.*, *Clin. Cancer Res.*, **20**, 1698（2014）
2）Y. M. Lo *et al.*, *Sci. Transl. Med.*, **2**, 61ra91（2010）
3）R. B. Lanman *et al.*, *PLoS One*, **10**, e0140712（2015）
4）I. Kinde *et al.*, *Proc. Natl. Acad. Sci. U S A*, **108**, 9530（2011）
5）A. M. Newman *et al.*, *Nat. Biotechnol.*, **34**, 547（2016）
6）www.thermofisher.com
7）C. P. Paweletz *et al.*, *Clin. Cancer Res.*, **22**, 915（2016）
8）Y. Kukita *et al.*, *DNA Res.*, **22**, 269（2015）
9）Y. Kukita *et al.*, *PLoS One*, **13**, e0192611（2018）
10）www.qiagen.com
11）J. D. Cohen *et al.*, *Science*, **359**, 926（2018）

12) M. W. Schmitt *et al., Proc. Natl. Acad. Sci. U S A,* **109**, 14508 (2012)
13) J. Phallen *et al., Sci. Transl. Med.,* **9** eaan 2415 (2017)
14) https://grail.com/science/publications/
15) C. Bettegowda *et al., Sci. Transl. Med.,* **6**, 224ra24 (2014)
16) P. Jiang *et al., Proc. Natl. Acad. Sci. U S A,* **112**, E1317 (2015)
17) F. Mouliere *et al., Sci. Transl. Med.,* **10** eaat 4921 (2018)
18) J. Moss *et al., Nat. Commun.,* **9**, 5068 (2018)
19) K. Sun *et al., Proc. Natl. Acad. Sci. U S A,* **112**, E5503 (2015)
20) A. Narayan *et al., Cancer Res.,* **72**, 3492 (2012)

4　分子バーコード解析技術によるがんパネル解析

佐藤慶治*1，的場　亮*2

4.1　要約

次世代シークエンス技術の登場によりスループットが飛躍的に伸び，数百の遺伝子領域を一度に解析するNGSがんパネル解析が汎用的なジェノタイピングツールとなった。しかし，次世代シークエンス解析のエラー率は高く，低いアレル頻度の変異を検出する際にはバックグラウンドエラーとの区別が困難となる。この問題を解決するノイズ除去の技術として，分子バーコード法が開発された。分子バーコード法は，DNA1分子をランダムな混合塩基オリゴでタグ標識する。増幅したリードを冗長的に読み取り，分子標識タグを目安にグループ化してコンセンサスを判定することで，シークエンシングエラーやPCR増幅の際のエラー，DNA損傷と体細胞変異とを区別することが出来る。本技術により，これまでにがんパネル解析における体細胞変異検出の障害となっていたDNA損傷の除去や，高感度での希少変異検出が可能となった。さらに，血中遊離腫瘍DNAを解析するリキッドバイオプシーのがんパネル解析において，分子バーコード技術が活用され始めている。本稿では，分子バーコード技術を用いた各種がんパネル解析技術の紹介と，がんパネル解析の臨床応用の現状と課題について記載する。

4.2　分子バーコード解析手法について

次世代シークエンス技術の発達により，着目した変異サイトを10万～100万深度読み取ることで（Ultra Deep Sequencing），比較的低頻度の変異検出が可能となった。例えば，血中遊離腫瘍由来DNAを解析するリキッドバイオプシーでは，多くの正常細胞の中にごく微量の腫瘍細胞由来DNAが存在するため，低頻度での変異検出感度が重要となる。しかし，低頻度での変異検出の際には，シークエンシングエラーやPCRの際のエラーが問題となる。これらのエラーと本物の変異を高精度に判別するために近年開発された技術が，分子バーコード法によるノイズ除去である。この技術では，エラーが起こりやすいライブラリ構築中のPCR増幅やシークエンスの際の増幅の前に，DNA分子にランダム配列（N12といった混合塩基）で構成された分子標識タグを付加する。PCR増幅により重複した標識タグ配列を読み取り分子タグの種類ごとにクラスタリングすることで，*in silico*にて同一分子由来の配列かどうかを判定することができる。シークエンスエラーはランダムに起こること，PCRエラーは増幅反応の後半で起こりやすいことから，1分子由来配列のコンセンサスを見ることで，本物の変異とエラーとを区別することができる（図1）。

国内で主に使用されている分子バーコード対応のNGSライブラリキット・パネル解析を表1に挙げる。主にMultiplex PCR方式と，Hybridization capture方式の2種類に分類される。この

＊1　Yoshiharu Sato　㈱DNAチップ研究所　新事業開発部　マネージャー
＊2　Ryo Matoba　㈱DNAチップ研究所　新事業開発部

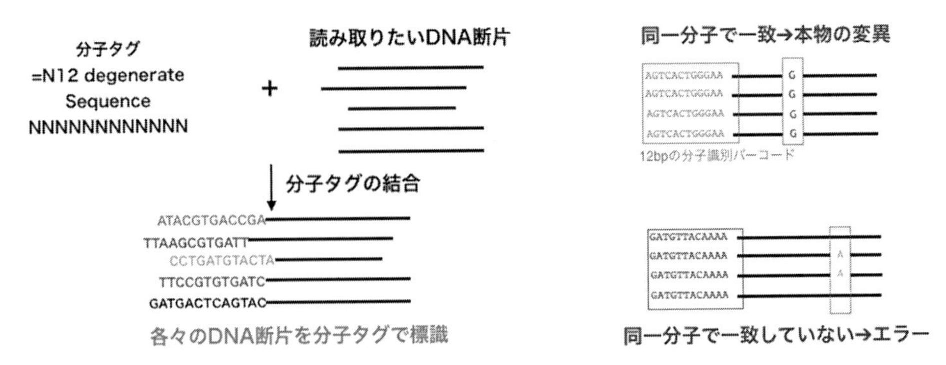

図1　分子バーコード法によるノイズ除去のイメージ

表1　分子バーコード対応の NGS ライブラリキット・パネル

ライブラリキットもしくはパネル名	開発機関	技術	バーコード技術の文献
Oncomine	サーモフィッシャーサイエンティフィック	MultiplexPCR(amplicon)	
SureSelect XT HS	アジレント	Hybridization Capture	
NOIR-SS	大阪府立病院機構,DNA チップ研究所	MultiplexPCR(single GSP)	1)
Qia-Seq	キアゲン	MultiplexPCR(single GSP)	2)
Thuruplex Tag-Seq	タカラバイオ	Hybridization Capture (別キット使用)	
xGen	IDT	Hybridization Capture	3)
NEXTflex™	Bioo Scientific corporation	Hybridization Capture (別キット使用)	

うち，Multiplex PCR は，両側を2つの Gene Specific Primer（GSP）で挟み込むアンプリコン増幅系と，片側のみ GSP を用いる single GSP 増幅に細分化できる（図2）。アンプリコン増幅では，最初の数サイクル（3～5サイクル）の PCR 増幅の際にのみ，分子標識タグのオーバーハング配列を持つプライマーで分子バーコードを導入し，その後さらに外側に仕込んでおいたユニバーサルプライマー配列で増幅する。バーコード付加と DNA 増幅を同時に行うため，初期段階でのロスが少なく比較的感度の高いアッセイ方法であると考えられている。しかし，1分子に複数のバーコードを付加するため，バーコード導入の際のバイアスが大きくその後の解析に影響

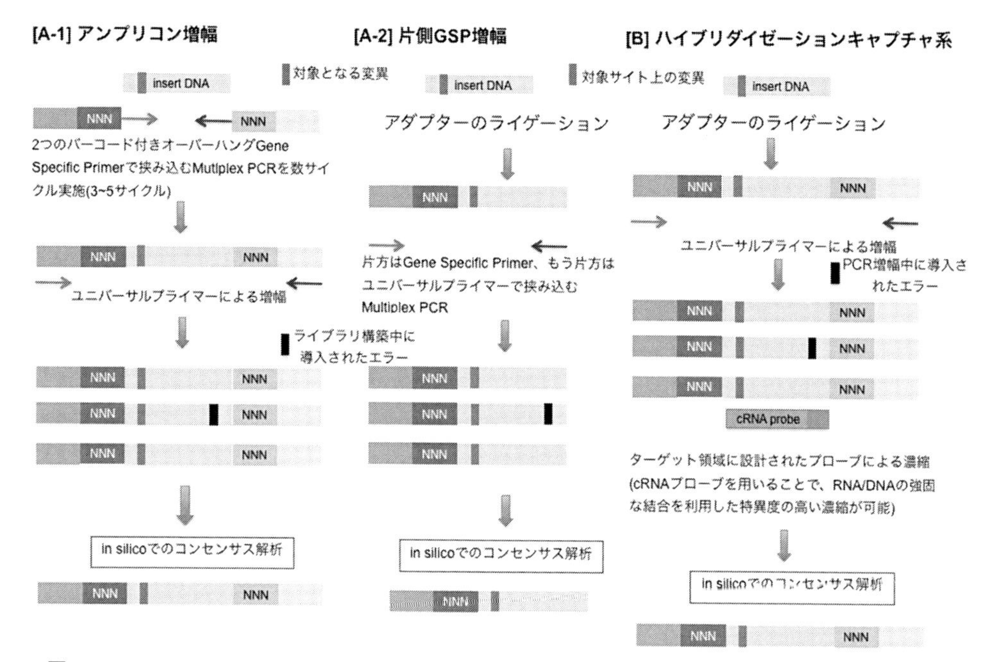

図2　Multiplex PCR ベースおよびハイブリダイゼーションキャプチャ系における分子バーコード標識とアッセイ法について

を与える。また，高密度にターゲット領域を設計する必要がある場合には，隣同士のアンプリコンが重なってしまうため，元々の試料を分割する必要があるといった問題点もある。Multiplex PCR 方式のもう一つのバーコーディング技術として，片側 GSP 増幅法が挙げられる。この方法では，cfDNA の末端に分子バーコードアダプターをライゲーションで付加し，片方は Gene Specific Primer，もう片方はアダプター上の Universal Primer で挟み込んでターゲット領域を増幅するというものである。本手法では，1分子をきちんとタグ標識するため，分子数の正確な測定が可能である。また，片側がユニバーサルプライマーになっている分，増幅のバイアスが抑えられることや，ユニバーサルプライマー側にゲノム再編成（genome rearrangement）などが起こっている場合そのゲノム異常を検出できる。3つ目の方法は，ハイブリダイゼーションキャプチャ形式の方法で，cfDNA にアダプター配列をライゲーションして，PCR 増幅したのち，設計したキャプチャプローブにより，ターゲット領域を濃縮する方法である。比較的広い範囲でのハイブリッド結合を元にターゲット領域を濃縮するため，プライマー上の SNP などが問題になりにくい点や，全エクソンを対象にしたエクソーム解析技術が元になっており，高度なマルチプレックス化が可能といったメリットがある。

分子バーコード法は感度の高い方法ではあるが，希少変異検出の際にはシークエンスエラー以外にも多くの障害がある。それらの問題に対応した精度の高い分子バーコード技術がこれまでに数多く開発されてきている。1つ目に，DNA 損傷と体細胞変異とをどのように見分けるかという問題が挙げられる。DNA 損傷に対応した分子バーコード技術として，duplex sequencing が開発された[4]。この方法では，分子情報を保持したままDNA二本鎖を別々にタグ標識することが可能で，top strandとbottom strandを別々に配列解析したのちに，同一dsDNA由来のリード情報を結合して，*in silico*解析時に照らし合わせることができる。DNA損傷は通常片側のストランドのみに起こることから，DNA損傷と本物の変異を区別することができる。超高感度な分子バーコード法として近年開発されたCAPP-Seqなどにも同様の技術が使用されており，0.02%の感度を達成していると報告されている[5]。次に，NOIR-SSであるが，久木田らは，分子バーコード技術の開発の過程で，分子バーコードそのものにエラーが入り込むことを発見し，分子バーコード上のエラーを取り除く手法を開発した[1]。この方法を用いることで，分子バーコードの種類を正確に読み取ることができるため，変異分子の絶対コピー数を算出できる。一般的に，変異解析では，変異DNA数を正常細胞由来DNA数で除したアレル頻度の単位が用いられることが多い。しかし，血漿の変異解析などでは，正常細胞由来DNAの数が同一患者内でも変動することから，変異検出の単位をどのようにするべきか，多くの議論がなされている。このような観点からも，変異DNA数を絶対定量出来る技術は重要である。

4.3 がんパネル解析への分子バーコード法の活用

4.3.1 高感度な希少変異検出に基づくリキッドバイオプシーへの利用

近年，血中遊離腫瘍DNA（circulating tumor DNA，ctDNA）を対象にジェノタイピングを行う非侵襲的なリキッドバイオプシー検査への期待が高まっている。血中に遊離しているDNAの中には，正常細胞由来のcell free DNA（cfDNA）も含まれることから，0.1%程度の微量な腫瘍由来DNAを検出する必要があり，高い感度が必要となる。従来のNGS解析によるUltra Deep Sequencingのバックグラウンドエラー率は，サイトごとに異なるが高い場所では数%程度出てしまうことから，リキッドバイオプシーにおいては，分子バーコード法によるノイズ除去が重要となる。分子バーコード法を用いたリキッドバイオプシーによって，従来のがんパネル解析を行うための十分な組織が得られない患者への最適薬剤の選択，早期診断への応用が期待されている。

4.3.2 FFPEにおけるDNA損傷への対応と低い腫瘍細胞含有率の検体での変異検出

がん組織の遺伝子解析の際には，Folmarin Fixed Parafin Embeded（FFPE）検体が対象となることが多いが，ホルマリン固定の際の過固定が問題となる。ホルマリンの影響によってシトシンのアミノ基が加水分解されるdeaminationが頻繁に起きる。その結果，C > TもしくはG > A変換が起こる。酸化による8-oxoguanine化（C > A，G > T変換）も起こりやすいDNA損傷である[6]。薄切してから核酸抽出するまでの時間が経過してしまうと，酸化反応によるDNA損傷が蓄積してしまう。このようなDNA損傷が誤って変異としてコールされてしまう問題があり，サンプルのクオリティによってそのバックグラウンドノイズが大きく異なる。このDNA損傷由来のartifactual mutationの問題に対しては，前述のduplex sequencingをはじめとした，分子バーコード解析により除去することが可能である。また，炎症領域における血球の浸潤や，バイオプシーの際の正常細胞の混入により，腫瘍細胞含有率が低い場合には変異アレル頻度が小さくなるため，バックグラウンドノイズと腫瘍細胞由来の体細胞変異との区別が難しくなるため，この場合も分子バーコード法の適用が望ましい。

4.3.3　包括的がんパネル解析による TMB 測定

分子バーコード法による NGS パネル解析では，1 度に多数の変異サイトを解析対象にしてアッセイを行うため，貴重な投入 DNA を節約して，なおかつ高精度な解析が可能であるというメリットがある。免疫チェック阻害剤の効果予測バイオマーカーとして，現在のところ PD-L1 発現が指標として用いられているが，効果予測精度が高くないことや，発現がゼロのケースにも効果があるなど，十分なバイオマーカーでない。よって，新規バイオマーカー探索が活発に行われている。近年，腫瘍細胞における解析対象領域（Mbp）あたりの変異検出数 Tumor Mutation Burden（TMB）が有用な効果予測マーカーであると報告された。1Mbp あたりの非同義置換数がカットオフ値を超えた場合と超えない場合とで，免疫チェックポイント阻害薬の効果が大きく異なる。パネルによってこのカットオフは異なるが，1Mbp 解析領域あたり Foundation One の場合は 10 つの非同義置換[7]，MSK Impact では 7.4 の非同義置換[8]がカットオフとして設定されている。ついに国内でも，TMB 算出が可能な Foundation One パネルが承認され，2019 年には保険収載される見込みである。Foundation One は，315 遺伝子を検査対象としている FFPE 用の包括的がんパネルである[9]。1.1 Mbp の領域が解析対象となっており，各種変異情報に加えて TMB がレポートとして返される。実際に，FFPE からの遺伝子解析において，エクソーム解析から求められた TMB と，Foundation One により求められた TMB が高い相関を示した（R^2 = 0.71）[10]。

さらにはつい最近，リキッドバイオプシーにおいても TMB 測定の有用性が示された。カリフォルニア大学デービス校グループの Gandara らの研究では，分子バーコード法 NGS パネル解析により血漿 ctDNA から TMB を算出し，治療効果との関連を後ろ向きに調査した。この報告では，血漿から算出した TMB についても，免疫チェックポイント阻害薬の有効な効果予測マーカーであることが示された[11]。re-biopsy や転移部位によっては組織バイオプシーが難しい場合があり，組織での遺伝子解析に十分な量の検体を確保できない患者もリキッドバイオプシーであれば検査が可能であり，有用性が高い。今後前向き試験により，臨床有用性が評価されていくであろう。

4.3.4　高感度アッセイによる希少変異検出の注意点

リキッドバイオプシーにおいて希少変異を検出する際，同一患者の血漿で変異陽性，組織で変異陰性といった不一致を示す場合が多数報告されている。分子バーコード解析では，超低頻度の変異を検出する精度があるため，そのような非常に小さな変異の解釈には注意が必要である。血漿の解析においては，限局した組織解析と比べて，全身の全体の状況を反映した包括的なプロファイリング結果であるとの解釈がある。一方で，希少変異検出の臨床的意義に関して，興味深い研究報告がある。非小細胞肺がん（NSCLC）における EGFR-TKI は，EGFR 活性化変異陽性に著効を示す分子標的治療薬であるが，第1・第2世代のEGFR-TKIはEGFRのT790Mにより耐性化してしまう。T790M耐性変異陽性のEGFRにも効果のある第3世代TKIとして，オシメルチニブが開発された。Oxnardらは，組織と血漿におけるT790M変異ステータスと，オシメルチニブの治療効果を調査した。その結果，組織でT790M陰性，血漿でT790M陽性のグループ（Plasma＋，Tissue－，18症例）は，組織でT790M陽性のグループ全体と比べてオシメルチニブの治療成績が悪かったのである[12]。このような少数症例による知見が蓄積してきており，希少変異検出の有用性については今後さらに検証されていくと考えられるが，高感度な分子バーコード解析により得られた低頻度アレル変異の解釈には注意が必要である。

また近年，Huらの報告から，クローン性造血（clonal hematopoiesis of indeterminate potential, CHIP）由来の変異が希少変異検出において問題になるというレポートが出された[13]。加齢に伴い造血幹細胞に体細胞変異が蓄積し，これが血漿に漏れ出してきたものが，間違って腫瘍由来の変異とコールされてしまう危険性がある。血漿のctDNAに加えて，血球成分（PBMC）などを対象とした正常細胞をコントロールに置くtumor-normal-matched-pair解析を実施することで，正常細胞由来の変異を除去するという解決策がある。実際に組織からの体細胞変異解析では正常細胞と腫瘍組織のペア解析が推奨されている[14]。しかし，2倍以上の解析コストがかかるという問題点や，低アレル頻度の解析の場合には反復実験による検証が必要となり，解析コストが膨れ上がる。さらに，PBMC画分にはCTC（Circulating Tumor Cell）が含まれている可能性があるため[15]，この点も注意が必要である。また，別の解決法として，久木田らは，COSMICデータベースに登録されている変異情報を元に，正常細胞由来の変異を除去する方法を提案している[16]。この方法では，COSMICデータベースに登録されていない（または変異登録数の少ない）変異は，正常細胞由来の変異である可能性が高く，このような変異をフィルタリング除去することで，腫瘍細胞由来の変異を選別する。

4.4 コンパニオン診断（CDx）におけるNGSがんパネル解析の有用性と課題

2018年12月1日にサーモフィッシャー社のOncomine™ Dx Target TestがBRAF V600E陽性の非小細胞肺がん（NSCLC）患者にタフィンラー・メキニストを投与するためのCDxシステムとして保険償還され，NGSがコンパニオン診断薬として臨床応用される国内で初めてのケースとなった。“遺伝学的検査「2」処理か複雑なもの”を準用して保険点数が算定されており，5000点がついた。このパネル検査では，実際には46遺伝子のがん遺伝子の解析を実施しているが，現在のところ，BRAF V600Eの変異のみをレポートとして担当医師に返すようである。NGSがんパネル解析がいよいよ臨床現場で実用化され，今後マルチコンパニオン化への流れへと繋がっていくと期待されるが，NGSパネル検査についての多くの課題が浮き彫りとなっている。一つ目に挙げられるのは，解析のコストである。NGSによる解析では，多くの領域を対象とすることができる反面，ライブラリ調整が煩雑であり，シークエンスラン試薬代も非常に高価で解析コストがかかる。今回BRAF変異陽性の診断として5000点の保検点数が付いたが，実際の解析には4倍以上の費用がかかると言われており，コスト削減が課題である。

次に，検出感度の問題が挙げられる。Oncomine™ Dx Target Testにおいては，腫瘍細胞含有率が30%以上を検体の条件として設定している。つまり，正確な検査を実施するためには30%以上のアレル頻度を必要とするということである。正常組織がある程度混入することがあり，特に肺がんの領域においては，この30%というカットオフは厳しい基準となっている。コバス®EGFR変異検出キットv2.0（以下コバスv2.0）の検査では，5%以上の検出感度であり，腫瘍細胞含有率が10%未満の場合にマイクロダイゼクションを推奨しているが，これと比べても3～6倍以上を要求している。腫瘍細胞含有率については，Foundation Oneのパネルでも同様の30%の基準が要求されるようだ（https://www.foundationmedicineasia.com/dam/assets/pdf/FOne_Specimen_Guidelines.pdf)。分子バーコード技術の導入により，大幅な感度上昇やDNA損傷の検出が可能であるが，その分コストがかかるというジレンマがある。

その他の重要な問題として，依頼から検査結果を返すまでの時間Turn Around Time（TAT）がある。現在のNGSパネル解析では，DNA/RNAの抽出からライブラリ構築，シークエンス解析までのTATが11～14日とされており，迅速な診断が求められる臨床現場においてはさらなる時間短縮が求められている。実際に現在の肺がんの遺伝子検査におけるTATは，in house診断であれば2～3日，コバスv2.0においても3～6日であることから，NGSパネルよりも既存の検査がTATの面で好まれるかもしれない。病院内でのin house NGS解析体制の構築が一つの時間短縮にはなるが，ISOなどの施設要件の整備や，技術者の不足といった面で多くの課題がある。

上述の感度，コスト，TATの問題に深く関わるポイントとして，解析対象領域をどの範囲までカバーするかという問題がある。精度の面でも，広い範囲を解析対象とすればするほど，誤って変異とコールしてしまう偽陽性の問題が高まることが示されている[14)]。現在のパネル検査では，コンパニオン診断に関係のない領域を解析対象としているために，感度が悪くなっているという側面がある。当然ながら，解析領域が広いほど，コストもかさむため，大きな問題である。

その他，広い領域を対象とするNGSパネル検査においては，偶発的所見が問題になりうる。BRCA1/2遺伝子や，TP53遺伝子など，家族性の腫瘍に関する遺伝的素因（germline変異）が見つかった場合は，家族を含めた遺伝カウンセリングが必要になるため，遺伝カウンセラーなど人材の確保を含めた体制構築が大きな問題となる。Oncomineについては，このようなターゲット領域を検査対象から除外しており，体細胞変異のみを対象とした検査となっているため，倫理面での問題が配慮されている。

また，各社が開発しているがんパネル解析やマルチプレックス遺伝子診断は独自のターゲット領域を対象としているが，そのカバー領域がまちまちであり，しばしば問題となる。例えば，EGFRのコンパウンド変異は，NSCLCにおけるEGFR-TKIの薬剤感受性に大きく関わっていることが報告されている[17)]。例えば，Oncomineとコバスv2.0でカバーしている変異サイトがこのようなコンパウンド変異に対応しているかというと，半分以上の変異はカバーされておらず，また両者間ではほとんどオーバーラップしていない。このような，コンパウンド変異や，耐性変異サイトの領域は日々刻々と更新されていくため，対応が難しい面があるが，NGSパネル検査の網羅性を活かした形で，臨床のニーズに合わせたパネル開発が今後進んでいくと期待される。

4.5 おわりに

遂に国内でもNGSパネル解析ベースのコンパニオン診断薬が登場した。今後複数の薬剤への対応が進むことが予想され，今まで個別に実施していた遺伝子検査の一括実施への道が開けた。一括検査による検体の節約，患者の負担軽減，検査の迅速化，医療経済の負担軽減など多くのメリットが期待されるが，臨床現場で一般的に普及するようになるまでには，まだまだ多くの課題が残されている。制度上の問題を含めて，今後の改善が期待される。分子バーコード技術の発展により，DNA損傷の除去，バックグラウンドノイズの低減による高感度変異検出が可能となり，リキッドバイオプシーによる非侵襲的ながんパネル検査が，近い将来臨床応用されるだろう。リキッドバイオプシーへの応用以外にも，分子標的治療薬が将来的に増えてきた場合にも対応可能な高度なマルチプレックス能力や，一括検査による貴重な検体の節約，耐性変異検出に基づく最適薬剤選択など，NGS解析の特徴を活かした応用への期待は高く，今後さらに技術革新が進むであろう。最も大切なことは，NGSがんパネル解析が，いかに患者さんのベネフィット（OSの延長，QOLの向上）に貢献するかである。その目標に向かって様々な問題が解決され，NGSパネル解析の臨床現場での一層の普及につながることが期待される。

文　　献

1) Y. Kukita, R. Matoba, J. Uchida, T. Hamakawa, Y. Doki, F. Imamura, K. Kato, *DNA Res.*, **22**, 269 (2015)
2) Q. Peng, R. Vijaya Satya, M. Lewis, P. Randad, Y. Wang, *BMC Genomics*, **16**, 589 (2015)
3) L. E. MacConaill, R.T. Burns, A. Nag, H.A. Coleman, M.K. Slevin, K. Giorda, M. Light, K. Lai, M. Jarosz, M. S. McNeill, M.D. Ducar, M. Meyerson, A. R. Thorner, *BMC Genomics*, **19**, 30 (2018)
4) M. W. Schmitt, S.R. Kennedy, J. J. Salk, E. J. Fox, J. B. Hiatt, L.A. Loeb, *Proc. Natl. Acad. Sci. U S A*, **109**, 14508 (2012)
5) A. M. Newman, A. F. Lovejoy, D. M. Klass, D. M. Kurtz, J. J. Chabon, F. Scherer, H. Stehr, C. L. Liu, S. V. Bratman, C. Say, L. Zhou, J. N. Carter, R. B. West, G. W. Sledge, J. B. Shrager, B. W. Loo, Jr., J. W. Neal, H. A. Wakelee, M. Diehn, A. A. Alizadeh, *Nat. Biotechnol.*, **34**, 547 (2016)
6) B. Arbeithuber, K. D. Makova, I. Tiemann-Boege, *DNA Res.*, **23**, 547 (2016)

7) M. D. Hellmann, T. E. Ciuleanu, A. Pluzanski, J. S. Lee, G. A. Otterson, C. Audigier-Valette, E. Minenza, H. Linardou, S. Burgers, P. Salman, H. Borghaei, S. S. Ramalingam, J. Brahmer, M. Reck, K. J. O'Byrne, W. J. Geese, G. Green, H. Chang, J. Szustakowski, P. Bhagavatheeswaran, D. Healey, Y. Fu, F. Nathan, L. Paz-Ares, *N. Engl. J. Med.*, **378**, 2093 (2018)

8) H. Rizvi, F. Sanchez-Vega, K. La, W. Chatila, P. Jonsson, D. Halpenny, A. Plodkowski, N. Long, J. L. Sauter, N. Rekhtman, T. Hollmann, K. A. Schalper, J. F. Gainor, R. Shen, A. Ni, K.C. Arbour, T. Merghoub, J. Wolchok, A. Snyder, J. E. Chaft, M. G. Kris, C. M. Rudin, N. D. Socci, M. F. Berger, B. S. Taylor, A. Zehir, D. B. Solit, M.E. Arcila, M. Ladanyi, G. J. Riely, N. Schultz, M. D. Hellmann, *J. Clin. Oncol.*, **36**, 633 (2018)

9) G. M. Frampton, A. Fichtenholtz, G. A. Otto, K. Wang, S.R. Downing, J. He, M. Schnall-Levin, J. White, E. M. Sanford, P. An, J. Sun, F. Juhn, K. Brennan, K. Iwanik, A. Maillet, J. Buell, E. White, M. Zhao, S. Balasubramanian, S. Terzic, T. Richards, V. Banning, L. Garcia, K. Mahoney, Z. Zwirko, A. Donahue, H. Beltran, J. M. Mosquera, M. A. Rubin, S. Dogan, C. V. Hedvat, M. F. Berger, L. Pusztai, M. Lechner, C. Boshoff, M. Jarosz, C. Vietz, A. Parker, V. A. Miller, J. S. Ross, J. Curran, M. T. Cronin, P. J. Stephens, D. Lipson, R. Yelensky, *Nat. Biotechnol.*, **31**, 1023 (2013)

10) Z. R. Chalmers, C. F. Connelly, D. Fabrizio, L. Gay, S. M. Ali, R. Ennis, A. Schrock, B. Campbell, A. Shlien, J. Chmielecki, F. Huang, Y. He, J. Sun, U. Tabori, M. Kennedy, D. S. Lieber, S. Roels, J. White, G. A. Otto, J. S. Ross, L. Garraway, V. A. Miller, P. J. Stephens, G. M. Frampton, *Genome Med.*, **9**, 34 (2017)

11) D. R. Gandara, S. M. Paul, M. Kowanetz, E. Schleifman, W. Zou, Y. Li, A. Rittmeyer, L. Fehrenbacher, G. Otto, C. Malboeuf, D. S. Lieber, D. Lipson, J. Silterra, L. Amler, T. Riehl, C. A. Cummings, P. S. Hegde, A. Sandler, M. Ballinger, D. Fabrizio, T. Mok, D. S. Shames, *Nat. Med.*, **24**, 1441 (2018)

12) G. R. Oxnard, K. S. Thress, R. S. Alden, R. Lawrance, C. P. Paweletz, M. Cantarini, J. C. Yang, J. C. Barrett, P. A. Janne, *J. Clin. Oncol.*, **34**, 3375 (2016)

13) Y. Hu, B. C. Ulrich, J. Supplee, Y. Kuang, P. H. Lizotte, N. B. Feeney, N. M. Guibert, M. M. Awad, K. K. Wong, P. A. Janne, C. P. Paweletz, G. R. Oxnard, *Clin. Cancer Res.*, **24**, 4437 (2018)

14) S. Jones, V. Anagnostou, K. Lytle, S. Parpart-Li, M. Nesselbush, D. R. Riley, M. Shukla, B. Chesnick, M. Kadan, E. Papp, K. G. Galens, D. Murphy, T. Zhang, L. Kann, M. Sausen, S. V. Angiuoli, L. A. Diaz, Jr., V. E. Velculescu, *Sci. Transl. Med.*, **7**, 283ra253 (2015)

15) K. Pantel, G. Schlimok, S. Braun, D. Kutter, F. Lindemann, G. Schaller, I. Funke, J. R. Izbicki, G. Riethmuller, *J. Natl. Cancer Inst.*, **85**, 1419 (1993)

16) Y. Kukita, K. Ohkawa, R. Takada, H. Uehara, K. Katayama, K. Kato, *PLoS One*, **13**, e0192611 (2018)

17) E. Y. Kim, E. N. Cho, H. S. Park, J. Y. Hong, S. Lim, J. P. Youn, S. Y. Hwang, Y. S. Chang, *Cancer Biol. Ther.*, **17**, 237 (2016)

第2章　ゲノム編集の視点から

1　ゲノム編集の礎からの展開

天井貴光*1，黒田浩一*2

1.1　はじめに

1977年にバクテリオファージの一種であるφ X174の全ゲノム配列が決定した[1)]ことを皮切りに，ヒトゲノムを含む，様々な生物の全ゲノム配列が明らかとなった。ゲノム配列が明らかとなっていくと，ゲノムにコードされている遺伝子の機能解明や，生物自体に新たな機能を付加するためにゲノム配列を編集する技術が求められるようになり，現在までに様々なゲノム編集技術が開発された。本稿では上記のゲノム編集技術について，それぞれの構造，原理，特徴などを概説する。

1.2　従来のゲノム編集法

ゲノムを編集する従来法として，化学物質や放射線照射を利用したゲノム編集法が挙げられる。例えば，エチルニトロソウレアは，点変異を通常の約百倍から千倍の確率で誘発させることができる化学物質[2)]として，メダカ，ショウジョウバエ，マウスなどに利用されている。そのため，エチルニトロソウレアを投与し，標的遺伝子配列を調べることで，標的遺伝子に変異が入った個体を得ることができる。また同様に放射線照射でも塩基配列に変異を導入することが可能であり，標的とした遺伝子に変異が導入された個体を得ることができる。しかしながら，化学物質や放射線照射によるゲノム編集はゲノム全体に変異が導入されてしまう。そのため，標的とした遺伝子の配列のみに変異を導入することができるゲノム編集技術の開発が求められてきた。

1.3　ZFNによるゲノム編集

標的とした塩基配列のみに変異導入することができる技術を開発する足がかりとなったのは，1994年に報告されたDNAの二本鎖切断が相同組換えを促進するというものであった[3)]。この報告により，ゲノムDNA中の任意の塩基配列を狙って二本鎖切断することで，遺伝子の機能を欠失させることや，外来遺伝子を導入することで，相同組換えにより目的遺伝子を導入することができるのではないかという発想が生まれた。そのためには，任意の塩基配列のみを認識して二本鎖切断する人工制限酵素が必要であった。そして開発されたものが，第1世代のゲノム編集ツールであるジンクフィンガーヌクレアーゼ（ZFN）である[4)]。

＊1　Takamitsu Amai　京都大学　大学院農学研究科　応用生命科学専攻　博士課程
＊2　Kouichi Kuroda　京都大学　大学院農学研究科　応用生命科学専攻　准教授

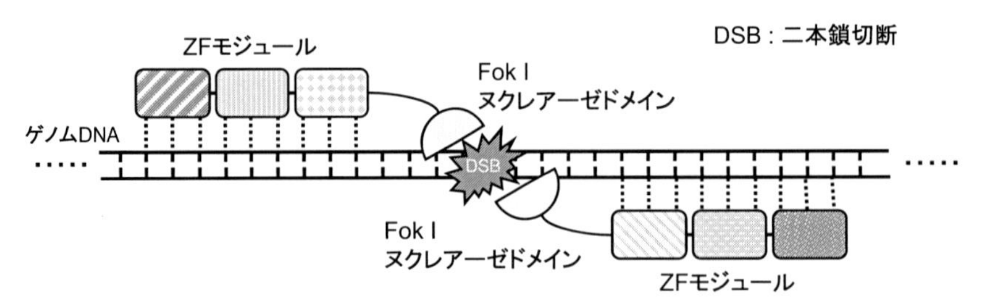

図1　ZFNによる二本鎖切断

ZFNはDNA結合モチーフの一つであるジンクフィンガー（ZF）と制限酵素Fok Iの配列非依存的ヌクレアーゼドメインをつなげた，人工制限酵素タンパク質である（図1）。特徴として，ZFモジュールは1つで3塩基を認識して結合するため，3-6個のZFモジュールをつなぎ合わせることで任意の9-18塩基と結合する。また，Fok Iのヌクレアーゼドメインは，二量体を形成して初めて切断活性を示すため，ZFNによる二本鎖切断では，お互いに異なる塩基配列を認識する1対のZFモジュールを作製して標的配列に結合させる必要がある。したがって，ZFNは近接する2箇所の塩基配列に結合することができなければ，二本鎖切断を誘導しないことから，ゲノム上で1対のZFモジュールが結合した塩基配列に対してのみ，機能させることが可能となった。ZFNは二本鎖切断を誘導させ，2つの修復機能のどちらかを利用することでゲノム編集を行う。1つは非相同末端結合（non-homologous end joining : NHEJ）による修復である。NHEJは二本鎖切断された塩基配列の末端同士をそのままつなぎ合わせる修復機構であり，修復の際に塩基の挿入や欠失によるフレームシフトを誘発させることにより遺伝子機能が欠損する。もう1つは標的とした塩基配列に相同的な配列と挿入したい配列を持つdonor DNAをZFNと同時に導入することで，相同組換え（homologous recombination：HR）により，切断した塩基配列の部分に遺伝子を導入する。ZFNの登場により，様々な生物種でのゲノム編集が行われた。2002年にショウジョウバエでのゲノム編集が行われたことを皮切りに，2005年にはヒト培養細胞，2006年に線虫，2008年にゼブラフィッシュ，2009年にはラットにおいてゲノム編集が行われた[5~9]。

このように，ZFNは登場から多くのゲノム編集に用いられてきたが，大きな問題点があった。それは，ZFの塩基配列認識の特性である。ZFNは1つにつき3塩基を認識するZFモジュールを複数個連結させることで，任意の十数塩基に結合する。しかし，連結させたZFモジュール同士で塩基認識への干渉が生じてしまい，塩基配列の特異的認識が低下してしまう。これが原因で，複数個を連結させたZFモジュールの作製が困難となっていた。この問題を解決する試みも成されてきたが，現在でも解決には至っていない。

1.4　TALENによるゲノム編集

ZFNにおける塩基認識の欠点を解決した技術が，2010年に開発された第2世代のゲノム編集

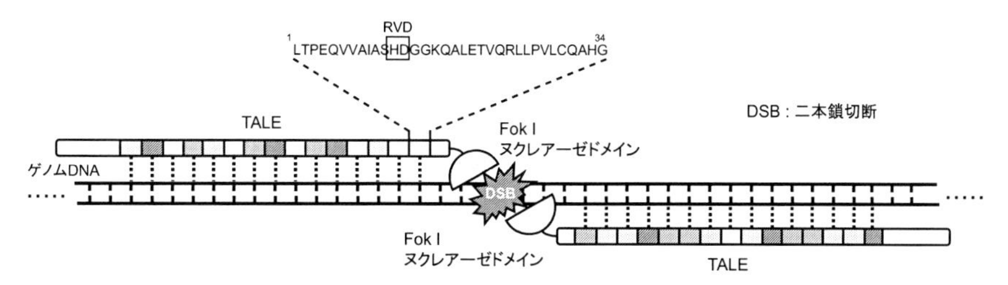

図2　TALENによる二本鎖切断

ツールであるTALエフェクターヌクレアーゼ（TALEN）である[10)]。この技術は，ZFNと類似しており，標的とした塩基配列を認識するDNA結合ドメインに制限酵素Fok Iの配列非依存的ヌクレアーゼドメインを付加させて作製した人工制限酵素タンパク質である（図2）。ゲノム編集の際には，ZFNと同様に異なる塩基配列を認識する1対のTALエフェクター（transcription activator-like effector：TALE）を使用する。TALENでは，DNA結合ドメインとして，植物病原細菌のキサントモナス属が有しているTALEを利用している。TALEは大きく分けて3つのドメインから成り立ち，N末端側には輸送シグナルを持つドメイン，34アミノ酸で1モジュールを構成している構造が連続して並んだDNA結合ドメイン，C末端側には，核局在シグナルや転写活性化ドメインをそれぞれ有している。34アミノ酸で構成されたDNA結合ドメイン内にはRVD（Repeat variable di-residues）と呼ばれる2アミノ酸からなる領域があり，その2つのアミノ酸の組み合わせにより認識する塩基を変化させている。キサントモナスは植物細胞に感染することで，宿主細胞内にTALEを輸送し，植物ゲノム上にTALEを結合させ，転写因子のようなエフェクターとして働かせる。これにより，キサントモナス自身に有利な環境を作り出すことが報告されている[11)]。TALENでは，N末端側の輸送シグナルを持つドメインや，C末端側の転写活性化ドメインを欠失させ，15-20個のモジュールを並べたDNA結合ドメインに制限酵素Fok Iヌクレアーゼドメインを付加したものが使用される。このTALENの最大の特徴は，標的とした塩基配列に結合する役割を担う，DNA結合ドメインである。ZFNとは異なり，TALENのDNA結合ドメインは，1モジュールで1塩基を認識し，隣接したモジュール同士で塩基認識の干渉が起こらない。そのため，ZFNでは標的とした塩基配列のみを認識するようなDNA結合ドメインの作製が困難であったが，TALENではその問題が大きく改善された。しかしながら，TALENにおいても問題点があった。TALENでは，標的とした塩基配列に対応する15～20個のDNA結合ドメインや制限酵素を発現するベクターの作製が標的配列ごとに必要であり，多くの時間と労力を必要とした。

1.5　CRISPR/Cas9システムによるゲノム編集

ZFNやTALENで挙げられた問題点を解決した技術が2013年に開発された。それは，RNA誘導型ヌクレアーゼと呼ばれる，CRISPR/Cas9（Clustered regularly interspaced short

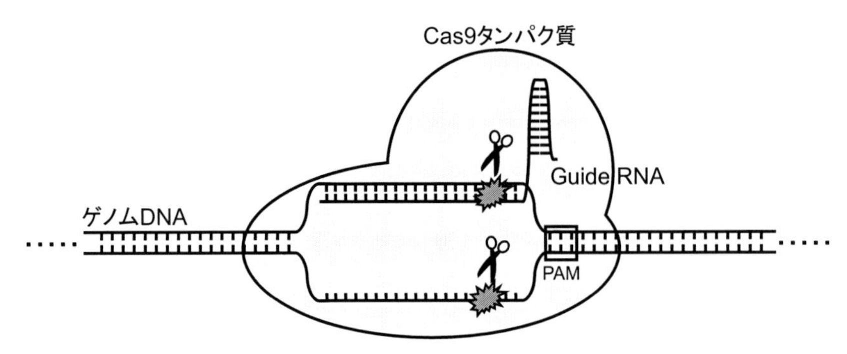

図３　CRISPR/Cas9 システムによる二本鎖切断

palindromic repeats / CRISPR associated proteins）システムである[12]。この CRISPR/Cas9 システムは，標的配列と相補的な配列を持つ短い RNA 鎖と DNA ヌクレアーゼである Cas タンパク質が複合体を形成することで標的の塩基配列を二本鎖切断する（図３）。CRISPR/Cas9 システムが登場して以来，より簡便，迅速かつ自由なゲノム編集が行えるようになった。

1.6　CRISPR/Cas システムの歴史

CRISPR は原核生物が持つ数十塩基対の短い反復配列（short sequence repeats : SSRs）の１つで，保存性を持たないスペーサーを挟んだ繰り返し配列であり，1987 年に大阪大学の石野良純博士（現：九州大学）らによって，大腸菌のリン酸代謝に関わるアルカリフォスファターゼについての研究過程で発見された[13]。しかしながら，当初はこの配列の生理的な意味は不明であった。その後，1990 年代に入ると他の原生生物ゲノム中からも CRISPR が発見された[14~16]。調べられたゲノム中では，繰り返し配列やスペーサー配列の塩基数に違いは見られたが，スペーサーを含んだ繰り返し配列であるという共通性を持っていた。その後の研究で，CRISPR の付近には遺伝子クラスターが保存されていることが明らかとなった。これらの配列は，CRISPR を持っている種のゲノム上に保存され，CRISPR を持っていない種のゲノム上には全く見られないことから，機能的に CRISPR と連動している遺伝子であると予想され，Cas 遺伝子と名付けられた[17]。

CRISPR 領域の配列解析が進展するにしたがって，CRISPR は既知のバクテリオファージやプラスミドに相同な配列を有していることが確認された。この結果から，CRISPR の機能は，バクテリオファージやプラスミドといった外来 DNA を排除する働き，すなわち，原核生物の獲得免疫システムに関わるのではないかと考えられた。この仮説は，2007 年に乳酸菌の一種である *Streptococcus thermophilus* ゲノム上の CRISPR のスペーサー領域にファージの配列を挿入すると，その株がファージ感染に抵抗性を持つこと，さらにファージ配列を欠乏させるとファージ感染の抵抗性が失われることで実験的に証明された[18]。これにより，CRISPR は原核生物の獲得免疫システムとして機能することが明らかとなった。Cas タンパク質は外来性 DNA 中に存在する数ヌクレオチドの短い特徴的な配列モチーフである PAM（protospacer adjacent motifs）配列を認識し，そこから上流の数十塩基を切り取り，自身のCRISPR領域に挿入し保存する。挿入された配列は転写され，リピート配列が切断されることでcrRNA（CRISPR RNA）となり，Casタンパク質と複合体を形成することで，標的の外来性DNAを切断，排除する。この一連の獲得免疫作用をCRISPR/Casシステムと呼ぶ。

CRISPR/Casシステムの獲得免疫作用が明らかになると，そのシステムを応用することによりゲノム編集に利用できるのではないかと考えられた。CRISPR/CasシステムはCasタンパク質の違いにより，大きく3つのクラスに分けられる。そのうち，クラスⅡはクラスⅠ，クラスⅢと異なり，標的とする塩基配列の切断にはCas9タンパク質のみで行えるという簡便さから，現在のゲノム編集技術ではタイプⅡのCRISPR/Cas9システムが多く利用されている。実際に，*Streptococcus thermophilus*のタイプⅡCRISPR/Cas9システムを用いた際，標的とした塩基配列を切断するためには，その配列と相補的な配列を持つcrRNA，crRNAと一部相補的なRNAであるtracrRNA（trans-activating CRISPR associated RNA），Cas9タンパク質があれば十分であることを*in vitro*で実験的に証明している[19]。さらに，*Streptococcus pyogenes*のCRISPR/Casを用いてヒト腎臓細胞内のゲノムを切断することに成功した[20]。また，crRNAとtracrRNAを結合させたRNA鎖（guide RNA：gRNA）を使用することでより簡便にゲノム編集を行えるようになった。このゲノム編集は，ZFN，TALEN人工ヌクレアーゼと比較して，圧倒的に簡便であることから実用的なゲノム編集技術として現在急速に普及しつつある。

1.7　CRISPR/Cas9システムの特徴

CRISPR/Cas9システムの最大の特徴は，その簡便さにある。従来のZFNやTALENであれば，標的とした塩基配列に対して1対の人工制限酵素を発現するベクターの作製などを行う必要があり，作製に多大な時間や労力を必要とした。一方CRISPR/Cas9システムでは，標的とした塩基配列に相補的な配列を持つ短いRNA鎖とCas9タンパク質があれば切断でき，さらに，RNAの配列を変えることで容易に別の塩基配列を認識させることが可能である。CRISPR/Cas9システムが認識する配列には，PAM配列とそこから上流20塩基の配列が必要であるが，現在よく使用されている*S. pyogenes*由来のCas9タンパク質のPAM認識配列は，5'-NGG-3'（N＝A, T, G, C）の3塩基であるため，あまり厳しい制限ではないと思われる。また，RNA鎖を複数作製すればCas9タンパク質により一度に複数の塩基配列を認識し，二本鎖切断することも可能である[21]。

1.8　CRISPR/Cas9システムの応用

CRISPR/Cas9システムは近年，上記のゲノム編集以外にも応用されている。例えば，二本鎖切断を行うヌクレアーゼタンパク質であるCas9の活性中心ドメインに変異を導入したdCas9（nuclease dead-Cas9）（D10AおよびH840A）タンパク質がある。このdCas9タンパク質は，gRNAと複合体を形成し，標的配列に結合するが，配列は切断しないという特徴を持つ[22]。すなわち，この dCas9 タンパク質にエフェクタータンパク質を付加すれば標的の塩基配列上で，付加したエフェクタータンパク質を機能させることができる。実際に，dCas9 タンパク質の C 末端に転写活性化因子である VP64 を付加することで内在性のプロモーターを活性化させ，標的遺伝子の発現量を上昇させた例[23]や，逆に転写抑制ドメインである KRAB（Krüppel associated box）を付加させて，標的遺伝子の発現量を抑制させた例が報告[24]されている（図 4，図 5）。その他には，dCas9 タンパク質にヒストン修飾酵素を付加して標的部位のクロマチン構造を変化させる技術[25]や，dCas9 を蛍光標識することで標的遺伝子部位のイメージング[26]にも応用されている（図 6）。また，Cas9 タンパク質を改良する試みもされており，Cas9 タンパク質に変異を

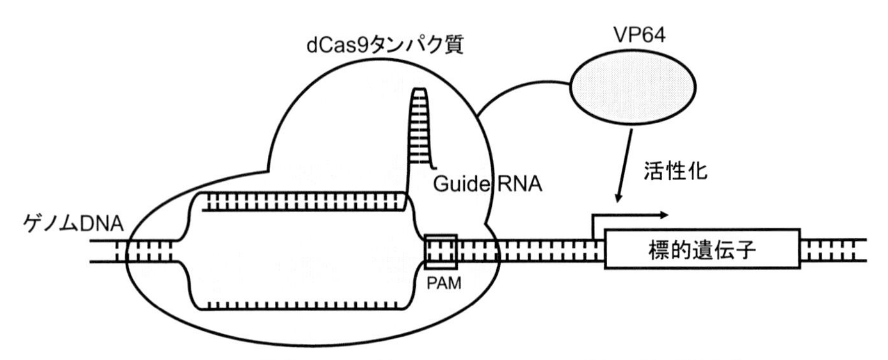

図 4　転写活性化因子を付加した dCas9 による遺伝子発現活性化

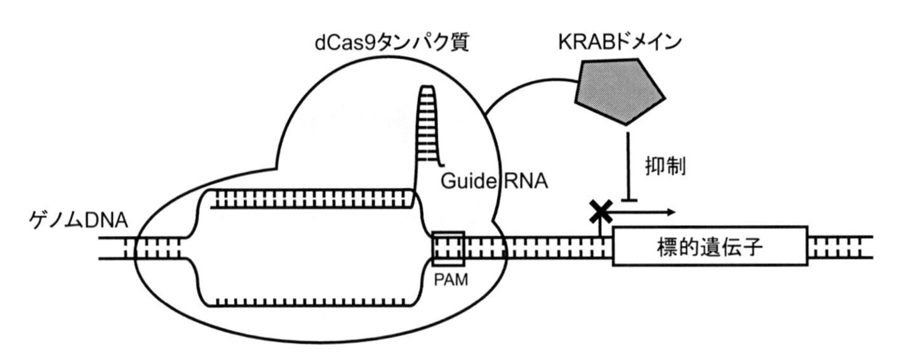

図 5　転写抑制因子を付加した dCas9 による遺伝子発現の抑制

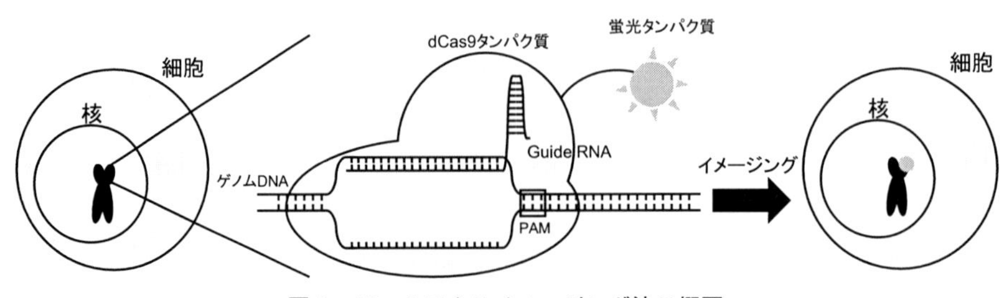

図 6　dCas9 によるイメージング法の概要

導入して PAM 配列の認識を変えることで，より多くの配列を標的とすることが可能となった[27]。このように，近年ではゲノム編集以外にも CRISPR/Cas9 システムが用いられており，今後も様々な利用法が開発されていくことが期待されている。

1.9　終わりに

エチルニトロソウレアなどの化学物質や放射線照射によるゲノム編集をはじめ，人工制限酵素タンパク質である ZFN の登場により，標的とした塩基配列のみを編集することが可能となり，TALEN の登場により ZFN において問題点として挙げられた ZF モジュール同士で生じる塩基認識の干渉が解決された。さらに，CRISPR/Cas9 システムの登場により ZFN や TALEN と比較して，標的とした塩基配列を認識する構成因子の作製に掛かる時間や労力が格段に改善された。このように，ゲノム編集の分野は十数年の間に飛躍的に進歩し，TALEN や CRISPR/Cas9 システムでは，ゲノム編集以外の用途にも用いられている。今後は，開発されたゲノム編集技術が医療分野だけでなく，有用な物質生産や基礎研究などのツールとして，様々な生物で多岐にわたって用いられていくことが期待される。

文　　献

1) F. Sanger *et al.*, *Nature*, **265**, 687 (1977)
2) B. Rathkolb *et al.*, *Exp. Physiol.*, **85**, 635 (2000)
3) P. Rouet *et al.*, *Mol. Cell. Biol.*, **14**, 8096 (1994)
4) Y. G. Kim *et al.*, *Proc. Natl. Acad. Sci. USA*, **93**, 1156 (1996)
5) M. Bibikova *et al.*, *Genetics*, **161**, 1169 (2002)
6) F. D. Urnov *et al.*, *Nature*, **435**, 646 (2005)
7) J. Morton *et al.*, *Proc. Natl. Acad. Sci. USA*, **103**, 16370 (2006)
8) X. Meng *et al.*, *Nat. Biotechnol.*, **26**, 695 (2008)
9) A. M. Geurts *et al.*, *Science*, **325**, 433 (2009)
10) M. Christian *et al.*, *Genetics*, **186**, 757 (2010)
11) D. F. Voytas *et al.*, *Science*, **326**, 1491 (2009)
12) M. Jinek *et al.*, *Science*, **337**, 816 (2012)
13) Y. Ishino *et al.*, *J. Bacterial.*, **169**, 5429 (1987)
14) F. J. Mojica *et al.*, *Mol. Microbiol.*, **36**, 244 (2000)
15) N. Hoe *et al.*, *Emerg. Infect. Dis.*, **5**, 254 (1999)
16) P. M. Groenen *et al.*, *Mol. Microbiol.*, **10**, 1057 (1993)
17) R. Jansen *et al.*, *Mol. Microbiol.*, **43**, 1565 (2002)
18) R. Barrangou *et al.*, *Science*, **315**, 1709 (2007)

19) G. Gasiunas *et al., Proc. Natl. Acad. Sci. USA,* **109**, E2579 (2012)
20) L. Cong *et al., Science,* **339**, 819 (2013)
21) H. Wang *et al., Cell,* **153**, 910 (2013)
22) L. S. Qi *et al., Cell,* **152**, 1173 (2013)
23) M. L. Maeder *et al., Nat. Methods,* **10**, 977 (2013)
24) L. A. Gilbert *et al., Cell,* **154**, 442 (2013)
25) I. B. Hilton *et al., Nat. Biotecnol.,* **33**, 510 (2015)
26) B. Chen *et al., Cell,* **155**, 1479 (2013)
27) B. P. Kleinstiver *et al., Nature,* **523**, 481 (2015)

2 シングル塩基ゲノム編集の活用

西田敬二*

2.1 “切る”ゲノム編集技術の課題

一般的なゲノム編集は，DNAを切断するヌクレアーゼ活性によって標的部位を切断する。宿主細胞は主に非相同末端修復（Non homologous end joining；NHEJ）機構によって切断面をつなぎ合わせるが，末端の塩基の欠落や余計な断片の付加（indel）が生じやすいことと，正しく修復されても繰り返し切断の対象となるために，最終的にindel変異が固定される。このNHEJによるプロセスは，動物や植物など高等な真核生物においては比較的に活性が高いため，遺伝子コード領域のフレームシフトによる遺伝子破壊が効率よく行える。但し編集後にどのような配列になるかはランダムであり，PCRベースでの検出では見過してしまうような非常に大きな欠損を生じる問題も指摘されている。また動物の多能性幹細胞などではプログラム細胞死を強く誘導することも明らかとなってきており，そのため異常化しやすい細胞のみが生き残るという懸念も生じ始めており，これまで不死化した細胞ラインでは顕在化しなかった問題が見出されつつある。

微生物では一般にDNA二重鎖切断を修復する活性が相対的に低いためにヌクレアーゼによるゲノム切断は細胞死に至りやすく，特に多くのバクテリアはNHEJ機構を持たないことから，より致死的である。これを逆手に取り，相同組み換え法などによって変異導入した細胞のみが生き残るようなカウンターセレクションも可能ではある。

またindelによる遺伝子破壊ではなく，より精密な遺伝子配列の改変を行う場合においては，ヌクレアーゼと相同DNA断片を共導入することにより，切断部位での相同組み換えを期待することもできるが，その効率は一般にはNHEJよりも低いため，Indelと入り混じった結果になることも避けがたい。また対象が相同DNA断片を十分量導入できる細胞に限られることと，後述する遺伝子組み換え規制の観点からもDNAの挿入を伴わないことがより好ましい状況も想定される。

2.2 脱アミノ化による点変異導入

このようなヌクレアーゼ型ゲノム編集技術の課題に対し，神戸大学を中心とするグループとHarvard大学のグループは別々に，シチジン脱アミノ化酵素を用いることによる“切らない”ゲノム編集が可能であることを実証した[1,2]。自然界においては，DNA塩基の脱アミノ化が変異原となるケースが多く，例えばシトシンの脱アミノ化はウラシルを生じ，DNAポリメラーゼがチミンに誤認するためにCからTへの変異となりうる（図1）。ただし通常は主に脱塩基修復（Base excision repair；BER）の経路によって元通りに修復されるため，実際に変異となるのは

---

* Keiji Nishida　神戸大学　先端バイオ工学研究センター，
科学技術イノベーション研究科　教授

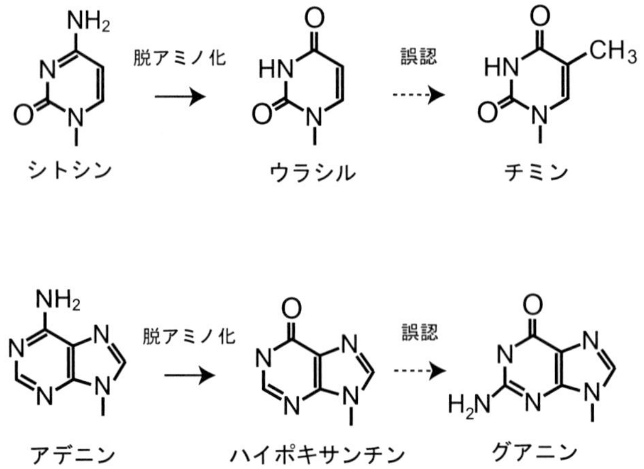

図1　脱アミノ化による塩基変換

ごく一部である。その一方で，この脱アミノ化反応を積極的に変異原として利用する機構も存在する。それは脊椎動物の獲得免疫において，抗体分子のイムノグロブリンが様々な抗原を認識できるようその遺伝子座の配列を変換する，体細胞超変異と呼ばれる現象である。そこで中心的な役割を果たしているのは Activation-induced cytidine deaminase（AID）と名付けられた DNA シチジン脱アミノ化酵素である。この AID を自在に標的領域へとターゲッティングできれば，狙った点変異を誘発できると期待されるが，本質的に変異原として危険な酵素でもあるため，その機能を思い通りに操ることは容易ではない。実際に AID がイムノグロブリン遺伝子座にのみ特異的に変異を導入できるメカニズムは完全には解明されていないが，当該遺伝子座の高頻度の転写により，mRNA が合成される途中の R-loop という構造によって一本鎖 DNA が露出し，この構造を AID が特異的に認識していると考えられている。

2.3　脱アミノ化酵素と CRISPR の融合

偶然ではあるが CRISPR もまたバクテリアが持つ高度な獲得免疫であり，ファージなどの外来の核酸の配列情報を記憶して排除する高度なメカニズムとして成り立っている。脊椎動物の獲得免疫との共通性として，外敵の侵入という差し迫った状況においては，DNA を積極的に改変するという生命としての究極的な手段が必要という解釈は可能であろう。このような現象としての共通性とともに，実は分子メカニズムとしても極めて都合の良い共通性がある。それは，DNA を改変する際に R-loop 形成が介在することである。CRISPR はガイド RNA のアニーリングによって配列認識を行うため，DNA 二重鎖を開いて結合し，ガイド RNA が対合しない側の一本鎖 DNA が露出する R-loop 構造をとる。AID は上述のように R-loop 構造を好むことから，これら二つの分子メカニズムの組み合わせは非常に親和性が高く，CRISPR の Cas9 タンパク質が本来持つヌクレアーゼ活性を変異によって不活性化したもの（dCas9）と，AID を融合タンパ

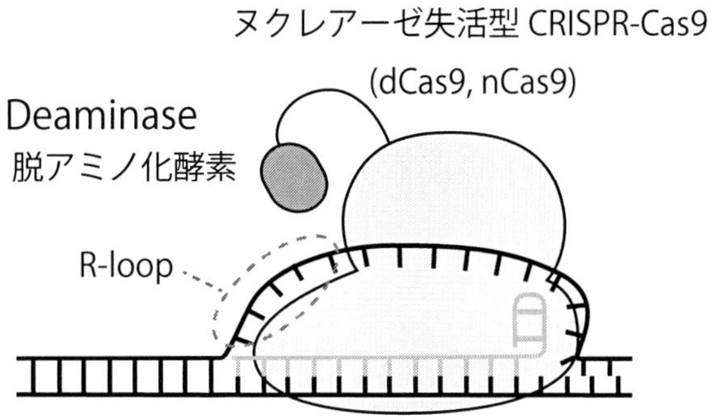

図2　塩基編集酵素の基本構造

ク質などの形で合体させることによって，標的配列特異的にDNA脱アミノ化を引き起こすことが可能となるのである（図2）。

2.4　塩基編集技術 Target-AID と Base editor

免疫分野においてヒト由来のAIDは最も研究が蓄積された分子であり，dCas9との組み合わせにおいて，実際に変異導入を確認することはできる。しかし，効率としては低く，変異の導入傾向としても標的周辺部位にまばらに変異が誘導される場合が多く，正確な編集とはならない。一方でAIDのオルソログとして，ヤツメウナギ由来のPmCDA1が非常に高い活性を示しつつ，周辺部位への変異をほとんど誘発しないことが見出された[6]。ヤツメウナギは脊椎動物の中で進化的に最も原始的な位置に属する円口類に含まれ，獲得免疫の原始的な形質を残しているものとして研究対象になっており，そのようなヤツメウナギのPmCDA1は活性制御がシンプルで引き出しやすかったとも解釈できる。このシステムはTarget-AIDと命名されたが[1]，概念的にはCRISPRシステムと脱アミノ化酵素の組み合わせである。他方，ラット由来のrAPOBECを用いることでも高い変異導入効率が達成され，Base editor（BE）と命名された[2]。変異が導入される領域は，おおよそ5塩基前後の幅の中にあるシトシンであるが，Target-AIDとBEで領域が少し異なり，標的デザインとしての選択肢を広げることができる（図3）。またさらにアデニンの変換も可能にするAdenine Base Editor（ABE）の開発も成された[8]。DNA上のアデニンを変換する酵素は自然界においては知られていないため，tRNA編集に関わる大腸菌由来のRNAアデニン脱アミノ化酵素TadAを進化工学によってDNA型に変換することによって達成されている[3]。

2.5　塩基編集技術の改良

初期のバージョンのdCas9と脱アミノ化酵素との組み合わせは，真核生物での効率としては数パーセントにとどまることもあり，高効率化が求められた。しかし単純に発現量を増加させるなどでは効率の上昇に限度があった。これは脱アミノ化反応としては十分に起こっていても，細

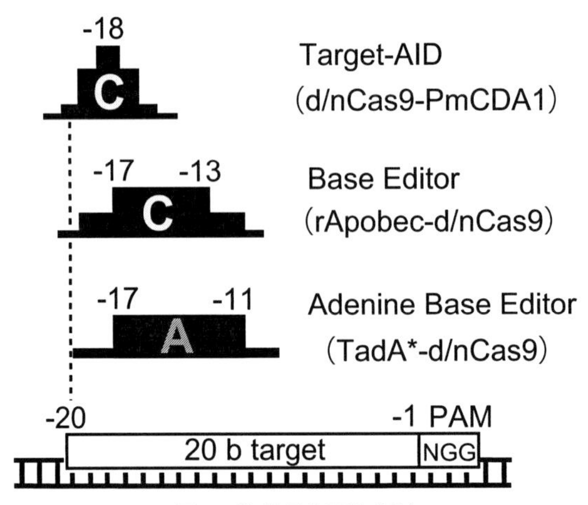

図３　塩基編集可能領域

胞による修復が拮抗しているからであると推察された。従い，この修復機構を考慮した改良が必要であった。まず有効であったのは，DNA の一本鎖のみの切断（ニック）の導入である（図３）。元々の Cas9 はヌクレアーゼドメインが DNA 二本鎖のそれぞれに対応して独立しており，個別に不活化が可能であるため，片側のみ不活化することによってニックを導入するニッカーゼ（nCas9）にすることができる。この nCas9 の活性と脱アミノ化を細胞内で組み合わせると，脱アミノ化によって生じたウラシルと近傍の反対側の鎖にニックが同時に導入されることによりニック側の片鎖 DNA が解離しやすくなり，その状態を修復すべくヌクレオチド除去修復（Nucleotide excision repair；NER）が作動する（図４）。NER はある程度の長さの塩基を除去したのちに相補鎖を鋳型として埋め戻すため，相補鎖にウラシルが存在していると，それに対合するアデニンを挿入することになり，変異として固定されることになる。これにより変異導入効率が大幅に上昇する。

脱アミノ化による変異はＣ＞Ｔの変換が主であるが，実際にはそれ以外の変異も多少みられる。これはおそらく，BER の中途過程でウラシルが脱塩基反応によって取り除かれたところで DNA 複製や上述の NER に移った場合には，鋳型となるべき相補鎖の塩基が空白であるところに対合塩基をランダムに挿入することになるためと推察される。またその際には宿主細胞の修復活性の差が反映されるようであり，例えば出芽酵母ではＣ＞Ｇの変異がＣ＞Ｔと同程度に生じる。また一方で高等な真核生物である動物や植物においては，ニックと脱アミノ化の組み合わせが短い欠損を生じる場合もある。これは脱塩基部位が修復のために切り出されるのと同時に反対鎖にニックが生じると，疑似的な DNA 二重鎖切断になるためと推察される。

このような不確実性を解消するために有効であるのはウラシル脱塩基阻害タンパク質（Uracil DNA glycosylase inhibitor；UGI）である。このファージ由来の小さなタンパク質は融合タンパク質などの形で共発現させることにより，ウラシル除去の最初のステップを阻害するため，効率の大幅な向上と共にＣ＞Ｔの変換に限定することができる。ただし，UGI はゲノム全体の修復

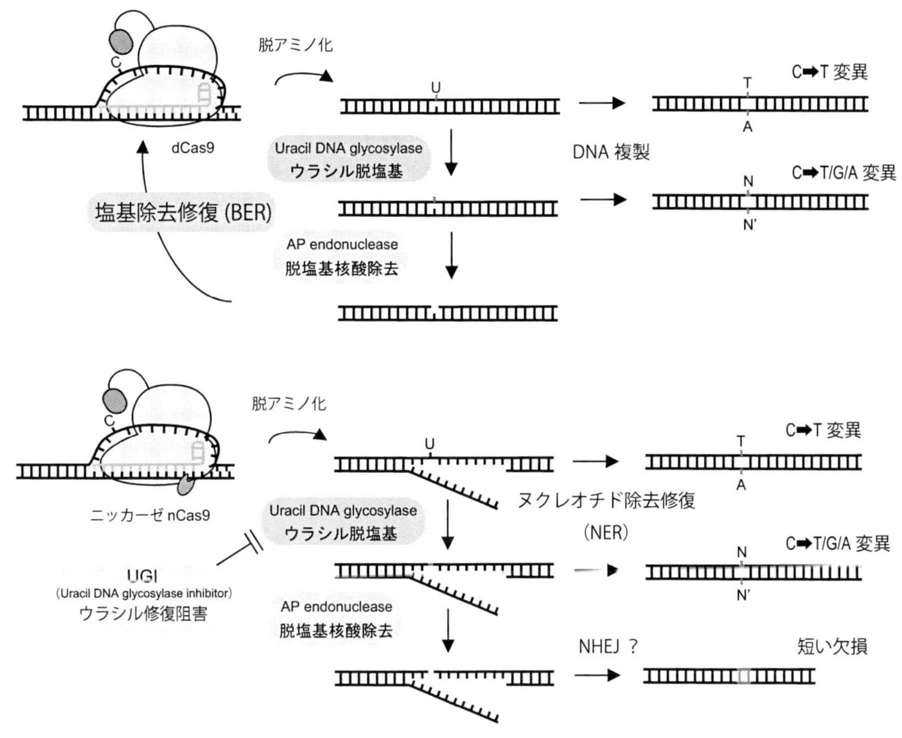

図4　脱アミノ化と修復パスウェイによる変異導入メカニズム

に非特異的に作用するため，無差別に突然変異率を上昇させる恐れがあるため注意が必要である[4)]。

2.6　標的デザイン性の拡大

現在，広範に使われているSpCas9はその効率の高さや信頼性，また種々の改良が積み重ねられていることから最も扱いやすいものとなっている。一方で，サイズが大きいことから遺伝子治療として汎用性の高いアデノ随伴ウイルス（AAV）ベクターには収まらない。またPAM配列としてNGGを要求するため，特に塩基編集のようなピンポイントの標的を狙いたい場合には制約となる。このような状況においては，種々のCRISPRシステムとして異なるサイズとPAM配列要求性のものから目的に合致するものを選択することが可能であり[5)]，例えばSaCas9はサイズが3/4程度になり，PAM配列としてNNGRRTを要求するが，実際に脱アミノ化酵素との組み合わせで動作する。また東京大学の濡木教授らは，構造解析に基づくSpCas9の合理的改変によってPAM配列をNGのみの要求性に縮小することに成功し，Target-AIDとの組み合わせを実証している[6)]。

2.7 塩基編集技術の使用の実際

塩基編集技術の使用法は通常のゲノム編集技術の使用法に概ね準じ，それぞれの細胞や応用目的に対応した導入手法となる。タンパク質RNA複合体を直接導入する手法については，脱アミノ化酵素の活性を保った状態で精製することの難易度が高いが，この手法はDNAを全く導入しないことから規制や社会受容性の観点からより好ましいと考えられるとともに，オフターゲットリスクの軽減という観点からも重要である。従来のカルタヘナ法に基づく遺伝子組換え生物は，環境中への拡散や一般作物への混入を防ぐ目的から一定の規制下にある。一方，ゲノム編集技術によって得られる改変生物は，外来の遺伝子断片をゲノムに残さずに標的遺伝子の改変が可能であり，かつ従来の育種手法や自然のプロセスにより生じるものと本質的な差がないといえるため，遺伝子組換えの定義からは外れるとの解釈が可能である。とはいえ，新しい技術の取り扱いには慎重さが必要であり，また社会受容性が健全な形で醸成されるべきである。規制当局の対応としては各国で判断が分かれつつあり，そもそもカルタヘナ法を批准していない米国では規制対象外となる一方，EUにおいては安全性を担保する為に一定の時間と実績が必要という論拠により，当面は遺伝子組み換えに準ずる扱いとなった。日本の2018年末の状況としては，環境省は安全性を判断するものではないとしつつ，遺伝子を外部から組み込んでいれば（ゲノム編集ベクターの残存や，標的にノックインを行った場合）従来どおりの遺伝子組換えに該当するとする一方で，そうでないもの（ベクターその他の核酸の除去が確認されるもの）については届け出制とする方針を示している。さらに食品としての安全性を管轄する厚労省の専門家会議は，ゲノム編集食品を届け出制とする方針を示しつつ具体的なルール策定に進む見通しである。塩基編集技術としては，DNA断片を挿入せずに変異導入できるという点から，規制上もより好ましい位置付けとなりうる。

2.8 塩基編集技術によるイノベーションの可能性

塩基編集技術は通常のヌクレアーゼ型のゲノム編集技術よりも毒性が低いことが示されており，これまでヌクレアーゼの作用が重篤であったような細胞に対しても有効であるため，より広範な生物種に適用できると期待される。またさらに，遺伝子疾患や農業上の有用形質の多くは一塩基多型（SNP）であることから，直接点変異導入が可能な塩基編集技術の応用への期待は非常に大きい。医療分野においては遺伝子治療の可能性はもちろんのこと，疾患モデル作成による創薬支援や研究ツールとしての活用も重要である。農業分野においても従来の育種法よりもはるかに短い時間と労力で優れた新品種を作出することができ，急速に進む環境変動や人口増大といった地球規模の課題に対応できる技術となりうる。また微生物の改変技術としてもバイオベースの物質生産や環境浄化技術として，またマイクロバイオームを通じた医療・健康への応用の可能性も考えられる。実際の事業化という観点では，塩基編集技術をコアとしたベンチャー企業として，幅広い生命科学分野での事業展開を目指すBio Palette社（神戸・日本）や遺伝子治療に特化したBeam therapeutics社（ボストン・米国），農業分野ではPairwise社（ボストン・米国）

が創設されており，塩基編集技術によるイノベーションの実現を目指している。

文　　献

1) K. Nishida *et al., Science*, **353**, 919 (2016)
2) A. C. Komor, Y. B. Kim, M. S. Packer, J. A. Zuris, D. R. Liu, *Nature*, **61**, 5985 (2016)
3) N. M. Gaudelli, *et al., Nature*, **551**, 464 (2017)
4) S. Banno, K. Nishida, T. Arazoe, H. Mitsunobu, A. Kondo, *Nat. Microbiol.,* doi:10.1038/s41564-017-0102-6 (2018)
5) H. Mitsunobu, J. Teramoto, K. Nishida, A. Kondo, *Trends Biotechnol.,* doi:10.1016/j.tibtech.2017.06.004 (2017)
6) H. Nishimasu *et al., Science,* **361**, 1259 (2018)

3　オフターゲットのないゲノム編集法の開発

黒田浩一*

3.1　はじめに

近年，ゲノム中の任意の塩基配列を人工的に改変するゲノム編集技術が開発され，大きな注目を集めている。ゲノム編集技術の経済性・効率性により，生命科学の基礎研究をはじめ，医薬分野，農林水産分野での応用など，広範な分野で利用されつつある。ゲノム編集にはZFN（Zinc Finger Nuclease），TALEN（Transcription Activator-Like Effector Nuclease）などの人工ヌクレアーゼが開発・利用されてきたが，CRISPR/Cas9（Clustered Regularly Interspaced Short Palindromic Repeat）システムが開発され，ゲノム編集がさらに身近なものになっている。しかし，CRISPR/Cas9システムでは意図しない変異がゲノムに導入されてしまう，オフターゲット変異が問題となっており，これを解決していくことができればゲノム編集技術の利用がさらに加速することが期待される。本稿では，従来のCRISPR/Cas9システムと比べ，より広範なゲノム領域にわたって，正確でオフターゲットのない新たなゲノム編集法について紹介する。

3.2　CRISPR/Cas9システムの問題点

CRISPR/Cas9システムでは化膿レンサ球菌（*Streptococcus pyogenes*）由来のCas9（CRISPR-associated protein 9），およびそれと複合体を形成するgRNA（guide RNA）からなる[1]。gRNAはゲノム中のPAM（proto-spacer adaptor motif; 5'-NGG-3', Nは任意の塩基）配列とそれに続く20塩基を認識し，Cas9により標的DNAが効率的に切断される。ゲノムDNAの二本鎖切断が起こった後，ドナーDNAがあれば相同組換え（HDR：Homology-Directed Repair）によって修復され，目的遺伝子のノックインが可能となる。ドナーDNAが無い場合は非相同末端結合（NHEJ：Non-Homologous End Joining）を介して修復されるが，その際に数塩基の挿入・欠失が起こり，遺伝子ノックアウトができることになる。これにより，ゲノム中の標的配列特異的に目的の遺伝子挿入や変異導入を高効率に行うことができる。

しかしながら，CRISPR/Cas9システムによるゲノム編集にはまだ技術的な課題がある。最も大きな課題としてオフターゲットの問題が挙げられる。すなわち，目的とする標的配列の編集（オンターゲット）だけでなく，ゲノム中の標的配列と相同性を示す配列がgRNAに誤認識され，二本鎖切断とNHEJによって望まない変異が導入されてしまう（オフターゲット）可能性が排除できていない。実際にCRISPR/Cas9システムで疾病モデルマウスのゲノム編集を行った際，F3世代で短い塩基配列の挿入または欠失（Indel：insertion/deletion）が約160ヶ所，一塩基変異（SNV：Single-Nucleotide Variant）が約1700ヶ所見つかったという報告もある[2]。CRISPR/Cas9システムにおいて，gRNAが標的配列を認識するが，認識配列の5'末端付近の1～3塩基程度のミスマッチが許容されることがあり[3]，オフターゲット変異を生じる原因になっ

＊ Kouichi Kuroda　京都大学　大学院農学研究科　応用生命科学専攻　准教授

ている。また，5’末端付近以外のPAM配列に隣接する10～12塩基のシード配列の認識は特異性が比較的高くなっているが，ミスマッチの塩基の組合せによっては許容されやすいものもある[4]。さらに，オンターゲットの二本鎖切断活性が高いと，オフターゲットの二本鎖切断活性も高いこと，遺伝子導入法や発現様式，標的配列周辺のクロマチン構造などもオフターゲット変異発生率に影響を与えることが報告されている[5]。したがって，CRISPR/Cas9システムを有用なゲノム編集ツールとして使用していくためには，オンターゲットでの切断効率を低下させずにオフターゲットでの切断をできるだけ最小限に抑えるようにしなければならない。そのための具体的な対策として，gRNAによる塩基認識の特異性を向上させる，細胞内で過剰のCas9が存在し続けないようにする，二本鎖切断を行わない，といったものが挙げられる。

また，CRISPR/Cas9システムはゲノムDNAの全域を正確に編集することはできないという欠点もある。gRNA認識配列とPAM配列以外の塩基を編集する場合，相同組換え後もgRNA認識配列がそのまま残るため，gRNAによる再認識とCas9による切断，およびその修復というサイクルが繰り返され，最終的にはNHEJによりgRNA認識配列内に望まない塩基の挿入・欠失が生じてしまう（図1）。そのためCRISPR/Cas9システムにより正確に編集できるゲノムDNA領域はPAM配列とそれに続く20塩基のgRNA認識配列に限定され，酵母*Saccharomyces cerevisiae*の場合，ゲノムDNAの68.4%となる[2]。多種多様な一塩基多型（SNPs：single nucleotide polymorphisms）が遺伝病の原因となっており，これらを修復していくうえでゲノム全域にわたって任意の塩基配列を正確に編集できる技術が求められる。

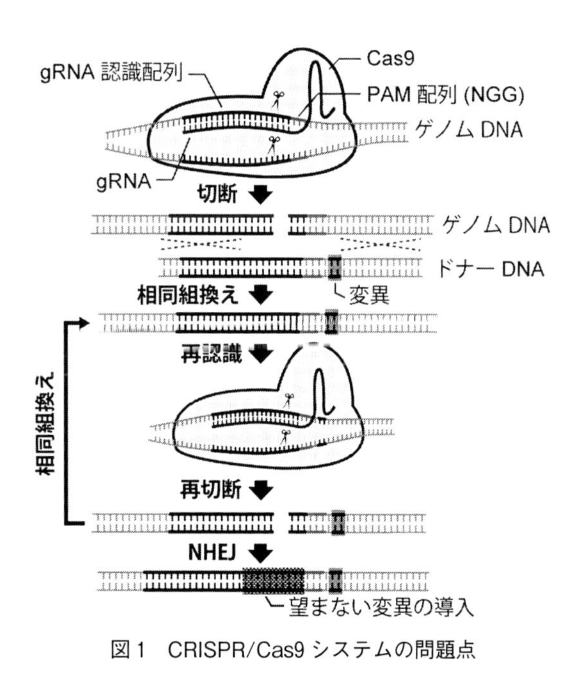

図1　CRISPR/Cas9システムの問題点

3.3 2種類のgRNAを利用したオフターゲット変異の低減

CRISPR/Cas9システムでは，配列認識のための標的配列の長さがTALENよりも短く，塩基認識の特異性もTALENと比べて低いため，オフターゲットでの切断が起こりやすい。そのため，CRISPR/Cas9システムの標的配列を長くすることができれば，オフターゲット変異の確率を下げることが期待できる。CRISPR/Cas9システムでは，元来1種類のgRNAで二本鎖切断が可能であるが，これを2種類のgRNAがともに標的配列を認識してはじめて二本鎖切断できるようにすることで，標的配列を長くする手法が開発されている。この手法では二本鎖切断を行うCas9ではなく，片方の鎖のみを切断してニックを生じるCas9 Nickaseと2種類のgRNAを用いる（ダブルニッキング法）（図2(A)）[6]。Cas9 NickaseはCas9内の2つのヌクレアーゼドメインのうち，片方に点変異（D10AあるいはH840A）を導入して不活性化したものである。2種類のgRNAは二本鎖DNAの各鎖の塩基配列を近接した部位で認識するように設計すると，各鎖にニックが入った時のみ二本鎖切断が生じることになる。2種類のgRNAを用いることで標的配列が2倍の長さになり，塩基認識の特異性が向上する。さらにニックは，相同組換え型修復経路により，切断していないほうの鎖を鋳型として正確に修復されるので，片方のgRNAが塩基配列を誤認識してニックが生じたとしても，オフターゲットでの二本鎖切断が起こる確率は非常に低い。したがって，ダブルニッキング法ではオフターゲット変異の確率を低減することができる。

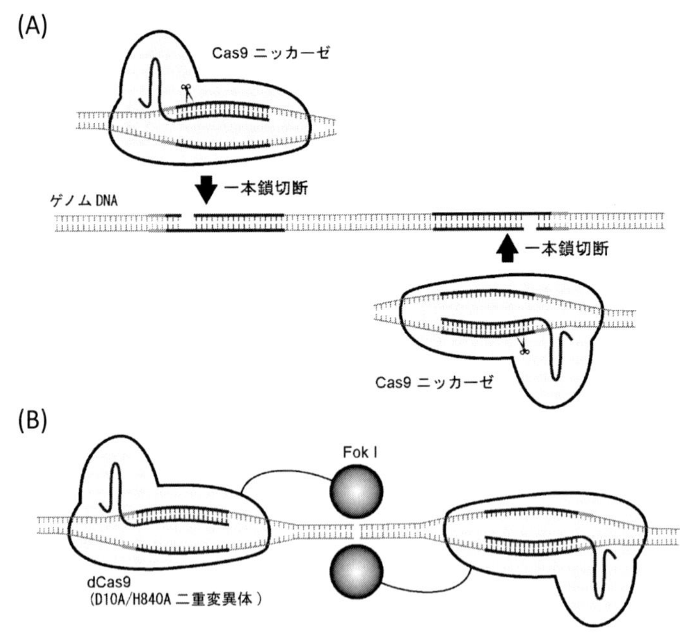

図2　2種類のgRNAにより塩基認識特異性を向上させたDNA二本鎖切断
(A)ダブルニッキング法によるDNA二本鎖切断
(B) Fok I-dCas9法によるDNA二本鎖切断

また，ダブルニッキング法と類似した方法として，ヌクレアーゼ活性を欠失させたdCas9（dead Cas9，D10A/H840A二重変異体）のC末端に，TALENで用いられるFok Iのヌクレアーゼドメインを融合させる方法（Fok I-dCas9法）も開発されている（図2(B)）[7,8]。二本鎖DNA各鎖の塩基配列を近接した部位で認識する2種類のgRNAに導かれた2つのFok I-dCas9が接近し，二量体化することによって二本鎖切断が行われる。片方のgRNAが標的配列を誤認識しても切断は起こらず，2種類のgRNAが正しく標的配列を認識してはじめて二本鎖切断が起こるため，オフターゲットの問題は大きく改善される。

これらの手法では標的配列を長くして塩基認識の特異性を向上させることにより，オフターゲット変異を抑えることができるものの，通常のCRISPR/Cas9システムに比べると二本鎖切断活性が低い。また，2種類のgRNAの使用に伴って2ヶ所のPAM配列を必要とするため，正確な編集が可能なゲノム領域はさらに限定されてしまうといった短所もある。したがって，ゲノムDNA全域にわたる正確な編集は不可能であるという問題点は解決できていない。

3.4　Cas9 Nickaseを用いた相同組換えによるゲノム編集

CRISPR/Cas9システムでのオフターゲット変異の問題は，gRNAによる標的配列の誤認識と二本鎖切断されたゲノムDNAの修復時に起こるNHEJにより誘起されるので，二本鎖切断を伴わずにゲノム編集を行うという戦略も有効である。dCas9に脱アミノ化酵素（cytidine deaminase）を融合し，二本鎖切断を行わずに塩基置換（点変異）を導入する方法が開発されているが[9,10]，詳細については第2章，第2節を参照いただきたい。前項にて紹介したダブルニッキング法で用いられるCas9 Nickaseも二本鎖切断を行わない酵素として有望である。Cas9 Nickaseにより生じたニックはNHEJを介さず正確に修復されること，ニックが入るだけでも相同組換えが誘導される[3,11]こと，といった2つの有用な特徴をもつ。そこで筆者らは，1種類のgRNAとCas9 Nickaseによるゲノム編集を行うことで，オフターゲット変異の問題だけでなく，正確に編集できるゲノム領域が限定される問題についても改善できる可能性を考え（図3），酵母*Saccharomyces cerevisiae*においてCRISPR Nickaseシステムの確立とその有用性の検証を試みた[12]。

Cas9 Nickase，gRNAをマルチコピープラスミドで発現させるとともに，約1000 bpのドナーDNAを安定的に供給するため，これを同じマルチコピープラスミドに挿入した。ニックによる相同組換えの誘導効率が二本鎖切断の場合と比べると低いため，相同組換えが促進されるS期後半とG2期を多く経るよう，構築したプラスミドをもつ形質転換体を48時間培養して細胞周期を進行させることでゲノム編集を行った（図4(A)）。アルギニントランスポーターをコードする*CAN1*遺伝子をターゲットとし，ORF内に終止コドンを導入するようなゲノム編集をモデルとした。アルギニンのアナログであるカナバニンはCan1トランスポーターにより細胞内に取り込まれて毒性を示すが，ゲノム編集により終止コドンが導入されれば細胞内に取り込まれずにカナバニン耐性を示すことから，カナバニン耐性の有無でゲノム編集の成否を見積もることができる（図4(A)）。gRNA 認識配列・PAM 配列の上流，配列内，下流に終止コドンを導入するためのドナー DNA を設計し，Cas9 Nickase および通常の Cas9 にて編集を行った[12]。その結果，終止コドンを導入する位置に関わらず，Cas9 Nickase では約 50%の細胞がカナバニン耐性を示し，編集することができた（図4(B)）。一方，通常の Cas9 では非常に高い編集効率であった。しか

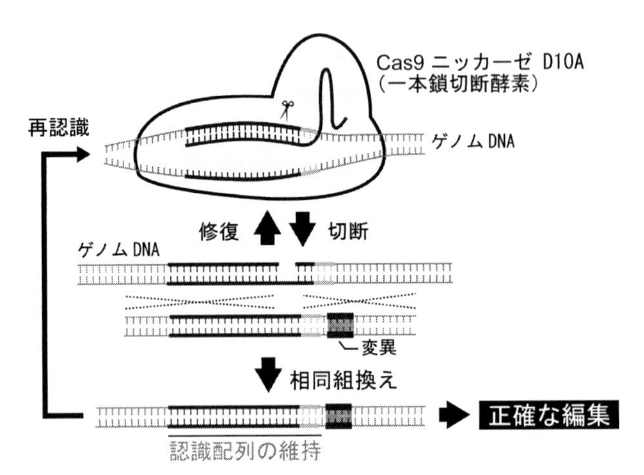

図3　CRISPR Nickase システムによる正確な編集

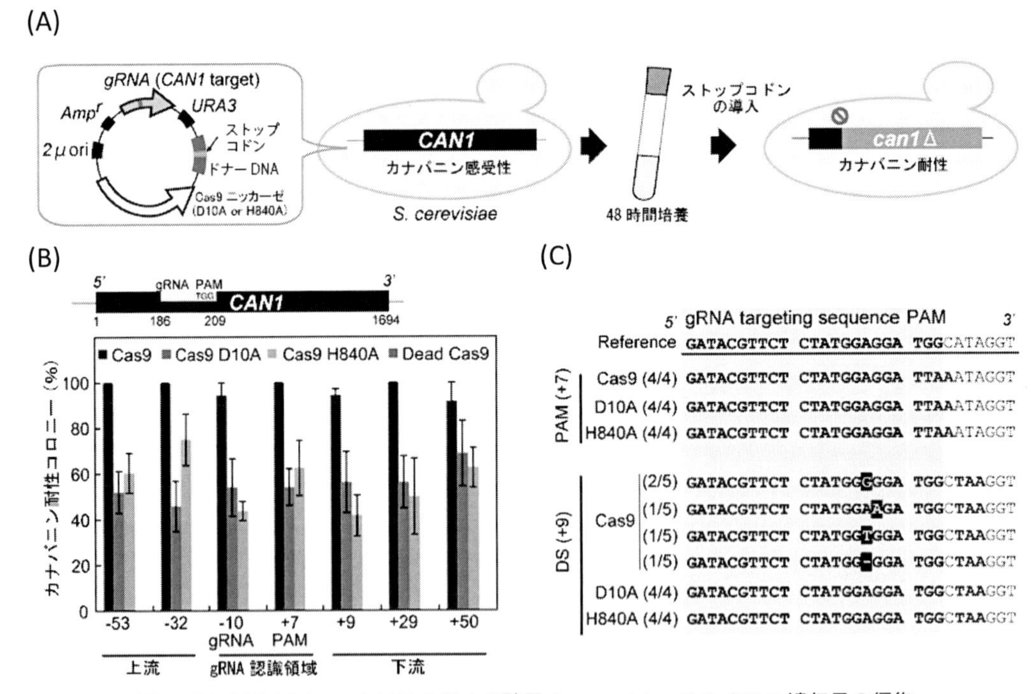

図4　CRISPR Nickase システムによる酵母 *S. cerevisiae* での *CAN1* 遺伝子の編集
(A)発現プラスミドとゲノム編集実験スキーム
(B) *CAN1* 遺伝子のゲノム編集効率
(C)ニック部位周辺のシーケンス解析

し，gRNA 認識配列付近の塩基配列を調べたところ，認識配列の下流（ニックが入る塩基の下流 9 bp）に終止コドンを入れる場合，通常の Cas9 では目的の編集に加えて gRNA 認識配列内に意図しない塩基置換や欠失が見られたのに対し，Cas9 Nickase では終止コドンのみが入り正確な編集が行われていた（図 4 (C)）[12]。通常の Cas9 では相同組換えにより gRNA 認識配列の外に終止コドンを入れることはできるものの，gRNA と Cas9 による再認識と再切断が繰り返され，最終的には NHEJ により意図しない変異が導入されたと考えられる。したがって，CRISPR/Cas9 システムでは gRNA 認識配列と PAM 配列以外の部位を正確に編集する目的で使うのは困難であるが，Cas9 Nickase を用いることで gRNA 認識配列と PAM 配列以外であっても正確に編集できることが分かった。さらにニックが入る塩基の上流 53 bp，下流 50 bp という，gRNA 認識配列・PAM 配列から離れた部位を編集する際にもオフターゲット変異は見られず，正確に編集することができた（図 4 (B)，(C)）。ニックの上流，下流 50 塩基以内の領域を編集可能領域として計算すると，CRISPR Nickase システムでは酵母ゲノムの 97.2% を正確に編集可能であり，CRISPR/Cas9 システムと比べて理論上約 30% 広範なゲノム領域を編集できることになる（図 5）。

また，構成的プロモーター，*CAN1* 編集用 gRNA の認識配列，EGFP の ORF からなる塩基配列（人工的なオフターゲット配列）を作製し，これをゲノム DNA 中に挿入した酵母株を用いて，標的配列のみを正確に編集できるかどうかを検証した（図 6 (A)）。もし，オフターゲット配列を認識して EGFP の ORF 内に変異が導入された場合，EGFP が発現されなくなり蛍光は見られないが，変異が導入されなければ EGFP による蛍光が見られる。ゲノム編集後にセルソーターで解析した結果，CRISPR/Cas9 システムでは一部の細胞が蛍光を示さず，オフターゲット配列で変異が導入されていたが，CRISPR Nickase システムでは全ての細胞が蛍光を示し，オフターゲット配列での意図しない変異は見られなかった（図 6 (B)，(C)）。したがって CRISPR Nickase システムでは，ゲノム DNA 中に gRNA 認識配列と相同な配列が存在しても，ドナー DNA を介して標的配列のみを正確に編集できることが分かった。

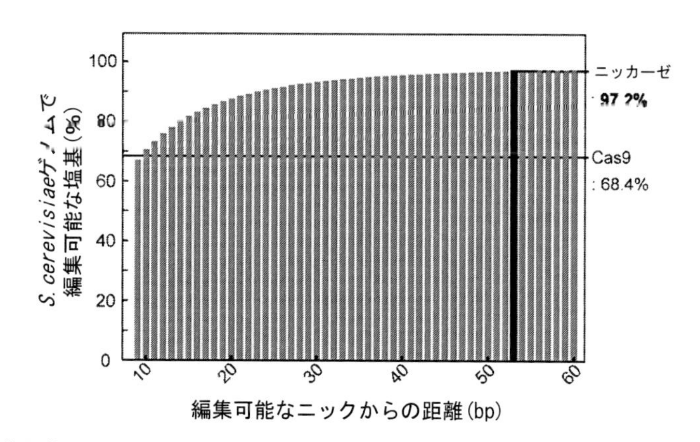

図5　編集可能なニックからの距離と酵母 *S. cerevisiae* ゲノムでの編集可能な塩基の割合

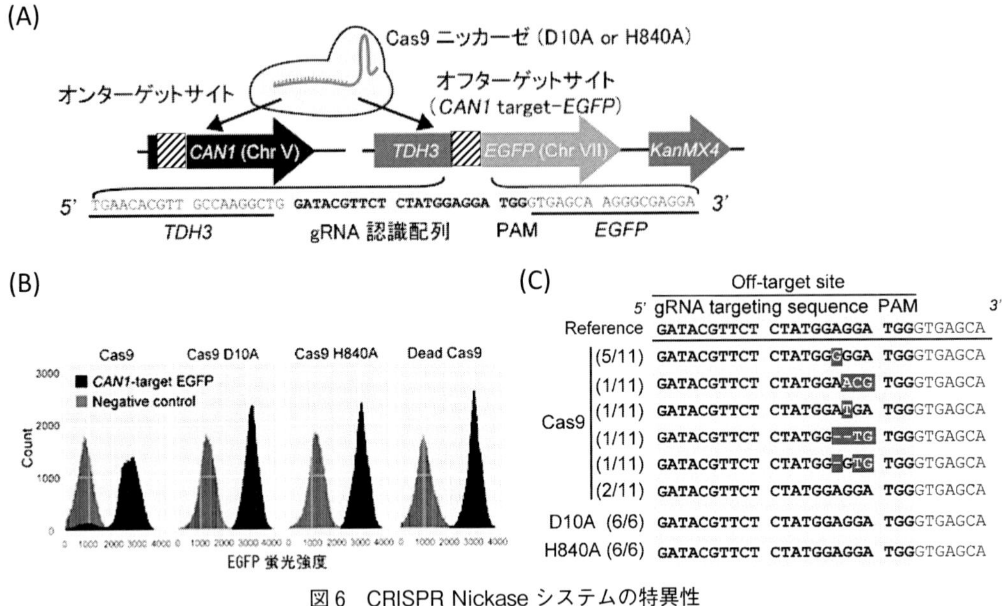

図6　CRISPR Nickase システムの特異性
(A)人工的なオフターゲットサイト（*CAN1* target-*EGFP*）を導入した株でのゲノム編集
(B)フローサイトメトリーによる EGFP 蛍光の検出
(C)オフターゲットサイトのシーケンス解析

3.5　おわりに

現行の CRISPR/Cas9 システムでは意図しないオフターゲット変異や編集可能領域の制限などの問題点がある。本稿にて紹介したように，二本鎖切断を行わず片方の鎖のみを切断してニックを生じる Cas9 Nickase を利用することで，酵母のゲノム編集をより広範な領域でオフターゲット変異無く正確に行うことが可能であった。ニック修復の正確性やニックによる相同組換え誘導効率は生物種によって異なるが，酵母のようにニック修復が正確でニックにより相同組換えが充分誘導される生物種では，CRISPR Nickase システムが CRISPR/Cas9 システムの欠点を補うゲノム編集法として有用であると考えられる。相同組換え活性の高い他の様々な生物種においても CRISPR Nickase システムを利用していくことで，ゲノム DNA 上の全ての SNPs を正確に修復編集したり，目的の SNPs をゲノム DNA の任意の部位に導入するなど，より一層ゲノム科学が進展していくものと思われる。

文　　献

1) M. Jinek *et al., Science,* **337**, 816 (2012)
2) K. A. Schaefer *et al., Nat. Methods,* **14**, 547 (2017)
3) P. Mali *et al., Nat. Biotechnol.,* **31**, 833 (2013)
4) P. D. Hsu *et al., Nat. Biotechnol.,* **31**, 827 (2013)
5) X. Wu *et al., Quant. Biol.,* **2**, 59 (2014)
6) F. A. Ran *et al., Cell,* **154**, 1380 (2013)
7) S. Q. Tsai *et al., Nat. Biotechnol.,* **32**, 569 (2014)
8) J. P. Guilinger *et al., Nat. Biotechnol.,* **32**, 577 (2014)
9) A. C. Komor *et al., Nature,* **533**, 420 (2016)
10) K. Nishida *et al., Science,* **353**, aaf8729 (2016)
11) L. Cong *et al., Science,* **339**, 819 (2013)
12) A. Satomura *et al., Sci. Rep.,* **7**, 2095 (2017)

第3章　分析の視点から

1　質量イメージングの展開

三好航平[*1]，生田宗一郎[*2]，福崎英一郎[*3]，新間秀一[*4]

1.1　イメージング質量分析とは

質量分析は，試料に含まれる分子をイオン化し，検出することで，構成分子の定性・定量を行う分析手法を指す。しかし，現在の一般的な質量分析法では，試料の破砕や目的成分の抽出の過程を要するため，目的成分の組織細胞内分布や局在という位置情報が失われてしまうという欠点がある。

イメージング質量分析（IMS：Imaging Mass Spectrometry）とは，組織切片の任意の部位を直接質量分析することにより，その組織表面に含まれる目的化合物をイオン化し検出することで分布を可視化する方法である。1997年にCaprioliらによってラット膵臓切片やヒト頬粘膜から直接タンパク質をマトリックス支援レーザー脱離イオン法（MALDI：Matrix-assisted laser desorption/ionization）でイオン化することで，初めてIMSを用いた生体分子の可視化が報告された[1)]。すなわち，新たな技術を用いたことで計測技術にイノベーションが生まれたと言っても過言ではない。

IMSは，他のイメージング手法にはない，いくつかの長所を持っている。まず目的化合物がイオン化されれば標識なしで可視化が可能であることから，標識プローブの合成の手間を省くことができる。また質量分析によって検出された全てのイオンに関して試料表面における情報が取得可能なので，一度の分析で多種多様な分子のイメージングが可能である。さらに目的化合物およびその代謝物を区別することが可能である点も特筆に値する。

1.2　IMSで用いられるイオン化法

IMSで用いられる主なイオン化法には，すでに述べたMALDI，二次イオン質量分析法（SIMS：Secondary ion mass spectrometer），レーザーアブレーションエレクトロスプレーイオン化法（LAESI：Laser ablation electrospray ionization），脱離エレクトロスプレーイオン化法（DESI：Desorption electrospray ionization），表面支援脱離イオン化法（SALDI：Surface

---

＊1　Kohei Miyoshi　大阪大学　大学院工学研究科　生命先端工学専攻　博士課程前期
＊2　Soichiro Ikuta　大阪大学　大学院工学研究科　生命先端工学専攻　博士課程前期
＊3　Eiichiro Fukusaki　大阪大学　大学院工学研究科　生命先端工学専攻　教授
＊4　Shuichi Shimma　大阪大学　大学院工学研究科　生命先端工学専攻　准教授

表1　IMSにおける主なイオン化の利点と欠点

	MALDI	SIMS	LAESI	DESI	SALDI
利点	➢ 応用例が多い ➢ 質量範囲が広い ➢ 空間分解能が高い	➢ 空間分解能が非常に高い	➢ 試料の前処理が不要	➢ 同じ試料を繰り返し分析に用いることができる ➢ 大気圧化で行うことができる	➢ 試料の前処理が不要 ➢ マトリックス由来のピークを無視することができる
欠点	➢ レーザーによる試料の破壊 ➢ マトリックス由来のノイズが生じる	➢ イオンビームによる試料の破壊 ➢ イオンビームによる目的化合物のフラグメントイオンの生成	➢レーザーによる試料の破壊 ➢アブレーションのために十分な水分を含んでいる必要がある	➢ 質量範囲が狭い ➢ 空間分解能が低い	➢ 試料を載せるプレートが比較的高価である

-assisted laser desorption/ionization）などがある。それぞれの長所と短所をまとめたものを表1に示す。

MALDIはもっとも広くIMSで用いられているイオン化法である。分析試料をマトリックスと呼ばれる物質と混合の後，プレート上に1 μL程度滴下する。滴下されたスポットは風乾により試料とマトリックスの共結晶を形成し，結晶表面に紫外光付近の波長を持つレーザーを照射することで脱離・イオン化する方法である。マトリックスはレーザーを吸収し，そのエネルギーを分析試料に受け渡し，イオン化を補助する役割がある。

MALDI-IMSは低分子から高分子までの幅広い質量範囲でイオン化が可能である。また空間分解能は数μmまで報告されているとともに，近年高い質量分解能での報告もある[2)]。一方で，レーザーによる脱離・イオン化の過程で試料が損傷を受ける可能性があることや，マトリックスおよびそのクラスターイオン由来のノイズが生じることがMALDI-IMSの短所として挙げられる。しかしながら，適切なマトリックスを選択することで，様々な分子量の化合物での可視化が可能になっている。そのためMALDI-IMSの応用例は多く，解糖系を構成する中央代謝物[3)]や神経伝達物質[4)]やステロイドホルモン[5,6)]なども可視化することが可能となっている。さらに薬物動態イメージングも報告されている。また用いる分析試料も，哺乳類の器官や組織だけでなく，食品を含む植物[7,8)]，昆虫[9,10)]，微生物やそれらのバイオフィルム[11,12)]に及ぶ。これらの応用例のうち食品と昆虫を用いたIMSを最近の報告事例として本節の後半で詳しく取り上げる。

SIMSはMALDIと同様，試料表面に一次イオンビームを照射することで脱離したイオンを二次イオンとして検出する。SIMSでは通常未処理の試料表面に一次イオンビームを照射するが，上記マトリックスや金属蒸着をしたのちにSIMSを行うこともある。SIMS-IMSは空間分解能が非常に高く細胞レベルの分析が可能であることが報告されている[13,14)]。そのため細菌中の抗生物質[15,16)]や，がん細胞におけるバイオマーカーや金属含有薬剤の可視化[17)]に応用されている。しかしながら，高エネルギーの一次イオンビームは目的化合物から多くのフラグメントイオンを生成してしまうことが欠点に挙げられる。近年，フラグメントイオンを抑制するために，水クラスターイオンやアルゴンクラスターイオンを一次イオンビームとして用いることがある。

LAESIは中赤外レーザーを試料表面に当て，脱離した試料由来の中性粒子に帯電液滴を吹き付けることで，試料由来の分子を気相でイオン化し検出する。試料の前処理などが必要ではないが，レーザーによるアブレーションに必要な十分なエネルギーを吸収するために試料は水分に富んでいる必要がある。微生物のバイオフィルムの分析[18,19]や植物中のアントシアニンなどの代謝物[20]での可視化に応用されている。またバイオアッセイと組み合わせることで薬物動態にも用いられている[21]。

DESIはLAESIと異なり試料表面に直接帯電液滴を吹き付け，試料表面から脱離したイオンを検出する。目的化合物の極性に応じて異なる溶液を用いることが可能である。また一般的なMALDI-IMS，SIMS-IMS，LAESI-IMSが一般的に真空下で行われ，さらにレーザーやイオンビームによって分析試料が破壊されてしまうのに対し，DESI-IMSでは同じ試料をタイムコース実験で繰り返し分析に用いることができる程度に低侵襲性があると言える。一方で，質量範囲が狭く，空間分解能が低い（50 μm）。しかしながら，nano-DESIによってより高い分解能を達成した報告もある（12 μm）[22]。DESI-IMSは，微生物におけるリン脂質の可視化[23,24]，大麦における配糖体の可視化[25]，ゼブラフィッシュ中のリン脂質の可視化[26]などが報告されている。また近年，リン脂質の組成分析とクエン酸回路中間体の代謝物などの小分子分析を組み合わせて前立腺がん細胞の同定が可能であることも示された[27]．

SALDIはMALDIと異なり，金，銀，白金などの金属のナノ粒子を用いて，化合物のイオン化を補助し検出する。MALDIで用いられる有機マトリックスとは異なり，低 *m/z* 領域においてマトリックス由来の夾雑ピークを無視でき，さらにマトリックスと目的化合物が共結晶を形成しないため，高解像度のIMSが可能であり，再現性も高くなると考えられる。ただし，MALDI-IMSではこれらの問題を克服できているという報告もある[28]。SALDI-IMSの研究事例としては，潜在指紋の視覚化[29,30]や植物の葉における浸透移行性農薬の移行の視覚化[31]などがある。

1.3　IMSの分析の流れ

MALDI-IMSを例に分析の流れを図1に示した。まず，測定対象試料を採取し，速やかに凍結する。凍結された試料は，クライオミクロトームを用いて厚さ10-30 μmで切片化される。作製した凍結切片はインジウムスズ酸化物（ITO：Indium tin oxide）をコーティングしたITOグラスなどの導電性を有する透明なプレートに載せられる。その後，マトリックスを試料表面に供給し，MALDIによりイオン化し質量分析を行う。分析を行う際，測定する領域と測定点の間隔を決定し，各測定点でのマススペクトルを位置情報と共に取得する。各測定点で得られたマススペクトルから目的分子の *m/z* を選択し，各測定点の強度分布により試料上の目的分子の位置情報を得ることができる。

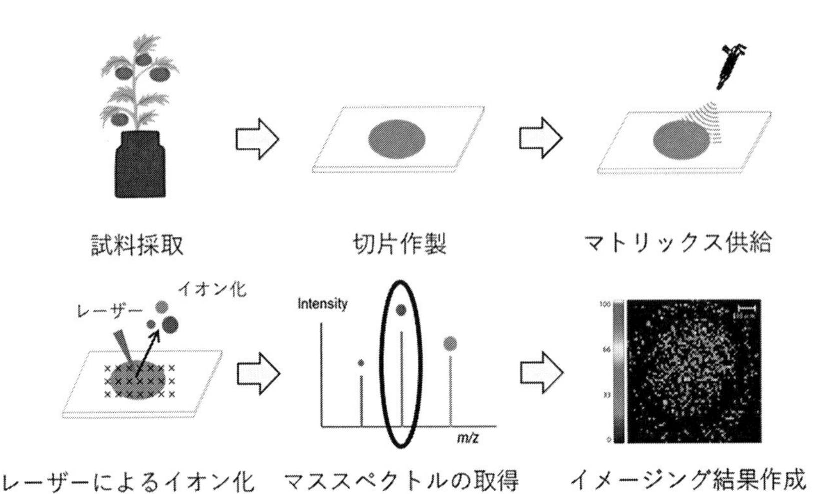

図1　イメージング質量分析の流れ

1.4　アスパラガスのイメージング

上述したように，IMS の技術が医療分野だけではなく食品分野にも応用されている。これは高品質な食品を創出する上で，機能性成分やアレルゲンの分布情報が重要となってきているからであると考えられる。試料は日本の主要穀物である「コメ」を始め[32]，ジャガイモ[33]やイチゴ[34]など多種多様である。ここでは，食品分野での応用例の一例としてアスパラガス中のアスパラプチンを可視化するためにIMSが用いられた例を紹介する[7]。

アスパラガスはユリ科の植物であり，日本では明治時代以降から食用として輸入されるようになった。また，アスパラガスの粗抽出物には血圧を下げる効果があり古くから研究されていた。この効果を示す理由としてアスパラガスに含まれる含窒素化合物が活性化合物であると考えられてきたが，近年の研究で含窒素化合物ではなく含硫黄化合物が活性化合物であると考えられ始め注目が集まっている。このような背景の中，2015 年の中林らの研究によってアルギニンとアスパラガス酸から構成されるアスパラプチンという新規物質が発見された[35]。アスパラプチンは，アンギオテンシン転換酵素（ACE）を阻害することによって血圧上昇を抑えることが示唆されている。アスパラプチンの発見によって，アスパラガスは機能性食品として注目される食品となっており詳細な研究が必要とされていた。その一つのアプローチとして，アスパラガス中のアスパラプチンの局在が我々のグループによって明らかになった。以下では，その詳細を紹介したい。

この実験では，アスパラガスを全長の 3 分の 1 ずつに切り分けて得られた 3 つの部位を先端，中間，下端とした。得られた 3 つの部位からクライオミクロトームを用いて薄切切片を作製し試料とした。また，アスパラガスの側面にはハカマと呼ばれる三角形の葉があり擬葉を守る役目を持っている（図 3(A)）。これら 4 つの部位に着目してイメージングを行なった。アスパラプチンの局在を可視化するためにまず MS 分析が行われた。図 2(A)に示したように，アスパラプチン由

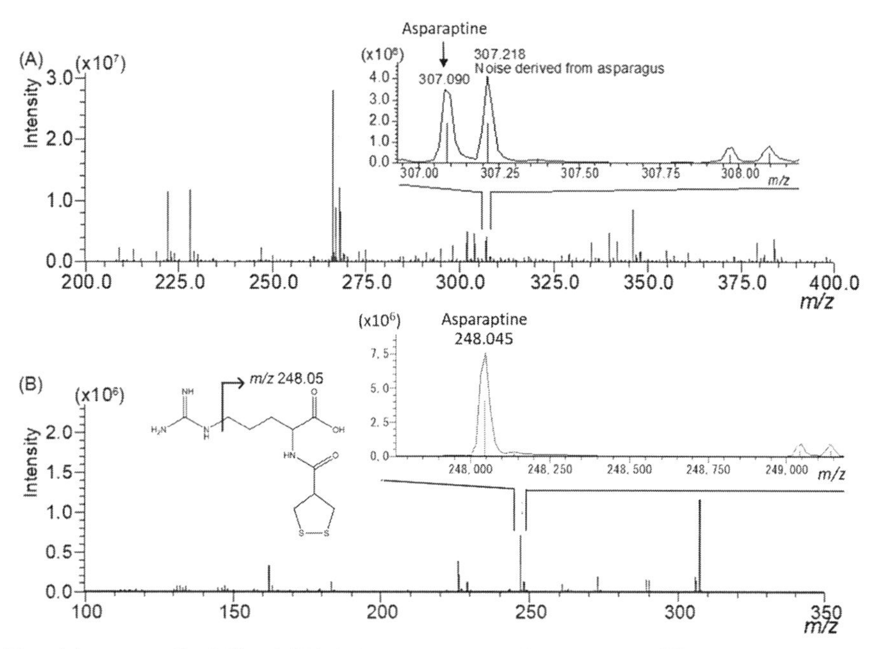

図2　(A)アスパラガス組織から得られたマススペクトルと *m/z* 307.09 周辺のマススペクトル，(B)予想される構造式及びプロダクトイオンスペクトル

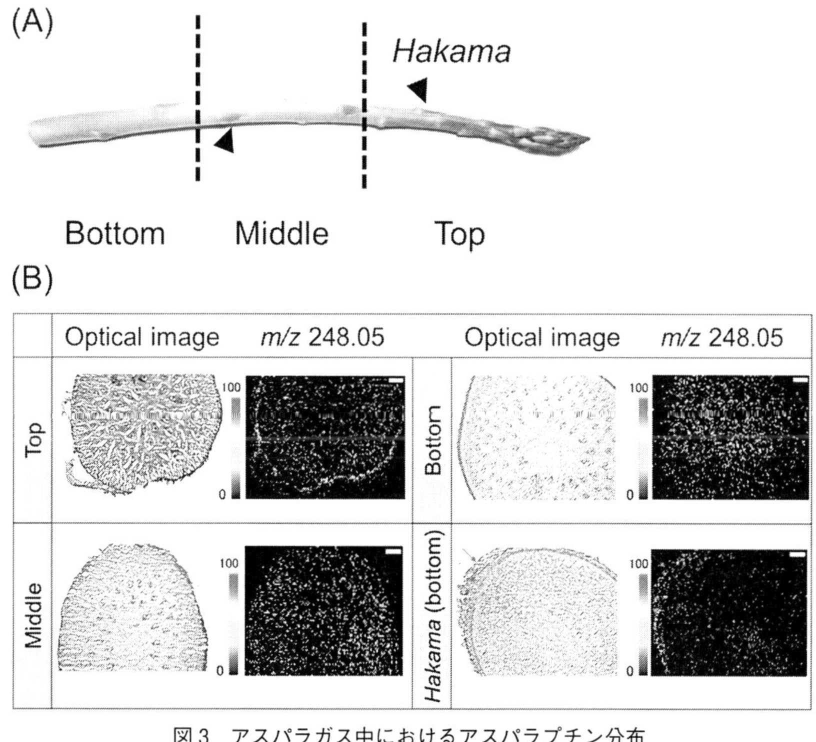

図3　アスパラガス中におけるアスパラプチン分布
(A)観察した部位と(B)各部位から得られるアスパラプチン分布。

来のピークである *m/z* 307.09 が検出された。さらにここで，一つ目の質量分離部であるイオントラップ部で *m/z* 307.09 を選択し，不活性ガスと衝突させイオンの解離を起こし，そこで生じたフラグメントイオンを二つ目の質量分離部である飛行時間型質量分析計で検出することで，MS 分析で得られた *m/z* が目的物質由来であったかどうかの確認を行った。図 2(B)に示したようなマススペクトルが得られ，フラグメントイオンとして *m/z* 248.05 を検出することができたので *m/z* 307.09 はアスパラプチン由来のピークであったと推測された。そこで，*m/z* 248.05 のフラグメントイオンを用いてアスパラプチンのイメージングが行われた。その結果を図 3 に示した。アスパラプチンは，下端から上端につれて中央から外側へ広がるように分布していることが明らかとなった。さらに，ハカマにも多くのアスパラプチンが存在していることが分かった。また，維管束の周りに多く局在していることも明らかになった。このように，イメージング質量分析法を用いることで今まで明らかとなっていなかった物質の局在情報を詳細に得ることが可能となった。今後，イメージングによって得られた食品の局在情報が，より効率的な機能性食品の開発や目的物質の合成機構の解明などに応用されることが期待されている。

1.5 ショウジョウバエのイメージング

近年では，IMS は昆虫試料にも応用されている。試料はキイロショウジョウバエ（*Drosophila melanogaster*，以下ショウジョウバエ）[36]を始め，セイヨウミツバチ（*Apis mellifera*）[37]，マラリアを媒介すると知られるハマダラカ（*Anopheles stephensi*）[38]など，モデル昆虫から衛生昆虫まで様々である。特にショウジョウバエには様々な利点があり，生物学的，遺伝学的な研究に頻繁に用いられてきた。

例えば，ショウジョウバエは飼育が容易であり，生活環が約二週間と短いため，交配実験に用いやすい。さらに，これまでに人工的に遺伝子を導入する技術などが確立されている点や，突然変異の系統も多数保存されている点など，長い歴史を経て経験が蓄積されていることも，ショウジョウバエがモデル動物として扱われる要因である。それだけでなく，ショウジョウバエは，「ホメオボックス」といわれる遺伝子配列を持っており，これらは脊椎動物も同様に有しているものである。これによって，昆虫と脊椎動物という進化上遠い関係であると考えられていた生物間で，体の各部分の構築には共通する部分があると考えられた。これらのことから，ショウジョウバエを単なる“昆虫の”モデル生物ではなく，他の生物を理解するためのモデル生物としての研究にも期待が寄せられている。

これらの特性を活かして，ショウジョウバエを用いて殺虫剤の体内動態が IMS によって明らかにされた[8]。ネオニコチノイド系の殺虫剤であるイミダクロプリドは，有害な昆虫を駆除するために広く使用されながら，一方で，近年ミツバチに悪影響を及ぼすことが示唆されている。これは，イミダクロプリドが昆虫のニコチン性アセチルコリン受容体のアゴニストとして働くからであると考えられている。しかしながら，昆虫の体内におけるイミダクロプリドの分布情報は限られていたため，MALDI-IMS を用いてショウジョウバエ中のイミダクロプリドの分布を可視化する手法が開発された。イミダクロプリドのm/zは，元来256.06である。しかしながら，筆者らはMALDIによってイオン化を行う際に使用するレーザーによって，m/z 211.07のグアニジンイミダクロプリドとして観察されることを確認した。図4にイミダクロプリドのショウジョウバエ体内における分布を示した。図から分かるように，イミダクロプリドを投与したショウジョウバエとイミダクロプリドを投与しなかったショウジョウバエを比較することで，イミダクロプリドが明瞭に可視化されていることが分かる。さらに，イミダクロプリドは腹部に蓄積され，イミダクロプリドが取り込まれた後に近傍領域に拡散したことが示唆されている。さらに，筆者らはイミダクロプリドを投与した90分後にさらに拡散していることを確認した。90分後では，イミダクロプリドはショウジョウバエの全身（頭部及び腹部を含む）に分布していた。このように，IMSは薬物動態研究だけでなく昆虫の殺虫剤分布を分析することにも適していることが分かる。これまで，殺虫剤の効果を評価するために，放射性同位体を用いて殺虫剤の代謝または動態の分析が検討されていたが，そのためには特殊な標識化合物が必要とされている。しかしながら，IMSは標識体を用いないため，殺虫剤の分布とその代謝産物分布を別々に視覚化することに役立てることができる。したがって，IMSは昆虫の殺虫剤分布を分析するための強力なツールであると考えられる。

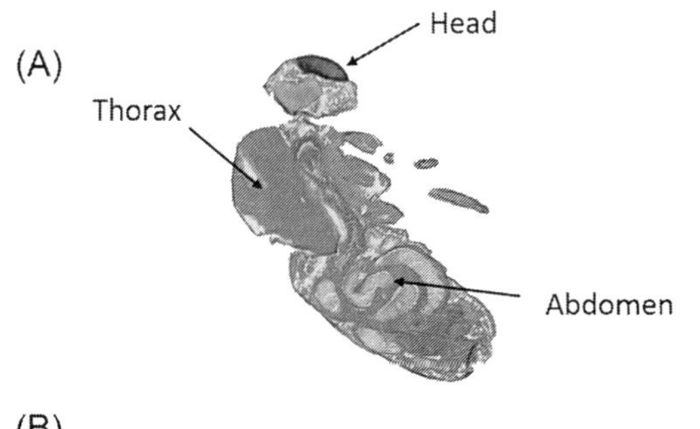

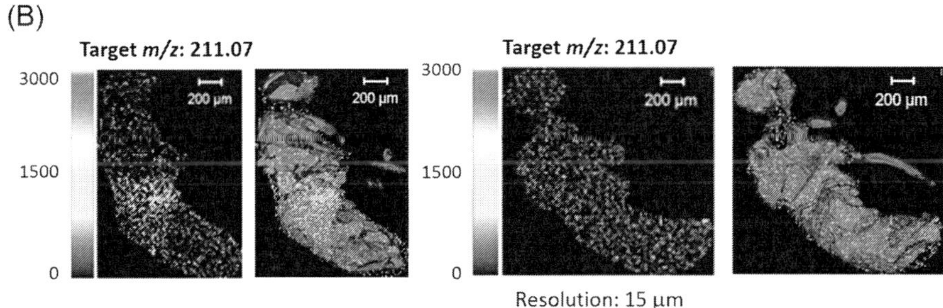

図4　(A)ショウジョウバエのヘマトキシリン・エオシン染色画像，(B)ショウジョウバエ中のイミダクロプリド（m/z 211.07）の分布，左：イミダクロプリド投与ショウジョウバエ，右：イミダクロプリド未投与ショウジョウバエ

1.6 おわりに

IMSによる分子イメージングは，試料表面で分子をイオン化し質量分析で直接検出するという他のイメージング手法にはない大きな特徴がある。イオン化さえ可能であれば様々な分子について，わずかな構造の違いまで分離して可視化することが可能となる技術である。多くの研究者によって，手法が改良され今まで可視化することができなかった分子にまで応用することが可能となってきている。そして今もなおイオン化装置や質量分析計の開発は活発に進められ，その解像度や感度は向上し続けている。現在，我々の研究室では実験動物，人組織（モデル組織も含む），植物や食品など様々な対象に対してIMSを適用するべく技術開発を行っており，今後大きな発展が見込まれる分析計測技術の一つであると考えられ，イメージング質量分析のさらなる発展が期待される。

文　　献

1） R. M. Caprioli *et al., Anal. Chem.,* **69**, 4751 (1997)
2） M. Kompauer *et al., nature method.,* **14**, 90 (2016)
3） D. F. Adam *et al., Analyst,* **140**, 7293 (2015)
4） C. Esteve *et al., Metabolomics,* **12**, 1 (2016)
5） S. Shimma *et al., Anal. Bioanal. Chem.,* **408**, 7607 (2016)
6） Y. Sugiura *et al., Hypertension,* **72**, 1345 (2018)
7） E. A. Barbosa *et al., Mol. Plant Microbe In.,* **31**, 1048 (2018)
8） K. Miyoshi *et al., Anal. Sci.,* **34**, 997 (2018)
9） S. Ohtsu *et al., Anal. Sci.,* **34**, 991 (2018)
10） Y. Enomoto *et al., Anal. Sci.,* **34**, 1055 (2018)
11） T. Santos *et al., J. Ptoteomics,* **187**, 152 (2018)
12） T. B. Nguyen *et al., Appl. Environ. Microbiol.,* **84**, e02791-17 (2018)
13） S. J. B. Dunham *et al., Acc. Chem. Res.,* **50**, 96 (2016)
14） S. Chandra *et al., Anal. Chem.,* **72**, 104A (2000)
15） K. Wu *et al., J. Biol. Inorg. Chem.,* **22**, 653 (2017)
16） S. Chandra *et al., J. Microsc.,* **229**, 92 (2008)
17） H. Tian *et al., Anal. Chem.,* **89**, 5050 (2017)
18） S. N. Dean *et al., Biofouling,* **31**, 151 (2015)
19） P. Nemes *et al., J. Vis. Exp.,* **43**, 2097 (2010)
20） D. Etalo *et al., Plant. Physiol.,* **169**, 1424 (2015)
21） J. L. Motley *et al., J. Nat. Prod.,* **80**, 598 (2017)
22） J. Laskin *et al., Anal. Chem.,* **84**, 141 (2012)
23） Y. Song *et al., R. Soc. Chem.,* **134**, 838 (2009)

24) J. I. Zhang *et al., Int. J. Mass Spectrom.,* **301**, 37 (2011)
25) B. Li *et al., J. Mass Spectrom.,* **46**, 1241 (2011)
26) C. J. Perez *et al., J. Am. Soc. Mass. Spectrom.,* **28**, 1136 (2017)
27) S. Banerjee *et al., PNAS.,* **114**, 3334 (2017)
28) S. Shimma, *J. Mass Spectrom. Soc. Jpn.,* **64**, 179 (2016)
29) H. W. Tang *et al., Anal. Chem.,* **82**, 1589 (2010)
30) F. Rowell *et al., Analyst,* **134**, 701 (2009)
31) T. Ozawa *et al., Anal. Sci.,* **32**, 587 (2016)
32) N. Zeima *et al., Rapid Commun. Mass Spectrom.,* **24**, 2733 (2010)
33) S. Taira *et al., Int. J. Biotechnol. Wellness Industry,* **1**, 61 (2012)
34) A. C. Crecelius *et al., J. Agric. Food Chem.,* **65**, 3359 (2017)
35) R. Nakabayashi *et al., J. Nat. Prod.,* **78**, 1179 (2015)
36) A.-C. Niehoff *et al., Anal. Chem.,* **86**, 11086 (2014)
37) M. Pratavieira *et al., J. Proteome Res.,* **13**, 3054 (2014)
38) S. M. Khalil *et al., Anal. Chem.,* **87**, 11309 (2015)

2　1細胞エピゲノム解析

三浦史仁*1，伊藤隆司*2

2.1　サマリー

2013年から主要なエピゲノム解析技術の1細胞解析への応用例が報告されはじめ，エピゲノム解析もついには1細胞解析が可能な時代へと突入した。DNAのメチル化を調べるメチローム解析に関しては，全ゲノムバイサルファイトシークエンシング（WGBS）を高感度化したscBS-Seq法が登場し，同一細胞からのトランスクリプトームとメチロームの同時取得さえも実現されている。クロマチンのタンパク質結合状態を調べるフットプリント解析では効率的なアダプター付加技術であるタグメンテーション反応を応用したATAC-Seqが1細胞解析に展開されている。主にChIP-Seqが用いられてきたDNA-タンパク質間相互作用の解析は，ChIPと同等の効果が得られるより高感度な技術が出現している。クロマチンの核内配置も重要なエピゲノム情報だが，次世代シークエンサーを用いた1細胞のHi-C解析に加えて，超高解像度顕微鏡とFISHを組み合わせた解析技術が登場している。

2.2　エピゲノムも1細胞解析が可能に

大規模にDNAの塩基配列を決定することで実現されるゲノムやトランスクリプトーム，エピゲノムなどのオーミクス研究は，次世代シークエンサー（NGS）の登場で大いに加速された。NGSで配列決定するためには両端にアダプター配列が連結されたDNA断片（＝ライブラリー）を用意する必要がある。つまり，1細胞解析を実現するためには1細胞から得られるごく限られた量のDNAに対していかに効率的にアダプター配列を連結するのかが最も重要なポイントなのである。しかし，一般的に用いられるT4 DNAリガーゼによるアダプターの連結反応の効率は必ずしも完璧ではない。つまり，1細胞を対象にオーミクス研究を行うためには，アダプター連結反応の効率の悪さを補うサンプルDNAの増幅技術，あるいは高効率なアダプターの連結反応のいずれか，あるいは両方を開発する必要がある。トランスクリプトームの場合はポリA配列という便利な配列があり，これを足掛かりにしたcDNA増幅技術が確立され早期に1細胞解析が実現している[1)]。また，ゲノム解析の場合もWhole-Genome Amplification（WGA）法が利用可能であり，これもまた比較的早期に1細胞解析が実現した[2)]。その一方で，DNAの増幅操作そのものが情報喪失の原因となりかねないエピゲノム解析では，ゲノムやトランスクリプトームのようなシンプルな増幅反応を利用することができない。つまり，エピゲノム解析の高感度化においては，微量なサンプルに対して高効率にアダプターを連結する技術の開発やエピゲノム情報を維持したままサンプルを増幅する技術の開発が必要不可欠であり，そういった技術の確立に時

＊1　Fumihito Miura　九州大学　大学院医学研究院　医化学分野　講師
＊2　Takashi Ito　九州大学　大学院医学研究院　医化学分野　教授

間を要したのである。しかし，開発者等の不断の努力によってこれらの困難は徐々に乗り越えられ，いよいよエピゲノム解析も1細胞解析の時代がやってきた。本稿ではこのようなエピゲノムの1細胞解析を実現した技術に注目し最近の動向を概説する。

2.3　細胞メチローム解析

メチローム解析では，全ゲノムバイサルファイトシークエンシング（WGBS）が標準的な計測手法として用いられている。WGBSではバイサルファイト（BS）処理が施されたゲノムDNAをショットガン方式で配列決定する。WGBSのライブラリー調製にはBS処理とアダプター連結反応のどちらを先に行うかで2つの方式が存在する。1つはアダプター配列を連結した後にBS処理を実施するMethylC-Seqに代表されるプロトコール（図1A）であり[3]，もう一つはBS処理後にアダプター配列を導入するPost-bisulfite adaptor tagging（PBAT）[4]と呼ばれる手法である（図1B）。これら2つの方式を比較するとライブラリー調製の高感度化には後者が圧倒的に有利である。なぜならBS処理にはDNAを切断する性質があるため，MethylC-Seq方式ではBS処理によってライブラリー分子の構造が破壊されてしまうためである（図1AとB）。PBAT法ではBS処理されたDNAを鋳型にランダムプライミングによってアダプター配列を導入する

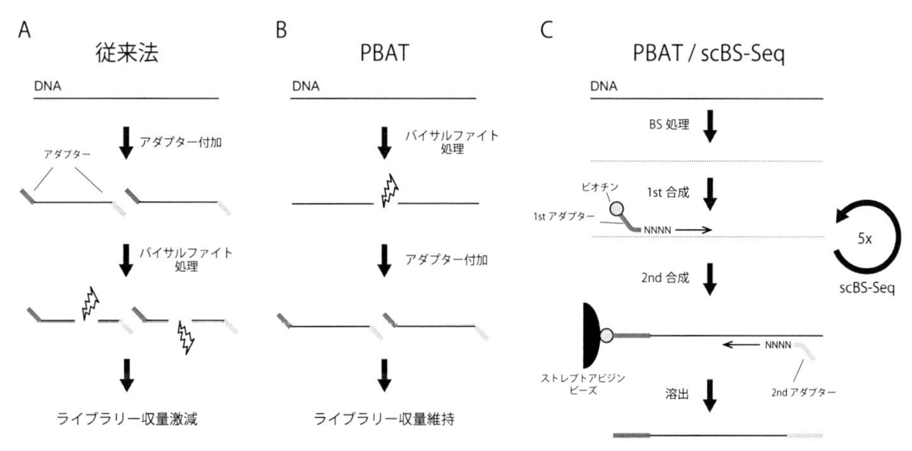

図1　PBATとscBS-Seq

A，従来の一般的なWGBSのライブラリー調製法　PBATの開発以前は断片化したサンプルDNAの両端にアダプター配列を連結したのちのバイサルファイト（BS）処理が行われていた。しかし，BS処理はDNAを高頻度に切断してしまうため，BS処理後のライブラリーは配列決定に必要不可欠な分子構造を失ってしまうことになる。その結果，従来のWGBSのライブラリー調製は極端に収率が低かった。

B，Post-bisulfite adaptor tagging（PBAT）PBAT法ではAの効果を回避するためBS処理後のDNAにアダプター配列を導入する。

C，ランダムプライミングに基づくPBAT　PBAT法では2回のランダムプライミング反応を繰り返して実施することでBS処理後の1本鎖のDNAに対してアダプター配列を導入する。scBS-Seqではこの1回目のランダムプライミング反応を繰り返し実施することで鋳型収量を増加させている。

(図1C)[4]。このランダムプライミングの反応効率は必ずしも高くないため，1細胞解析ではこの反応効率をなんとか高める必要があった。そこでSmallwood等はランダムプライミング反応を繰り返し実施することによってライブラリー収量を確保する手法を確立し，1細胞解析を実現した[5]。このscBS-Seqと呼ばれるライブラリー調製法では得られたリードの20%程度しか参照ゲノムにマップされないなど，効率の面では依然問題がある。しかし，単一の細胞からトランスクリプトームとメチロームの同時取得が実現されるなど，積極的な展開が図られている[6]。

2.4 1細胞からのフットプリント解析

核内のDNAには様々なタンパク質が結合し裸のDNAとは異なるエピゲノム環境が形成されていることが知られている。こういったタンパク質の結合状態の違いは，ヌクレアーゼのDNAへのアクセスのしやすさに変化を生じせしめるため，DNAの切断パターンに変化があらわれる。こういったヌクレアーゼによる切断頻度をゲノム軸に沿ってグラフ化するいわゆるフットプリントを描画することでDNAへのタンパク質の結合状況を推測することが可能となる。NGSを用いてマイクロコッカルヌクレアーゼ（MNase）やデオキシリボヌクレアーゼI（DNase I）で切断されたクロマチンDNAを網羅的に配列決定するMNase-SeqやDNase-Seqは，ゲノム全体のフットプリントを得るための極めて有効な手段である[7]。こういったヌクレアーゼを用いる手法に加えて最近注目されているのが，ATAC-Seq（Assay for Transposase-Accessible Chromatin）[8]と呼ばれる手法である。ATAC-SeqはDNAの切断と同時にアダプター配列の連結を行うタグメンテーションと呼ばれる反応（図2A）をフットプリント解析に応用したもので，容易かつ高収率にライブラリー調製を行うことが可能である。こういった特性を利用してATAC-Seqを利用した，1細胞フットプリント解析（scATAC-Seq）が実現されている[9,10]。

1細胞解析といっても1個の細胞が解析できればそれで良いわけではない。細胞を集団として解析し，個々の細胞の性質の違いやそれぞれの細胞の存在比を調べることによって初めて生物学的な意味付けが可能になる。したがって，1細胞解析ではまとめて読み出されたDNAの塩基配列を個々の細胞に帰属するための目印となる配列を付加する操作が必要となる。ほぼ同時に2つのグループから報告されたscATAC-Seqは，ライブラリー調製技術そのものもさることながら，こういった細胞1個1個のラベリング（＝インデックシング）手法に工夫が見られて面白い。Buenrostro等[9]はフリューダイム社が開発・販売している1細胞解析用のマイクロ流路プラットフォームをATAC-Seqに応用した。タグメンテーション反応によるアダプター付加からPCRによるインデックシングまでを細胞1個1個に対して独立に並行して実施することで多細胞のscATAC-Seq解析を実現している。こういった汎用的なマイクロ流路プラットフォームを用いる系は誰でも容易に同一の系を利用出来るという面で大きな利点があろう。一方で，Cusanovich等は，彼らがコンビナトリアルインデックシングと呼ぶユニークなアイデアでscATAC-Seqを実現している（図2）。Cusanovich等[10]の系はフリューダイム社の系に比べてより多くの細胞を効率的にインデックシングすることが可能であり，しかも既存の道具立てを用

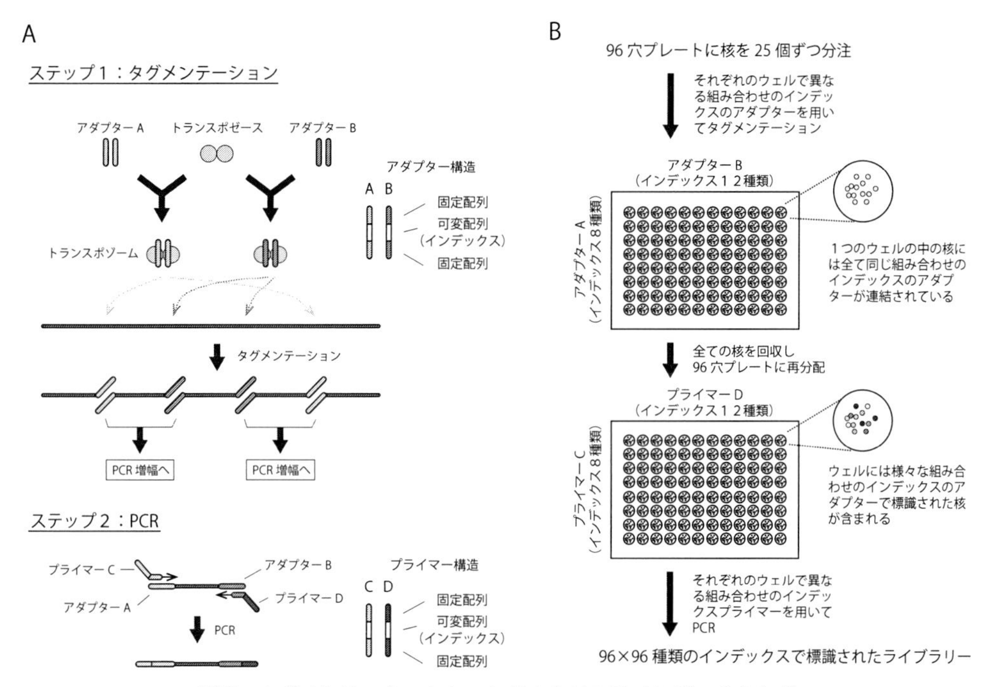

図2　タグメンテーションとコンビナトリアルインデックシング

A，タグメンテーションとPCRによるインデックスの導入　ステップ1）トランスポゼースと人工合成した2本鎖DNAのアダプター配列を混合するとトランスポゾームが形成される。このトランスポゾームをサンプルDNAと混合するとDNAの切断と同時にアダプター配列の連結が起こる(タグメンテーション反応)。ここではAとBの2種類の人工合成アダプター配列を用いているため，A-A，A-B，B-A，B-Bの組み合わせで両端にアダプター配列が導入されたDNA断片が得られる。このうち実際に配列決定に用いられるのはA-BとB-Aのヘテロな組み合わせのみである。ステップ2）アダプターAおよびBの5′末端の部分配列とそれぞれ相同な配列を3′に持つプライマーCとDを用いてPCRを行うと，4種類の配列A，B，C，Dを持ったDNA断片が得られる。A，B，C，Dのそれぞれの内部に識別用インデックス配列を導入すれば，1つのPCRプロダクトは4種類のインデックス配列でラベルされることになる。

B，コンビナトリアルインデックシング　96穴プレートのそれぞれのウェルに異なる組み合わせのインデックス配列をもったアダプターA，Bのトランスポゾームを分注する。それぞれのウェルに25個ずつ細胞の核を分配してタグメンテーション反応を行うと，各ウェル中の核内のDNAにはウェルに特異的なインデックス配列の組み合わせのアダプターが連結される（各ウェルに特異的なインデックスの組み合わせでラベルされた核は同じ色で表現されている)。反応停止後，すべての核を回収して混合し，再度96穴プレートに25個ずつ分配する。同じインデックスの組み合わせでラベルされた細胞が同一のウェルに投入される可能性は極めて低い。次に，96穴プレートのそれぞれのウェルに異なる組み合わせのインデックス配列をもったプライマーC，Dを分注しPCR増幅を行う。得られたPCRプロダクトには，A，B，C，Dの4種類のインデックスが導入されている。同じ組み合わせのインデックスをもったPCRプロダクトが異なる核に由来する可能性は極めて低いため，同一のインデックスの組み合わせを持つDNA断片は1個の細胞に由来する可能性が高い。

いてそれを実現している点は大いに参考になる。

2.5　DNA-タンパク質相互作用の1細胞解析

DNAとタンパク質の相互作用，特にヒストンとその翻訳後修飾のゲノム上の局在は最も注目を集めるエピゲノム情報のひとつである。こういった相互作用を同定・定量する手法として，それぞれのタンパク質あるいは翻訳後修飾に対して特異的な抗体を用いてクロマチンを免疫沈降し，回収されたDNA断片の配列決定を行ういわゆるChIP-Seq（Chromatin Immunoprecipitation Sequencing：図4左）が広く用いられている。しかし，ChIP-SeqはDNAとタンパク質のクロスリンク，クロマチンの破砕，特異的抗体を用いた免疫沈降，アダプター付加反応，サンプル毎のインデックシングなど多くの実験操作を経て初めて実現されるため，最も高感度化が難しいエピゲノム解析手法でもあった。標的タンパク質の量や抗体の質にも依存するが，従来のChIP-Seqのプロトコールでは，最低でも10,000個程度の細胞が再現性良く実験を行うために必要とされた[11]。

ChIP-Seqの1細胞解析の実現には時間を要したが，2015年の冬にRotem等によってその報告がなされた[12]。Rotem等はオイル中の水滴に細胞1個1個を閉じ込めた状態で，MNaseによるクロマチンの断片化と，バーコード配列の連結の双方を行うマイクロ流路をデザインした（図3）。このような系で細胞1個1個を連続して処理した後，複数の細胞に由来するクロマチン断片をまとめて免疫沈降することにより，細胞1個1個を別々に処理した場合に起こりうる容器壁面等への非特異的吸着によるサンプルの損失を抑えることが可能になるという。このDrop-Seqと呼ばれる手法で同定されたヒストン翻訳後修飾のピークの数は細胞1個当たり約1,000個で，

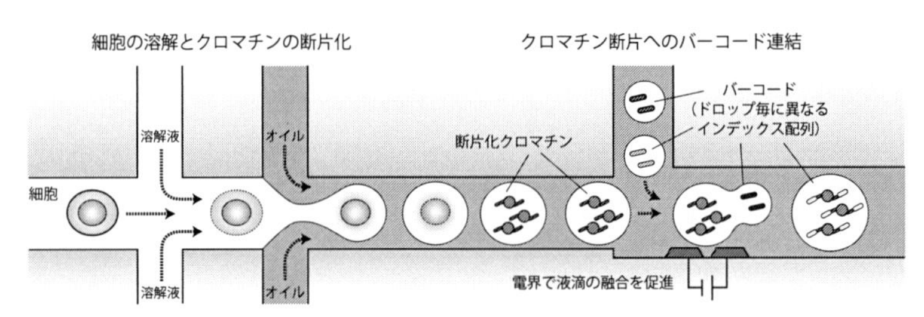

図3　マイクロ流路を用いたクロマチン断片の細胞特異的ラベリング

溶解液には界面活性剤とマイクロコッカルヌクレアーゼ（MNase）が含まれている。細胞が溶解液の流れの中に吐出されるとまず細胞膜の溶解が起こる。細胞が完全に溶けきる前に細胞と溶解液の混合成分はオイル中に吐出され，1細胞毎に封入されて水滴となる。水滴が形成された後も細胞は溶解を続け，核膜が消失しクロマチンが溶解液に晒されるとMNaseによるDNAの分解が始まり，断片化が進行する。断片化されたクロマチンを含んだ水滴は，それぞれ異なるバーコード配列を含むアダプターが封入された水滴と融合する。この際，バーコード配列と同時にカルシウムイオンのキレート剤やバーコード連結のための酵素類も供給される。MNaseはその活性にカルシウムイオンが必要であるため，カルシウムイオンがキレートされることでその活性が抑制され，クロマチンの断片化が停止する。断片化されたクロマチンの末端にはDNAリガーゼの作用でバーコード配列が連結される。

これはバルクの細胞を用いてChIP-Seqを行う場合の5％程度に過ぎない[12]。つまり，ChIP-Seqを用いたDNA-タンパク質相互作用の1細胞解析には多くの課題が残っていることがわかる。

ChIP-Seqでは抗体を用いて標的タンパク質をビーズ上にトラップするクロマチン免疫沈降（ChIP）の操作が最もサンプルを失いがちなステップである（図4左)。このChIPのステップを新しい原理に置換することにより，より高感度にChIP-Seqと同等の効果を得る工夫が提案されている。CUT&RUNでは目的タンパク質を認識する抗体にプロテインAを融合したマイクロコッカルヌクレアーゼ（MNaes）を連結することによって当該タンパク質の結合部位近傍のDNAを切断する（クロマチン免疫切断：chromatin immuno-cleavage，図4中)[13]。配列決定のライブラリー調製には適切に切断されたDNAが要求されるため，ヌクレアーゼによって断片化されたDNAが優先的にライブラリーに変換されることになる。つまり，CUT&RUNではタンパク質と相互作用しているゲノム領域をChIPのように濃縮・回収することをせずに配列情報に変換することが可能になる。その結果，CUT&RUNでは100個程度の細胞からヒストン翻訳後修飾の解析が可能になり[14]，ChIP-Seqに比べてかなりの高感度化が実現できている。こういったChIPの代替手法はさらなる進化を続けている。クロマチン挿入標識（chromatin integration labeling sequencing：ChIL，図4右）は，タグメンテーション反応（図2A）を抗体結合部位近傍のクロマチンに対して行うことを可能にした技術である。こうすることでCUT&RUNでは必要だったアダプター連結反応を経ることなく，標的タンパク質と相互作用しているDNAを特異的に増幅することが可能となる[15]。ChILを用いて調製されたライブラリーの配列解析（ChIL-Seq）を1細胞に適用するとDrop-Seqの10倍の数のピークが同定可能であったという[15]。ChIL-Seqには特殊な試薬が必要となるが，今後その供給体制が整えば，一般的に用いられるようになるものと考えられる。

2.6　クロマチンの核内配置の1細胞解析

クロマチン同士が空間的に隣接しているか否かを判断するためには，隣接したDNA同士がDNAリガーゼで連結されやすいという性質を利用し，形成されたキメラ分子を検出すればよい。このChromosome Conformation Capture（3C)[16]の原理をゲノム規模に展開したHi-C（図5)[17]を1細胞解析に応用した例が2013年にNagano等によって報告されている[18]。しかし，ここで注意しなければならないのは，3Cに基づく手法は同時に配列決定される1対（1対1）のゲノム領域同士の相互作用しか検出できないという点である。3次元空間内で3カ所以上のゲノム領域が同時に隣接すること（つまり1対多）は当然考えられる。細胞を集団として扱う解析では個々の細胞から検出される多くの1対の相互作用の平均値として複数のゲノム領域同士の相互作用が検出されうる。しかし，1細胞を対象とした場合，1つの相互作用で検出されたゲノム領域は他の領域との融合DNA断片として検出されることは決してない。つまり，1細胞のHi-C解析では原理的に決して全てのゲノム領域同士の相互作用を網羅的に同定することが出来ないので

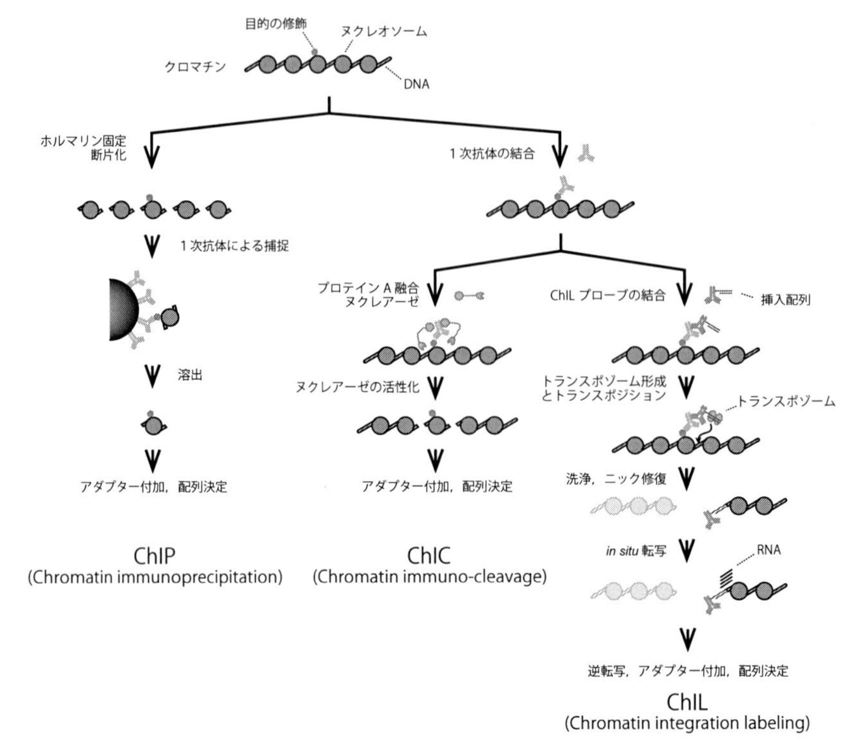

図4　タンパク質-DNA相互作用の検出の高感度化

左，特定のタンパク質や翻訳後修飾のゲノム上の局在を検出するためには，従来はクロマチン免疫沈降（ChIP）で得られたDNA断片の配列決定（ChIP-Seq）が用いられてきた。しかし，ChIP-Seqはライブラリー調製までに至る実験操作のステップ数が多く，感度向上が難しかった。特に目的のタンパク質をビーズ上に捕捉する免疫沈降のステップは非特異的吸着等による損失が多いステップで，1細胞解析のような微量サンプルを扱う場合の大きな障壁となっていた。図3で紹介したDropSeqは多数の細胞をまとめて免疫沈降のステップに供することでなるべく損失を抑えようとした工夫の1つである。

中，CUT&RUNで採用されているクロマチン免疫分解（ChIC）の概略。ChICでは*in situ*で目的の抗原に対する抗体を用いたラベリングを行う。過剰な抗体を洗い流した後，プロテインAを融合したMNaseをカルシウムイオン非存在下で添加し，先の抗体へMNaseを連結する。MNaseにはカルシウム要求性があるのでこの時点ではMNaseは活性が無い。過剰なプロテインA融合MNaseを洗い流した後にカルシウムイオンを供給すると目的のタンパク質近傍のクロマチンが特異的に断片化される。アダプターを連結した後にPCRでライブラリーの増幅を行うと，MNaseによって断片化されたゲノム領域が優先的に増幅されてくる。これは切断されなかったゲノム領域由来のDNAが巨大すぎて増幅されにくい一方で，切断された領域由来のDNAはPCR増幅に適した大きさになっているためである。この結果，免疫沈降を経ずともChIPと同等の濃縮効果が得られることになる。

右，クロマチン挿入ラベリング（ChIL）の概略。ChILでは*in situ*で目的の抗原近傍のクロマチンに対してタグメンテーション反応を行う。タグメンテーション反応は図2で示したようにクロマチンの断片化と同時に特異的なタグ配列を導入することが可能で非常に高効率な反応である。ChILではタグメンテーション反応でT7 RNAポリメラーゼのプロモータ配列をクロマチンに挿入する。この結果，目的の抗原近傍のDNAを*in situ*で転写して増幅することが可能になる。増幅によりコピー数が十分確保できれば，ライブラリーの調製効率が悪くとも目的のエピゲノム情報が失われるリスクが低減し，より網羅的なシグナルの同定が可能となる。

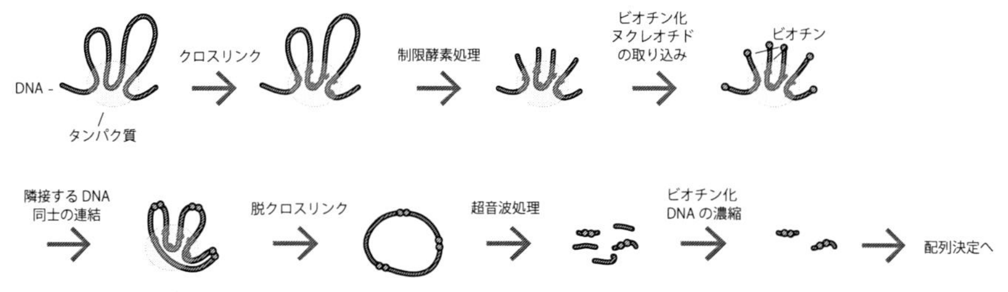

図５　Hi-C によるクロマチン高次構造の検出

近接すればするほどDNA同士はDNAリガーゼによって連結されやすくなる。このように連結されたキメラDNAを次世代シークエンサーで検出することができれば，DNA同士の隣接状態を調べることが可能になる。Hi-Cではキメラ形成をしたDNAに特異的にビオチン化標識して濃縮する。こうすることで効率的にキメラ分子のみの配列決定を行うことが可能になる。注意しなければいけないのはHi-Cで検出できるのは１対１のゲノム領域同士の相互作用であるという点である。つまり，Hi-Cの１細胞解析では決して全ての相互作用を網羅的に検出することは出来ない。

ある。こういったNGS解析の限界を超越する技術が最近報告されている。Bintu等は超解像顕微鏡技術とFISH（Fluorescent in situ hybridization），マイクロ流体制御技術の３者を組み合わせることによって，個々の細胞のそれぞれのゲノム領域の局在と相互作用を明らかにすることが可能であることを示している（図６）[19]。現時点ではこの手法で解析可能なゲノム領域は百万塩基対と全体で数十億塩基対あるヒトゲノムのごく一部の領域に限られており，またその解像度も三万塩基対程度とかなり粗い。しかし，その対象とするゲノム領域の拡大と解像度の向上が実現されれば非常にパワフルな技術となるだろう。

2.7　おわりに

技術的困難さから実現が遅れていたエピゲノムの１細胞解析も2015年にはほぼ全てのアプリケーションでその実現の報告がなされた。これら１細胞解析のデータは必ずしも網羅性が十分でないなど，質が確保されているとは言いがたく，あまり中身のないフラッグシップ争いの様相を示していた。しかし，その後数年が経過し，１細胞のエピゲノム解析はより実用性に優れた新しい原理・手法が登場し始めている。今後数年の後にはエピゲノムの１細胞解析は当たり前のように行われるようになっているかもしれない。

文　　献

1） F. Tang *et al.*, *Nat. Methods*, **6**, 377 (2009)
2） N. Navin *et al.*, *Nature*, **472**, 90 (2011)

A

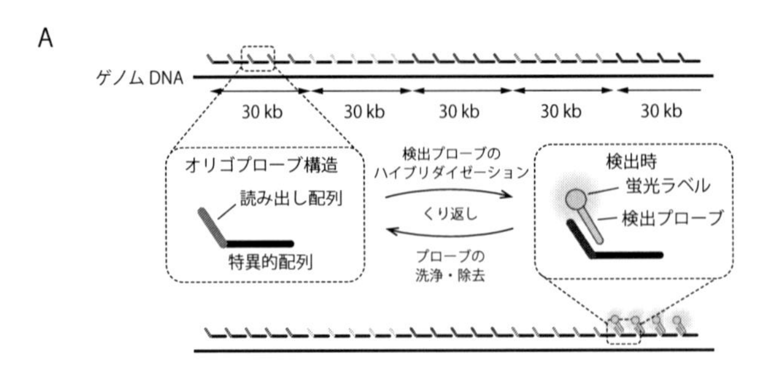

B

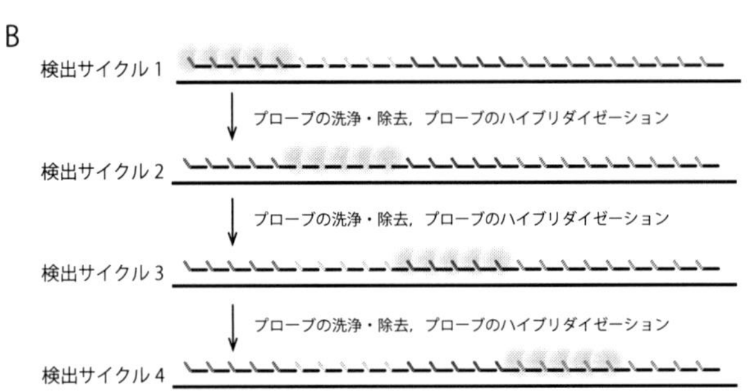

図 6　FISH と超高解像度顕微鏡を組み合わせたクロマチン高次構造の検出

Fluorescent in situ hybridization（FISH）と超高解像度顕微鏡による検出を組み合わせればクロマチンの核内配置を網羅的に検出することが可能になる。

A，目的のゲノム領域を敷き詰める特異的なプローブ配列群を設計する。3 万塩基対（30 kbp）毎にプローブ配列をグループ化し，それぞれのグループに特異的な共通の検出用配列（読み出し配列）を連結したプローブを合成する。全てのプローブをまとめて *in situ* ハイブリダイゼーションを行うが，この際標的部位に貼り付いたプローブの読み出し配列は，1 本鎖の状態になっている点に注意。各グループの検出用配列に相補的な蛍光標識オリゴヌクレオチドをプローブとして用いれば，それぞれの 30 kbp の領域を顕微鏡下で検出することが可能になる。この検出用プローブは洗浄による除去や光ブリーチングによる不活化が可能である。

B，検出用プローブのハイブリダイゼーション，超高解像度顕微鏡による検出，検出用プローブの除去の操作をくり返すことで，各 30 kb の領域が核内のどの部位に局在するのかを網羅的に調べることが可能になる。

3）R. Lister *et al.*, *Cell*, **133**, 523（2008）
4）F. Miura *et al.*, *Nucleic Acids Res.*, **40**, e136（2012）
5）S. A. Smallwood *et al.*, *Nat. Methods*, **11**, 817（2014）
6）C. Angermueller *et al.*, *Nat. Methods*, **13**, 229（2016）
7）G. E. Zentner and S. Henikoff, *Nat. Rev. Genet.*, **15**, 814（2014）
8）J. D. Buenrostro *et al.*, *Nat. Methods*, **10**, 1213（2013）
9）J. D. Buenrostro *et al.*, *Nature*, **523**, 486（2015）
10）D. A. Cusanovich *et al.*, *Science*, **348**, 910（2015）
11）M. Adli, J. Zhu and B. E. Bernstein, *Nat. Methods*, **7**, 615（2010）
12）A. Rotem *et al.*, *Nat. Biotechnol.*, **33**, 1165（2015）

13) P. J. Skene and S. Henikoff, *eLife*, **6**, e21856 (2017)
14) P. J. Skene J. G. Henikoff and S. Henikoff, *Nature Protocols*, **13**, 1006 (2018)
15) A. Harada *et al., Nature Cell Biology*, **21**, 287 (2019)
16) J. Dekker *et al., Science,* **295**, 1306 (2002)
17) E. Lieberman-Aiden *et al., Science*, **326**, 289 (2009)
18) T. Nagano *et al., Nature,* **502**, 59 (2013)
19) B. Bintu *et al., Science*, **362**, eaau1783 (2018)

3　ミックスドプロテオミクスの展開拡大

植田充美*[1]，北原奈緒*[2]，芝崎誠司*[3]，青木　航*[4]

3.1　はじめに

抗生物質ペニシリンの発見以降，細菌感染症で亡くなる人の割合は急激に減少した。しかし近年では，抗生物質の過剰使用などによる新たな薬剤耐性細菌や真菌症の出現が問題となっている。

問題となっている疾患の1つであるカンジダ症は，常在性真菌 *Candida albicans* によって引き起こされる日和見感染真菌症である。健常者においては，免疫細胞マクロファージが *C. albicans* の病原性を抑制する。しかし，抗生物質の過剰摂取や高齢化や AIDS 疾患などにより免疫力が低下すると，それを契機として *C. albicans* は病原性を発揮する。豹変した *C. albicans* は形態変化し病原性タンパク質を生産することで，マクロファージに貪食されずに脱出し，血流を通して全身の臓器に感染が広がっていく。このカンジダ症に有用な診断薬・抗真菌薬はほとんどないに等しい状況である。特に全身性カンジダ症の致死率は，敗血症，あるいは多臓器不全として 50％にも達する。

こういった問題を克服するためには，新規な機構を持つ抗真菌薬剤の開発が必要である。本節では，ゲノム情報を活用した新規共存プロテオーム解析法（ミックスドプロテオミクス）を構築することにより，*C. albicans* のマクロファージ破壊機構の解明を試み，新しい免疫療法の適用により，カンジダ症を制御できることを示した。

3.2　ミックスドプロテオーム解析による *C. albicans* のマクロファージ破壊脱出機構の推定

C. albicans は，日和見病原性真菌であり，通常は，ヒトと共生しているが，宿主の免疫が弱くなるといわゆるカンジダ症を引き起こす。とくに，本真菌が血中に侵入して全身に広がる全身性カンジダ症は，多臓器不全につながり，致死率が上昇する現代でも恐ろしい感染症である。既存の抗真菌薬として代表的なものとして，図1に3つ取り上げた。しかしながら，これらの薬剤には，重い副作用や耐性菌の出現などがあり，まだまだ改善の余地がある。さらに，本疾患は，高齢化社会で現在増加してきており，予防や早期診断法が急務になってきている。

まず，主要な病原性タンパク質の1つの候補に，*C. albicans* の上皮細胞への接着因子 Als

＊1　Mitsuyoshi Ueda　京都大学　大学院農学研究科　応用生命科学専攻　教授；
京都バイオ計測センター

＊2　Nao Kitahara　京都大学　大学院農学研究科　応用生命科学専攻　博士課程

＊3　Seiji Shibasaki　兵庫医療大学　准教授

＊4　Wataru Aoki　京都大学　大学院農学研究科　応用生命科学専攻　助教；
京都バイオ計測センター

Amphotericin B

Fluconazole

Micafungin

1. 重い副作用
2. 耐性菌の増加
3. 早期診断法の不在

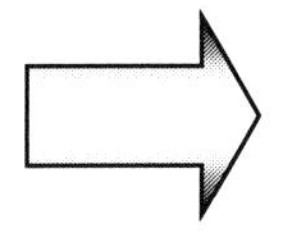

カンジダ症への新しい対抗策が必要

図1　抗真菌剤

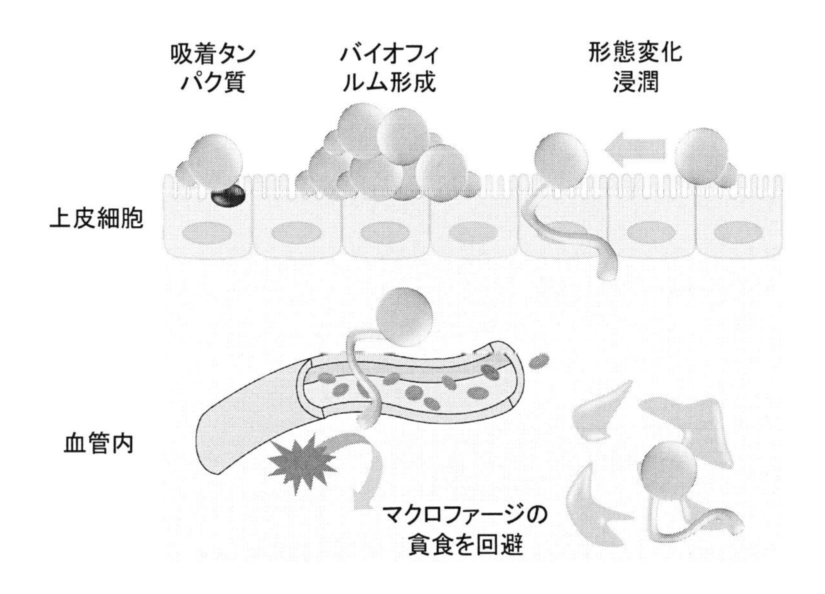

形態を変えて血管に侵入して，血清を餌にして全身に

図2　*C. albicans* の体内への浸潤プロセス

(Agglutinin-like sequence) が挙げられる。*C. albicans* にとって接着因子は，様々な細胞への侵入するための第一段階として，また互いに接着して強固なバイオフィルムを形成する上で重要であると推定されている（図2）。Als に関しては，免疫細胞との相互作用，血管への侵入，医療機器への付着などに重要であるとの報告もなされている。しかし，その詳細な生化学的性質はあまり報告されていない。そこで，*C. albicans* の9種の Als をそれぞれ *S. cerevisiae* に生産させ，蛍光抗体染色によって細胞壁への局在を確認した。各 Als の接着能を調べたところ，9種類の Als は，医療器具でもよく使用されているポリプロピレンやホウケイ酸ガラスにも強く結合した。その結合は，Als タンパク質の疎水的物性ではなく，タンパク質の構造が重要であることが推測された[1)]。

ところで，現在のプロテオーム解析手法に関しては，検出器として質量分析計を用いるため，完全な解析を行うためには，「分離」の高性能化が必須である。プロテオーム解析では非常に複雑な試料を測定する必要があるのでイオン化抑制による検出感度の低下が課題となる。イオン化抑制とは，現状の質量分析計において最も大きな問題点の一つであり，単一（きれいな状態）ではイオン化される物質であってもイオン化される際に夾雑成分がある場合，イオン化自体が抑制される効果である。つまり，質量分析では試料中に物質が存在していてもイオン化されなければ結果的には検出されないので，測定試料が非常に複雑，且つ，ダイナミックレンジが広いプロテオミクスにおいては，量の少ないタンパク質由来のペプチドが量の多いペプチドにマスクされてしまうリスクが高い。しかし，この抑制効果は，イオン化する瞬間に多数の分子種が存在することにより起こるので，液体クロマトグラフィー等により予めイオン化前に試料の複雑さを軽減できれば，回避できることが容易に予想できる。現状のプロテオーム解析では質量分析計の高性能化だけではなく，細胞分画などの試料調製法や質量分析前の分離技術も非常に重要なファクターである。

このように，サンプルの事前「分離」が非常に重要な因子であるが，液体クロマトグラフィーの中でも，キャピラリーカラムを用いる nano-LC は質量分析計との相性もよく，ショットガン法にも適用されている。一般に，液体クロマトグラフィーの分離媒体としては，多孔性の化学修飾型シリカゲルや有機ポリマーの微小粒子をステンレス製のパイプに均一に充填されたカラムが用いられてきた。クロマトグラフィーにおいて溶質は移動相中あるいは固定相中での拡散，また固定相との吸脱着を繰り返しながら移動相により輸送される。これらの流れ，拡散，物質移動の三つの要素がピーク拡がりに寄与するが，充填状態に基づく分散と物質移動に基づく分散が独立しないとの考えから，カラム性能の指標となるバンド拡がりを示す理論段高（H）と理論段数（N）は，$H = L/N$（L：カラム長）で表されている。バンド拡がりを小さくするとピーク幅が細くなり分離能が向上する，つまり理論段数の高いカラムを使用すれば良好な分離結果が得られる。実際に，液体クロマトグラフィーが開発された1970年代は粒子径10ミクロンの充填剤粒子（理論段数：数千段）を用いていたが，現在の汎用的なシステムでは粒子径3～5ミクロンの充填剤粒子を用いて理論段数1～2.5万段を達成している。しかし，微粒子化は移動相の流路となる粒子間隙を狭くしカラム負荷圧の増大を伴うので，一般的なシステムにおいては装置的制約から圧力限界が存在し，長さの短いカラムを用いたり移動相流速を遅くした使用条件を用いたりしなければならない。以上のことから，実際的な超高性能分離は困難であったので，これを克服するために新しい分離媒体や高耐圧装置の開発が行われた。

従来の粒子充填型カラムに代わる革新的分離素材として注目を集めたのがモノリスカラムである。モノリスカラムは流路/骨格比が大きなネットワーク構造を有し，その担体素材としては充填剤粒子と同様に有機ポリマー系，シリカ系が報告されている。また，この特徴的な構造から高い空隙率（85%以上）を示すので，粒子充填型カラム（空隙率：約60%）と比較して低圧での送液が可能である。シリカモノリスカラムのシリカ骨格径は粒子充填型カラムの充填剤粒子径に相当するが，モノリスでは骨格径を小径化しても流路径を大きく保てるので，カラム負荷圧上昇の影響が少ない高性能化が可能である。モノリスカラムは，従来の粒子充填型カラムの限界を超える高性能分離が期待でき，一般的な粒子充填型カラムと比較して同等の圧力において約10倍，同等の時間制限において1.5～3倍の理論段数の発現が可能となると期待される。

また，近年開発されたUPLC（Ultra Performance Liquid Chromatography, Waters）の高圧ポンプを併用することにより，ロングモノリスカラム（5メートル以上も）が使用可能となり，実用的な保持のある測定条件で理論段数100万段以上を達成している。このようにモノリスカラムは，超高性能分離が要求されるプロテオーム解析に最適である[2)]。

近年，メートル長のモノリスカラムと緩やかな勾配溶出を組み合わせたプロテオーム解析への適用例が多数報告されており，その測定対象も，大腸菌（3.5メートル長カラム），根粒菌（2メートル長カラム），バイオマス研究用微生物，線虫，iPS細胞と多岐にわたる[2)]。これらの報告では，モノリスカラムによる超高性能分離を利用し，より網羅性の高い解析やタンパク質試料調製の簡略化などを達成している。

既存のプロテオーム解析では，例えば，感染症研究などでは，微生物とマクロファージの混合サンプルからそれぞれの生物に従ってサンプルを分析前に分ける必要があった。これは，質量分析の前段階である試料分離における従来のLCカラムや泳動システムの分離・回収能が低かったためである。本研究は，このロングモノリスカラム（500 cm）を用い，別々に単離せずに，共存生物プロテオームを一斉測定できる「共存プロテオーム解析（ミックスドプロテオミクス）」を行った。

*C. albicans*のマクロファージ脱出時における，両生物のタンパク質を網羅的に同定し，コントロールとしてそれぞれの単培養時と比較した。その結果，*C. albicans*とマクロファージそれぞれで発現しているタンパク質を網羅的に同時定量することに成功し，ここから*C. albicans*のマクロファージ破壊モデルを構築できた。

まず，血液には免疫細胞が存在し，*C. albicans*を貪食・殺菌してその感染を防いでいる。しかし，高齢やAIDSなどによるマクロファージ活性の低下に伴う場合，*C. albicans*はマクロファージに貪食されずに破壊して脱出し，全身に感染していくと報告されている。*C. albicans*

のマクロファージ抵抗性・破壊因子としては，菌糸伸長によるマクロファージ膜の物理的破壊や，プロテアーゼ，またはカタラーゼ，スーパーオキシドジスムターゼ，フラボヘモグロビンなどのストレス対処タンパク質の発現が報告されていた。*C. albicans* のマクロファージ破壊脱出機構を詳細に解析するため，定量プロテオーム解析を行った。この解析のために，*C. albicans* とマクロファージを相互作用させた後，そのまま分離せずにナノ LC-MS/MS 測定を行い，高分離能モノリスカラムによる２種生物由来の多種ペプチドをオンラインで高速・精密に分離し，MS/MS による網羅的なタンパク質の同定とそれぞれの生物のゲノム情報を基にした帰属解析を行った（図３～５）。

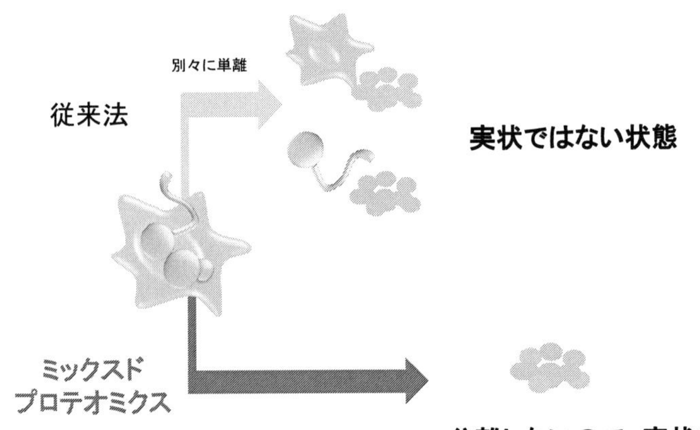

図３　感染症の研究法の変遷

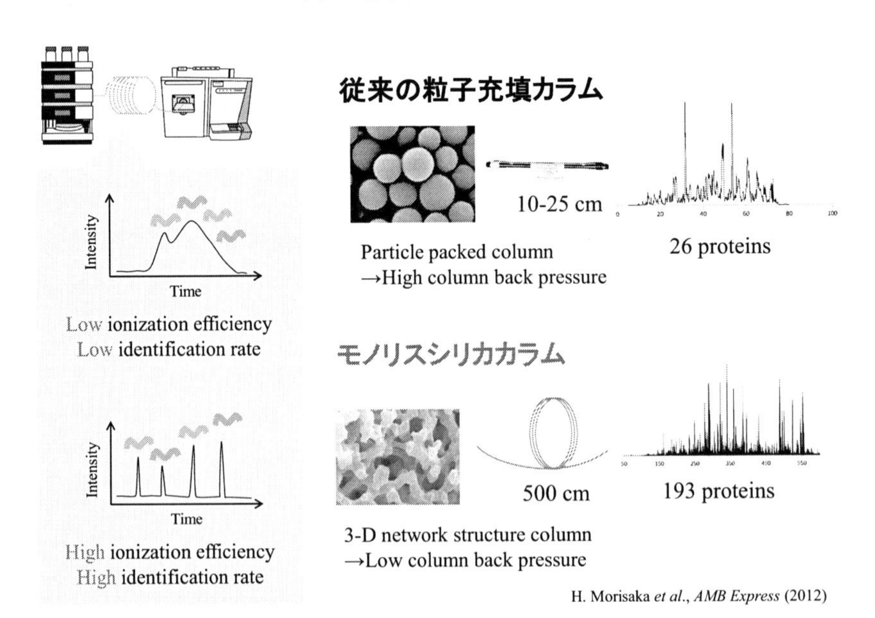

図４　モノリスシリカカラムと超高分離能

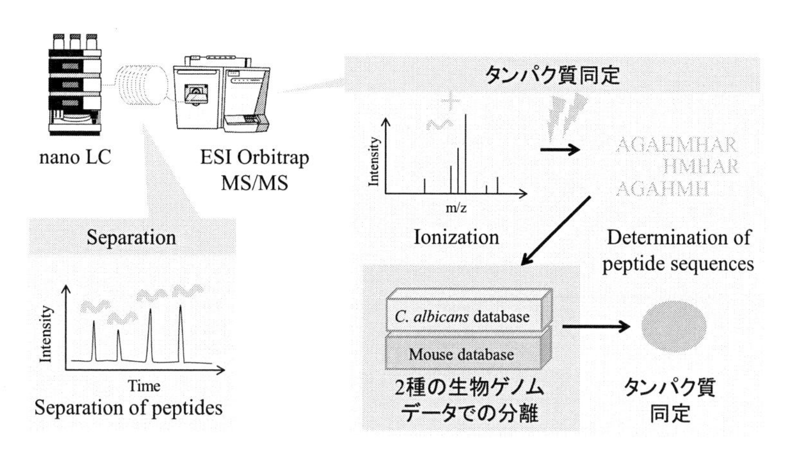

図５　ミックスドプロテオミクスの概略図

全体で 1736 個のタンパク質を定量できた。*C. albicans* では，グルコース合成，アミノ酸分解，プロテアソーム，ストレス応答関連のタンパク質生産が上昇し，リボソーム関連のタンパク質は減少していた。これらから，次のことが推定された。

① マクロファージ内では，*C. albicans* は，グルコース飢餓状態が生じ，β酸化とグリオキシル酸回路を働かせて，枯渇しているグルコースを自ら作り出している。さらに，プロテアソーム系により自身のタンパク質を分解し，アミノ酸合成も行っている（図６，７）。

② マクロファージ内のストレスに対処するため，*C. albicans* は酸化ストレス，イオン欠乏ストレス，低 pH ストレスなどに対処するタンパク質を生産していることが分かった（図８）。

③ マクロファージに対して，*C. albicans* は病原性に関連していると報告されている，菌糸関連タンパク質，接着タンパク質，プロテアーゼ等を生産している。多くの機能未知タンパク質も同定され，これらも，マクロファージ内に分泌され，もしくは *C. albicans* 内で，*C. albicans* のマクロファージ破壊脱出機構に重要な役割を担っていることが期待される[3]。

④ マクロファージタンパク質としては，シャペロンタンパク質やアポトーシス関連タンパク質など２つのタンパク質が顕著に減少していた（図９）。*C. albicans* はこれらマクロファージタンパク質を分解することで，マクロファージ活性の低下を誘導し，破壊脱出しているのではないかと考えられた[3]。

3.3　新しい免疫療法の手がかり

上記のミックスドプロテオミクスにより，*C. albicans* は，マクロファージによるグルコース枯渇戦略をかいくぐるため，自らの脂肪酸のβ-酸化により，形態を糸状タイプに変え，グリオキシル酸回路を稼働させ，グルコースを新生させエネルギーを得て，マクロファージの攻撃を撃破して，血管網へと浸潤しているものと考えられた。したがって，この中で，グリオキシル酸回

C. albicans : グルコースとアミノ酸合成の上昇

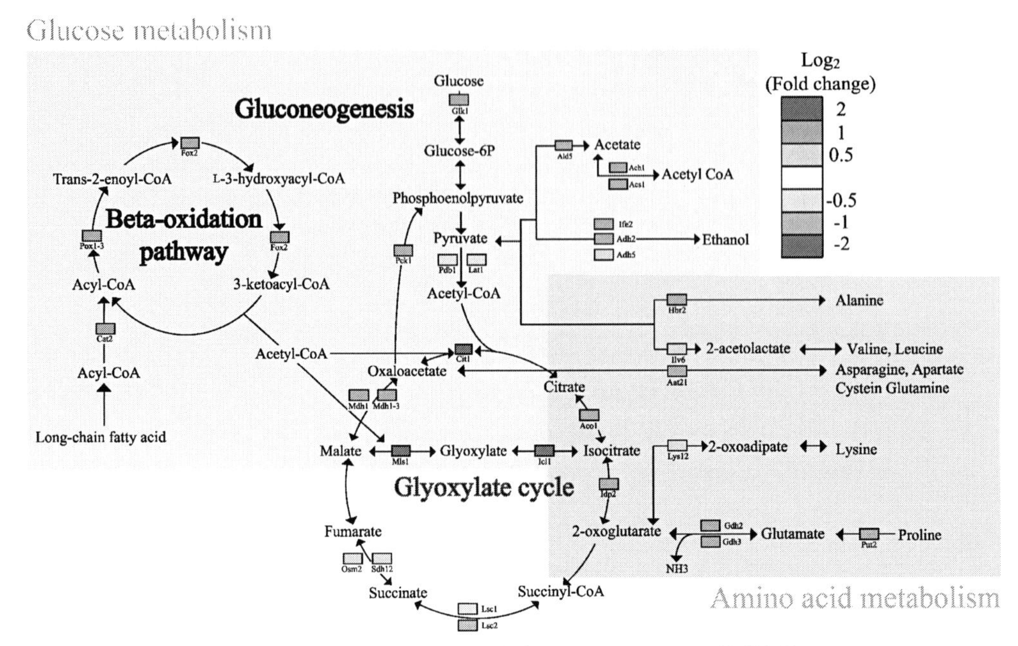

図6　マクロファージによる貪食時の *C. albicans* の代謝変化

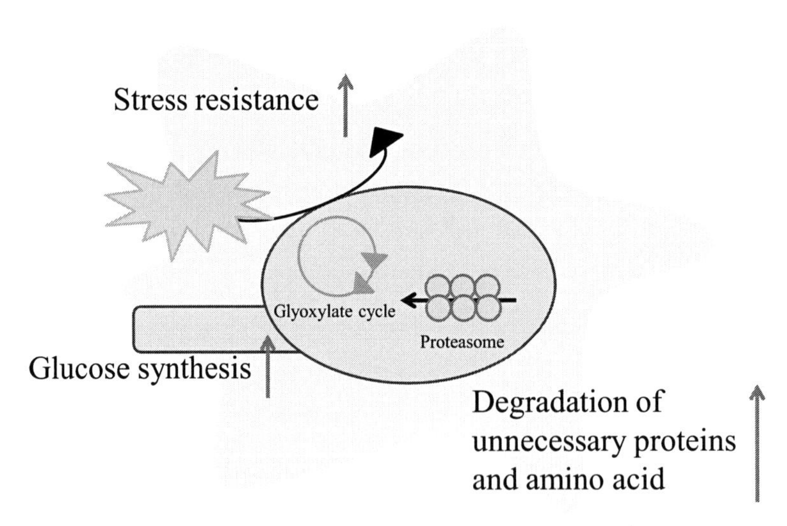

図7　マクロファージに対抗する *C. albicans* の戦略

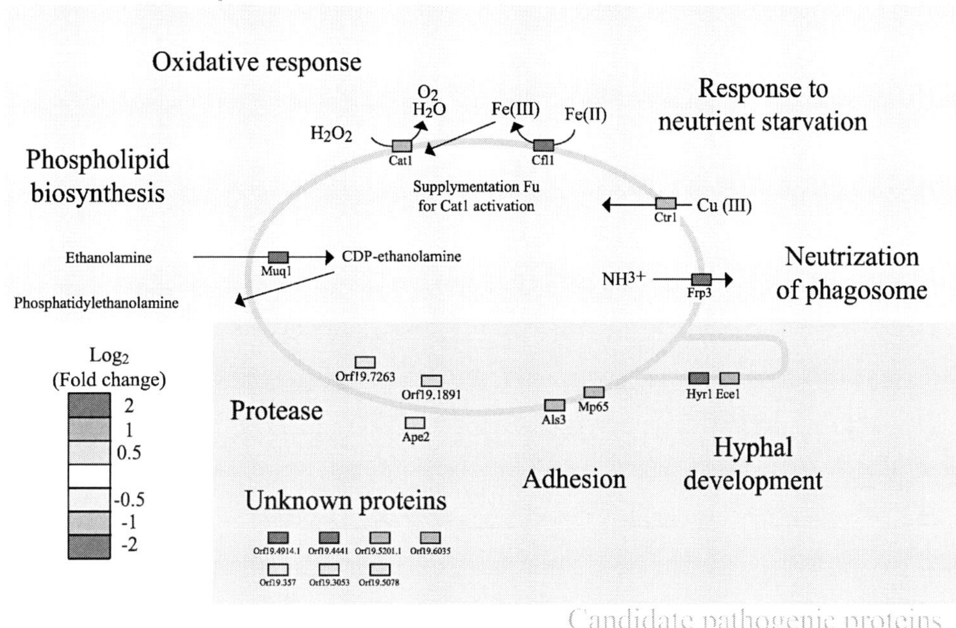

図８　マクロファージによる貪食時の *C. albicans* のストレス応答

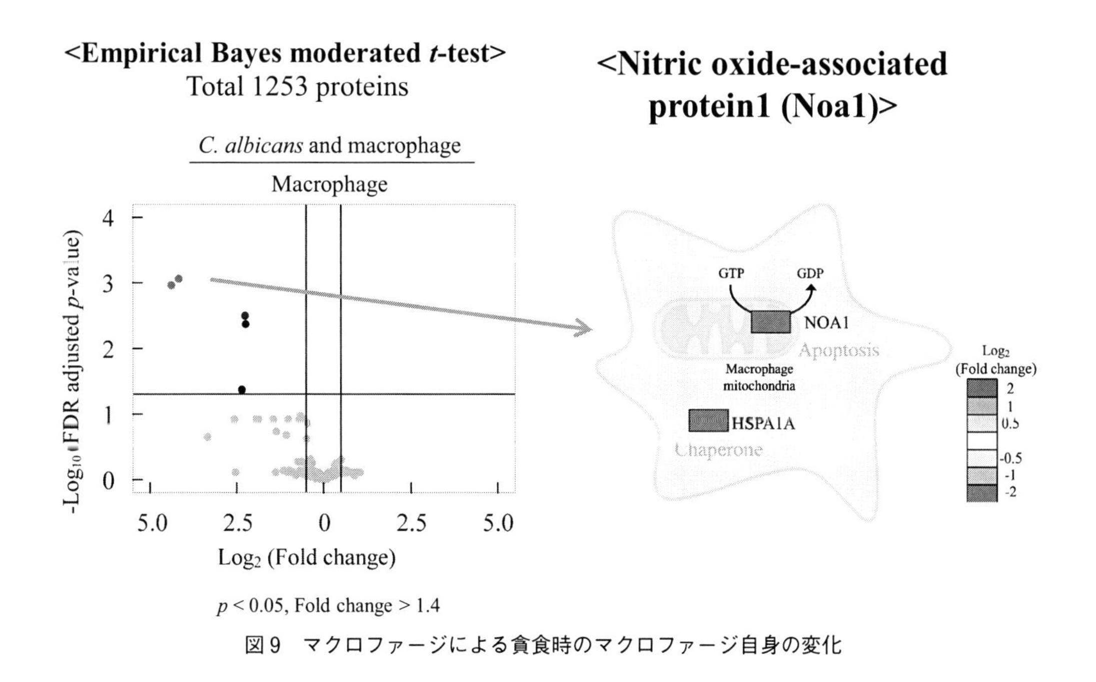

図９　マクロファージによる貪食時のマクロファージ自身の変化

路を遮断すれば，感染症を防御できると考えられた。

そこで，グリオキシル酸回路の酵素であるリンゴ酸デヒドロゲナーゼ（Mdh1p）に着目して，これに抗原性があることも知られているので，有望なワクチン候補になると期待される。*C. albicans* の MDH1 遺伝子をクローニングし，Mdh1p を大腸菌で発現させた。これからエンドトキシンを除去したのち，マウスに皮下，並びに経鼻投与を行った（図 10）。血清中の抗体価上昇を確認後，致死量の *C. albicans* を接種して生存率を観察したところ，35 日目での生存率は，100%という結果を得た（図 11）。この結果より，この戦略は，*C. albicans* に対するこれまでにない有望な療法となった[4)]。

本疾患は，高齢化社会で現在増加してきており，早急な予防や早期診断法が求められているが，ゲノム情報を活用したこの新しいミックスドプロテオミクスにより，グリオキシル酸回路系の酵素に対する分子標的薬の開発や，抗原の事前投与による免疫力強化が有効であることが提唱された。

精製タンパク質による皮下注射試験

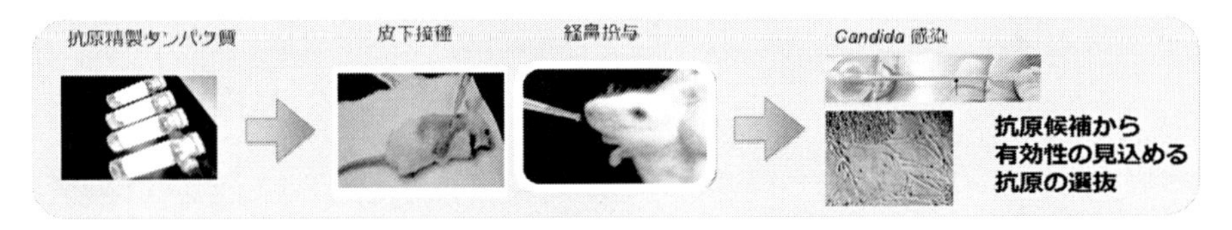

➢ 使用動物

動物種	系統	性別	週齢	生物学的品質	入手先（導入機関名）
マウス	C57BL/6	メス	入荷時：6週齢 免疫開始時：7週齢	SPF	日本エスエルシー株式会社

➢ 群構成，n 数

投与経路	アジュバント	n 数	群構成
皮下接種	IFA（不完全フロイントアジュバント）	8	PBS ＋ アジュバント
		8	精製Eno1タンパク質 ＋ アジュバント
		5	精製Mdh1タンパク質 ＋ アジュバント
経鼻投与	CT（コレラトキシン）	8	PBS ＋ アジュバント
		8	精製Eno1タンパク質 ＋ アジュバント
		5	精製Mdh1タンパク質 ＋ アジュバント

➢ 接種回数

それぞれ 0，2，4 週目の 3回 実施

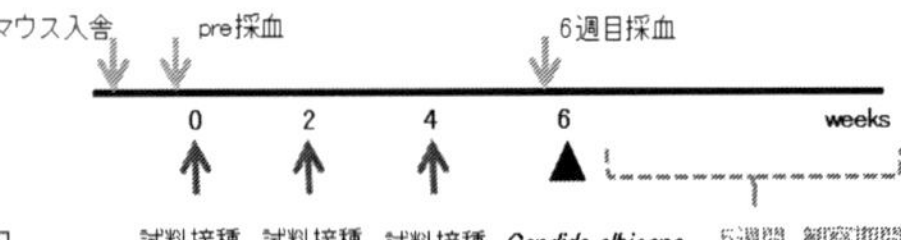

➢ 接種方法・接種用量

皮下免疫

マウスの背中の毛を抜き，ツ反用1 mlシリンジを用いて，皮下へ抗原 **30 μg / 100 μl** を接種。

経鼻免疫

ピペットマンを用いて，マウスの鼻へ抗原 **30 μg / 20 μ l** を注入。

図 10　Mdh1 タンパク質抗原による免疫実験

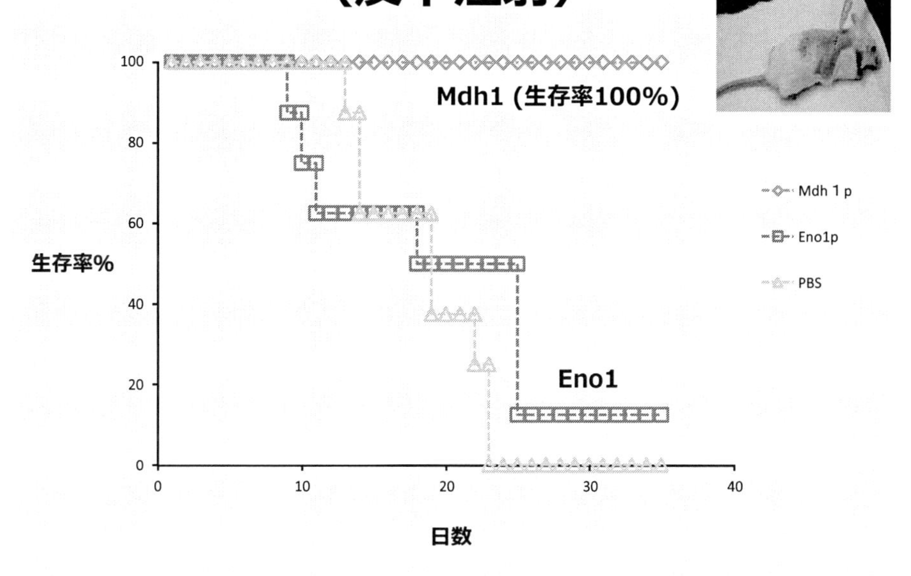

図 11　Mdh1 タンパク質抗原による免疫実験結果

文　　献

1）W. Aoki *et al., FEMS Immunol. Med. Microbiol.*, **65**, 121 (2012)
2）植田充美，AI 導入によるバイオテクノロジーの発展，224，シーエムシー出版 (2018)
3）N. Kitahara *et al., AMB Exp.*, **5**, 41 (2015)
4）芝崎誠司ら，薬学雑誌，**133**，1145 (2013)

4 リピドミクスの展開

和泉自泰[*1]，馬場健史[*2]

4.1 はじめに

代謝物の総体解析であるメタボロミクスは，ゲノム情報から転写，翻訳過程を経て生成した酵素に基づく低分子化合物の化学変化を包括的に捉えたものであり，ゲノム情報に最も隣接した高解像度のフェノタイプ解析が可能となる。すなわちメタボロミクスは代謝全体を理解するための解析手段として利用できるだけでなく，生命活動の表現型として，遺伝子あるいは薬物や環境などの外的要因によって複合的かつ連続的に変化する有益な指標を提供できる。そのため近年では，医学研究分野においてもメタボローム解析の重要性が認識され，疾患代謝研究やバイオマーカー探索に急速に応用されるようになってきた。

一方で，メタボロームの中でも疎水性代謝物である脂質は，生体膜の構成成分，エネルギー貯蔵物質，脂質メディエーター，タンパク質修飾，細胞内や細胞間のシグナル分子として働く重要な分子である。このような脂質分子を包括的かつ定量的に解析する学問分野はリピドミクスと呼ばれている。近年の質量分析および周辺技術の発展によってリピドーム解析技術も進歩し，生体内から多種多様の脂質分子を同時に観測できるようになってきた。今後，脂質分子の新たな生理機能を発見し，脂質代謝制御機構の全貌を明らかにしていくためには，従来の生化学的研究アプローチに加えてリピドームデータの活用が重要となる。本稿では，リピドーム解析法の世界的動向を紹介するとともに，近年，我々が開発した超臨界流体技術を用いた新規の定量リピドーム分析法について概説する。

4.2 脂質の定義

脂質は単純脂質，複合脂質，誘導脂質に大別される（図 1）[1]。単純脂質は主骨格（グリセロール，スフィンゴシン，ステロール）と脂肪酸がエステル結合あるいはアミド結合した脂質を指し，中性脂質（monoacylglycerol, MAG; diacylglycerol, DAG; triacylglycerol, TAG）やコレステロールエステル（cholesterol ester, CE），セラミド（ceramide, Cer）などが挙げられる。複合脂質はリン酸や糖を含む脂質を指し，大きく分けてリン脂質と糖脂質からなる。ホスファチジルコリン（phosphatidylcholine, PC）などいくつかのグリセロリン脂質は，脂肪酸側鎖の結合様式が異なり，一般的に知られているエステル結合型だけではなく，エーテル結合型（e）あるいはビニルエーテル結合型（プラズマローゲン）（p）の分子種が存在する（図 2）。誘導脂質は単純脂質や

＊1　Yoshihiro Izumi　九州大学　生体防御医学研究所　附属トランスオミクス医学研究センター，大学院システム生命科学府　システム生命科学専攻　准教授

＊2　Takeshi Bamba　九州大学　生体防御医学研究所　附属トランスオミクス医学研究センター，大学院システム生命科学府　システム生命科学専攻　教授

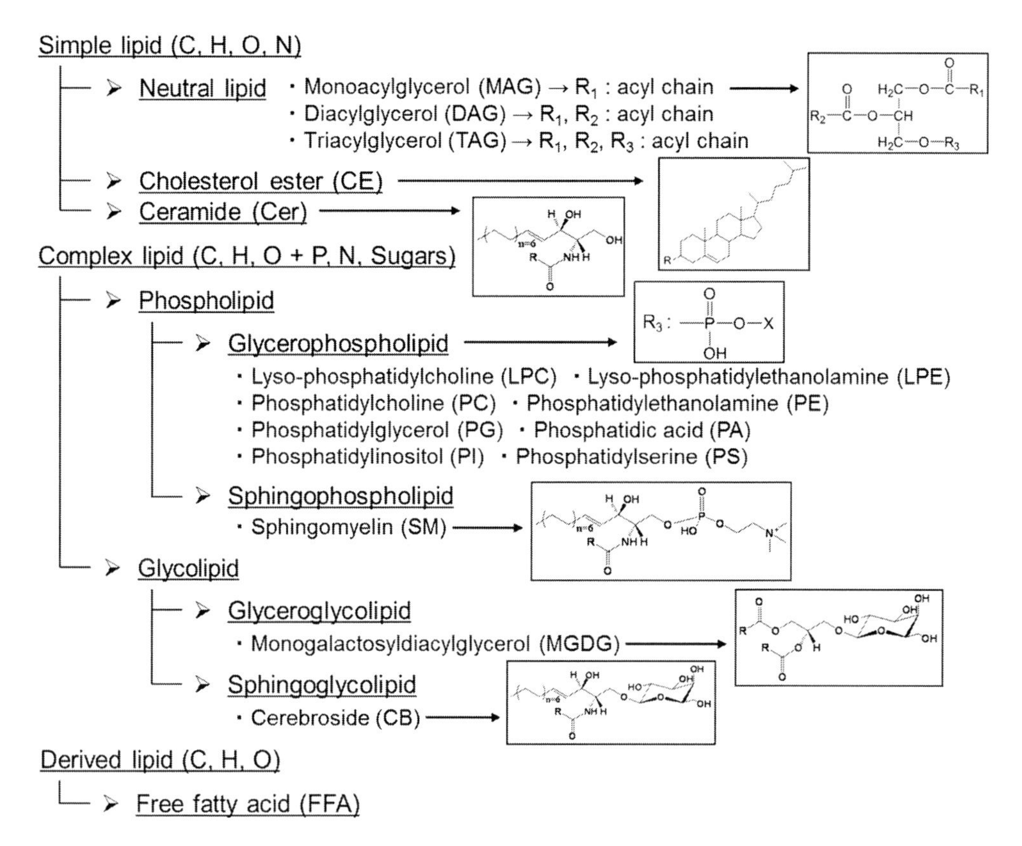

図1　脂質の分類

複合脂質から各種リパーゼ等の酵素反応によって分解，誘導された脂質を指し，遊離脂肪酸やステロイド，カロテノイドなどが挙げられる。生物種によっても異なるがそれぞれの脂質骨格には20種以上の脂肪酸が結合することから，理論的には10,000種類以上にもおよぶ脂質分子の存在が推定されている[2)]。さらに，脂質は，細胞内での反応場，局在箇所が異なり［脂肪酸合成（細胞質，小胞体）；グリセロリン脂質合成（細胞質，ミトコンドリア，小胞体，核など）；β-酸化（ミトコンドリア，ペルオキシソーム）］，様々な制御を受けることで生理機能を発現している。

このように膨大な種類が存在する脂質を網羅的かつ精確に測定するためには，脂質の構造を良く理解していく必要がある。例えば，リン脂質や糖脂質はグリセロール骨格の *sn*-1（stereospecifically numbered: *sn*）および *sn*-2 の位置に疎水性の脂肪酸が結合し，*sn*-3 の位置にリン酸や糖などの極性ヘッドグループが結合する（図2）。このような親水性の部分と疎水性の部分を分子内に持つ両親媒性脂質は，細胞膜の脂質二重層の構成要素や生体内外での情報伝達に深く関わっている。一方で分析化学の観点からは，両親媒性の性質を持つリン脂質および糖脂質は物理化学的性質が多様となるため，これら脂質分子の一斉測定は容易ではない。さらに，リン脂質の *sn*-1 および *sn*-2 の位置に結合する脂肪酸の種類あるいは結合様式の組み合わせによっ

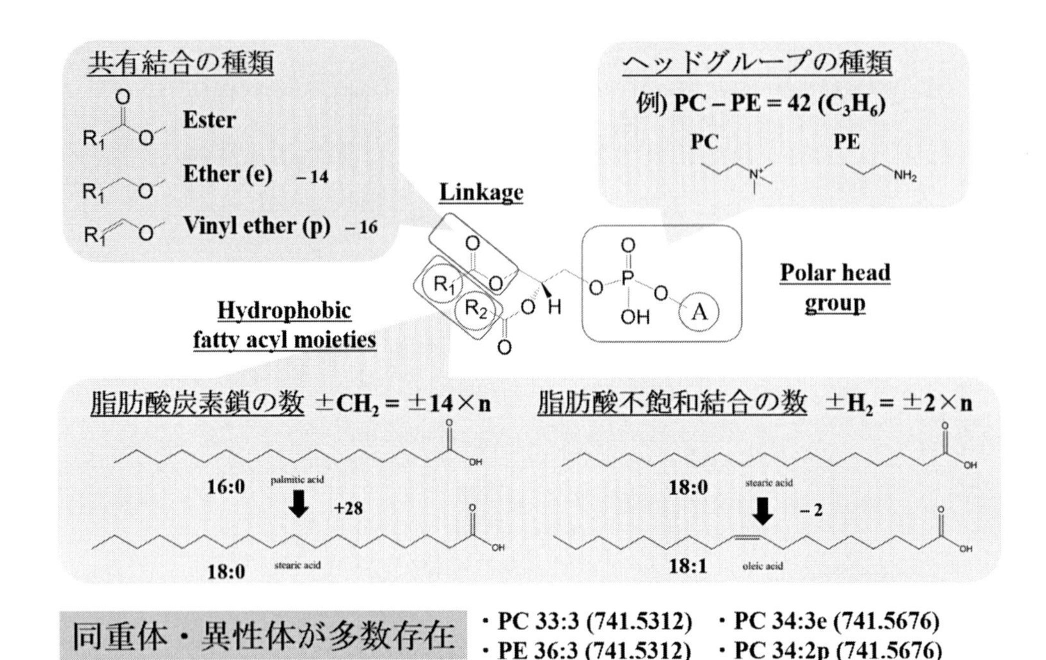

図２　脂質の構造と複雑性

て同重体や異性体が多数存在する（図２）。そのため，脂質分子を精確に同定するには，細心の注意を払う必要がある。

4.3　リピドミクス分析法

ガスクロマトグラフィー質量分析（GC/MS）は，古くから使用されてきた脂質の分析法である。GC/MSによる脂質の測定は，酸あるいは塩基を触媒として脂質とメタノールを反応させるメチルエステル化反応によって生成した脂肪酸メチルエステルを分析する手法である。本手法は，総脂質中の脂肪酸組成の情報を定量的に取得できることから大変有用であるが，個々の脂質分子種を観測することはできない[3)]。そこで，近年では，個々の脂質分子の情報を取得するために，液体クロマトグラフィーおよびエレクトロスプレーイオン化タンデム型質量分析（electrospray ionization tandem mass spectrometry，ESI-MS/MS）による各種リピドーム解析法が提案されている[4)]。

ESI-MS/MSを用いて脂質分子の構造情報を取得するためには，プリカーサーイオン（MS）の情報とともにプロダクトイオン（MS/MS）の情報も必要となる。MS/MSを取得するためには，衝突誘起解離などが搭載された三連四重極型質量分析計（triple-quadrupole mass spectrometer, QqQMS），四重極飛行時間型質量分析計（quadrupole-time of flight mass spectrometer, Q-TOFMS），あるいは四重極オービトラップ型質量分析計（quadrupole orbitrap mass spectrometer, Q-OrbitrapMS）などのタンデム型質量分析計が使用される。ESI-MS/MS

における脂質のイオン化（正・負のイオン化モードとそれらの付加イオンの種類）およびフラグメンテーションは，脂質クラスの種類によって大きく異なる。したがって，タンデム型の質量分析を用いて各脂質クラスのイオン化およびMS/MSでの開裂パターンを整理して理解することは，生体試料中の多種多様な脂質分子の構造情報を精確に取得する上で重要となる。

タンデム型質量分析を基盤とした近年の代表的なリピドーム解析法を表１に示す。ショットガンリピドーム解析とも呼ばれるダイレクトインフュージョン質量分析（direct infusion tandem mass spectrometry, DI/MS/MS）はクロマトグラフィーによる分離を行わず，測定試料を直接ESI-MSに導入する手法であり，短時間で脂質分子を一斉定量するために利用されている[5,6]。DI/MS/MS法は，脂質クラスごとに生体内で検出されない脂質標準品あるいは安定同位体標識した脂質標準品を抽出試料に添加することで，ESI-MS/MS測定時のイオン化サプレッションなどのマトリクス効果を標準化することが原理上可能である。そのため，定量的なリピドーム分析法として広く利用されている。しかし，DI/MS/MS法は抽出液に含まれる多数の脂質成分あるいは未知の生体マトリクス成分が一斉にESIイオン源に導入されるため，低濃度の脂質分子はイオン化サプレッションの影響によって検出が困難となる。さらにタンデム型質量分析計の質量分離の機能を最大限活用したとしても，異性体を含む多種多様な脂質分子の詳細な構造情報を一斉に取得することは容易ではない。また，ESIイオン源に導入された試料溶液は，3～5 kV程度の高電圧印加とネブライザーガスの噴霧によって帯電液滴が生成し，さらに高温での加熱処理（脱溶媒）によってイオン化が達成される。しかし，このイオン化過程の高電圧および高温の影響によって，一部の脂質分子は部分的に開裂（インソースフラグメント）することが知られており，同定精度および定量性の低下につながると考えられている。

液体クロマトグラフィータンデム質量分析（liquid chromatography tandem mass spectrometry, LC/MS/MS）は，DI/MS/MS法のDI/MS/MS法の問題点（感度，異性体の識別，網羅性）を改善した方法であるといえる。LC/MS/MSの利点は，①ESI-MSは濃度依存型の検出器であり，LC分離によりカラム内で測定対象物の希釈を抑制できるため検出感度が向上する[7]，②LC分離により異性体の分離ができるだけでなく，生体試料のマトリクス効果を軽減し，脂質分子のイオン化効率が向上する，③結果的に検出可能な脂質分子数が増加することである。逆相液体クロマトグラフィー（reverse phase liquid chromatography，RP-LC）は，移動相に水，メタノール，アセトニトリルのような極性溶媒を使用し，固定相にシリカゲルなどの粒子表面にオクタデシルシリル（ODS）基などを化学結合した逆相担体を用いる組み合わせのクロマトグラフィーである。脂質分子種は，ODS基の非極性側鎖と脂質の疎水性脂肪酸側鎖との間の疎水性相互作用に基づき分離し，保持時間再現性も高いことから，リピドーム解析において最も広く使用されているLC分離モードである[4]。したがって，RP-LC/MS/MSは，異性体を含む個々の脂質分子を包括的かつ高感度に測定可能な分離分析法であるといえる[8,9]。しかし，検出された全てのピークに対応する安定同位体標識した脂質内部標準物質を準備することは不可能であるため，生体試料のマトリクス効果を精確に補正することができない。そのため，RP-LC/MS/MSは個々の脂質分子の定量値算出の観点で課題が残されている。

一方，順相液体クロマトグラフィー（normal phase liquid chromatography, NP-LC）は主に極性ヘッドグループによって各脂質クラスを分離することができる[10,11]。したがって，NP-LC/MS/MSでは，脂質クラスごとに内部標準物質を添加することで同じ脂質クラスの脂質分子のマトリクス効果を一斉に標準化し，各脂質クラスや個々の脂質分子において定量値を算出することができる。しかし，ヘキサンやクロロホルムなど，NP-LCの移動相はプロトン供与性を持たない溶媒が多く，ESIにおけるイオン化効率が低いため，検出感度の点が課題となっている。そこで，近年NP-LC/MS/MSに代わり，親水性相互作用クロマトグラフィータンデム質量分析（hydrophilic interaction liquid chromatography tandem mass spectrometry, HILIC/MS/MS）を用いたリピドーム解析が報告されている[12~14]。リピドーム解析におけるHILICの分離挙動はNP-LCと類似しているが，HILICはメタノールや水などプロトン供与性を持つ溶媒を移動相として使用するため，HILIC/MS/MSの感度はNP-LC/MS/MSと比較して高い[12]。しかし，HILICはCEやDAG，TAGなどといった疎水性の高い脂質の保持や分離が不十分である[13]。したがって，HILICは主にグリセロリン脂質やスフィンゴ脂質などといった比較的極性の高い脂質に適用範囲が限定される[12~14]。さらに，保持時間やピーク面積値の再現性を高い状態で保ちながらHILIC/MS/MSによるリピドーム解析を実施するためには，固定相表面の水和相の形成に多くの平衡時間を必要とする[12~14]。以上のことから，スループット，感度，異性体の識別，網羅性，定量性の全ての要件を満たす理想的なリピドーム解析法は未だ確立できていないといえる（表1）。

4.4 リピドミクスデータの施設間比較

近年，人工知能技術の発展に伴い，ライフサイエンス研究分野においても各種オミクスの大規模データの活用が注目されている。しかし，大規模なメタボロームデータを用いて統合解析を実

表1 リピドーム分析法の特徴

分析法の性能を表す指標	従来法				新規分析法
	DI/MS/MS	RP-LC/MS/MS	NP-LC/MS/MS	HILIC/MS/MS	NP-SFC/MS/MS
スループット	+++	++	++	+	++
感度	+	+++	++	+++	+++
異性体の識別	+	+++	++	++	+++
網羅性	+	+++	++	++	+++
定量性	+++	+	+++	+++	+++

各項目の評価は3段階で実施（+, ++, +++）。

DI, direct infusion; RP-LC, reverse phase liquid chromatography; NP-LC, normal phase liquid chromatography; HILIC, hydrophilic interaction chromatography; NP-SFC, normal phase supercritical fluid chromatography; MS/MS, tandem mass spectrometry.

施するためには，異なる時期，異なる実験室，異なる分析方法で取得したメタボロームデータの定量値を比較可能とする基盤技術の確立が必要となる。その端緒として，我々は2014年ごろにアメリカ国立標準技術研究所（national institute of standards and technology, NIST）が中心となって企画した「世界の31研究機関におけるリピドミクスデータの施設間比較研究」に参加した[15]。当該研究プロジェクトの目的は，同一の血漿試料を各施設に配布し血漿中の脂質分子の定性情報を整理するとともに定量値がどの程度一致するかを調べることであった。全ての研究機関で取得したリピドームデータを統合して解析したところ，1,500種以上の膨大な脂質分子の定性情報の取得に成功した。定量値の評価は５つの研究機関以上で検出された339種の脂質分子を対象に行った。その結果，およそ３分の１の脂質分子の定量値が施設間で大きく異なった。この主な要因として，各分析法の定量精度の違い，適切な内部標準物質が整備できていないことが挙げられた。そこで我々は当該プロジェクトの経験を通して，リピドーム解析における定量性の重要性を再認識するとともに，超臨界流体技術を用いた新規の定量リピドーム分析法の開発に着手した。

4.5　超臨界流体クロマトグラフィー質量分析によるワイドターゲット定量リピドーム分析法の開発

超臨界流体（supercritical fluid, SCF）は，温度と圧力が気液の臨界点（critical point）を超えた非凝縮性高密度流体と定義される物質の状態の一つである（図３）。超臨界流体は一般的に，①気体と液体の中間の密度，②気体と液体の中間の拡散係数，③気体と液体の中間の粘度，といった熱物理学的特徴を有している。すなわち，液体のように物質を溶解することができ，一方で気体のように流動性や浸透性が抜群で表面張力もない，液体と気体の両方の性質を持ち合わせた理想の溶媒といえる。また，超臨界二酸化炭素（supercritical carbon dioxide, $SCCO_2$）は，①臨界温度（31.1℃），臨界圧力（7.38 MPa）が比較的低い，②多くの有機化合物を溶解する，③化学的に不活性，④無毒で安価といった性質から最もよく使用されている。

移動相にSCFを用いた超臨界流体クロマトグラフィー（supercritical fluid chromatography, SFC）は，1962年にKlesperらによって初めて報告された[16]。そして，1982年，Gereらによっ

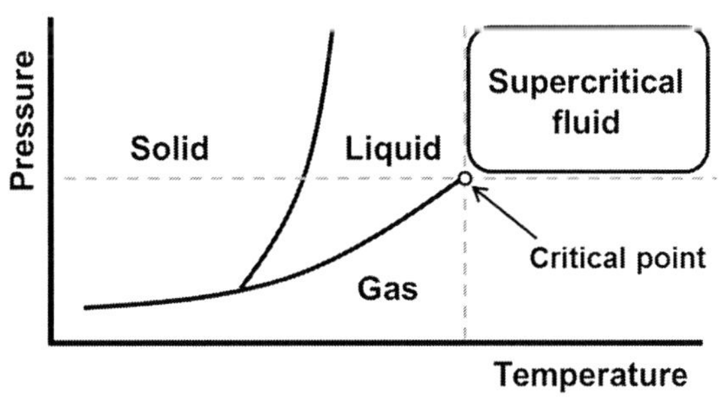

図３　物質の状態図

て，LC装置をもとに充填カラムSFC装置が開発され[17]，SFCのクロマト理論およびLCとの相違点がまとめられた[18]。これまでの研究によってSFCは，LCよりも高いカラム効率を特に高速領域で顕著に得られること，また，GCやLCにはない種々の特徴を有する分離技術であることが示された[17,18]。一方で，従来のSFC装置は，液化炭酸ガスを送液するためのポンプの性能，あるいはSCFを精密に制御するための背圧制御装置の性能が悪く，再現性の高いSFC分析を実施することができなかった。しかし，近年の技術革新により，安定した送液と圧力制御が可能な新規のSFC装置（Waters社のACQUITY UPC^{2}や島津製作所社のNexera UCなど）（図4）が開発され，再現性，堅牢性の高い生体試料の分析が可能となってきた[19]。

SFCの移動相として使用するSCCO$_2$は*n*-ヘキサン程度と極性が低いため脂質の溶解力が高く，またメタノールなどの極性有機溶媒をモディファイアとして使用することで移動相の極性を大きく変化させながら疎水性成分の分離分析が達成できる。これまで，筆者らは逆相カラムを用いた超臨界流体クロマトグラフィータンデム質量分析（reverse phase supercritical fluid chromatography tandem mass spectrometry, RP-SFC/MS/MS）によるリピドーム分析法を開発してきた[20,21]。RP-SFC/MS/MSは，RP-LC/MS/MSと比べてスループットの点で圧倒的な優位性があったが，RP-LC/MS/MSと同様に，定量性の観点で課題が残った。そこで，我々はSFCおよびSCCO$_2$の特性を最大限に発揮できるクロマト分離条件，すなわち順相カラムを用いたSFC（normal phase supercritical fluid chromatography，NP-SFC）を再び検討し，定量リピドーム分析法の開発を行った。その結果，エチレン架橋型ハイブリッドシリカ粒子にジエチルアミン（diethylamine, DEA）を修飾したDEAカラムを用いてSFC分離条件を最適化することで，22種の脂質クラスをわずか20分で高分離できる条件を見出した（図5）。開発したNP-SFCは，従来の脂質クラス分離手法であるNP-LCやHILICと比べて，脂質クラス間の分離能および酸性極性脂質（PI, PS, PA, LPI, LPS, LPA）のピーク形状が優れており，中性脂質から極性脂質ま

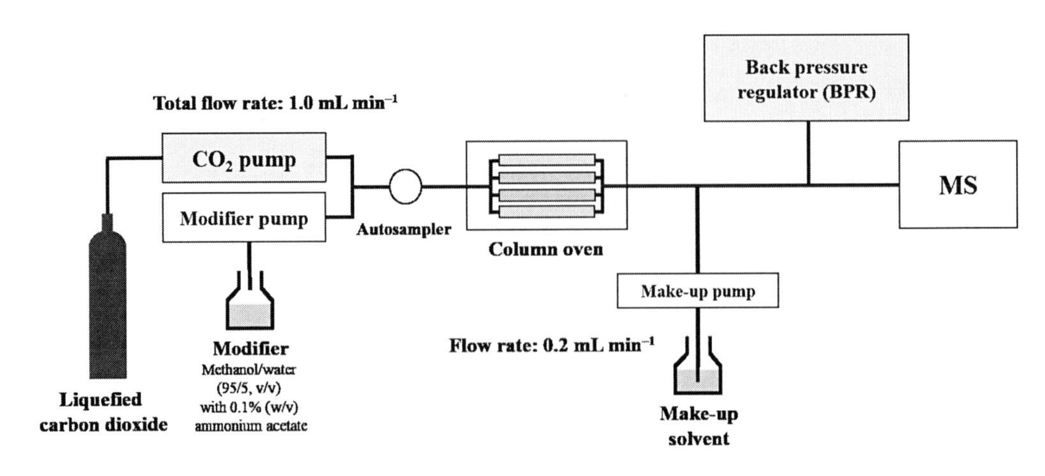

図4　高性能SFC装置概略図

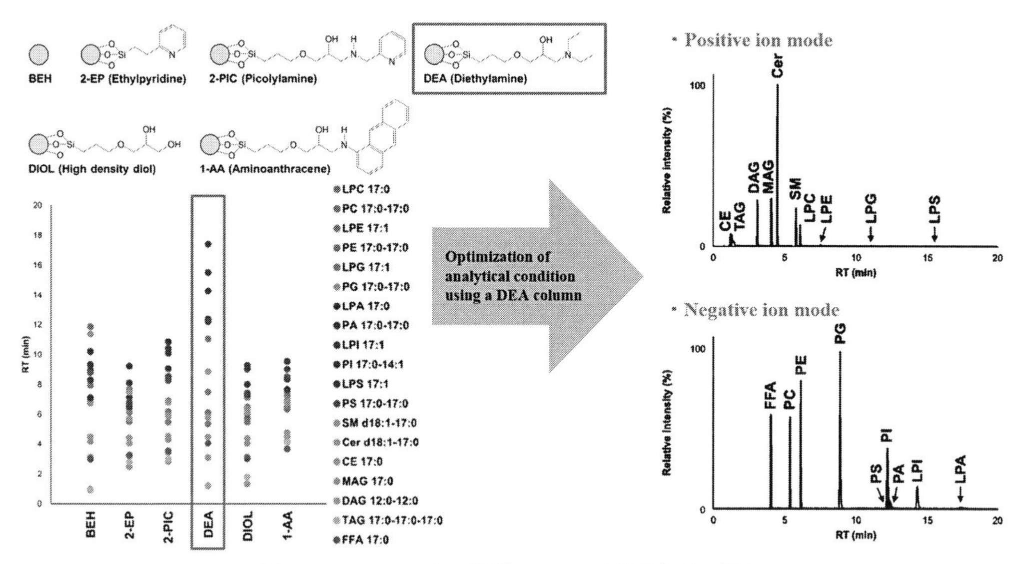

図5　NP-SFC による脂質クラスの高分離条件の探索

での幅広い脂質クラスを短時間で分離できる特徴があった。また，DEA カラムを用いた NP-SFC は，質量分析では識別できないリゾリン脂質（LPC, LPE, LPG）や中性脂質（MAG, DAG）の位置異性体についてもクロマト分離により識別することが可能であった。さらに，NP-SFC による再現性の高い脂質クラス分離によって保持時間情報を脂質同定の指標として活用できることも大きな利点であった。

NP-SFC に接続するタンデム型質量分析には，QqQMS を選択した。QqQMS の多重反応モニタリング（multiple reaction monitoring, MRM）は，高感度で選択的かつ定量的な性能を発揮することができ，低濃度の化合物においても信頼性の高い定量値を獲得することができる。さらに，脂肪酸側鎖由来の MRM トランジションを用いることで，異なる脂肪酸側鎖を有する構造異性体（PC 16:0-20:4 と PC 18:2-18:2）の質量分離を達成することも可能である。また，近年，QqQMS の性能，特にスキャンスピードが飛躍的に向上したことから，一度に～500 種程度の MRM トランジションが設定でき，感度を落とすことなく多成分の同時測定が可能となった。そのため，NP-SFC によって分離された各脂質クラスの保持時間に基づくスケジュール MRM によってワイドターゲットのリピドーム測定が理論上可能となった。一方で，QqQMS による MRM 測定法は，あくまでターゲット分析であるため，事前に測定試料に含まれる脂質分子の情報が必要となる。生体内の各種脂質を構成する脂肪酸の種類は限られており，ESI-MS/MS でのフラグメンテーションも脂質クラスに従い規則的に行われるため，仮想の MRM トランジション，すなわち *in silico* MRM ライブラリーを作成することが可能である。そこで，本課題を解決するために次のような戦略を立案した（図6）。①脂質クラスごとに内部標準物質を添加した抽出サンプルを準備し，各サンプルから等量ずつ混合した Quality control（QC）サンプルを調製

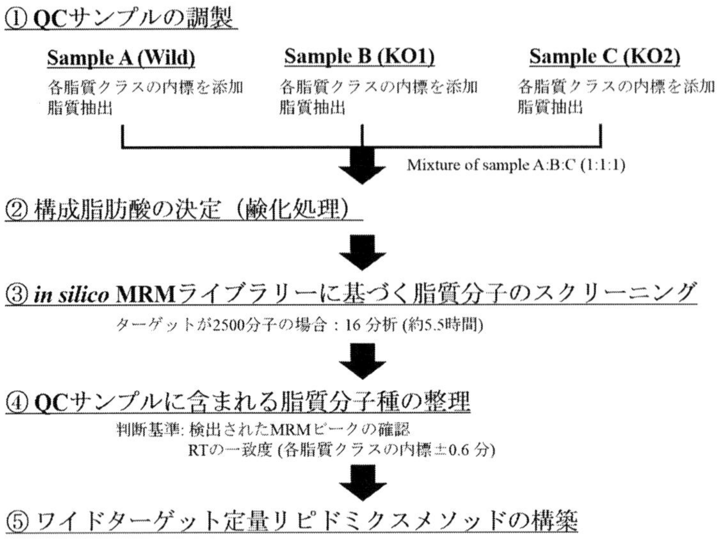

① QCサンプルの調製

Sample A (Wild)
各脂質クラスの内標を添加
脂質抽出

Sample B (KO1)
各脂質クラスの内標を添加
脂質抽出

Sample C (KO2)
各脂質クラスの内標を添加
脂質抽出

Mixture of sample A:B:C (1:1:1)

② 構成脂肪酸の決定（鹸化処理）

③ *in silico* MRMライブラリーに基づく脂質分子のスクリーニング
ターゲットが2500分子の場合：16 分析 (約5.5時間)

④ QCサンプルに含まれる脂質分子種の整理
判断基準: 検出されたMRMピークの確認
RTの一致度 (各脂質クラスの内標±0.6 分)

⑤ ワイドターゲット定量リピドミクスメソッドの構築

図6　NP-SFC/QqQMS 測定において網羅性を向上させるための戦略

する。② QC サンプルの鹸化処理および脂肪酸分析を行うことで，測定試料に含まれる脂質の構成脂肪酸を決定する。③構成脂肪酸の情報および観測対象とする脂質クラスをもとに *in silico* MRM ライブラリーを作成し，QC サンプルのスクリーニングを実施する。④ QC サンプルのスクリーニング結果を整理し，ターゲット脂質分子を選択する。⑤最終の NP-SFC/MRM メソッドを構築し，全サンプルの定量分析を実施する。以上の多岐に渡る検討により，脂質分子を高感度かつ網羅的，定量的に測定でき，データ解析のスループットや偽陽性・偽陰性を低減させた新規のリピドーム解析法の開発に成功した[22]。さらに，本手法を用いて取得した定量リピドームデータは，EPA の投与による血中脂質バランスの改善効果[22]，新規脂質低下剤の作用機序[23]，生活習慣病に対するクルクミンの作用機序と脂質代謝への影響[24]，エクソソームを介した細胞内セラミドの排出機構[25]など，脂質機能や脂質代謝制御に関する新たな知見の取得につながった。

4.6　おわりに

本稿では，各種クロマトグラフィーおよび質量分析の特徴を整理しながら既存のリピドーム分析法を解説した。さらに，近年，筆者らが開発した NP-SFC/QqQMS による新規リピドーム分析法について概説した。我々が考案したワイドターゲット定量リピドーム分析法の特徴は，SFC の順相モードによる脂質クラスのクロマト分離能が高く，QqQMS と *in silico* MRM ライブラリーによって微量な脂質成分を含む包括的かつ高感度の測定が実施できる点，さらに SFC の脂質クラス分離と安定同位体希釈法（各脂質クラスに対して 1 種の安定同位体内部標準物質を試料抽出時に添加）によるワイドターゲットの定量分析（各脂質クラスの総和および個々の脂質分子の定量）ができる点である。したがって，本手法は，基礎研究のみならず，異なる時期，異なる施設で取得したリピドームデータの統合を必要とする大規模コホート研究に応用できる可能性がある。今後，SFC/MS/MS によるリピドーム測定技術の開発が益々発展し，将来的に臨床診断およびその知見をベースとした医療，創薬につながることを期待したい。

文　　献

1) E. Fahy *et al., J. Lipid Res.,* **46**, 839 (2005)
2) T. Kind *et al., Nat. Methods*, **10**, 755 (2013)
3) L. D. Roberts *et al., J. Chromatogr. B Analyt. Technol. Biomed. Life Sci.,* **871**, 174 (2008)
4) T. Cajka *et al., Trends Anal. Chem.,* **61**, 192 (2014)
5) X. Han *et al., Mass. Spectrom. Rev.,* **24**, 367 (2005)
6) L. A. Heiskanen *et al., Anal. Chem.*, **85**, 8757 (2013)
7) G. Hopfgartner *et al., J. Chromatogr. A*, **647**, 51 (1993)
8) T. Yamada *et al., J. Chromatogr. A*, **1292**, 211 (2013)
9) H. Tsugawa *et al., Nat. Methods*, **12**, 523 (2015)
10) S. Uran *et al., J. Chromatogr. B Analyt. Technol. Biomed. Life Sci.,* **758**, 265 (2001)
11) L. Q. Pang *et al., J. Chromatogr. B Analyt. Technol. Biomed. Life Sci.*, **869**, 118 (2008)
12) Y. Y. Zhao *et al., J. Chromatogr. A*, **1218**, 5470 (2011)
13) C. Zhu *et al., J. Chromatogr. A*, **1220**, 26 (2012)
14) K. Sonomura *et al., J. Sep. Sci.*, **38**, 2033 (2015)
15) J. A. Bowden *et al., J. Lipid Res.,* **58**, 2275 (2017)
16) E. Klesper *et al., J. Org. Chem.,* **27**, 700 (1962)
17) D. R. Gere *et al., Anal. Chem.,* **54**, 736 (1982)
18) D. R. Gere, *Science*, **222**, 253 (1983)
19) L.A. Nováková *et al., Anal. Chim. Acta.,* **824**, 18 (2014)
20) T. Uchikata *et al., J. Chromatogr. A,* **1250**, 205 (2012)
21) T. Yamada *et al., J. Chromatogr. A*, **1301**, 237 (2013)
22) H. Takeda *et al., J. Lipid Res.*, **59**, 1283 (2018)
23) S. Tamura *et al., Eur. J. Pharmacol.*, **822**, 147 (2018)
24) M. Kobori *et al., Sci. Rep.,* **8**, 1 (2018)
25) Y. Obata *et al., JCI Insight*, **3**, 1 (2018)

5　細胞間相互作用の解析とその展望

野村暢彦*

5.1　はじめに

地球上の生命は相互作用しながら暮らしている。それは，動物・植物のみならず人間の目には見えない微生物も同じである。微生物は単細胞生物であるため，これまでただ環境条件・栄養条件などによって細胞が増殖するだけと考えられてきた。しかし，微生物も自身が産生する低分子化合物をシグナル（言葉）として細胞外に放出し，他の微生物細胞がそのシグナル分子を受け取り，受け取った細胞の遺伝子発現がシグナル分子により制御され，その細胞の振る舞いが変化する，つまり，微生物細胞間で会話していることがわかってきた。このように，微生物も細胞間で同種のみならず異種異属までシグナルを介して情報伝達しながら相互作用していることが明らかになって来た。さらに，微生物はその8割以上が地球上でバイオフィルムと呼ばれる微生物細胞が集団を形成していることが近年明らかとなってきた[1)]。つまり，単細胞の微生物も単独行動（浮遊）と集団行動（バイオフィルム）を繰り返した生活環の中で暮らしている。そして，さらに微生物は微生物間のみならず微生物・植物間さらに微生物・動物間で相互作用しながら存在している。微生物は，人・動物では感染症や腸内細菌として，植物（作物）では感染症や内生菌さらに根圏微生物として関わっている（図1）。さらに我々の身の回りにおいても，微生物は多くの醗酵などの食品産業から金属腐食やプラント配管のつまりなど正負の両面で様々な産業に関わっている。また，環境分野においては，水処理（活性汚泥），新エネルギー生産分野では，バイオマスからのメタン等のバイオマスエネルギーやあるいは電気生産なども微生物のバイオフィ

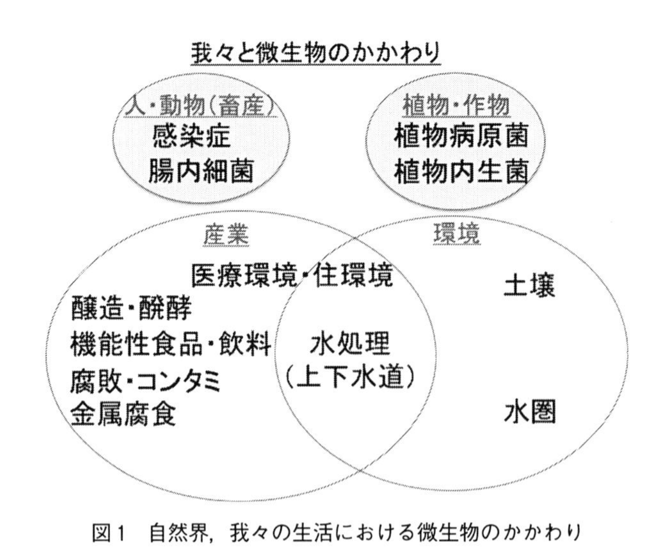

図1　自然界，我々の生活における微生物のかかわり

---

*　Nobuhiko Nomura　筑波大学　生命環境系　教授

ルムそして相互作用が関与している。そのような幅広い関与から，微生物のバイオフィルムそしてその相互作用の制御技術が強く求められている。そこで本節では，それら微生物のバイオフィルムと相互作用とそれぞれの分析手法さらに今後の展望について解説する。

5.2　微生物のバイオフィルムおよび相互作用とその分析手法

微生物は，多くの場合，何かしらの基質に付着した凝集体か，あるいは微生物細胞のみの凝集体として存在しており，それら微生物細胞の凝集体をバイオフィルムと呼ぶ。バイオフィルムは環境中のほとんどが複合種の微生物からなる複合微生物系バイオフィルムである（図2）。バイオフィルム内の細胞と細胞の間にはそれらを繋ぐ細胞外マトリクスが存在している。この細胞外マトリクスの存在が浮遊状態の細胞とは異なるバイオフィルムの大きな特徴であり，バイオフィルムの構造や性質に深くかかわっている。細胞外マトリクスは，バイオフィルムを構成する微生物より産生されるものであり，タンパク，多糖類，核酸（DNA，RNA）などが主要成分として知られている。さらに，それらの細胞外マトリクスには様々な種類の微生物自身が産生するシグナル物質（低分子化合物）や，それらを内包する細胞外粒子（メンブレンベシクル（MV））が存在することが明らかになってきた。それらのシグナル物質によりバイオフィルム内の各微生物細胞の遺伝子発現が制御されることで（そして代謝などが制御されることで），バイオフィルム全体の活性あるいは挙動が変化することも明らかになってきた。このように，バイオフィルムの制御は，微生物の集団制御といった観点から，新しい微生物制御につながることが期待されている。

そのような背景から，20世紀後半から医学・工学・理学・農学など幅広い分野でバイオフィルム研究が盛んに行われるようになり，あわせてバイオフィルム分析技術が発展してきた。バイオフィルム分析技術として最も利用されているのがマイクロタイタープレート法である。それは，マイクロタイタープレートのウェル内に付着した微生物量を定量することで，バイオフィル

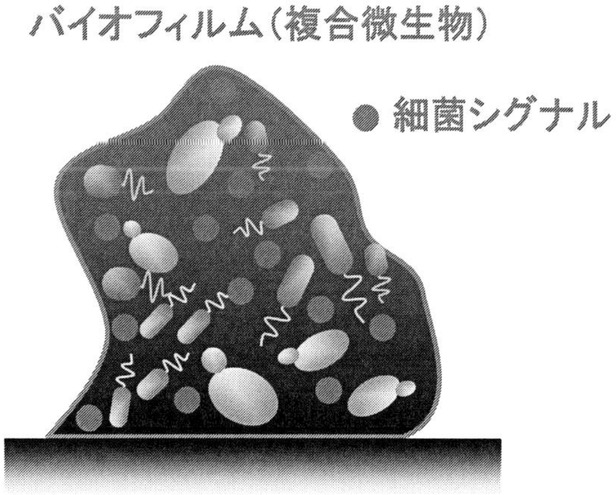

図2　バイオフィルムについて

ム量として分析するものである。身近なものに例えると，金魚鉢の水面との境界に出来るヌメヌメ（水槽内の複合微生物からなるバイオフィルム）がまさにバイオフィルムであり，マイクロタイタープレート法はその事象をマイクロタイターの各ウェルで行うものである。各ウェルに適当な培地と対象微生物を入れ静置培養し，ウェル壁面（水面との境界あるいは底面）に出来たヌメヌメ（バイオフィルム）を定量するものである。さらに詳細な手法については，Methods in Enzymology などにまとめられているのでそちらを参照されたい[2~4]。そのようなマイクロタイタープレート法が近年バイオフィルム研究に多用されるようになったのは，簡便かつ多連で行えるため，バイオフィルム形成に関与する遺伝子探索などの一次スクリーニングに適しているためである[5]。しかし，マイクロタイタープレート法はバイオフィルムのバイオマスの定量には適しているが，バイオフィルムの詳細な構造やバイオフィルム内の細胞あるいはその機能の局在についての解析などには適していない。

水処理においては活性汚泥（複合微生物系バイオフィルム）中の窒素除去（脱窒）を担う微生物（群）はその最大活性で働いてくれているのであろうか？窒素除去（脱窒）を担う微生物（群）も，細胞密度が高くなると基質が存在してもそれを行わないことが明らかになってきた[6]。窒素除去を行う細菌同士の密度が高くなると，自ら産生する細菌シグナルによって窒素除去（脱窒）活性を抑制することが明らかになった。つまり，水処理現場での活性汚泥中の窒素除去に関する細菌にはまだ余力があり，つまりそのシグナルによる抑制を解除出来れば処理効率の向上が見込める。しかし，これまで複合微生物系バイオフィルムの制御は，水処理やメタン発酵等においても重要と認識されつつも，pH や栄養分あるいは攪拌などの工学的アプローチのみによって微生物各細胞に対して全体的な制御が行われているのが現状である。しかし，先述のように，バイオフィルム内の微生物と微生物の間には様々な種類のシグナル物質（低分子化合物）が存在し，さらに，シグナル物質により微生物の遺伝子発現が制御されることで，バイオフィルムの活性などの性質が制御されていることが明らかになってきた。よって，シグナル物質（あるいはその制御）をうまく使えば，複合微生物集団中の目的微生物の活性の制御が可能になるはずである。よって，相互作用に着目した微生物集団における新たな制御法の構築が望まれている。

その様な背景から，微生物シグナル物質の探索が進められ多くの微生物シグナルが見つかっている。しかし，微生物より精製で得られるシグナル物質の量は極めて微量である。また，化学合成された研究グレードのシグナル物質は現段階では非常に高価（1～100 万円/mg）である。これらの量的・コスト的な問題が，微生物シグナル物質を用いた相互作用の解析やバイオフィルム解析を大きく制約する要因となっている。そこで，マイクロデバイス技術を導入した解析技術が注目されている。マイクロデバイスの培養チャンバーは mm～μm の単位で簡単に設計さらに製作も可能になっている。よって，そのようなマイクロデバイスを用いれば，シグナルの使用量は試験管やマイクロタイタープレートに較べ，1 万分の 1 までに低減させることが可能となり，シグナルの量・コストの問題が解決される。しかし，マイクロデバイス中でのバイオフィルムの定量が大きな課題となり，その利用が阻まれていた。厚さが 1 センチ以下のマイクロデバイスでは，光路長が短すぎるため通常の微生物バイオマス定量に使用される濁度法（OD）は使用出来ない。そのため，デバイス中の微生物バイオマスは電気化学的測定法（インピーダンス測定法）が利用されている。しかし，それは対象微生物のリファレンスの取得が必要であり，複合微生物系バイオフィルムなど様々な形状の微生物からなる複数種の微生物がいる場合は電気化学的測定法の使用は困難である。しかし，新規イメージング技術が開発され，その問題が解決されている。細胞表層の回折散乱光をシグナルとして対象を立体的に可視化し，取得した３次元画像からバイオフィルム立体構造およびその体積も算出出来る共焦点反射顕微鏡解析による新規イメージング技術 COCRM 法（Continuous Optimizing Confocal Reflection Microscopy）を用いることで，マイクロデバイス中の微生物を一細胞からバイオフィルム状態まで生きたまま経時的に解析することが可能になった[7]。COCRM 法は，全ての微生物細胞に適用出来るため，対象微生物が限定されず細菌・真菌などが混合した複合微生物系バイオフィルムの経時観察・定量も可能となる。水処理施設では，活性汚泥の窒素除去能の向上が必須な課題である。活性汚泥は，様々な細菌・真菌からなる典型的な複合微生物系バイオフィルムである。その実活性汚泥に各種微生物シグナルを添加し，窒素除去効率への影響も解析することがマイクロデバイスを利用して可能になっている（図３）[8]。新規イメージング技術とマイクロデバイス技術を融合させることで，バイオフィルムの迅速かつハイスループット解析が可能となり，つまり，各バイオフィルムの適切な制御法のための貴重かつ微量の化合物（微生物シグナル・薬剤等）探索（スクリーニング）が可能になる。このような解析技術の進展は，シグナル化合物に着目した新しいバイオフィルム制御技術の構築に寄与し，微生物が関与する様々な分野の産業に貢献することが期待される。

また，近年それらの微生物シグナルなどが細胞外膜粒子であるメンブレンベシクルによって運ばれることが明らかになっている。微生物シグナルの中には水に溶けにくいものもあるが，それ

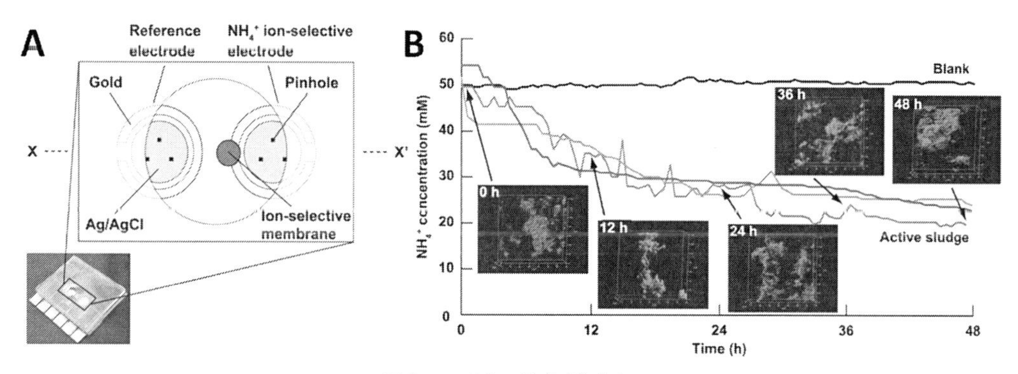

図３　マイクロ流体デバイス

(A)デバイスの全体像と内部構造。(B)活性汚泥のアンモニウムイオン濃度の経時変化。活性汚泥を用いた場合の独立した３連の実験結果をそれぞれ赤，青，緑の線で示す。グラフ内のパネルは各時間における活性汚泥を COCRM で撮影したもの。

らがどのようにして他の離れた細胞に伝達されるのかは，未解明であった。しかし，近年になり，疎水性の微生物シグナルが微生物自身の細胞膜で構成されたメンブレンベシクル（MV）によって放出され，他の細胞に伝達されることが明らかになった[9,10]。興味深いことに，MV 1 粒子あたりには，1 細胞の遺伝子発現が十分に制御されるレベルの微生物シグナルが濃縮されている。従来，シグナル物質は徐々に拡散して周辺の細胞の遺伝子発現を同調的に調節すると考えられていた。しかし，MV によるシグナル物質は，遠い近いにかかわらず特異的また不均一に細胞各々に運搬され機能することが示された。また，MV の細胞付着には細胞特異性があることも示されている。このように，微生物シグナルを含む MV が細胞特異性を有していることは，応用面でも着目すべき点である（図 4）[11]。自然界では微生物自体が自らの MV を用いて，他の微生物細胞を特異的に制御しており，それは，微生物自体が MV をドラッグデリバリーシステムのように用いている。それを習いミミックした人工 MV を作製し，それを用いた目的の微生物あるいは動物・植物の制御への展開が今後期待される。

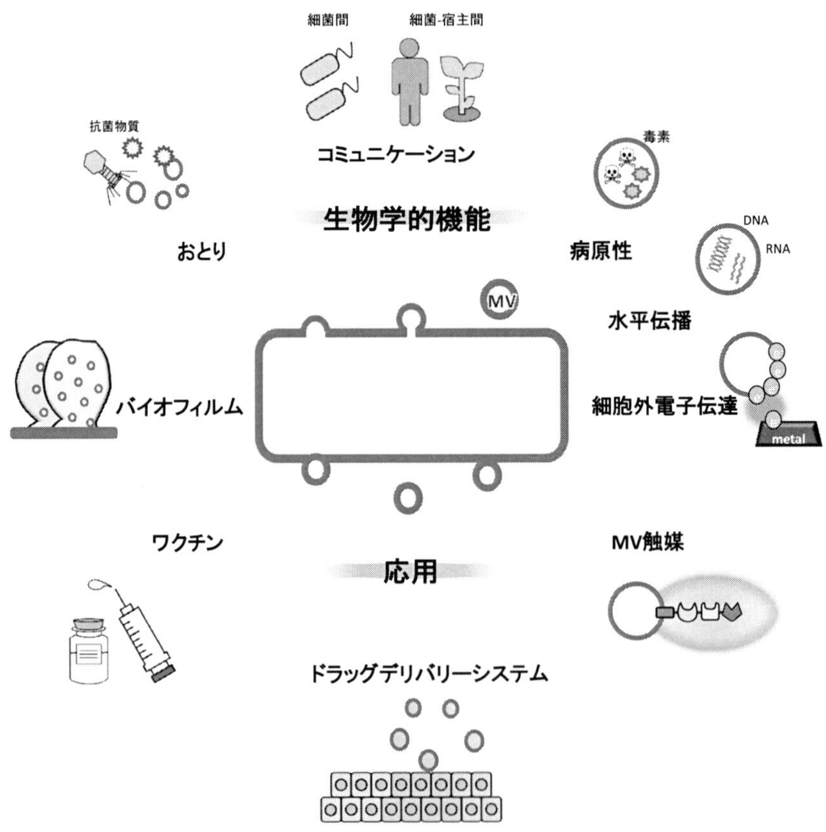

図 4　メンブレンベシクルの基礎と応用について
Adv. Colloid Interface Sci., **226**, 65 (2015)を改変。

文　　献

1) P. Stoodley *et al., Annu. Rev. Microbiol.,* **56**, 187 (2002)
2) R. M. Donlan *et al., Clin. Microbiol. Rev.,* **15**, 167 (2002)
3) R. J. Doyle, *Methods Enzymol.,* **310**, 1 (1999)
4) R. J. Doyle, *Methods Enzymol.,* **336**, 1 (2001)
5) G. A. O'Toole *et al., Mol. Microbiol.,* **28**, 229 (1998)
6) M. Toyofuku *et al., J. Bacteriol.,* **189**, 4969 (2007)
7) Y. Yawata *et al., J. Biosci. Bioeng.,* **110**, 377 (2010)
8) K. Toda *et al., Appl. Environ. Microbiol.,* **77**, 4253 (2011)
9) M. Toyofuku *et al., The ISME J.,* **11**, 1504 (2017)
10) M. Toyofuku *et al., Nature Rev. Microbiol.,* **17**, 13 (2018)
11) M. Toyofuku *et al., Adv. Colloid Interface Sci.,* **226**, 65 (2015)

6 バイオセンサーの実用化

泊　直宏[*1]，山本佳宏[*2]

6.1 はじめに

近年，食品偽装や異物混入事件，さらには有害微生物・ウイルスによる食中毒等が起こるたびに情報媒体で大きく取りあげられ，消費者の食品等への安全性を求める意識は高い。これらの問題が食品や製品でひとたび起こると，それを扱う会社の存続を揺るがすほどのダメージを残すことはもちろんのこと，風評等で関連・類似製品を扱う企業にもその被害が波及する。そのため食品業界などでは，自社製品の安全性を担保する品質管理が非常に重要な役割を有している。

品質管理を行っていくうえで，脅威の原因となる有害汚染物及び有害微生物を検出する手段として，現状利用されているものは，一般細菌試験のほか，農薬分析に代表されるような質量分析装置を利用した一斉分析，またELISA法に代表される有害物質に対する抗体を作製し，特異性の高い抗原抗体反応を利用して，酵素反応に基づく発色・発光をシグナルに用いて検出するイムノアッセイ系が一般的であり，信頼性の高い技術として確立されている。しかしながら，これらの分析法では分析結果が出るのに最短でも半日程度を要するうえ質量分析装置においては機器導入・メンテナンス費用とも非常に高価であることが課題となっている。

このように，社会の人類の健康を取り巻く環境において，食の安全や健康に対して注目が集まっているが，それらを解決する技術としてセンシング技術が脚光を浴びており，様々な研究がなされている。バイオ計測において，生体反応を高感度かつ再現性良く計測するセンサーは，微小流路内で送液・撹拌・検出などを完結させることを目的としたμTASなどの微小システムにとって非常に重要な技術であるが，その検出原理として近年ISFET（Ion Sensitive Field Effect Transistor）センサーが注目されている。

このISFETの原理は1970年代に発明された技術であり，バイオセンサーとして利用することが模索されたが，当時は発生するノイズや検出に用いる試薬など様々な面で実用に至ることはなかった。

著者らはこのISFETセンサーを産学公連携プロジェクトの中で開発し，医療・診断薬・食品分野等様々な用途に活用すべく，計測アプリケーションを開発してきた。

本稿では，ISFET計測装置及び測定アプリケーションを用いて，食品分析や，異物分析さらにはイムノアッセイなどのバイオ計測へと活用すべく，各種酵素反応を利用したISFET測定系を開発してきた事例の紹介を行うとともに，現在取り組んでいる食の安全に寄与する検出システム及びMEMSの検出器としての可能性について紹介する。

＊1　Naohiro Tomari　(地独)京都市産業技術研究所　研究室　バイオ系チーム　主席研究員
＊2　Yoshihiro Yamamoto　(地独)京都市産業技術研究所　経営企画室　研究戦略リーダー，バイオ計測センター管理者

6.2　ISFET を利用したバイオセンサー

6.2.1　測定原理

本稿で紹介するバイオセンサーのベースとなる FET（電界効果トランジスタ，Field Effect Transistor）は，3つの電極「ゲート」，「ソース」，「ドレイン」を持ち，ゲートに直接電圧をかけることでソース-ドレイン間の電流を制御するトランジスタである。本稿で使用している ISFET は参照電極に電圧をかけることでソース-ドレイン間の電流を制御し，図1に示すようにセンサー膜に接する溶液中のプロトン濃度が変化することでゲート間を流れる電流が変化する。さらに本センサーは，キャパシタと呼ばれるくみとりバケツのように電気を電気のまま一時的に蓄積し，放電できる部位にゲート間を流れた電流を蓄積し増幅することができる機構を組み入れたセンサーモジュールであり，累積をかけることで S/N 比（シグナル/ノイズ比）を増大させ，電圧として取り出すことで高感度でイオン濃度の変化を検出することができる[1)]。

また ISFET センサーは，センサー膜上の反応セル内における酵素反応によって生ずる水溶液中のプロトンの増減を半導体の電流量の変化として検出することで極微小の pH 変化を検出することが可能であるため，酵素反応をリアルタイムに計測することができる。本センサーは少量の酵素溶液で測定可能（1バッチ 20 μL），また高価な発色基質などを用いずノンラベルで本来の基質を使用可能であるという特徴を有する。さらに，生体反応を光を介さずに直接センサーで電気信号に変換することで定量分析に必要な部品点数を圧倒的に縮減できることから，既存の分光高度計と比較すると装置製造コストを大幅に引き下げることができる。実際使用している装置についても従来の卓上型からの小型化が進んでおり，電池駆動式のオンサイト携帯型測定装置も試作されている（図2）。

6.3　食品分析への応用

ISFET センサーの応用の一例として本センサーが食品分析へ利用するツールとして対応可能かどうかを検討するため，ミルク中に含まれるまたはミルクに添加した尿素を検出対象として，ISFET を用いた測定法と吸光光度計を用いた従来法との比較を示す[2)]。

Urease を用いた尿素検出の反応系は図3に示すように通常，Urease の酵素反応により生じたアンモニアに Glutamate dehydrogenase を作用させ NAD^+ の増減を分光光度計で測定するという2段階の酵素反応系である。しかし，ミルクのように白濁したサンプルでは酵素反応により生

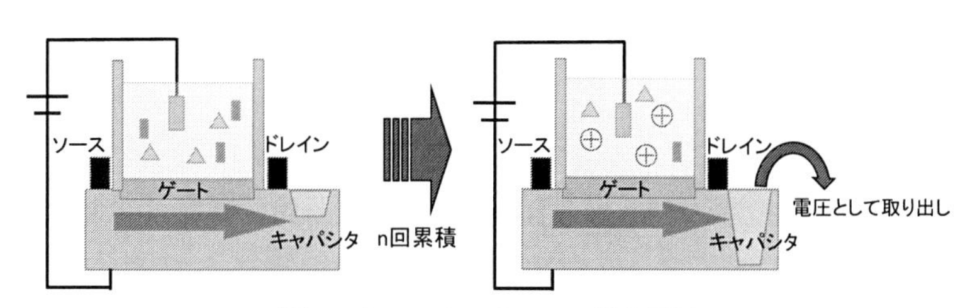

図1　ISFET センサーでの測定原理

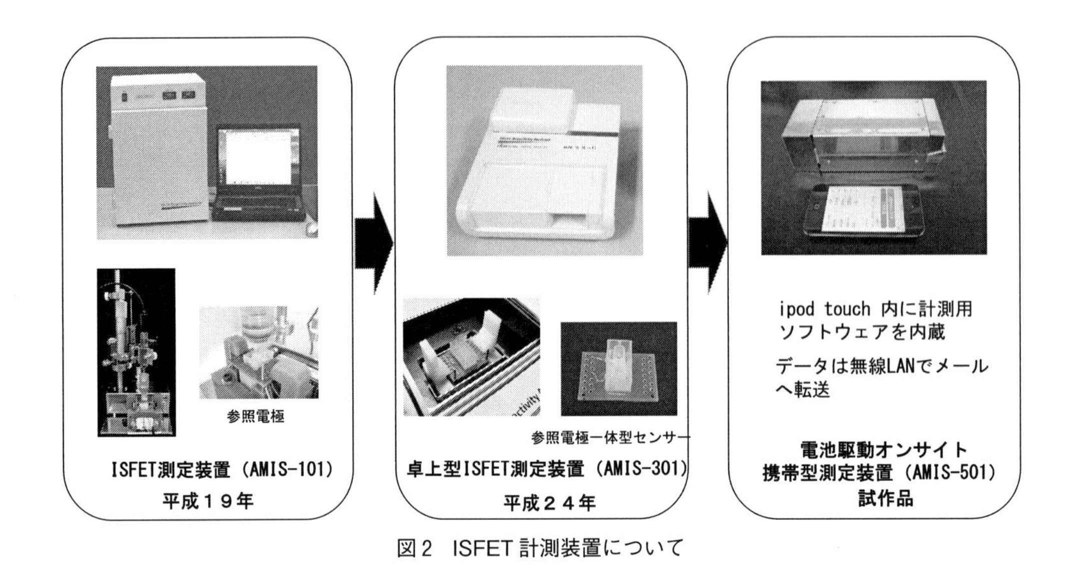

図２　ISFET 計測装置について

$$CO(NH_2)_2 + H_2O \xrightarrow{\text{Urease}} CO_2 + 2\,NH_3 \quad (1)$$

$$NH_3 + H^+ \xrightarrow[(\text{pKa of } NH_4^+\text{: } 9.3)]{} NH_4^+ \quad (2)$$

$$2\text{-Oxoglutarate} + NH_3 + NADH + H^+ \xrightarrow{\text{Glutamate dehydrogenase}} \text{L-Glu} + H_2O + NAD^+ \quad (3)$$

図３　ウレアーゼ酵素反応機構

じる産物由来の光の吸収をそのままの状態では見ることができない。そのため，酸によるサンプルの前処理が必要であり 30 分程度の時間がかかってしまう。一方，ISFET を用いた測定ではプロトンの増減を検出する原理であるため，１段目の反応で生じるアンモニアがアンモニウムイオンに変化する際に消費される水素イオンの濃度変化を捉えることにより検出できるものであり，かつ濁りのあるサンプルに対しても徐タンパクなどのようにサンプルを前処理し溶液を清澄化する作業が不要，また測定についても 10 分程度という短時間での計測が可能というメリットを有する。得られたデータに関しては，ミルク中またはミルクに添加した尿素濃度に比例した出力を得ることができた（図４A）。また，既存法との比較においても良好な相関が得られ（図４B)，ISFET を用いた測定が食品中の尿素濃度を計測する手法として有効であることを示している。

6.4　微生物測定への応用

食の安全に関しては世界的に関心が高まってきており，特に日本ではその安全性の基準値は世界の中でも非常に厳しく，食品衛生法違反・食品表示法違反又はその疑いがある製品を自主回収

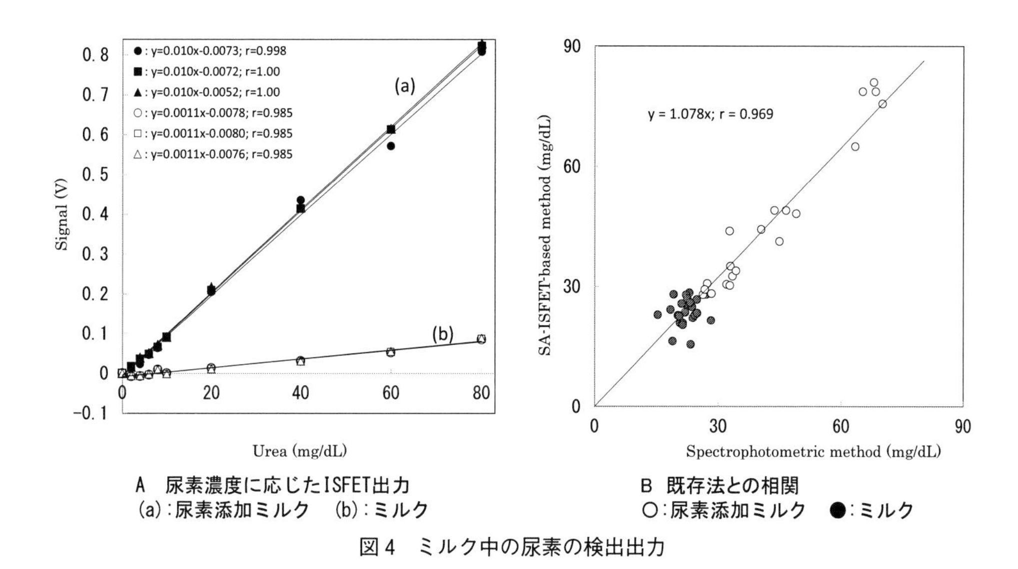

A　尿素濃度に応じたISFET出力
(a)：尿素添加ミルク　(b)：ミルク

B　既存法との相関
○：尿素添加ミルク　●：ミルク

図4　ミルク中の尿素の検出出力

し報告する制度を設けている行政機関も多い。一方で違反に気づきつつ出荷を続け発覚した場合，違反を行った企業のみが社会的制裁を受けるだけではなく，関連分野を扱う企業にも風評被害が及ぶ場合もある。それだけ食の安全・安心に関する意識は企業・国民ともに高い。

食品の微生物計測は，現時点においても選択培地を用いて微生物培養試験（寒天平板表面塗抹法）を行い，衛生試験法に準拠し，その生物的な増殖を確認する方法が一般的である。しかしながら，最低でも24時間以上の試験時間，専用の検査空間，無菌設備，専門技術を持った分析スタッフが必要となっている。このような設備及び人的投資を行えない多くの中小企業では専門検査機関に依頼することで対応しているが，試料の輸送に係るタイムラグの上積みでさらに長い検査日数を要している。この間に微生物汚染は進行し，致命的なタイムラグの発生も否定できない。

現在の流通システムでは，販売サイドから消費期限の短い食品を迅速にかつロスなく消費者に提供することが要求され，現行法では出荷時点で結果を確認し出荷するという行為そのものが対応困難になっている。そのため，現場で安価かつ迅速に微生物検査ができるシステムが求められている。

現場では，“設備と手間”が一番問題視されており，食品の検査機関にある先端計測装置では現場のニーズを満たすことはできない。試験室にある設備や器具を使わなくても食品検査ができること，また，そのような簡易検査でも一定の検出感度を確保することが重要である。日本国内でも食品の検査指針としてHACCPを参考にして進めている機関も多くなってきており，これまでは一般細菌検査の結果を短時間で取得する手段がなく，取り扱った店舗・作業員に対する衛生管理徹底のみに焦点が当てられてきた。しかしバイオセンサーを利用した新たな検査方法を採用し食品の出荷前にチェック可能な体制を構築することで，即時に衛生管理の改善に対応でき，食の安全・安心を担保することが可能となる。

食品検査については公定法として利用されている寒天平板培養法（一般細菌試験）ほか，遺伝子分析，イムノクロマトなどいくつかの手法が開発されている。

これら従来技術はコスト，操作性，測定時間，汚染微生物検出への適性に対する課題があるため，高い感度と微生物選択性に優れた免疫測定を利用した分析が有効である。ただし，ELISA法に代表される既存の免疫測定法は操作が煩雑なうえに1分析あたりの費用が高い。そこで著者らはこのISFETと抗原抗体反応を掛け合わせることで従来技術であるELISA測定法と比較して試薬使用量を1/10以下に低減し，かつこれまで2～3日かかっていた検査期間を半日に短縮する新たな超低コスト免疫測定微生物検出システムを産学公連携体制で現在開発している（図5，6）。

6.5 ISFET-イムノアッセイを利用することによる微生物検出

ISFETセンサーは前項までに述べてきたように，酵素反応により生じるプロトンの増減を検出するセンサーであり，著者らはこれまで抗体に標識された酵素の活性を測定することにより，

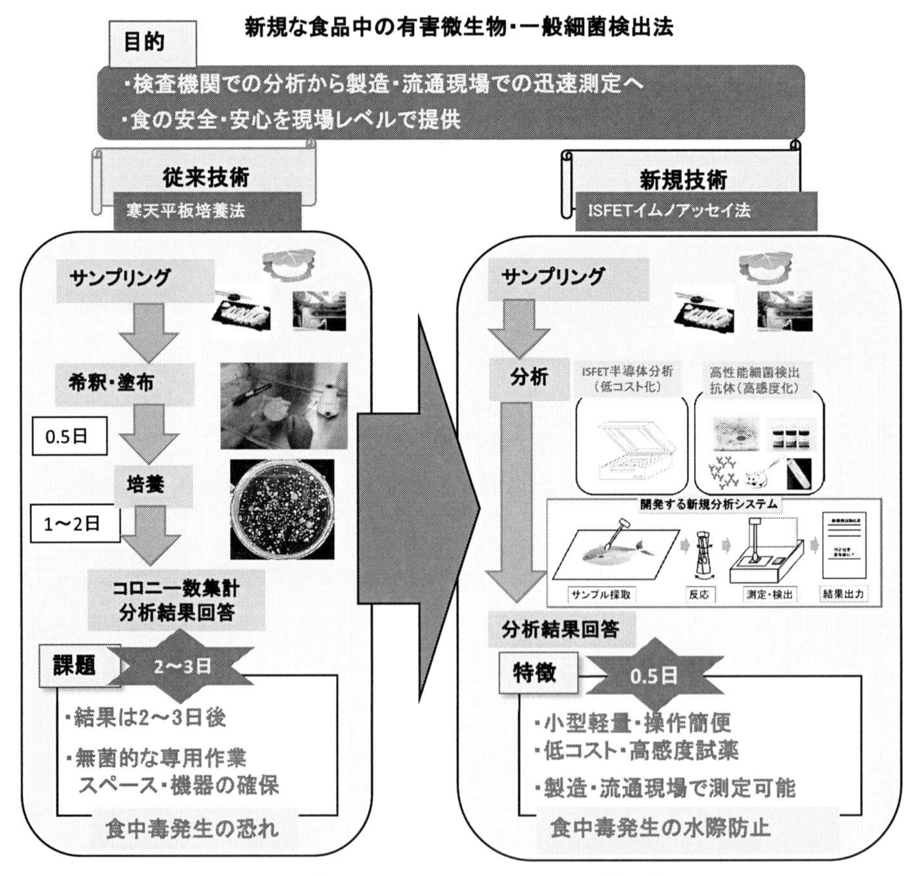

図5　食品中の有害微生物・一般細菌検出法

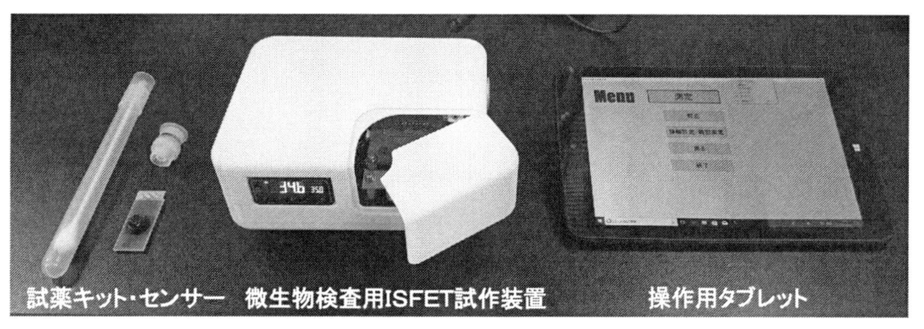

図6　開発中の ISFET 微生物検出システム

抗原抗体反応を検出する系を構築している[3]（図7）。そこで微生物に対する抗体を用いて，抗体に標識されているペルオキシダーゼの活性を測定することにより微生物検出する測定系を構築した（図8）。その結果大腸菌をモデルとして微生物の検出シグナルを得ることが可能となっている（図9）。

今後この測定系を最適化することにより，新たな微生物検出法として確立させていく。

6.6　自動分析システムへの挑戦（フローセンサーの開発）

著者らはこれまで ISFET センサーを利用して，プロトンの増減を計測することにより酵素活性を測定してきたが，従来のバッチ測定ではシグナルの安定化，出力測定，測定後の洗浄を1サンプルずつ手作業で行う必要があるため，例えば品質管理のようなルーチン分析で連続的に利用するには分析効率の向上が要求される。そこで連続分析に対応するため，自動サンプル注入，計測，データ解析機能の実装を想定したフロー系 ISFET 計測装置の試作・検討を実施した。

フローセンサーの試作については京都大学ナノテクノロジーハブ拠点との連携により，流路設計を行いセンサー表面にマイクロ流路加工でよく用いられるシリコン樹脂である

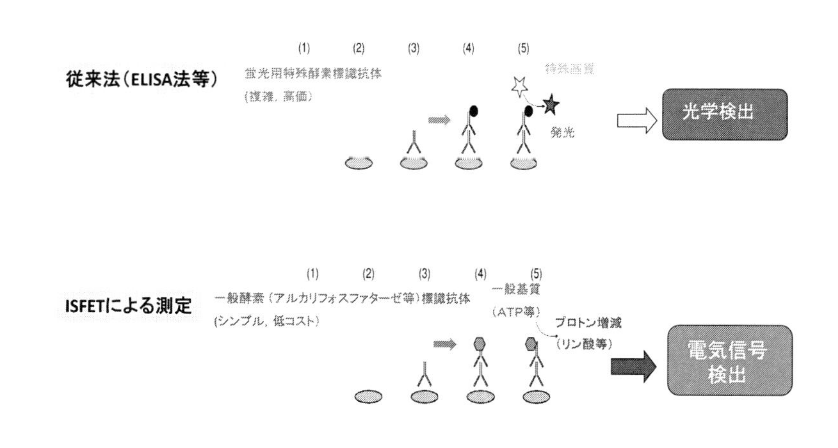

図7　ISFET を利用した抗原抗体反応の検出系

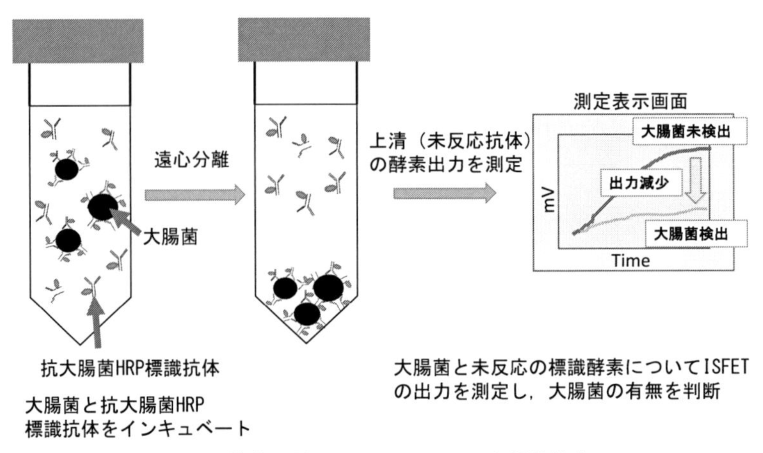

図 8　抗体を用いた ISFET による大腸菌検出

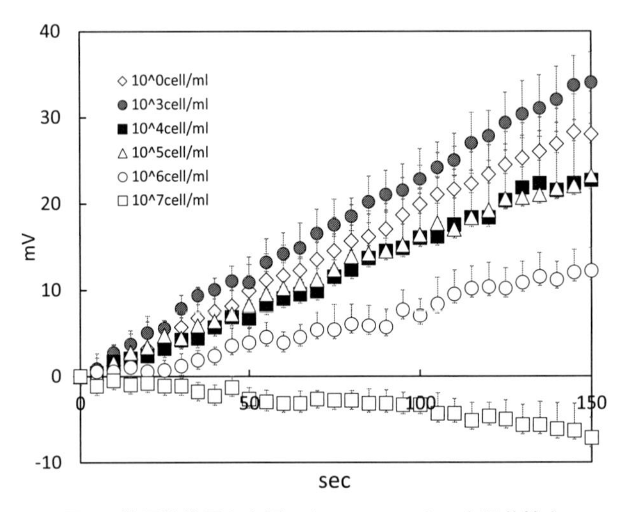

図 9　抗原抗体反応を用いた ISFET による大腸菌検出

Polydimethylsiloxane（PDMS）を貼り合わせることにより試作した（図 10）。

この試作したフローセンサーを組み込み，簡易的なフローシステムを構築した（図 11）。送液には電気ノイズの影響を避けるためシリンジポンプを使用している。pH9 の校正液を流路中に流しシリンジポンプで吸引し，サンプルループに pH4 の校正液を入れ切替バルブで流路中に注入，pH 変動による出力を検出した（図 12）。この測定系を利用しストップトフローの機構を組み込むことにより酵素反応についても極微量かつ連続的に検出することが期待できる。

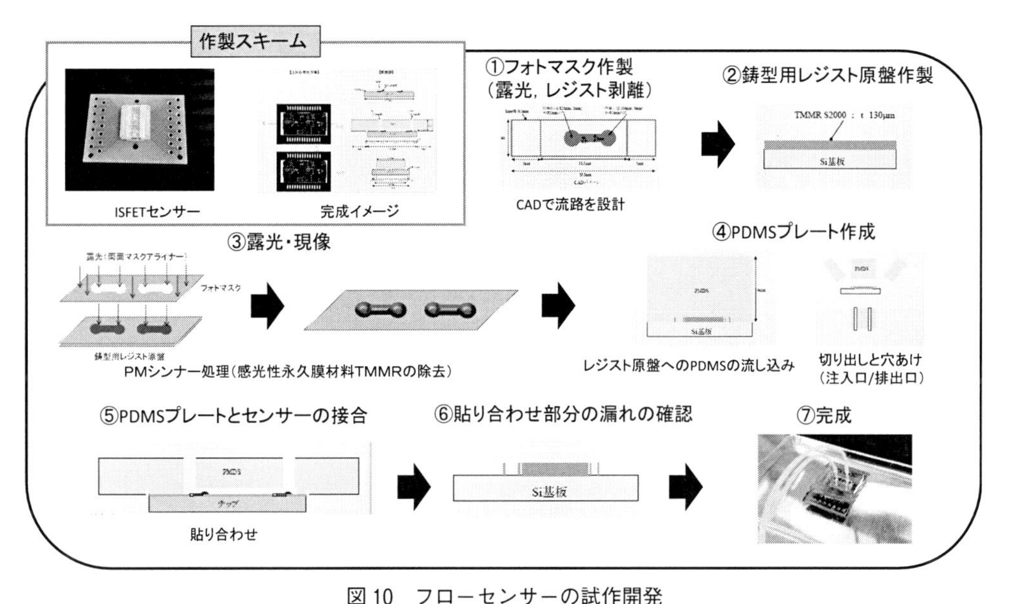

図10　フローセンサーの試作開発
センサー上にPDMSで流路を作製し貼り合わせフローセンサーを試作した。

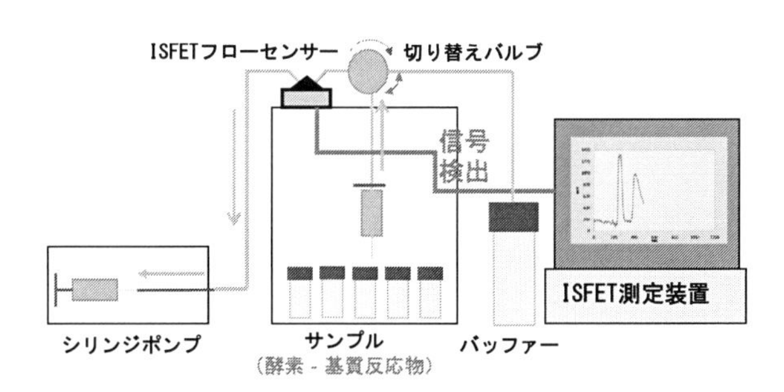

図11　オートサンプラーを使用した簡易ISFETフロー計測システム

6.7　バイオセンサーの未来

本センサーは微小なプロトン濃度変化を捉えることにより酵素活性を測定するためのツールとしてこれまで開発してきたが，本稿で食品分析への利用からフローシステムの構築までISFETバイオセンサーの応用例を紹介したように，オンサイト携帯型測定装置を用いた簡易計測，フローシステム導入による自動計測をさらに発展・成熟させることで，本センサーが「MEMS」を利用した極微量のサンプリングシステムと「ISFETセンサー」を検出器として組み合わせた診断・医療分野で利用するバイオチップとして活用されることが今後期待される。また，センシング部分は極微小であるためセンサー集積による多成分同時検出への適用も期待できるものである。さらに将来的には，例えば，極微小チップを体内に埋め込む，またはごく微量の血液で生体機能や臓器の状態を反映する項目の検査を短時間で行うなどの応用も考えられ，オンサイト測定

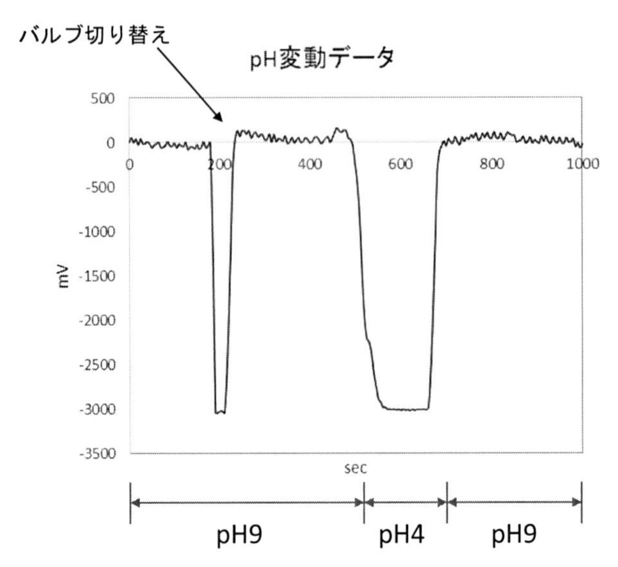

図12　試作フローセンサーによるpH変動データ
pH9の校正液を流路中に流しシリンジポンプで吸引し，サンプルループにpH4の校正液を入れ切替バルブで流路中に注入，pH変動による出力を検出した。

による在宅診断が可能となることによりQOLの向上にもつながるものである。

また一方で，医療現場のみならず食品製造現場における品質管理のツールとしての利用も可能である。本センサーを用いて食品流通ポイントでの菌数測定，食品製造工程の成分の経時測定を実施し，測定結果をQRLによりタグ付けし集積することでデータをサーバーで一元管理，これらの情報にアクセスすることでどの段階で問題が発生したのかを迅速にチェックすることが可能となり，食の安全・安心に寄与できるものと期待される。

さらにこれら集積した測定データについてインフォマティクスを活用した情報解析よりビッグデータを形成し，得られたビッグデータをもとにAI予測を行うことで前述したような社会インフラのより一層のイノベーションへ寄与できるものとなり得るものであり，情報インフラを含めたバイオセンサーの今後の開発・発展を期待する。

文　　献

1)　谷敏夫，食のバイオ計測の最前線，p. 95，シーエムシー出版（2011）
2)　N. Tomari *et al.*, *J.Biosci.Bioeng.*, **119**，247（2013）
3)　泊直宏，山本佳宏，ヘルスケアを支えるバイオ計測，p. 165，シーエムシー出版（2016）

7 トップダウン質量分析の活用

瀧浪欣彦*

7.1 はじめに

ゲノミクス技術の進展によって生命現象の理解は大きく進展したが，ゲノム情報だけではまだ充分に生命現象を理解したとは言えない。生命現象においてはタンパク質が重要な働きを担っており，生命現象の理解のためには，ある系で発現しているタンパク質の総体であるプロテオミクスの理解が重要である。

プロテオミクス研究では，ゲノム情報のアノテーションや修正に関連する情報の他，翻訳後修飾（post-transitional modifications, PTMs）や発現量，プロセッシング，タンパク質の相互作用に関連する情報などが得られる。プロテオミクス研究ではプロテイン・アレイ（protein arrays, protein microarrays）を用いた研究[1]なども盛んに行われているものの，質量分析による手法は，そのスループットや感度の高さ，探索的アプローチの多様性など，プロテオミクス研究への親和性が高いと言える[2]。

1990年代以降，質量分析によるプロテオミクス研究では，プロテアーゼ処理などによって生成した断片ペプチドを解析し同定する手法（ボトムアップ・アプローチ）が主として行われてきた[2~4]。初期のボトムアップ・アプローチでは，ゲル電気泳動などの手法で精製したタンパク質のバンドやスポットをプロテアーゼ処理して質量分析し，測定された断片ペプチドの質量の組み合わせからタンパク質を同定するペプチド・マス・フィンガープリンティング（peptide mass fingerprinting, PMF）法[5~8]が多く用いられた。しかし，1990年代終わりに，未精製あるいは粗精製のタンパク質混合物をプロテアーゼ処理して生成した断片ペプチドの複雑な混合物をLC/MS/MS測定し，個々の断片ペプチドをSequest[9]やMascot[10]のようなエンジンで同定することでサンプル中に含まれるタンパク質を同定してゆくショットガン・プロテオミクス[11]が提唱され，この手法が広がるにつれてボトムアップ・アプローチの主流は急速にショットガン・プロテオミクスに移行した。

ショットガン・プロテオミクスは，タンパク質の複雑な混合物中に存在するタンパク質を，微量のものも含めて数多く同定できる優れた手法ではあるものの，その解析結果については課題を抱えていると言わざるを得ない。例えば，1つの断片ペプチドのMS/MSスペクトルから必ずしも1つのタンパク質が特定できるわけではないため，可能性が示された断片ペプチドの組み合わせから推定されるタンパク質の同定確度の問題[12]や，長い配列の断片ペプチドにおける限定的なフラグメント情報に由来する同定の難しさなどが指摘されている。また，複数の断片ペプチドから同定されたタンパク質の存在様式（プロテオフォーム，proteoform[13]）が示されるわけではないという課題も挙げられる。この課題はショットガン・プロテオミクスに特有のものと言うこと

* Yoshihiko Takinami　ブルカージャパン㈱　ダルトニクス事業部
マーケティング担当マネージャー

ができるもので，ゲル電気泳動などによる精製プロセスが手法として入らないことによって，同定された個々のタンパク質について，サンプル中での存在様式に関する情報（分子量，等電点など）が同定結果と紐付けられないことが原因であるとも言える。これは，同じようにボトムアップ・アプローチによる同定であるとは言うものの，例えば2次元電気泳動を経るプロテオミクス解析とは決定的に異なる状況であり，分子量がほぼ同じで等電点の異なる複数のスポットが，リン酸化状態（部位および数）の異なる同じタンパク質に同定されるというような解析結果[14]を得るのは，ショットガン・プロテオミクスによる解析では困難であると言わざるを得ない。例えば仮に，ショットガン・プロテオミクス解析の結果として，あるタンパク質の複数の断片ペプチドで翻訳後修飾の存在が示唆されたとしても，そのタンパク質について，もともとどれだけのプロテオフォームがサンプル中に存在したかが不明で，検出されたそれぞれの翻訳後修飾のどの組み合わせが元の存在様式と関連しているのかがわからなければ，正確な解析は不可能となってしまう。

このように，ショットガン・プロテオミクスは，ある系で発現しているタンパク質をできる限り多く同定するという目的においては強力な手法ではあるものの，プロテアーゼ処理によってサンプル中のすべてのタンパク質を断片ペプチド化したうえで解析するという手法によって，同定された断片ペプチドやその修飾情報と元の存在様式との関連についての解析を困難にしてしまうという課題を本質的に併せ持っている。

このような課題を克服できる可能性を持つ解析手法として，近年トップダウン・アプローチが注目され始めている。トップダウン・アプローチは，プロテアーゼ処理を行わずにタンパク質の同定や特性解析を行おうとする手法で，インタクトのタンパク質をイオン化して質量分析計に導入し，タンデム質量分析の手法でフラグメンテーションを起こさせてアミノ酸配列解析や翻訳後修飾解析を行う（図1）。既に精製されたタンパク質や単純なタンパク質混合物の解析について成功例が報告されている[15~19]ものの，まだボトムアップ・アプローチのように確立された手法であるとは言えない状況である。

このような状況の中，トップダウン・アプローチの手法や問題点を議論するため，トップダウン・プロテオミクス・コンソーシアム（The Consortium for Top-down Proteomics, <https://www.topdownproteomics.org>）が設立され，活動している。

7.2　質量分析を用いるトップダウン・アプローチによるタンパク質の解析手法

質量分析によるトップダウン・アプローチでは，タンパク質あるいはタンパク質混合物のプロテアーゼ処理を行わずに分離・精製し，質量分析計に導入して，タンパク質の分子質量を特定する。また，分子質量特定と同時あるいはその後に，質量分析計内で断片化し，観測されたフラグメントイオンから配列情報や翻訳後修飾情報を得る。

この際，タンパク質の同定には，主としてフラグメントイオンから解析された配列情報や，マスタグ（mass tag）と呼ばれるデータベース中の配列との比較によるフラグメント情報が用いら

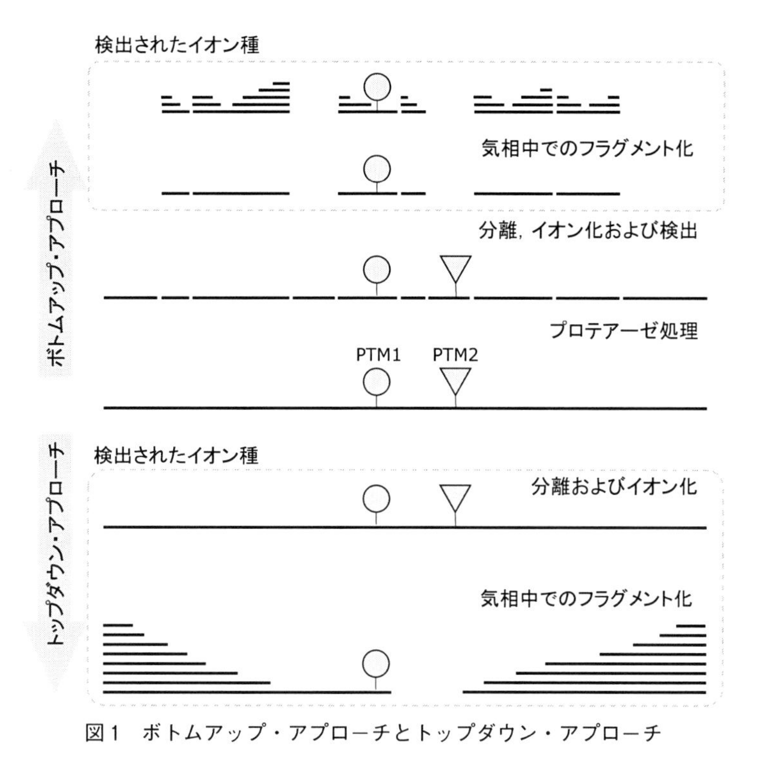

図1　ボトムアップ・アプローチとトップダウン・アプローチ

れ，分子質量や翻訳後修飾情報を併用して，その存在様式を特定する[15~19]。

トップダウン・アプローチによるプロテオミクス解析をトップダウン・プロテオミクスと呼ぶが，この手法に適用できるイオン化法としては，エレクトロスプレーイオン化（electrospray ionization, ESI）[20]やマトリックス支援レーザー脱離イオン化（matrix-assisted laser desorption/ionization, MALDI）[21,22]が挙げられる。

ESIでは，一つの分子種から価数の異なる一連の多価イオンを生成するため，一般に低 *m/z* 領域（*m/z* 数百～数千）でイオンが観測される[20]。これに対してMALDIでは多価イオンの生成は限定的であり，インタクト・タンパク質のイオンを測定するためには高 *m/z* 領域（*m/z* 数千～10数万程度）まで感度良く測定できることが求められる。市販の質量分析計では，ESI-hybrid-FTICR型，ESI-hybrid-Orbitrap型，ESI-QqTOF型，MALDI TOF（/TOF）型などの質量分析計がトップダウン・プロテオミクス解析に用いられている。先述のように，ESIでは多価イオンを生成するため，低 *m/z* 領域にイオンが観測される。低 *m/z* 領域では，質量較正用サンプルとして利用しやすい良好な化合物が容易に入手できるため，精密な質量較正が可能となり，測定結果として得られる分子質量も高精度・高確度となる。一方，MALDIで生成するイオンを測定するためには，高 *m/z* 領域まで質量較正が必要となるが，標準タンパク質であっても多形や塩の問題などによって分子質量を間違いなく決定することが困難であるため，高 *m/z* 領域で利用できて分子質量が確かな良い質量較正用サンプルは，残念ながら存在しない。

このため，タンパク質の分子質量を特定するにはESIと高分解能質量分析部を持つ質量分析計が適していると言える。しかし，そのような質量分析計で主としてイオンの開裂に用いられるCID（collision-induced dissociation，衝突誘起乖離）は，低エネルギーの乖離であるうえ多重衝突による分子振動の蓄積による断片化であるため，タンパク質のような高分子の乖離に対して充分に効果的であるとは言えず，ECD（electron capture dissociation，電子捕獲乖離）[23]やETD（electron transfer dissociation，電子移動乖離）[24]，IRMPD（infrared multiphoton dissociation，赤外多光子乖離）[25]，UVPD（ultraviolet photodissociation，紫外光解離）[26,27]などの乖離手法を用いるか，あるいはこれらの乖離手法をCIDと併用して配列解析と同定を行ってシークエンス回収率を上げる事が求められる。

また，ESIでは，タンパク質の分子サイズが大きくなるにつれて多価イオンの価数分布が広い範囲に及ぶようになり，ひとつひとつの価数のイオン強度が低下してしまう事も課題と考える事ができる。

MALDI-TOF質量分析計では，先述のように良好な質量較正用サンプルが入手できないため，分子質量の正確な特定においてはESIをイオン源とする質量分析計に及ばないものの，イオン化過程の過剰なエネルギーによりイオン源内で開裂（インソース分解，In-source Decay, ISD）を起こしアミノ酸配列に由来するフラグメントイオンが観測されることがBrownらによって報告[28]されており，高度に精製されたサンプルが必要ではあるものの，最近では210〜240アミノ酸からなるタンパク質において，1回のISDスペクトル測定で全アミノ酸配列の90％以上を解析[29]することも可能となってきている。

ただし，MALDI-TOF質量分析計はHPLCからの溶出液を直接イオン源に導入することはできず，HPLCからの溶出液を1〜数秒ごとにMALDIターゲットプレート上にスポットし，マトリックスを添加した後，質量分析計に導入（LC-MALDI）する必要がある。これはある意味においては制限ではあるが，測定した後もサンプルはターゲットプレート上に残存しているため，分子質量を特定した後に同一サンプルでISDによる配列解析を実施[29]する事が可能である。あるいは，ターゲットプレート上でプロテアーゼ処理を行って断片ペプチドから詳細な情報を得る[30]などの手法を併用することができ，トップダウン・アプローチを基本としながら，同一のサンプルでボトムアップ・アプローチによる補完的アプローチが可能な優れた方法であるとも言える。

7.3 トップダウン質量分析と質量分解能

一般にトップダウン・アプローチでは高い質量分解能と高確度の質量測定が必要とされる[31,32]。

インタクトタンパク質の分子質量特定で，翻訳後修飾などによる微小な質量変化を捉えようとすれば，高い質量分解能と高い質量確度が必要となるからである。さらに，分解能が高くなれば同じイオン量であってもイオン強度は高くなるため，同位体や価数分布の影響でイオン強度が低くなりがちなESIによるトップダウン・アプローチにとって，高分解能は必須の条件である。

この理由で，過去にはフーリエ変換イオンサイクロトロン共鳴（Fourier transform ion cyclotron resonance, FT-ICR）質量分析計も主として用いられ，最近ではオービトラップ（orbitrap）質量分析計も用いられるようになってきている[31,32]。

フーリエ変換を利用するこれらの質量分析計は，確かに高分解能で高質量確度ではあるが，高分解能を実現するためには検出時間を充分に確保する必要があり，また*m/z*領域が高くなるにつれて分解能が低下してゆく事を理解しておく必要がある。分析対象とするタンパク質にもよるが，最新の高分解能ESI-Qq-TOF質量分析計では，測定条件や*m/z*によっては，インタクトタンパク質の質量分析において，フーリエ変換型質量分析計よりも高分解能を実現できる場合があり，ESI-Qq-TOF質量分析によるトップダウン・プロテオミクス解析の例[19]も報告されている。

ただし，ESI-Qq-TOF質量分析計では，CIDの他に利用できる断片化手法としてETDが選択できる程度なのに対して，フーリエ変換型の質量分析計では，ETDの他に複数の断片化手法を実装している（実装できる）場合が多く，トップダウン・アプローチにとってより魅力的な選択肢を与えていると言える。

ただ，いくら高分解能の質量分析計であっても，インタクトタンパク質の実測データから直接モノアイソトピック・イオンを観測できるのは10 kDa程度までの小さなタンパク質に限られる（図2）事も忘れてはならない。10 kDaよりも大きなタンパク質については，最強ピークや，測

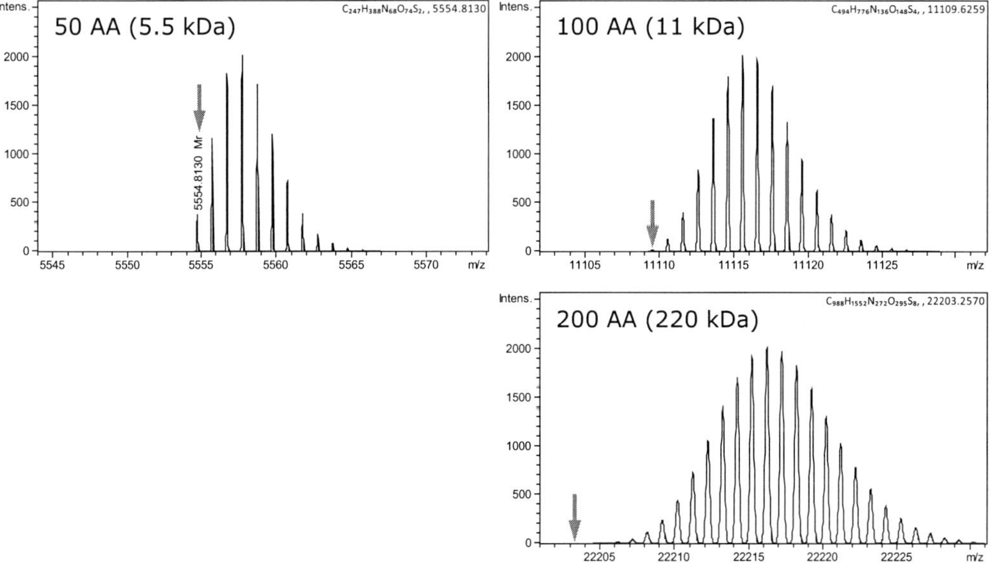

図2　タンパク質の同位体分布とモノアイソトピック質量

平均的なアミノ酸組成によるシミュレーション5.5 kDa程度の小さなタンパク質ではモノアイソトピックピーク（↓）が明瞭に観測されるが，11 kDa程度になるとシミュレーションでもモノアイソトピックピークを観測するのが困難となり，220 kDaのタンパク質では，モノアイソトピックピークの観測は不可能となる。

定データから求めた平均質量，あるいは同位体分布からプログラムによって特定されたモノアイソトピック質量などを用いて解析することになる。

このように，インタクトタンパク質のモノアイソトピック質量の特定という意味においては高分解能も万全ではないものの，タンパク質の同定や翻訳後修飾の解析においてはMS/MSスペクトルが重要であり，フラグメントイオンの分子サイズは元のタンパク質より小さくなることから，複雑にオーバーラップしているイオンピークを分離し，情報を引き出すという意味において，実測分解能は高ければ高いほど有利であると言って過言ではない。

7.4 トップダウン・アプローチのデータ解析

HPLCを始めとする分離手法や，先述のような質量分析の技術が進歩したものの，取得したデータからできるだけ多くの情報を引き出すためには，データ処理システムが不可欠である。

一般的には，複雑なMS/MSスペクトルから，1つのフラグメントイオンに由来する一群のイオン（isotopomers）を抽出してモノアイソトピック・イオンを特定し，デコンボリューション処理によってイオン本来の質量を算出する。それら実験的に観測された複数のフラグメントイオンの質量の組み合わせを，データベース中のタンパク質のアミノ酸配列情報や，各種翻訳後修飾の可能性などを考慮して理論的に生成されたフラグメントイオンのリストと照合することで，タンパク質を同定してゆく。タンパク質同定の方法論そのものは，既にショットガン・プロテオミクスで使われているものと同様と言えるものの，一般にトップダウン・アプローチではプリカーサイオンの価数が大きく，生成するフラグメントイオンの価数や種類が多いため観測されるMS/MSスペクトルが非常に複雑になってしまう。これらのスペクトルからフラグメントイオンの情報を正しく抽出し，データベース中のアミノ酸配列データと紐づけながら，翻訳後修飾についても解析を行うのは大きな課題である。

これまで，様々なソフトウェアが開発され，利用されてきた。2003年には，Taylorらによって ProSight PTM[33,34]が開発され，その後 fixed modification や末端アミノ酸の修飾を指定できるようにした ProSight PTM 2.0[35]も開発された。

最近では，この他にも MASH Suite Pro[36]や，pTop[37)，TopPIC[38]，ProteinGoggle[39]などを始めとする様々なソフトウェアが開発されている。

しかし，分子サイズの大きなタンパク質の同定や，内部配列に由来するフラグメントイオンの解析などについてはまだ課題も多く残されているのが現状である。

7.5 まとめ

分離手法や質量分析技術の進歩，各種ソフトウェアによるデータ解析技術の進歩などにより，トップダウン・アプローチによるタンパク質の解析は以前より容易になったと言える。それでもなお，より回収率の高い分離手法や，微量のタンパク質まで解析できるより高分解能でダイナミックレンジの高い質量分析技術，複雑なマススペクトル（MS, MS/MS）からプリカーサおよびフラグメントイオンのモノアイソトピック情報をより正確に抽出するアルゴリズム，高速で効率のよい検索技術など，まだ解決すべき課題は多い。

しかし，トップダウン・プロテオミクスは，分析対象とする系で発現しているタンパク質を，そのプロテオフォームの情報を持ったまま観測できるという，ショットガン・プロテオミクスにはない大きな利点を備えており，その語が持つ本来の意味のプロテオミクスを解析対象とする事ができるという意味において，その有用性は測りえない。

さらなる発展に期待したい。

文　　献

1） JR. Lee *et al., Expert Rev. Proteomics*, **10**, 65 (2013)
2） R. Aebersold *et al., Nature*, **422**, 198 (2003)
3） NL. Kelleher, *Anal. Chem.*, **76**, 196 (2004)
4） BT. Chait, *Science*, **314**, 65 (2006)
5） DJ. Pappin *et al., Curr. Biol.*, **3**, 327 (1993)
6） WJ. Henzel *et al., Proc. Natl. Acad. Sci. USA*, **90**, 5011 (1993)
7） M. Mann *et al., Biol. Mass Spectrom.*, **22**, 338 (1993)
8） P. James *et al., Biochem. Biophys. Res. Commun.*, **195**, 58 (1993)
9） J. Eng *et al., J. Am. Soc. Mass Spectrom.*, **5**, 976 (1994)
10） D. Perkins *et al., Electrophoresis*, **20**, 3551 (1999)
11） AJ. Link *et al., Nat. Biotechnol.*, **17**, 676 (1999)
12） P. Alves *et al., Pacific Symposium on Biocomputing*, **12**, 409 (2007)
13） L. Smith *et al., Nature Methods*, **10**, 186 (2013)
14） C. Warren *et al., Proteomics*, **8**, 100 (2008)
15） L. Siuti *et al., J. Proteome Res.*, **5**, 233 (2006)
16） A. Reseman *et al., Anal. Chem.*, **82**, 3283 (2010)
17） J. Zhang *et al., J. Proteome Res.*, **10**, 4054 (2011)
18） J. Erales *et al., Biochem. J.*, **419**, 75 (2009)
19） PO. Schmit *et al., J. Proteomics*, **175**, 12 (2018)
20） JB. Fenn *et al., Science*, **246**, 64 (1989)
21） K. Tanaka *et al., Rapid Commun. Mass Spectrom.*, **2**, 151 (1988)
22） M. Karas & F. Hillenkamp, *Anal. Chem.*, **60**, 2299 (1988)
23） RA. Zubarev *et al., J. Am. Chem. Soc.*, **120**, 3265 (1998)
24） JE. Syka *et al., Proc. Natl. Acad. Sci. USA*, **101**, 9528 (2004)
25） DP. Little *et al., Anal. Chem.*, **66**, 2809 (1994)
26） JW. Morgan *et al., Methods Enzymol.*, **402**, 186 (2005)

27) JA. Madsen *et al., J. Proteome Res.,* **9**, 4205 (2010)
28) RS. Brown & JJ. Lennon, *Anal. Chem.,* **67**, 3990 (1995)
29) A. Resemann *et al., mAbs,* **8**, 318 (2016)
30) Y. Takinami *et al., Biomark. Insights,* **8**, 85 (2013)
31) AD. Catherman *et al., Biochem. Biophys. Res. Commun.,* **445**, 683 (2014)
32) B. Chen *et al., Anal. Chem.,* **90**, 110 (2018)
33) GK. Taylor *et al., Anal. Chem.,* **75**, 4081 (2003)
34) RD. LeDuc *et al., Nucleic Acids Res.,* **32**, W340 (2004)
35) L. Zamdborg *et al., Nucleic Acids Res.,* **35**, W701 (2007)
36) WX. Cai *et al., Mol. Cell. Proteomics,* **15**, 703 (2016)
37) RX. Sun *et al., Anal. Chem.,* **88**, 3082 (2016)
38) Q. Kou *et al., Bioinformatics,* **32**, 3495 (2016)
39) KJ. Xiao *et al., J. Proteomics,* **152**, 41 (2017)

8　デスクトップ型次世代シーケンサー「MiSeq」

小林孝史*

8.1　次世代シーケンサーの誕生とその背景

2005年に販売が開始された次世代シーケンサー（Next-Generation Sequencer：NGS）はこれまでのサンガーシーケンサーと比べて圧倒的なリード数（＝配列数）を並列に取得することができるため，サンガーシーケンサーに比べて単位データあたりのコストが非常に小さくなった。次世代シーケンサーによる直近10数年間のデータあたりのコストはコンピューターの半導体の集積率のコスト推移を試算した「ムーアの法則」の割合を圧倒的に下回り，2018年現在ではヒトゲノムの解析（100 G塩基程度を想定）にかかるコスト（装置の消耗品のみ）が800米ドルで可能になった[1]。

次世代シーケンサーが販売されたのは2005年に454 Life Science社（現在はRoche社により買収済み）による「GS20」が始まりである。「GS20」はパイロシーケンス法と呼ばれる手法を用い，20万のリード（断片）数で20 M塩基のデータ量を1ランで解析することができた。それに続いて，ケンブリッジ大学のスタートアップベンチャーSolexa社により「Genome Analyzer」(2006年に販売)，ABI社「SOLiD」(2007年に販売）と続いた。「Genome Analyzer」は平面でブリッジPCRと呼ばれるテンプレートの増幅工程を経るSynthetic By Synthesis（SBS）法と呼ばれる解析方法を取り[2]，「SOLiD」はSequence by Oligo Ligation and Detectionという解析方法を取る。それぞれのシーケンサー1ランあたりのデータ量とその解析長は図1（wordpressより転載[3]，2016年までのラインナップ）にまとめられている。また，2017年までの次世代シーケンサーの発展についてはGoodwin *et al*[4]に詳しく記述がある。

8.2　Illumina社の次世代シーケンサー

Illumina社はTuft大学のスタートアップベンチャーとして設立されビーズアレイの販売を行っていたが，2007年にSolexa社を買収することにより次世代シーケンサー業界に参入した[5]。Solexa社の次世代シーケンサーは平面のガラス基板（フローセル）上でブリッジPCRにより単クローンのクラスターを当時で数千万程度並列に増幅を行い，クラスターに1塩基ずつ蛍光塩基を付加することにより1回の反応で1塩基ずつを並列的に解析することができる。1塩基付加した後蛍光塩基は化学反応により切り離すことができ，次の反応で1塩基付加を行って次の塩基の同定を行う。このような解析手法はSBS法（図2），あるいはMassively Parallel Sequencing法などと呼ばれる[6]。

SBS法による解析は，複数の優れた特徴を持つが，特にホモポリマー配列の解析に強いという点で他社の次世代シーケンサーの解析法より優位性が高かった。Solexaから引き続き

＊　Takafumi Kobayashi　イルミナ㈱　営業本部　技術営業部
Senior Applied Genomics Specialist

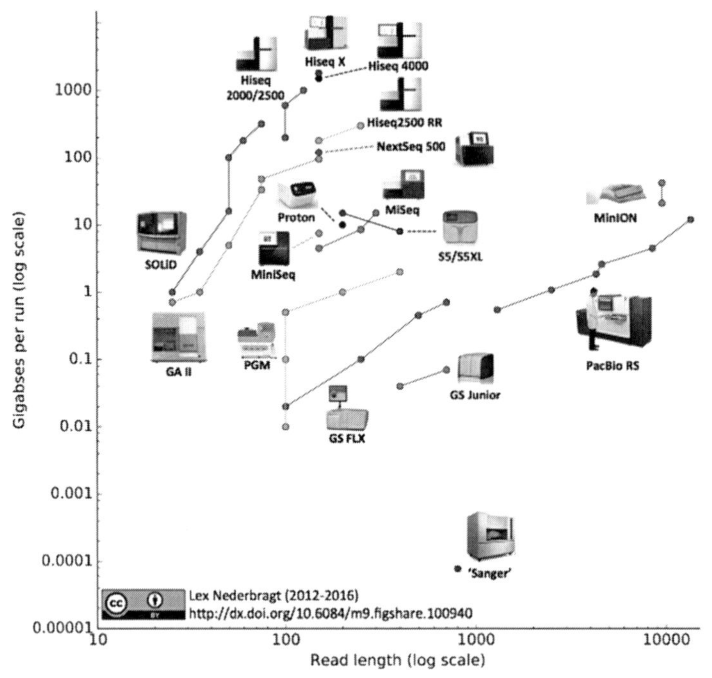

図1　2016年時点での次世代シーケンサーの種類
（横軸は配列（リード）長，縦軸は1ランあたりのデータ量（Gb））

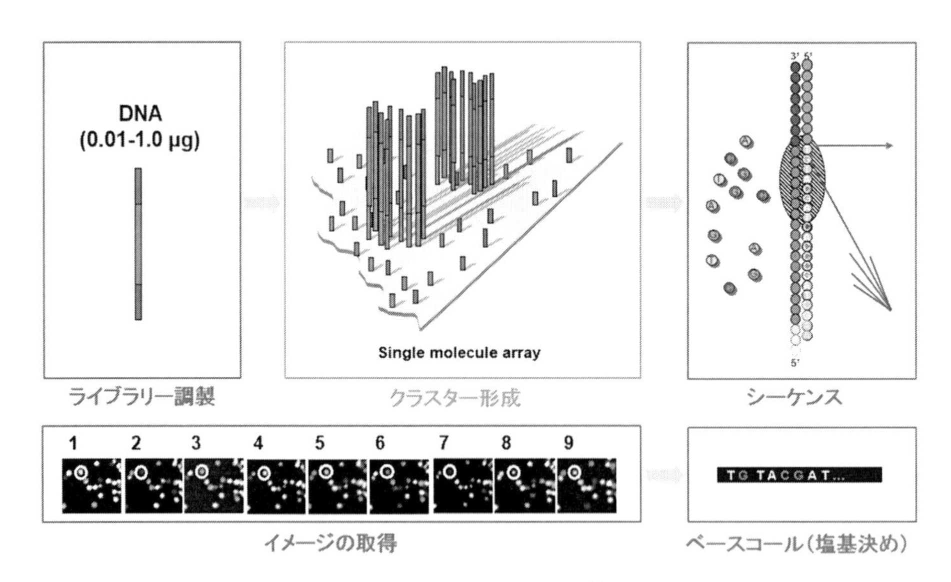

図2　Sequencing by Synthesis 法の概要

「Genome Analyzer」を販売しアップグレードしていく一方，2010年に「HiSeq」シリーズ（「HiSeq1000/2000」）を発表した[7]。「HiSeq」はリリース時に1ラン20億ペアエンドリードで200G塩基を2週間で解析することができ，ヒトゲノムの解析（通常100G塩基必要）が1ランで解析でき当時としては画期的であった。ただし，「HiSeq」にかける前に「Cluster Station」あるいは「cBot」と呼ばれるテンプレート増幅装置で解析用のフローセルを前処理する必要があり（図3），また20本程度のチューブをラン前にセットする必要があった。ペエンドリードの設定には，折り返しの作業時に試薬の交換が必要でありその点も手間がかかっていた。

8.3　デスクトップシーケンサー「MiSeq」の特徴

2011年に販売されたデスクトップ型次世代シーケンサー「MiSeq」[8]は当時としては画期であったカートリッジ式の消耗品を採用し，装置内でのテンプレート増幅を可能にした初めての次世代シーケンサーであった（図4）。これでユーザーはカートリッジを室温の水浴で溶解した後前処理したライブラリー（キットで調製したDNA断片）をアプライしてフローセルと共にセットすることにより，準備時間は30分～1時間程度でランを開始することができた。HiSeq1000/2000は重量220kg（幅119cm×高さ95cm×奥行76cm）であり付属のコンピューターも必要であったため普通のラボサイズでの設置は難しかったが，MiSeqは重量57.2kg（幅68.6cm×高さ52.3cm×奥行56.5cm）と非常にコンパクトにおさめられデスクトップ型としてユーザビリティーに長けていた。

「MiSeq」は，2012年のアップグレード（フローセル上下両面での解析を含む）により2×

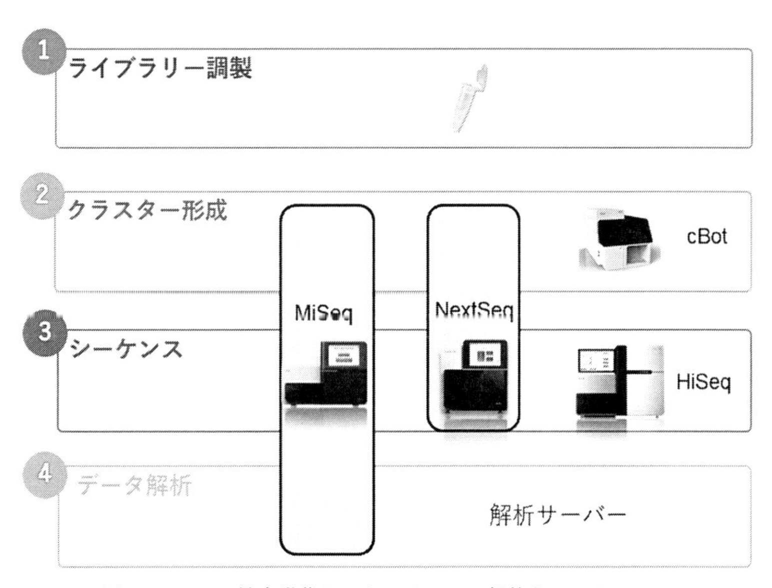

図3　Illumina社次世代シーケンサーの一般的なワークフロー
（HiSeqシリーズではクラスター形成というテンプレートの増幅工程でcBotという別装置が必要になった）

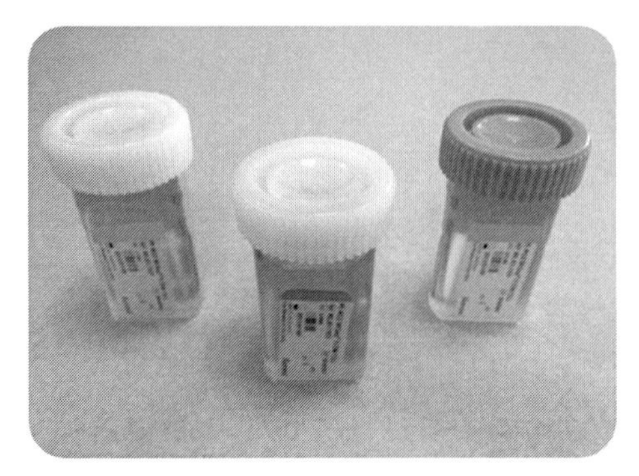

データ量にあわせた各種フローセル

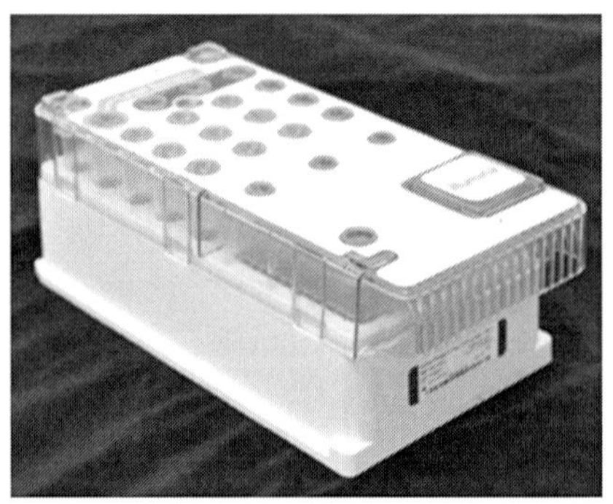

試薬がパッケージ化されたカートリッジ

図4　優れたユーザビリティーの MiSeq 消耗品

250 bp の解析（V2 kit）が可能になり，最終的には蛍光塩基の改良などにより 2013 年夏に 2 × 300 bp の解析が可能になった（V3 kit)。このリード長は弊社次世代シーケンサーの中では最長なのと同時に，幅広いリード数のキットも販売されておりイルミナの次世代シーケンサーの売り上げの半分以上を占める人気機種となっている（2017 年末現在)。「HiSeq」シリーズと異なり，「MiSeq」装置内に解析用ソフトウェアである「MiSeq Reporter」を搭載しており，ランをかける際に配置するサンプルシートのモードを設定することにより解析モードを選ぶことができるようになった。解析モードは現在，「resequencing」,「de novo assembly」,「16s metagenomics app」,「Small RNA sequencing」など多岐にわたる（現在「MiSeq Reporter」は後継ソフトウェアの「Local Run Manager」に置き換わる予定である)。それまでは「HiSeq」シリーズで出力されたランフォルダーを Linux ベースのソフトウェアである「CASAVA（現在は頒布終了)」，あるいは「bcl2fastq」で汎用ファイルフォーマットである fastq に変換しなくてはならず２次解析を行うまでにひと手間がかかった（図３)。「MiSeq」でラン後自動的に作成される fastq ファイルは「MiSeq Reporter」で設定したそれぞれの解析モードで使用されるほか，CLC workbench などの他社ソフトウェアに持ち込んで解析することもできる。

8.4 「MiSeq」が可能にしたアプリケーション

「MiSeq」は当初微生物全ゲノムなど「HiSeq」シリーズほどデータ量が必要ないシーケンスで良く使用された。アップグレードにより長くなったリード長も微生物全ゲノムの de novo assembly のアプリケーションにもよく適した。がん研究など，一部の遺伝子配列を解析するカスタムパネル（「TruSeq Custom Amplicon（現在は販売終了)」あるいは「TruSight 疾患パネル」）などにも幅広く使用されている。また，「HiSeq」シリーズで解析する前のライブラリーのクオリティーチェックとして「MiSeq」の小さいキットで解析する方法も開発され，運用されている[9]。

「MiSeq」は，微生物の一部の領域をバーコードのようにして多量のリード数を解析するメタバーコーディング法により菌組成を明らかにするような細菌叢解析でも非常に幅広く使用されている。現在国際的なマイクロバイオームのコンソーシアム（Earth Microbiome Project や Human Microbiome Project）では MiSeq を含めたイルミナ次世代シーケンサーベースに標準化プロトコールが作成されている[10]。他にも，魚類や哺乳動物などに対して環境サンプル（環境水，土壌など）からメタバーコーディングを行って棲息する魚種やプランクトン種を同定し棲息量の推定を行うような「環境 DNA 解析」などにも「MiSeq」はよく使用されている[11]。

最近では，「MiSeq」はその長いリード長（Illumina 社内比）を使用して抗体の VDJ 領域を解析するレパトア解析や，抗体製薬のハイスループット解析を行うようなファージディスプレー法などにも使用されている。

8.5 「MiSeqDx」，「MiSeqFGx」への展開

これまで述べてきたように，「MiSeq」は当時から圧倒的なユーザビリティーの良さが好評を得てきた。その過程で，アメリカ国内で FDA によりアウトブレークの原因となる食中毒菌の解析などに使用された。解析された細菌は州や国を超えてデータベース（Genome Trakr）に登録された[12]。

Illumina 社は，このような状況の中 FDA 認証した嚢胞性線維症解析キットに対応した「MiSeqDx」を発表した。「MiSeqDx」では，嚢胞性線維症解析キット（MiSeqDx Cystic Fibrosis 139-Variant Assay）およびプライマーを別途設計して特定の領域を解析するユニバーサルキット（MiSeqDx Universal Kit）が使用できる[13]。医療機器として特定のワークフローのみを行うことができ，データの移動にも制限をかけられる装置となっている（注：2018 年 10 月現在日本国内では医療機器未登録）。

また，法医学で用いられるような人物同定のアプリケーションに特化した装置として「MiSeqFGx」を発表した[14]。「MiSeqFGx」はゲノム中に含まれる短い配列の繰り返し（short tandem repeats：STR）を解析するのと同時に，一部の一塩基多型（Single Nucleotide Polymorphism：SNP）を解析することができる（注：MiSeqFGx は日本国内では 2018 年 10 月現在日本ジェネティクスを通じての販売）。

「MiSeqDx」も「MiSeqFGx」もそれぞれ装置内，および装置に付属したサーバーでレポートの作成までを行うことができる。

8.6 新製品「NovaSeq6000」，「iSeq100」につながる流れ

2011 年に「MiSeq」が販売されたあと，2017 年発表の「NovaSeq6000」[15]，2018 年発表の「iSeq100」[16]に至るまで基本的な装置設計については，SBS 法が継続的に採用されている。これまでに販売されてきた Illumina 社次世代シーケンサーのラインナップを図５に示す。それぞれ，試薬はカートリッジ化されランのセットアップが容易に設計されている。「MiSeq」は ATGC の

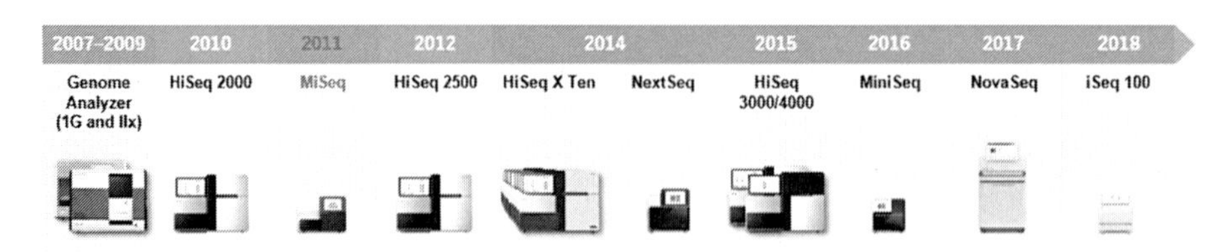

図5　2018年までに販売された歴代のイルミナ社次世代シーケンサー
（上部数字は発表年）

1塩基ずつ独立した波長の蛍光分子を採用していたが，「NovaSeq6000」では2色の波長を使用した2色蛍光法を採用しており，「iSeq100」ではSBS反応の1サイクルで2回の反応を起こすことにより1色の波長のみを使用してフローセル上のCMOSセンサーで検出する方法を取っている[17)]。これらの技術は，先行の「MiSeq」での成功が大きく影響している。

8.7　総括

本稿では次世代シーケンサーの代表的製品として，Illumina社「MiSeq」をご紹介した。主に，当時の背景からリリース後のアップグレード，拡張性について述べ，主要なアプリケーションや「MiSeqDx」，「MiSeqFGx」への展開について記述した。「MiSeq」は2011年から2017年末にかけて世界で6,000台以上を販売しており，同スペック以上のラインナップでは最多の販売量を誇る。「MiSeq」を含むイルミナ次世代シーケンサーは，これまですべて精度の高いSBS法を継続的に採用しており，当該手法を用いたデータの集積化が広く進んでいる。それにより今後もSBS法を用いた手法は継続して使用されていくと思われる。

文　　献

1）https://www.genome.gov/27541954/dna-sequencing-costs-data/
2）D. R. Bentley *et al., Nature,* **456**, 53 (2008)
3）https://flxlexblog.wordpress.com/2016/07/08/developments-in-high-throughput-sequencing-july-2016-edition/
4）S. Goodwin *et al., Nat. Rev. Genet.,* **17**, 333 (2016)
5）https: //www. genomeweb. com/sequencing/illumina-closes-solexa-acquisition#. W78-VHv7TIU
6）S. Shokralla *et al., Sci. Rep.,* **5**, 9687 (2015)
7）https://jp.illumina.com/company/news-center/press-releases/2010/1374339.html
8）https://jp.illumina.com/company/news-center/press-releases/2011/1515239.html
9）F. Katsuoka *et al., Anal. Biochem.,* **466**, 27 (2014)

10) J. G. Caporaso *et al., The ISME J.*, **6**, 1621 (2012)
11) M. Miya *et al., R Soc Open Sci.*, **2**, 150088 (2015)
12) https://www.fda.gov/food/foodscienceresearch/wholegenomesequencingprogramwgs/ucm363134.htm
13) https://www.genomeweb.com/sequencing/illumina-receives-fda-clearance-miseqdx-cystic-fibrosis-assays#.W79GWXv7TIU
14) https://www.genomeweb.com/business-news/illumina-launches-miseq-fgx-forensic-applications
15) https://jp.illumina.com/company/news-center/press-releases/press-release-details.html?newsid=2236383&langsel=/jp/
16) https://jp.illumina.com/company/news-center/press-releases/2018/2325615.html
17) http://jp.support.illumina.com/content/dam/illumina-marketing/documents/products/techspotlights/cmos-tech-note-770-2013-054.pdf

9 Chromium™コントローラーによるシングルセルマルチオミクス解析

掛谷知志*

9.1 はじめに

生体は様々な細胞から構成される細胞の異種集団であるが，組織の局所だけを見ても様々な細胞が協力し合い複雑な環境を構築して機能を果たしている。異種集団を構成する亜集団の役割を知るためには亜集団を構成する細胞の種類や機能を知る必要があり，個々の細胞の違いを明らかにするためにフローサイトメトリーなどの技術が発展してきた。近年，単一細胞定量技術の進歩により，細胞集団の個々の細胞をNGSで解析することが現実的になっており，生物系の複雑さを解明するツールとして注目されている。本節では，マイクロ流路と分子バーコードおよびカスタムバイオインフォマティクスソフトウェアを組み合わせたGemCode™テクノロジーを利用した10x Genomics社のシングルセル解析プラットフォームChromium™コントローラーについて説明をしたい。

9.2 Chromium™コントローラーの特徴と基本原理

Chromium™コントローラーは細胞を個別に微小液滴に閉じ込める，いわゆるドロップレットジェネレーターとしての機能を有しており，アプリケーション毎に異なる試薬キットとの組み合わせで複数のシングルセル解析に対応するが，シングルセル解析の根幹となる技術は共通で細胞ごとに異なるバーコード(10xバーコード）を使用することである。Chromium™コントローラーが作成するGEM（Gel Bead-in-Emulsions）と呼ばれる微小液滴には，細胞1個と様々な試薬（例えばRNA-seqであれば逆転写酵素）とGel Beadがパッケージされる。Gel Bead表面には，Gel Beadにユニークなバーコード配列を持つオリゴが数百万本コートされている。10xバーコードはGel Beadごとに異なり，GEM内にパッケージされた細胞のmRNAやゲノムDNAから合成されるcDNAに10xバーコードが取り込まれることから，cDNAがどのGEM由来か＝どの細胞由来かを見分ける為に使用される（図1）。

cDNA合成までは個々のGEM内で行われ，10xバーコードが導入されたcDNAが合成されたら，GEMを壊してバルクのcDNAとしてライブラリー調整を行う。Chromium™コントローラーは1回のランで1～8サンプルを処理し，1サンプルあたりの最大細胞数は10,000細胞である。複数サンプルを同時に処理することで手技による誤差を抑えることができるだけでなく，多くの細胞を解析したい場合には1つのサンプルを複数のレーンで処理することで最大80,000細胞のライブラリーを作成することができる。GEMに細胞が複数パッケージされる割合は1,000細胞解析時に0.9％以下であり，GEMを作成するマイクロ流路チップに入れた細胞のうち，GEMにパッケージされる細胞の割合は最大65％である。

Chromium™コントローラーには大きく分けて4種類のアプリケーションが用意されている。

---

* Tomoshi Kakeya ㈱スクラム　マーケティング本部　部長

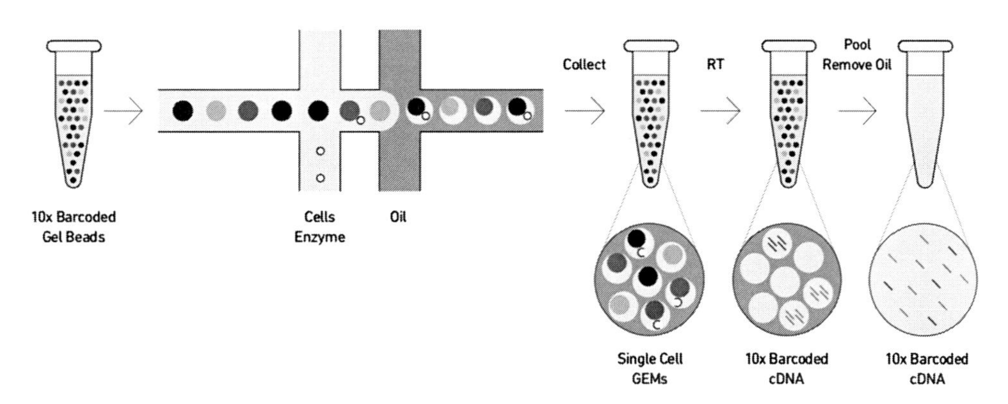

図1　10x バーコードを持つ Gel Bead が細胞と一緒に GEM にパッケージされ，GEM 内で mRNA が逆転写される時に 10x バーコードが cDNA に取り込まれる。

以下の項では各アプリケーションについて説明する。

9.3　シングルセル遺伝子発現プロファイリング

シングルセル RNA-seq（scRNA-seq）は最も一般的な NGS を利用するシングルセル解析の手法であり，細胞ごとに mRNA から cDNA を合成してトランスクリプトームを明らかにするものである。多検体・多細胞の解析に優れることから，複数サンプルの比較やレアな細胞の解析に有効である。また，細胞のリカバリー率も最大65％と優れることから，臨床検体や FACS でソートして数が少ない細胞でも効率的に解析を行うことができる。最近登場した scRNA-seq の v3 キットでは，従来のトランスクリプトーム解析に加えて，Feature Barcoding 技術により細胞表面に発現するタンパク質や CRISPR で用いるガイド RNA（gRNA）の検出も可能である。

Feature Barcoding では，オリゴを標識した抗体や gRNA を使用する。抗体を使用する手法は CITE-seq や REAP-seq と呼ばれ，gRNA を使用する手法は Perturb-seq や CROP-seq と呼ばれる。オリゴが標識された抗体や gRNA は，結合あるいは導入された細胞と共に GEM にパッケージされ，mRNA から cDNA が合成される際にこの標識オリゴからも cDNA が合成されて 10x バーコードが付加される。細胞表面タンパク質の情報は個々の細胞を区別するためのマーカーとして役立ち，gRNA の情報は導入された細胞の同定と遺伝子発現に対する摂動の影響を評価するために用いることができる。用いる抗体や gRNA は種類ごとにユニークな配列のオリゴを標識することで，複数の種類をプールして使用することができ，ハイスループットな解析も可能である。

転写産物レベルで区別することが困難な細胞でも，Feature Barcoding 技術により抗体を用いて表面タンパク質マーカーおよびタンパク質アイソフォームを測定することで，遺伝子発現データの上に細胞表面タンパク質発現データを重ねて解析することができ，細胞の種類や状態を特定したり，希少な細胞の種類を検出したりする能力が向上している。Perturb-seq では，複数の遺

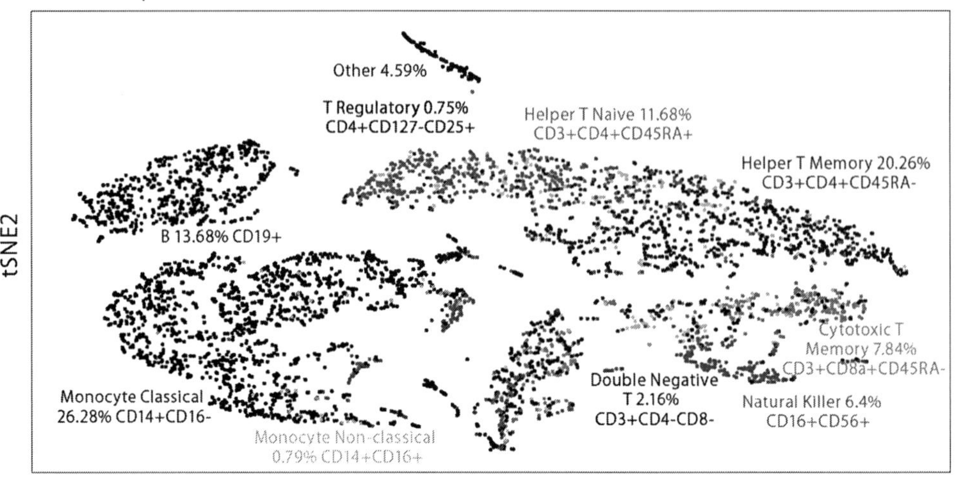

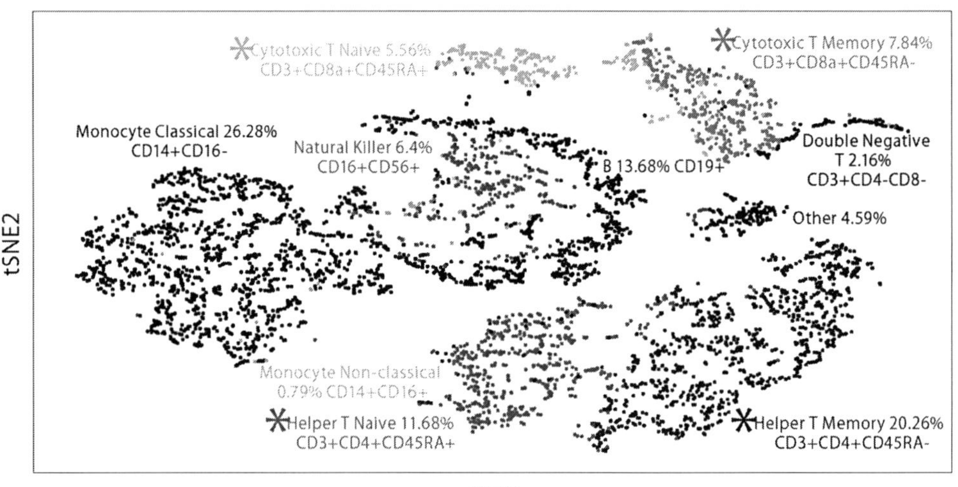

図2　6,000個のPBMCのtSNEプロット
A：mRNA情報に基づく分類。B：抗体情報に基づく分類。
解析ソフトでは各亜集団ごとに異なるカラーで表示される。

伝子に対するgRNA導入の効果を数千～数万の細胞でハイスループットにスクリーニングするだけでなく，標的遺伝子以外への遺伝子への影響（摂動＝Pertubation）も同時に解析することができる。

9.4　シングルセル免疫プロファイリング

T細胞受容体（TCR）またはB細胞受容体（BCR）のレパトア解析は，免疫系の状態や異常を知ることに役立つが，TCRもBCRもヘテロ2量体を形成しており，機能的に意味のある組み合わせを解析するためにシングルセルレパトア解析が有用である。Chromium ™コントローラーでは，全 mRNA を対象にして cDNA を合成する時に 10x バーコードを導入するのは scRNA-seq と同様であるが（但し 10x バーコードが導入されるのは scRNA-seq は mRNA の 3' 側，レパトア解析は 5' 側），その後に 5' UTR と定常領域の一部を含む V（D）J 領域全長を PCR で増幅する。増幅された PCR 産物には UMI（Unique Molecular Identifier）が付加されており，同一の鋳型 cDNA から増幅された PCR 産物が分かるようになっている。PCR 産物は酵素でランダムに断片化され，様々なサイズの断片から得られる配列情報を UMI 情報を元に繋げることで V（D）J 領域の全配列情報を得ることができる（図3）。

逆転写後に PCR 増幅をして得られた PCR 産物を分けて，一部をレパトア解析に，残りをトランスクリプトーム解析に用いることで，1つの細胞からレパトア情報とトランスクリプトームを同時に解析することも可能である。また，scRNA-seq と同様にオリゴを標識した抗体や gRNA を組み合わせて使用することも可能であり，この手法を利用すると，オリゴを標識したペプチドやタンパク質を用いることで，特定のレパトアを持つ細胞の抗原特異性を決定することができ，細胞表現型に対するさらなる洞察を得ることができる。

9.5　シングルセルエピジェネティクス（ATAC-seq）

ゲノム DNA は核内でヒストンに巻き付いてヌクレオソームを形成し，さらに多数のヌクレオソーム構造がコンパクトに凝縮されてクロマチン構造を形成している。遺伝子発現のパターンにはクロマチン構造の変化が密接に関係しており，特に発現が活性化されている遺伝子ではクロマチン構造が開いている。このオープンクロマチン領域を解析する手法として ATAC-seq（Assay for Transposase-Accessible Chromatin using sequencing）がある。scRNA-seq により単一細胞における発現解析の情報は多く得られるようになったが，同じタンパク質を発現する細胞でもその転写制御機構は異なる可能性があるため，転写調節領域を含む解析方法として scARAC-seq が有効である。トランスポザーゼを利用してオープンクロマチン領域にプライマーを挿入し，さらに 10x バーコードを導入することで，シングルセルレベルでゲノムワイドにオープンクロマチン領域を同定する（図4，5）。

9.6　シングルセルゲノミクス（コピー数多型解析）

ゲノムには様々な変異が発生するが，遺伝子変異の蓄積と疾患の関連を示唆する知見は多く報告されている。変異の中で比較的大きな領域（1 kbp 以上）に及ぶ染色体異常としてコピー数多型（CNV）があり，ヒトの正常細胞では2コピーある遺伝子が1コピーのみあるいは3コピー以上ある状態を指し，タンパク質発現に大きな影響を及ぼす可能性のある変異である。特に腫瘍では細胞間の CNV の変異が大きく異なることからバルクでの CNV 解析が腫瘍全体を反映しないこともある。単一サンプルで数百から数千の細胞をプロファイリングすることによりゲノムの不均一性を決定し，変異の蓄積をクローンの進化としてマッピングするための包括的でスケーラ

A

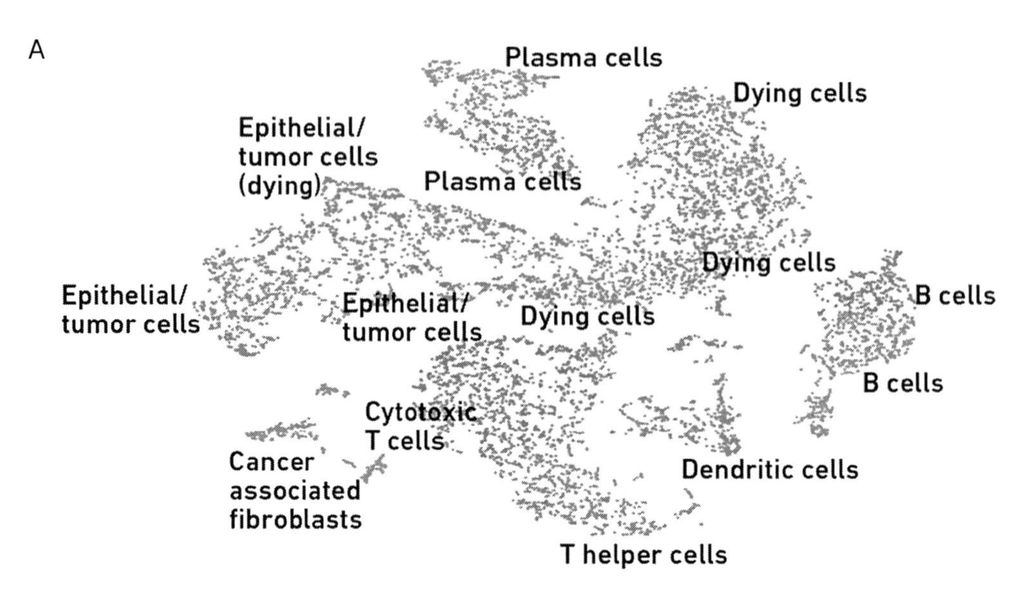

B

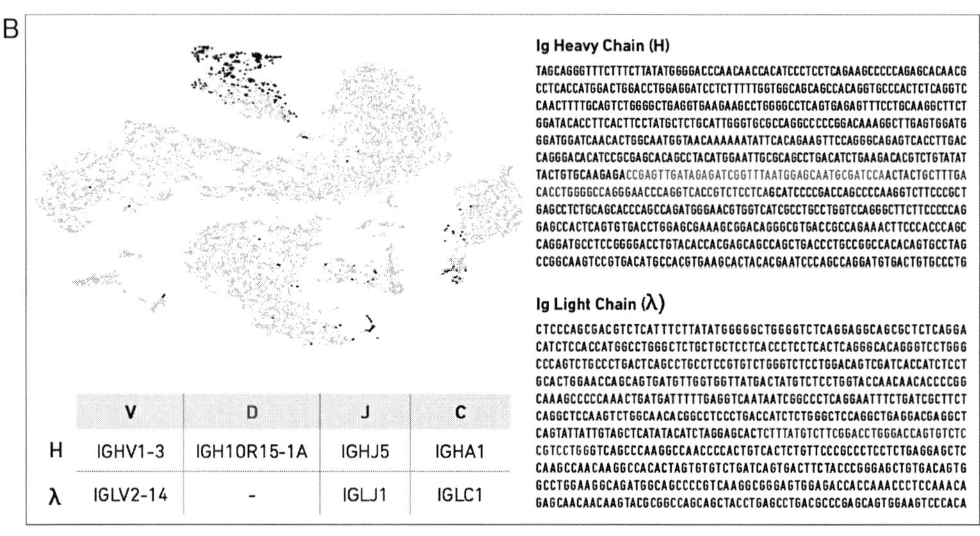

	V	D	J	C
H	IGHV1-3	IGH1OR15-1A	IGHJ5	IGHA1
λ	IGLV2-14	-	IGLJ1	IGLC1

図3　大腸癌細胞の tSNE プロット

A：mRNA 情報に基づく分類。解析ソフトでは亜集団ごとに異なるカラーで表示される。B：免疫グロブリンの mRNA か検出された細胞。濃い点はプラズマ細胞の集団に最も多く存在するクロノタイプを示し，その重鎖および軽鎖の配列を右に示す（5'UTR および V(D)J 全長を含む）。

ブルなアプローチが可能である。シングルセル CNV 解析では，まず細胞を微小液滴に閉じ込めて溶解し，ゲノム DNA を変性させる（Cell Bead と呼ぶ）。Cell Bead と 10x バーコードを含むビーズを新しい液滴の中に 1：1 で閉じ込めて，ランダムに複製したゲノム DNA 由来 cDNA に 10x バーコードを導入してから，NGS ライブラリーを調整する。2 Mbp の解像度で全ゲノムに渡って CNV を解析し，10 個以上の細胞が同じ CNV を持つ場合は 200 kbp 程度の解像度を得る

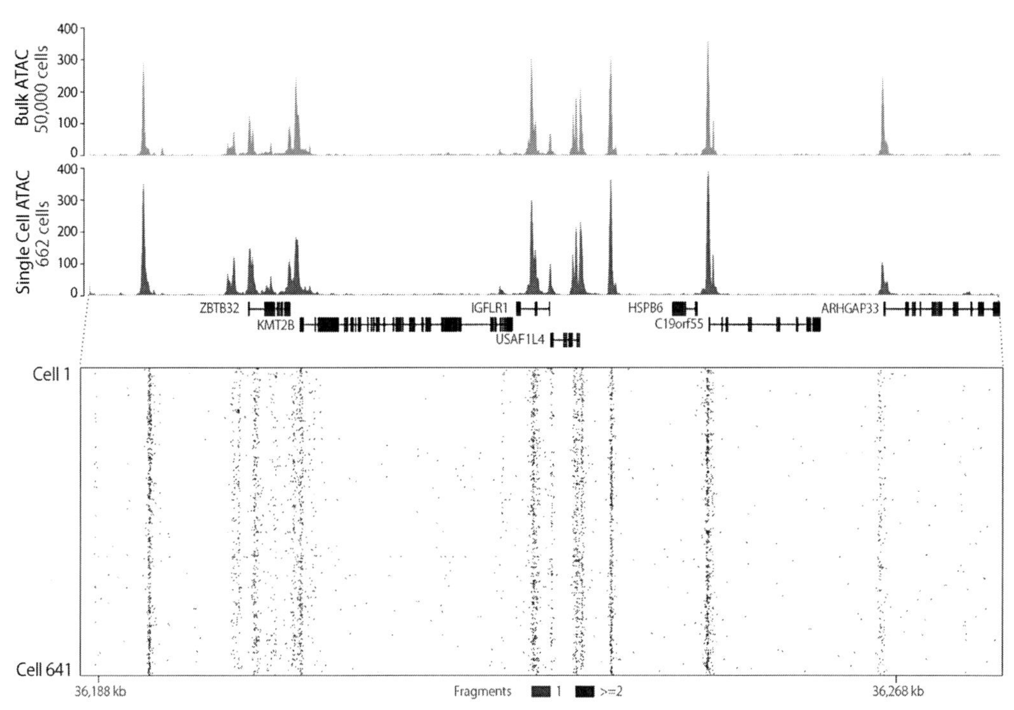

図4　GM12878 細胞株由来のオープンクロマチン領域のトラック
50,000 細胞のバルクの ATAC-seq と 662 細胞の scATAC-seq で高い相関が見られる。下部には個々の細胞（1行が1細胞）のシグナルについて示す。

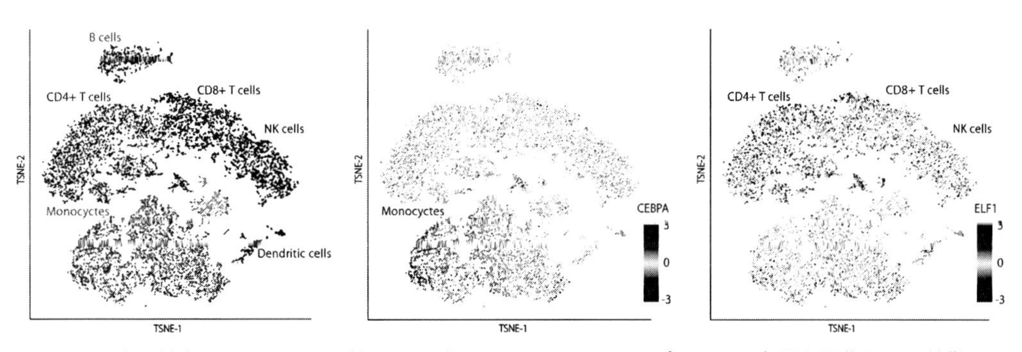

図5　左：健康なドナーからの約 10,000 個の PBMC の t-SNE プロット。主要な亜集団は，特徴的な転写モチーフのシグナルに基づいて同定された。大きなクラスターの中にサブクラスターの存在が示唆されている。中央，右：CEBPA（単球のマーカー）および ELF1（T 細胞および NK 細胞のマーカー）の検出レベルが示されている。本サンプルは 36%が単球，56%が T 細胞と NK 細胞で構成されており，これは FACS の結果と相関する。

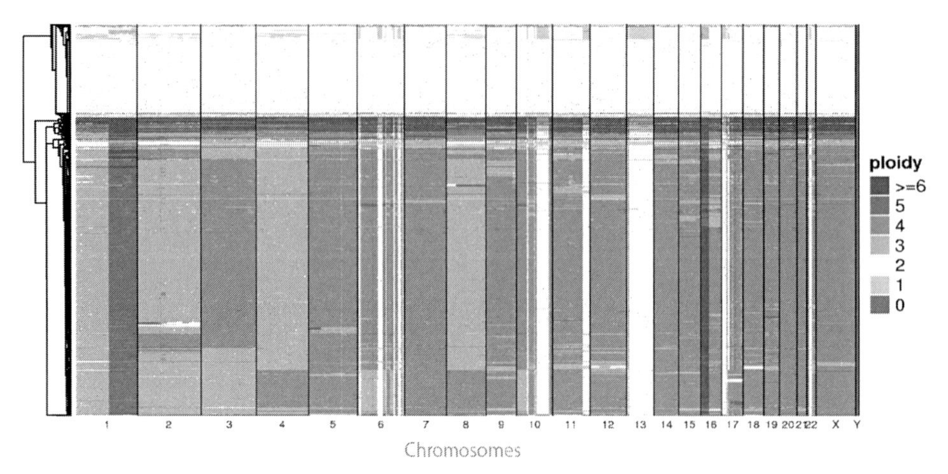

図6　2,053個の乳房腫瘍組織からのCNVプロファイル
17.9％の正常細胞および不均一な腫瘍細胞集団を含む。1列が1細胞を示す。

ことも可能である。10x Genomics社が提供する解析ソフトではCNVのパターンから系統樹を作成することができ，変異の蓄積がどのように進んだのかを知る手掛かりになる（図6）。

9.7　まとめ

シングルセル解析は複雑な細胞集団を理解するために有効なツールであり，より多くの細胞を多角的に解析することで正確な情報を得ることができる。100万個を超えるマウス脳神経細胞の解析や生体の細胞をカタログ化するHuman Cell AtlasプロジェクトにChromium™コントローラーが使用されているように，細胞の多様性を理解するために，シングルセル解析では本システムのようにスループットの高いプラットフォームが求められている。10x Genomics社からはシングルセルライブラリー作成を自動化するシステムも登場予定であり，今後さらなる技術革新が期待されている。

10　C1™ System を使用したシングルセル・マルチオミックス解析

甲斐　渉*

10.1　はじめに

過去数十年間でシングルセル解析の技術開発は目覚ましい発展を遂げ，分化発生・再生医療研究[1,2]，がん研究[3,4]，神経学研究[5]および免疫学研究[6]を中心に様々な研究分野で，多くの生物学的プロセスにおける「細胞の不均一性」の役割を理解することを可能にしてきた。その歴史を振り返ると，ひとつの細胞からの遺伝子発現解析は1990年代から徐々に報告されるようになり[7]，特にリアルタイムPCRによる定量解析が主流であった[8,9]。細胞単離の方法は，ガラス製マイクロマニピュレーターを用いた単離やセルソーターを用いたソーティングによる単離が主流で，技術的にも難しく，サンプルスループットや検出感度にも課題が多かった。最初に次世代シーケンサーを使用して1細胞から網羅的な発現解析が行われたのは2009年のことであった[10]。この頃になると，マイクロ流体技術を用いたデバイスの開発により，細胞単離の自動化，さらには逆転写やPCRをナノリットルレベルの超微量で反応させることが可能となり，これまで課題とされていた感度や定量の正確性を大きく改善した[11,12]。Fluidigm社C1™ Systemはこの技術を初めて商業化したデバイスであり，細胞の単離に対する熟練した技術が無くてもシングルセル解析を行うことを可能にした。これを機に，シングルセル解析は研究者にとってより身近な解析となり，特にシングルセルRNAシーケンス解析（scRNA-seq）が急速に進展した[13~15]。その後は，*in vitro* 転写法を採用したRNAの線形増幅[16,17]や分子バーコーディングを用いたPCRバイアス補正[18]など，定量性の向上を目的とした技術改良がされており，今日では，ドロップレット型プラットフォームの登場により，サンプルスループットも大きく向上し，数千から数万といった細胞数を解析対象とした超ハイスループットscRNA-seqが可能となっている[19,20]。

10.2　C1 System と C1 Open App プログラム

Fluidigm社C1 Systemはマイクロ流体技術を応用した集積流体回路（Integrated fluidic circuit, IFC）の中で細胞を単離する。その原理は，C1 IFCのLoad cells inletに供した細胞懸濁液は空気圧でマイクロ流路に送液され，キャプチャーチャンバー中央部の溝に細胞がひとつひとつ捕捉される構造になっている（図1(A)，(B)，(C)）。C1 Systemのひとつの特徴として，捕捉した細胞を顕微鏡下で確認できることが挙げられる。シングルセル解析において，得られたデータが本当に1細胞から得られたデータであるかを確かめることは，解析精度を高める上で重要である。しかしながら，得られたサンプルの遺伝子発現データのみでは，それが1細胞由来のデータなのか，複数の細胞が接着したマルチレットなサンプル由来のデータや細胞が壊れたデブリ由来のデータなのかを区別することが難しい場合がある。そのような場合であっても，顕微鏡下で確認した表現型データを取得しておけば，それと遺伝子発現データを照合することで，より精度の

*　Wataru Kai　フリューダイム㈱　ゲノミクスチームリーダー

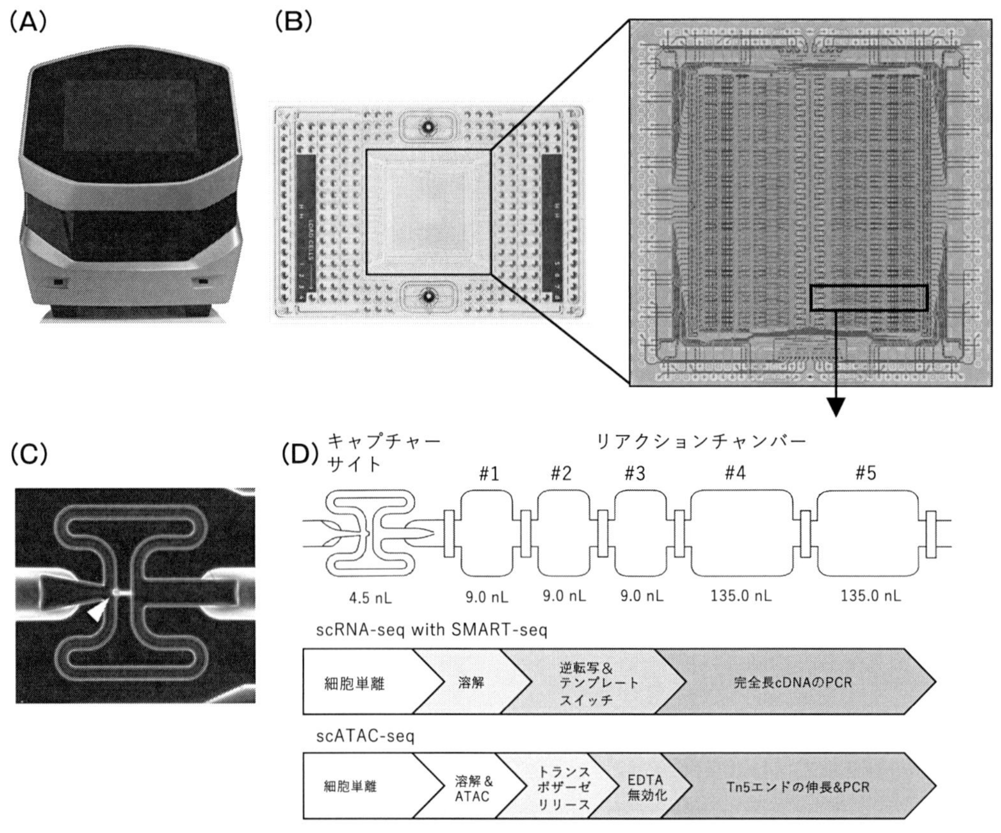

図1　C1 System と C1 Integrated Fluid Circuit

(A) C1 System。(B) C1 Integrated fluid circuit。(C) 細胞を捕捉するキャプチャーサイト。白矢頭は1つの細胞が流路上に捕捉されている様子。(D) キャプチャーサイトとリアクションチャンバー。リアクションチャンバーは合計5個のチャンバーから構成される。各アプリケーションに応じて，チャンバーの使用方法が異なり，scRNA-seq および scATAC-seq におけるチャンバーの使用例を示す。

高いシングルセル解析が可能になる。

C1 IFC に捕捉した細胞からの DNA や cDNA の調製は流路内で全自動化して行われる。その一例を図1(D)に示す。C1 IFC の流路の構造は細胞を捕捉するキャプチャーチャンバーを含め合計6個のチャンバーでひとつのユニットが構成されている。そして，このユニットが1枚の C1 IFC の中に全96ユニットあり，1度のランで最大96細胞の単離・調製が可能である。各ユニットついて，そのチャンバーの使用方法を scRNA-seq 用の cDNA 調製を例に説明すると，まず，キャプチャーチャンバーで細胞を捕捉した後，細胞の溶解反応はキャプチャーチャンバーと隣のチャンバーであるチャンバー#1を使用して行われる。その反応量は極めて微量であり，キャプチャーチャンバーの容積が4.5 nL，チャンバー#1の容積が9 nL の合計13.5 nL で行われる。続いて，逆転写反応はチャンバー#2と#3を開放し，合計4個のチャンバーを使用して行われる。最後に，合成した cDNA の PCR 増幅には残りのチャンバー#4と#5を開放し，全6個のチャンバーを使用して行われる。反応ステップごとに容積を増やしていき，最終的な反応量の総量は301.5 nLである。ナノリットルレベルの超微量反応と，それを自動化で行うことを可能にしたマイクロ流体技術は，従来のPCRチューブを用いた調製方法に比べ，ひとつの細胞中に含まれる微量RNAからcDNAサンプルの調製を行う上で，検出感度の向上と実験上の手技的誤差の最小化に貢献している[12]。

C1 SystemではC1 IFCのチャンバーの使用方法を変えることで，前述のscRNA-seq用のcDNAサンプル調製の他にも，リアルタイムPCRを用いた遺伝子発現解析やマイクロRNA発現解析用のcDNAサンプル調製や，シングルセルDNAシーケンス解析（scDNA-seq）用のDNAサンプル調製など，多様なシングルセルアプリケーションのサンプル調製に対応している。さらに，このチャンバーの使用方法をC1 Systemユーザーが設定・編集することも可能である。C1™ Script Builder™ソフトウェアは細胞ローディングをはじめ，細胞溶解，cDNA合成などの各反応工程について，何番目のチャンバーまでを使用して反応を行うか，それぞれの反応のサーマルサイクリングの温度条件などを変更することができ，ユーザーが独自のシングルセルアプリケーションを作り上げることも可能にしている。その一例を示すと，Buenrostroらは遺伝子の転写活性化している領域をゲノム上にマッピングする網羅的オープンクロマチン領域解析（Assay for transposase-accessible chromatin sequencing, ATAC-seq）用のサンプル調製をC1 IFC内で行う技術を開発し，これにより上記の解析を1細胞からできるようになった[21]。Single-cell ATAC-seq（scATAC-seq）におけるIFCの使用方法は以下の通りである（図1(D)）。はじめに，キャプチャーチャンバーで細胞を捕捉する。次に，チャンバー#1までを開放し，細胞の溶解反応およびゲノム上のオープンクロマチン領域へのTn5トランスポザーゼの結合を行う。Tn5トランスポザーゼの作用により，二本鎖DNAは断片化され，切断末端にアダプター配列が付加される。続いて，チャンバー#2までを開放し，DNAからTn5トランスポザーゼを解離させるためEDTAを加える。続いて，チャンバー#3までを開放し，過剰なEDTAによるPCR阻害を抑えるために$MgCl_2$を追加する。最後に，残りのチャンバー#4と#5を開放し，DNAフラグメントに付加されたアダプター配列を利用してPCR増幅を行い，得られたPCR産物をC1 IFCから回収する。回収したサンプルに対し，サンプルインデックスをアダプターPCRにより付加し，最終的なscATAC-seqライブラリーを得る。Fluidigm社では上述のような独自開発したアプリケーションを他のユーザーにも共有できる環境を提供している。C1™ Script Hub™ [22]では世界中で開発されたシングルセルアプリケーションのプロトコルが自由にダウンロードでき，所有するC1 Systemにインストールすることで，そのアプリケーションが使用可能となっている。2018年12月現在までに，19個のアプリケーションが登録されており，そのいくつかについては次のセクションを参照されたい。独自のシングルセルアプリケーションを作製するC1 Script Builderソフトウェア，そして，それを共有するC1 Script Hubの2つから構成されるC1 Open AppプログラムがC1 Systemユーザーに提供されている。

10.3 シングルセル・マルチオミックス解析

近年のシングルセル解析はトランスクリプトームの他にもゲノム[23)]，プロテオーム[24,25)]，メチローム[26)]，クロマチン動態のプロファイリング[21,27)]など，1つの細胞からより多くの情報を網羅的に解析するシングルセル・マルチオミックス研究が進んでいる[28,29)]。そして，それらの研究を目的に，多種多様なアプリケーションが開発されているが，本セクションでは，その中でもC1 Systemを用いた例をアプリケーションごとにまとめた（図2）。

10.3.1 シングルセルmRNAシーケンス解析

C1 Systemを用いたscRNA-seqではライブラリー作製の原理から，cDNAの全長を対象にした全長シーケンス解析と，mRNAの3'末端あるいは5'末端のみを選択的にシーケンスするエンドシーケンス解析の2つに大別される。前者の手法においては，タカラバイオ社のSMART-Seq法を採用し，C1 IFCでの逆転写反応はテンプレートスイッチ法で行う[30)]。また近年，同様の方法がNew England BioLabs社の試薬キットでも可能になっている。全長シーケンス解析を用いる利点の1つとして，発現解析と同時に選択的スプライシングのバリアント解析を

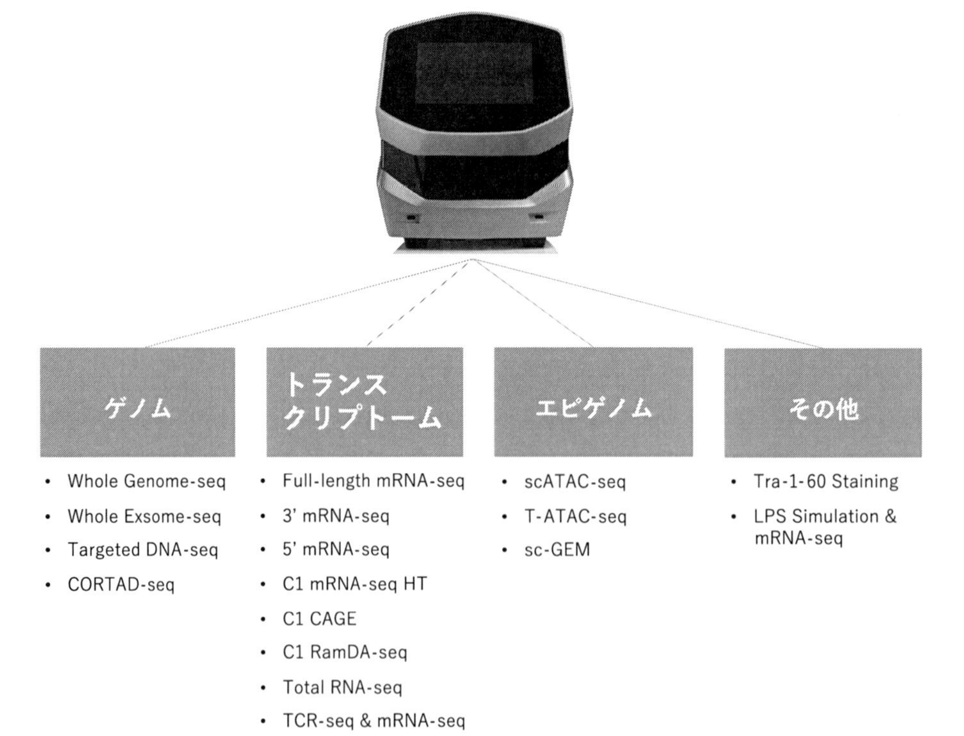

図2　C1 Systemで利用可能なシングルセルアプリケーション

シングルセルレベルの解像度でできることが挙げられる。Songらは，iPS細胞から神経前駆細胞や運動ニューロンへの分化において，観測された選択的スプライシングイベントの20%近くが，分化時期によってスプライシングパターンを切り替えていることを示した[31]。また，全長シーケンス解析は細胞ごとにアレル特異的な発現パターンを解析し，細胞集団における発現アレルの選択パターンの不均一性を理解する上でも，利用しやすいアプリケーションである[32]。C1 Systemを用いたエンドシーケンス解析では，上述のような解析はできないが，その一方で，マッピング領域が少ないことから，少ないシーケンスリード数でもリード深度は高くなる。このため，1回のシーケンスに混合できるサンプル数を大幅に増やすことができ，scRNA-seqにおいて主流となるアプリケーションである。また，エンドシーケンス解析の多くは，逆転写に必要なオリゴdTプライマーあるいはテンプレートスイッチオリゴに分子バーコードを付加することで，PCRの増幅バイアスを補正し，定量性の精度を高めている[18]。さらに，Arguelらは分子バーコードのデザインの見直しと共に，C1 IFC内でセルバーコーディングを行う手法を開発した[33]。この手法により得られたcDNAにはサンプルバーコードが付加されているため，ライブラリー作製前に反応産物を混合し，ライブラリー作製を1本のチューブで行うことができるため，ライブラリー作製コストや労力の大幅な削減が可能になっている。

10.3.2　ハイスループットシングルセルmRNAシーケンス解析

Human cell atlas[34]に代表されるように，組織を構成する細胞集団を網羅的にシングルセル解析するような場合には，サンプルスループットの極めて高いドロップレット型プラットフォームが活用されている[35]。C1 IFCは1細胞からより多くの遺伝子を検出できる高感度検出が特徴であるものの，1回の実験で調製できるサンプル数は最大でも96細胞分であり，サンプルスループットが必要となる上述のような大規模シングルセル解析を行うにはコスト面で対応し難かった。Fluidigm社はこれを克服するために，新たなC1 IFCとしてC1™Single-Cell mRNA Seq HT IFC（C1 HT-IFC）を開発した。C1 HT IFCは1枚のIFCに800個のキャプチャーチャンバーを搭載し，従来からの特徴である高感度検出を保持したまま，1回の実験で数百細胞のサンプル調製を可能にした（図3）。ドロップレット型プラットフォームは1回の実験で数千から数万個規模のサンプル調製が行えるため，末梢血や脳細胞のように多様な細胞集団から構成されるサンプルの亜集団構造のタイプ分けに大きな威力を発揮する[36,37]。しかしその一方で，検出感度については課題が残り，転写因子のような低コピー遺伝子の検出を苦手としている[38]。それぞれの特徴を考慮すると，C1 HT IFCは従来のC1 IFCとドロップレット型プラットフォームの間に位置付けられるようなシステムで，Hanらは多能性幹細胞の分化研究においてこのIFCを使用し，平均5,000遺伝子／細胞の解像度で，4,822個のシングルセル解析を達成し，このIFCをスループットと解像度のバランスのとれたシステムと評価した[2]。

10.3.3　シングルセルTotal RNAシーケンス解析

Total RNAシーケンス解析は，poly（A）RNAだけでなく，長鎖型ノンコーディングRNA，エンハンサーRNA，ヒストンRNAやマイクロRNAなどの非poly（A）RNAも含めて，RNA

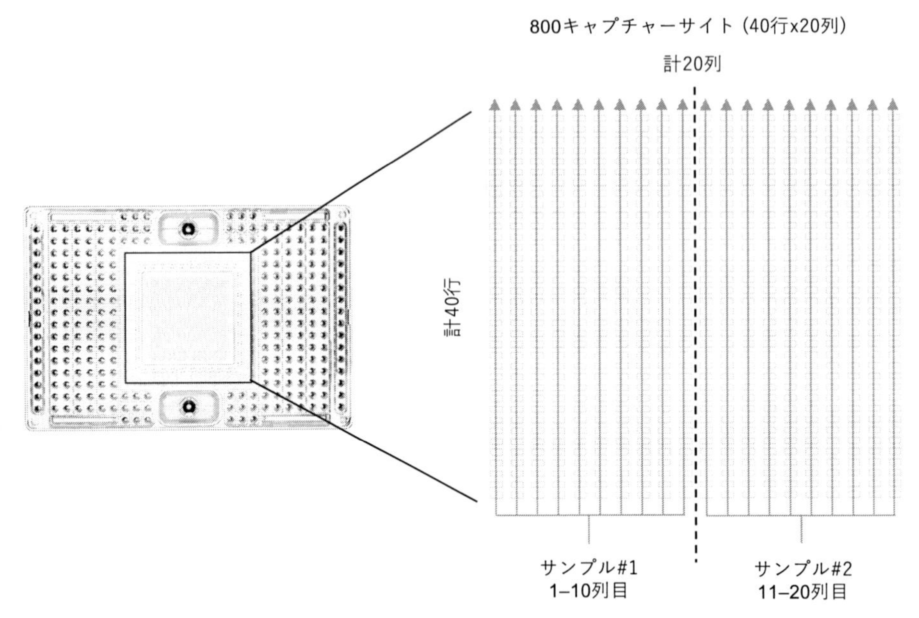

図3　C1 Single-Cell mRNA Seq HT IFC（C1 HT-IFC）とキャプチャーサイト
C1 HT-IFC上の細胞のキャプチャーサイトは40行，20列に配置され，合計800個のキャプチャーサイトで構成される。C1 HT-IFCは細胞サンプルを2箇所のインレットからロードでき，それぞれは1-10列目および11-20列目のキャプチャーサイトで捕捉される。

表1　C1 Single-Cell mRNA Seq HT IFCを用いたK562細胞のシーケンス結果

シーケンサー種	ランモード	リード数（百万リード）	PhiXコントロール含有率	シーケンスリード長（read1, read2）	1細胞あたりの平均リード数*1	1細胞あたりの検出遺伝子数*1
MiSeq	-	50	2%	26, >75	61,000	4,955
NextSeq 500/550	Mid output	130	25%	26, >75	122,000	5,817
NextSeq 500/550	High output	400	25%	26, >75	375,000	7,214
HiSeq 2500	Rapid run	300	25%	100, 100	281,000	6,855
HiSeq 2500	High output (single flow cell)	250	20%	100, 100	250,000	6,710

*1 C1 Single-Cell mRNA Seq HT IFC，1枚より得られた全サンプルをシーケンスした結果

を包括的に解析することを可能にし，生物学的プロセスの制御機構をより深く理解する上での強力な技術である[39,40]。これらの手法をシングルセル解析に応用した技術開発も進んでおり，C1 Systemでは現在3種のアプリケーションが利用可能になっている。河野らによって開発されたC1 Cap analysis gene expression（C1 CAGE）[41]やFluidigm R&Dによって開発されたC1 Total

RNA-Seq[22]は逆転写反応にランダムプライミングとテンプレートスイッチ法を採用している。両プロトコルは非poly (A) RNAの解析に加えて，ストランド特異的な発現パターンの解析も可能である。林らによって開発されたRandom displacement amplification sequencing（RamDA-seq）も，C1 Systemで行うことが可能になっている[42]。この手法はRT-RamDA法と呼ばれる新規の核酸増幅法とランダムプライミング法を組み合わせ，シングルセルレベルでTotal RNAの全長シーケンス解析を可能にした。

10.3.4　シングルセルDNAシーケンス解析

悪性腫瘍がどのように発症するかを解明する上で，がんゲノムのクローン構造やそのゲノム進化を理解することは極めて重要であり，scDNA-seqは腫瘍のクローン不均一性を評価する強力なツールである[15]。C1 Systemを用いたDNAシーケンス解析用のサンプル調製では，高フィデリティなPhi29 DNAポリメラーゼを用いたMultiple displacement amplification（MDA）法で1細胞由来のDNAの全増幅反応を行う。通常，1細胞あたり~150-250 ngの増幅DNAが回収可能で，得られた産物は全ゲノムシーケンス解析，全エクソーム解析およびターゲットDNAシーケンス解析に利用できる。1細胞中の超微量DNAから増幅を行う場合，環境中の外部DNAのコンタミネーションに注意が必要である。C1 IFCではマイクロ流路の閉鎖環境で細胞溶解からDNA増幅までを自動化して行うことで，コンタミネーションリスクを大幅に低減できるのも特徴である[43]。Szulwachらは本手法を細胞株サンプルに用いたところ，シーケンスリードのゲノムカバー率~90%，一塩基置換の偽陽性率4.11×10^{-6}，アレルドロップアウト率13.75%と高水準の解析を達成した[44]。

10.3.5　エピゲノム解析

先のセクションで示したようにC1 Systemでは，ATAC-seq用のサンプル調製が可能である。scATAC-seqのデータをscRNA-seqのデータと統合し，遺伝子の発現パターンとそれに関連した制御因子のアクセシビリティの相関を見ることで，組織の複雑な制御ダイナミクスをシングルセルレベルの解像度で統合的に探索することが試みられている[21]。

10.3.6　バイモーダル・マルチモーダル解析

様々なアプリケーションがシングルセルレベルで可能になってきた中で，それと並行して，上述で紹介したアプリケーションを，1つの細胞から2項目，あるいは多項目を同時に測定するための技術開発も進んでいる。2項目を同時に解析するバイモーダル解析の1つとして，例えば，Stubbingtonらは T細胞のscRNA-seqのリードデータから，TCRαおよびTCRβの配列を再アセンブルすることで，1つのT細胞からTCRのクロノタイプ同定と網羅的な発現解析を同時に行うインフォマティクス技術を開発した[45]。TCRレパトア解析とscRNA-seqのバイモーダル解析により，T細胞の抗原特異的な免疫応答の解析が可能である。さらに，同様の手法はscATAC-seqにも応用されている。例えば，Transcript-indexed ATAC-seqはクロノタイプ特異的なエピゲノム制御を1つのT細胞から検出する手法である[46]。RNAとDNAのバイモーダル解析は，特にがん研究を中心に期待される技術の1つである。KongらはRNA-seqとターゲット DNA-seq を 1 つの細胞から同時に行う手法 Concurrent sequencing of the transcriptome and targeted genomic regions（CORTAD-seq）を開発し，EGFR-TKI 抵抗性および感受性 PC9 細胞株を用いた実験では，1 つの細胞から平均 6,000 個の遺伝子検出と同時に EGFR 遺伝子の 8 バリアントについてその変異パターンを検出した[47]。最後に，多項目を同時に解析するマルチモーダル解析の 1 つとして，Single-cell analysis of genotype, expression and methylation（sc-GEM）が挙げられる。この手法は 1 つの細胞からゲノムのジェノタイプ，遺伝子発現，メチル化パターンの 3 項目を同時に検出する技術である[48]。リアルタイム PCR による検出系であり網羅的な解析はできないものの，scRNA-seq のバリデーションに用いることで，研究情報に厚みを与え，生物学的プロセスにおける「細胞の不均一性」の役割をより深く理解することができる。

10.4 おわりに

本稿では C1 System で解析可能なアプリケーションを中心に紹介したが，他のプラットフォームを用いたバイモーダル解析も可能であり，RNA-DNA[49,50]，RNA-Protein[24,25]，DNA-RNA-Methylation[51]および RNA-Imaging[52]など様々報告されている。近年のシングルセル解析におけるデバイス開発やマルチオミックス解析のアプリケーション開発のスピードは凄まじく，生命における「細胞の不均一性」の役割の詳細化は飛躍的に進むと期待されている。そのスピードの中で，研究者は解析デバイスやアプリケーションのそれぞれの特徴をきちんと理解し，研究内容に応じてその使い分けを考えていくことが重要であろう。

文　献

1) K. M. Loh *et al.*, *Cell*, **166**, 451 (2016)
2) X. Han *et al.*, *Genome Biol.*, **19**, 47 (2018)
3) H. Li *et al.*, *Nat. Genet.*, **49**, 708 (2017)
4) Q. H. Nguyen *et al.*, *Nat. Commun.*, **9**, 2028 (2018)
5) B. B. Lake *et al.*, *Science*, **352**, 1586 (2016)
6) P. See *et al.*, *Science*, **356** (2017)
7) J. Miyazaki *et al.*, *Endocrinology*, **127**, 126 (1990)
8) M. Bengtsson *et al.*, *Genome Res.*, **15**, 1388 (2005)
9) K. J. Livak *et al.*, *Methods*, **59**, 71 (2011)
10) F. Tang *et al.*, *Nat. Methods*, **6**, 377 (2009)
11) N. M. Toriello *et al.*, *Proc. Natl. Acad. Sci. USA*, **105**, 20173 (2008)
12) A. R. Wu *et al.*, *Nat. Methods*, **11**, 41 (2014)

13) A. K. Shalek *et al., Nature,* **510**, 363 (2014)
14) C. Trapnell *et al., Nat. Biotechnol.,* **32**, 381 (2014)
15) C. Gawad *et al., Proc. Natl. Acad. Sci. USA,* **111**, 17947 (2014)
16) T. Hashimshony *et al., Cell Rep.,* **2**, 666 (2012)
17) T. Hashimshony *et al., Genome Biol.,* **17**, 77 (2016)
18) S. Islam *et al., Nat. Methods,* **11**, 163 (2014)
19) A. M. Klein *et al., Cell,* **161**, 1189 (2015)
20) E. Z. Macosko *et al., Cell,* **161**, 1202 (2015)
21) J. D. Buenrostro *et al., Nature,* **523**, 486 (2015)
22) C1^{TM} Script Hub^{TM}, https://fluidigm.com/c1openapp/scripthub
23) C. Gawad *et al., Nat. Rev. Genet.,* **17**, 175 (2016)
24) M. Stoeckius *et al., Nat. Methods,* **14**, 865 (2017)
25) V. M. Peterson *et al., Nat. Biotechnol.,* **35**, 936 (2017)
26) S. A. Smallwood *et al., Nat. Methods,* **11**, 817 (2014)
27) A. Rotem *et al., Nat. Biotechnol.,* **33**, 1165 (2015)
28) G. Kelsey *et al., Science,* **358**, 69 (2017)
29) J. Packer *et al., Trends Genet.,* **34**, 653 (2018)
30) Y. Y. Zhu *et al., Biotechniques,* **30**, 892 (2001)
31) Y. Song *et al., Mol. Cell,* **67**, 148 (2017)
32) C. Borel *et al., Am. J. Hum. Genet.,* **96**, 70 (2015)
33) M. J. Arguel *et al., Nucleic Acids Res.,* **45**, e48 (2017)
34) Human Cell Atlas, https://www.humancellatlas.org
35) Tabula Muris Consortium *et al., Nature,* **562**, 367 (2018)
36) G. X. Zheng *et al., Nat. Commun.,* **8**, 14049 (2017)
37) R. A. Carter *et al., Curr. Biol.,* **28**, 2910 (2018)
38) E. Torre *et al., Cell Syst.,* **6**, 171 (2018)
39) A. Ameur *et al., Nat. Struct. Mol. Biol.,* **18**, 1435 (2011)
40) I. Livyatan *et al., Nucleic Acids Res.,* **41**, 6300 (2013)
41) T. Kouno *et al., Nat. Commun.,* **10**, 360 (2019)
42) T. Hayashi *et al., Nat. Commun.,* **9**, 619 (2018)
43) C. F. A. de Bourcy *et al., PLoS One,* **9**, e105585 (2014)
44) K. E. Szulwach *et al., PLoS One,* **10**, e0135007 (2015)
45) M. J. T. Stubbington *et al., Nat. Methods,* **13**, 329 (2016)
46) A. T. Satpathy *et al., Nat. Med.,* **24**, 580 (2018)
47) S. L. Kong *et al., Clin. Chem.,* DOI: 10.1373/clinchem.2018.295717
48) L. F. Cheow *et al., Nat. Methods,* **13**, 833 (2016)
49) I. C. Macaulay *et al., Nat. Methods,* **12**, 519 (2015)
50) S. S. Dey *et al., Nat. Biotechnol.,* **33**, 285 (2015)
51) Y. Hou *et al., Cell Res.,* **26**, 304 (2016)
52) S. Vickovic *et al., Nat. Commun.,* **7**, 13182 (2016)

11　BD Rhapsody システムを用いたハイスループットシングルセル RNAseq 解析

細野直哉*

近年，ドロップレットやマイクロウェルなどに代表される細胞単離技術の向上と次世代シーケンサーのハイスループット化および低コスト化により，シングルセル解析が大きな進展をみせている。ベクトン・ディッキンソンアンドカンパニー社（以下 BD 社）は，2016 年にシングルセル解析のバイオベンチャーであった Cellular Research 社を買収し，マイクロウェル技術をベースとした BD Rhapsody システムを開発した。このシステムは，近年のハイスループットのトレンドに合わせて，1 回の実験で 100－20,000 細胞のシングルセル RNAseq のサンプル調製を行うことができるもので，先行するマイクロフルーディクス技術やドロップレットタイプの装置で報告されているいくつかの実験上，解析上の問題点を解決できるシステムとなっている。本稿では，BD Rhapsody システムの原理と特徴，ワークフローおよびアプリケーションについて解説する。

11.1　はじめに：シングルセル解析の現状と課題

ここ数年，がん研究，幹細胞研究，免疫学，神経科学など，様々な研究分野でシングルセル解析，特に全トランスクリプトームシングルセル RNAseq（WTA-scRNAseq）解析が普及し，新たな細胞集団の同定や細胞系譜の解明などに大きな役割を果たしている[1)]。1 細胞レベルでの遺伝子解析は 2005 年ごろからセルソーターと qPCR の組み合わせで解析されるようになり[2)]，2013 年にマイクロフルーディクス型の調製装置が発売されて以降，感度・精度の改善や次世代シーケンサーのスループットとコストの改善もあって，WTA-scRNAseq 解析が急速に普及した[3)]。2013 年当初は数十から数百の細胞数を解析するのが主流であったが，2015 年にドロップレットタイプやマイクロウェルタイプの調製方法が報告されて大幅に解析細胞数が増加し，現在ではエンリッチを行った後の特定の細胞集団を扱う場合でも数千から数万細胞，アトラスタイプの研究に至っては数十万から数百万といった細胞数で解析が行われている[1,3,4)]。2017 年には Human Cell Atlas プロジェクトがスタートし，ヒトやモデル生物において細胞の空間位置情報と WTA-scRNAseq 解析データを統合して，個体や組織レベルでのアトラス化が進みつつある[1)]。また，ヨーロッパでは癌，糖尿病などの疾患に至るまでの過程をシングルセルレベルで解析する産学連携の“LifeTime consortium”もスタートし，シングルセル解析による疾患研究，創薬研究が盛んに行われている。こうした中，シングルセル解析を中心とした発生生物学における系譜の解析や個体発生の機序の解明が 2018 年の Science Breakthrough of the year に輝いた

＊　Naoya Hosono　バイオストリーム㈱　フィールドアプリケーション
アプリケーションサイエンティスト

(https://vis.sciencemag.org/breakthrough2018/)。

近年のシングルセル解析の主要なトレンドは上記のハイスループット化のほか，アプリケーションとしても全トランスクリプトーム解析だけでなく，ゲノム解析やエピゲノム解析，タンパク質の解析と拡大しており，ハイスループットなシングルセルマルチオミックス解析を目指した動きが活発化している[1,5]。一方で，問題点も数多く指摘され，技術的，コスト的な困難性から一般化していないという現状もある。現状の主な問題点は次のとおりである：①感度が依然として十分でなく，微量に発現している遺伝子を解析できない。また，ゲノムやエピゲノム解析などでは，特にこの問題が大きく（コピー数の問題），いわゆるドロップアウトを起こすサイトが多いために，カバー率そのものが低くなっている。②多くのシステムで細胞の捕捉率が低い。③ハイスループットタイプの多くの製品では調製時に細胞の生死判定や捕捉率の確認ができないため，次世代シーケンサーでの解析の際に，機種やキットの選定が適切に行えないケースがある。④多くのシステムでダブレット・マルチプレットを効率よく除去する方法が確立されていない。⑤膨大なデータを処理する際にユーザーフレンドリーな解析ツールが十分に提供されていない。⑥サンプル調製，シーケンスを含めたトータルコストが高すぎる。⑦細胞懸濁液の解析が主流で，組織によっては，シングルセルサスペンションを調製できる細胞分散方法が十分に確立されていない。⑧サンプルは多くの場合，生細胞である必要があり，臨床組織検体などでは高い生存率を保持したまま解析に用いることが困難なケースが多い。核酸の固定や安定化剤の開発も進んでいるが，十分に確立されていない。⑨生体における細胞の空間位置情報をシングルセルレベルで解析できる技術が十分に確立されていない。⑩組織の微小環境など，細胞間相互作用を解析するために組織のままで解析できるツールが十分に確立されていない。

上記のように多くの課題が存在しているが，日進月歩で改善が試みられており，いくつかの問題点は解決される方向にある。ここで紹介するBD Rhapsodyシステムも上記の①から⑥の問題点が改善され，初心者でもシングルセル解析にトライできるシステムとなっている。以下にBD Rhapsodyシステムの原理，特徴，アプリケーションについて詳述する。

11.2　BD Rhapsodyシステムの原理と特徴

BD Rhapsodyシステムの基本原理は2015年にCytoSeqという手法名でFanらによって報告されている[6]。BD Rhapsodyシステムの原理とその特徴を図１に示す。システムの構成は，シングルセル調製中に細胞の状態をチェックする蛍光スキャナー，専用カートリッジをコントロールするローディングステーションおよび専用の電動ピペッターから成る。専用カートリッジには200,000以上のハニカム型マイクロウェル（直径50 μm）が微細加工されており，１細胞の単離，細胞の溶解およびmRNAのビーズへの捕捉を行う。一回の実験で100－20,000細胞のシングルセル解析が可能で，蛍光スキャナーで細胞の生死状態を確認しながら調製を行うことができる（図２）。蛍光スキャナーによる確認は，実験そのものの成否の確認のみならず，次世代シーケンサーによる解析前の機種や試薬の選定を容易にし，データ解析におけるダブレットの影響の見積

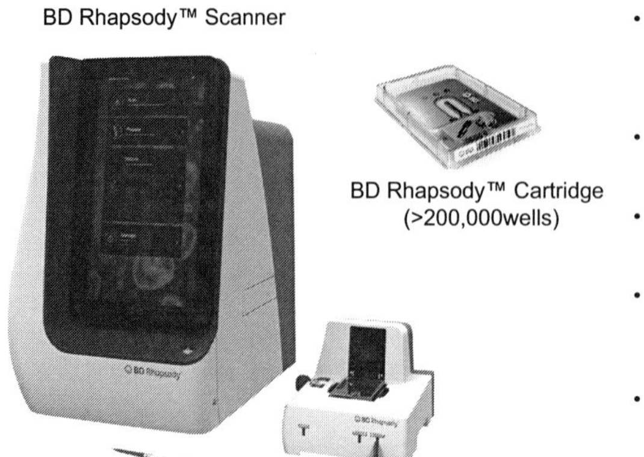

- >200,000のマイクロウェルカートリッジを用いて100～20,000のシングルセルを単離（5%未満のダブレット生成率）
- シングルセル単離後に蛍光スキャナーによるQCが可能（ライブセルカウント，ダブレットを含むマルチプレット率）
- 細胞の捕捉率は平均70%以上
- WTA-scRNAseq解析が可能
- Targeted scRNAseq解析（～500遺伝子）が可能 (各種パネル・カスタムアッセイを提供)
- タンパク質とmRNAの同時解析（BD AbSeq）が可能
- 12サンプルの同時解析が可能
- ユーザーフレンドリーなクラウドベースのアラインメントツールとGUIベースでユーザーフレンドリーな2次解析ツール

図1　BD Rhapsody システムとその特徴

A. 細胞注入後のBD Rhapsodyスキャナーの明視野像

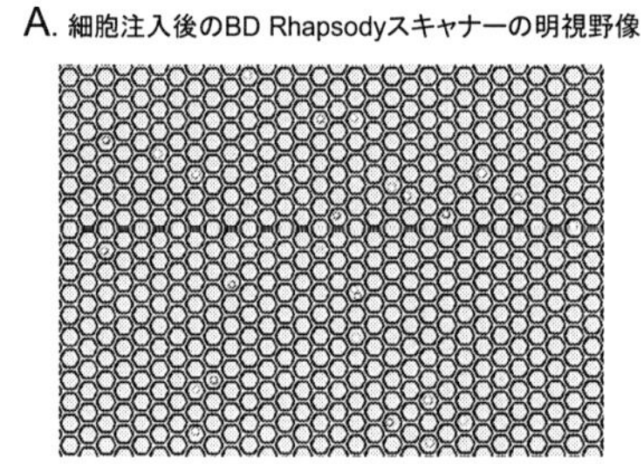

B. BD Rhapsodyスキャナーの生細胞検出（カルセイン）

C. 専用ビーズ注入後の明視野像

図2　BD Rhapsody システムによる調製中の細胞の確認

もりなどにも有用である。至適細胞サイズは5－25 μm で細胞の捕捉率も70％以上と高い。アプリケーションとしては2018年12月現在で，① WTA-scRNAseq 解析，②最大で500遺伝子までを解析できる Targeted Single-cell RNAseq（Targeted scRNAseq）解析，③500遺伝子までの mRNA と複数の細胞表面タンパク質（～100）を解析できる BD AbSeq 解析が可能である。

次世代シーケンサーはイルミナ社の装置を使用する。

11.3　BD Rhapsody システムのワークフロー

BD Rhapsody システムの実際のワークフローを図３に示す。専用カートリッジの注入ポートから，あらかじめカルセイン AM で染色した 100－20,000 細胞（ポアソン分布の計算でダブレット率５％未満）を電動ピペッターで注入し，15 分間静置してシングルセル細胞をマイクロウェルに単離する。その後，蛍光スキャナーでカートリッジをスキャンし，生細胞数，ダブレットを含むマルチプレット率をチェックする。その後，数千万のオリゴ dT 配列を含む DNA タグが結合した専用ビーズを注入ポートから注入して，１細胞と１ビーズが入ったマイクロウェルを形成させる（ビーズは物理的にマイクロウェルに１つしか入らないサイズに設計されている）。再度，蛍光スキャナーで１細胞と１ビーズが入ったマイクロウェルの計数，ダブレット率の算出を行い，その後，注入ポートから細胞溶解試薬を注入する。細胞の溶解後 mRNA がビーズに捕捉され，マグネットを利用してそのビーズをカートリッジから回収する。回収後，サーモミキサーで cDNA 合成および ExoI 処理を行い，得られた cDNA を WTA-scRNAseq 解析，Targeted scRNAseq 解析または BD AbsSeq 解析に利用する。ビーズの構造，WTA-scRNAseq 解析のフローおよび Targeted scRNAseq 解析のフローを図４に示す。専用ビーズ表面には数千万のオリゴ dT 配列（18 塩基）を含む DNA タグが存在しており，mRNA の polyA とのハイブリダイズ

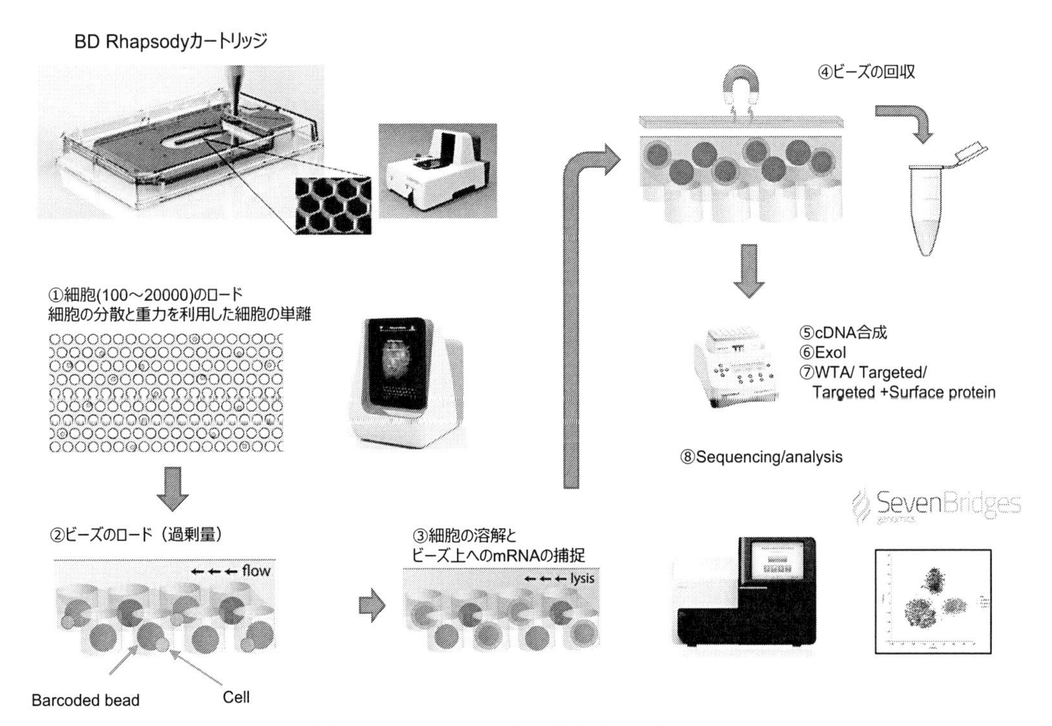

図３　BD Rhapsody システムのワークフロー

A. 専用ビーズの構造

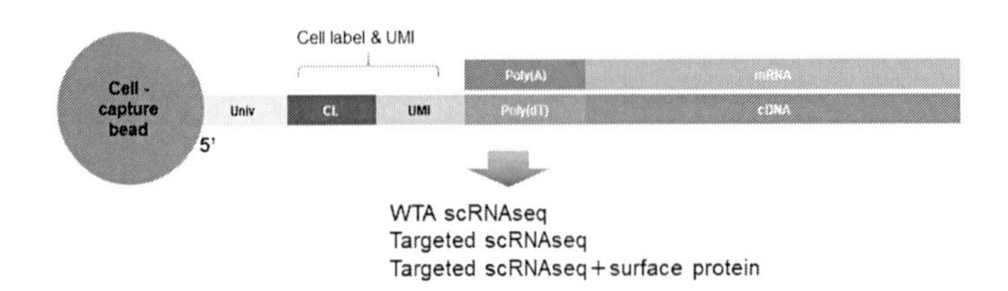

B. WTA-scRNAseqの反応工程　　C. Targeted scRNAseqの反応工程

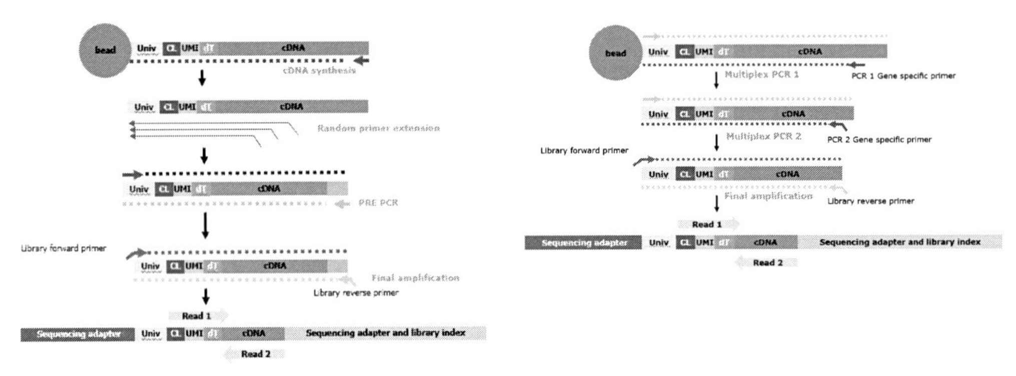

図4　専用ビーズの構造，WTA-scRNAseq と Targeted scRNAseq の反応工程

により，効率的に mRNA を捕捉できるように設計されている。DNA タグにはオリゴ dT のほかに cDNA の PCR 増幅に利用されるユニバーサルリバースプライマーサイト，1つ1つの細胞を識別するセルラベル（セルインデックス，27 塩基），1つ1つの mRNA を識別してデジタルカウントを実現する分子バーコード（UMI，8 塩基）が含まれている（図4A）。WTA-scRNAseq 解析では，cDNA 合成後にランダムプライマーを利用して 3' 末端側をエンリッチし，ライブラリー調製を進める（図4B）。Targeted scRNAseq 解析では，遺伝子特異的なフォワードプライマーを設計して，Nested PCR で特異性を高めながら 500 遺伝子（500 plex PCR）の cDNA のエンリッチを行う（図4C）。作製されたライブラリーはイルミナ社の次世代シーケンサーを用いて 75b 以上のペアードエンドで解析を行う。細胞当たりのデータ量は目的によって異なり，細胞集団のクラスター解析では，WTA-scRNAseq 解析で 10,000－50,000 リード，Targeted scRNAseq 解析では 2,000－5,000 リードを推奨している。遺伝子ネットワーク解析など感度を必要とする解析では，WTA-scRNAseq 解析で数十万リード，Targeted scRNAseq 解析では 10,000－20,000 リードを推奨している。mRNA と表面タンパク質の同時解析のワークフロー，シーケンス条件については後述する。

11.4　WTA-scRNAseq 解析と Targeted scRNAseq 解析による効率的なシングルセル解析

BD Rhapsody システムは，WTA-scRNAseq 解析と Targeted scRNAseq 解析，両方のサンプ

ル調製を行える唯一のシステムであり，cDNA 合成後のビーズのサブサンプリングによって，同一サンプルでこれら2つのアプリケーションを実行することも可能である[7)]。これらのアプリケーションは，データの精度や感度，シーケンスコストなどが異なり，目的によって使い分けを行うことで，効率的に解析を行うことができる。両アプリケーションの精度および感度を比較した結果を図5に示す。3種類のヘルパーT細胞を別々に分取して同一サンプルかつ同じ細胞数で比較をしたもので，Targeted scRNAseq 解析（250のT細胞関連遺伝子パネルを使用）の1細胞あたりの平均シーケンスデータ量を WTA-scRNAseq 解析の1/10量（5,000 vs 50,000）で解析を行っている。Targeted scRNAseq 解析ではT細胞関連遺伝子をエンリッチしているので，同じリード数でのT細胞関連遺伝子の検出効率が全トランスクリプトーム解析の16倍以上（250分子 vs 15分子）で（図5A），シーケンスのデータ量が1/10であるにもかかわらず，各T細胞関連遺伝子で検出された分子数（UMI 数）が WTA-scRNAseq 解析よりも高かった（図5B）。tSNE 解析においても WTA-scRNAseq 解析ではヘルパーT細胞の3つのサブセットがうまく分離できていないのに対し，Targeted scRNAseq 解析では精度よくサブタイプが別クラスターとして分離している（図5C）。このように精度・感度，コストパフォーマンスでは Targeted scRNAseq 解析が優れており，WTA-scRNAseq 解析後のバリデーションや細胞数を増やしたスクリーニングの際に威力を発揮する[7,8)]。一方で，Targeted scRNAseq 解析はディスカバリーのツールとしては不十分であるため，WTA-scRNAseq 解析も必要不可欠なツールである。効率的な解析のためには，目的のセルタイプの頻度などを考慮に入れながら，比較的少数（数千レベル）の細胞で WTA-scRNAseq 解析を行って候補遺伝子を特定し，細胞数を増やして（数万レベル）Targeted scRNAseq 解析でバリデーションやスクリーニングを行うことで解析を効率化することができる。実際に腎臓におけるループ系利尿薬によるリモデリングの原因遺伝子

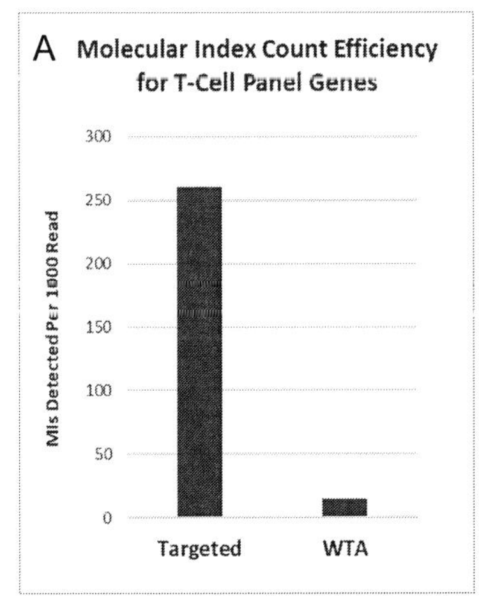

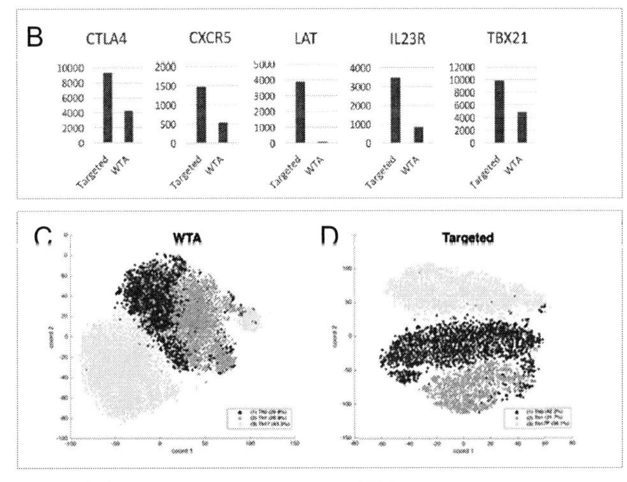

図5　WTA-scRNAseq 解析 vs Targeted scRNAseq 解析
A. 1,000リードあたりのT細胞関連遺伝子の分子（UMI）数の比較。
B. 各T細胞関連遺伝子の検出分子（UMI）数の比較。C.およびD. tSNE での比較。

の一部がこの手法で特定されている[8)]。

11.5　WTA-scRNAseq 解析と Targeted scRNAseq 解析の実例

BD Rhapsody システムを利用した WTA-scRNAseq 解析は，Fikri ら（2017）によって報告されている[9)]。Fikri らはヒト iPS 細胞およびヒト ES 細胞から 3 次元培養で腹側前脳様細胞と背側前脳様細胞のスフェロイドをそれぞれ作製して同一シャーレ内で相互作用させ，GABA 作動性ニューロンの分化などヒトの前脳発達の 3 次元モデルを構築している。この中で，腹側前脳様細胞と背側前脳様細胞のスフェロイドの特徴を調べるために BD Rhapsody システムを用いたシングルセル解析を行い，作製したスフェロイドが目的のセルタイプの特徴を有していることを確認している。

Targeted scRNAseq 解析は Fan らによって報告されている[5)]。Fan らは，臨床血液サンプルから免疫細胞の各セルタイプを高解像度かつ定量的に測定できる手法として報告しており，現在のタンパク質をターゲットとしたフローサイトメトリーやマスサイトメトリーによるマルチパラメーター解析を超えるポテンシャルをもつ解析手法であるとしている。

11.6　mRNA と細胞表面タンパク質の同時検出を行う BD AbSeq 解析

生体の機能分子としてタンパク質を測定することは，生命現象をミクロで直接測定するという意味で非常に重要であるが，タンパク質は効率的に増幅する手法がないため，マススペクトロメトリーやウェスタンブロットなどの直接検出手法では感度的な問題でシングルセルレベルの解析が困難であるとされている。一方で，蛍光抗体や金属抗体を用いて間接的に感度良くタンパク質を測定する，フローサイトメトリーやマスサイトメトリーがシングルセルタンパク質解析で広く普及し，研究分野から臨床分野まで幅広く使用されている。しかしながら，フローサイトメトリーやマスサイトメトリーは使用する蛍光物質の蛍光スペクトルのオーバラップの問題や，利用できる金属の種類に限りがあるため，一度に検出できる遺伝子数が 40 種類程度と限られている。この制限から，mRNA を網羅的かつ感度良く検出できる WTA-scRNAseq 解析が急速に普及してきた背景がある。しかしながら，1 細胞あたりのタンパク質と mRNA の分子数を比較すると，多くの遺伝子でタンパク質の方が圧倒的に多く，半減期もタンパク質の方が長い傾向にある[10)]。遺伝子によっては mRNA の半減期が短くタンパク質との相関がほとんどないために，mRNA の解析だけでは細胞の特徴を正確にとらえることができないケースが報告されており，タンパク質と mRNA の同時検出の需要が急速に高まってきている[11,12)]。特に細胞表面タンパク質は，細胞表面のタンパク質が安定でも，内部の mRNA が分解されているケースが多く，細胞表面タンパク質でセルタイプを規定してきた免疫学研究などでは，正確な解析を行うことが困難とされている。そのような中で，DNA タグ化抗体を利用してサイトメトリーを超える～100 の細胞表面タンパク質と，細胞内の mRNA を次世代シーケンサーで同時に解析できる技術が次々と報告された[11,12)]。商業ベースでは BD 社が BD Rhapsody で解析できるアプリケーション，BD AbSeq

を開発し，2018年のThe Scientist Top 10 Innovationに選出されている（https://www.the-scientist.com/features/2018-top-10-innovations-65140）。BD AbSeqでは～100の細胞表面の遺伝子をタンパク質で解析し，刺激による変化などを細胞内のmRNA（～500）で解析することで，感度，精度よく同時解析を行うことができる。BD AbSeqの原理を図6に示す。抗体結合しているDNAタグには5'末端側にPCRのユニバーサルプライマーシーケンス，中央部分にそれぞれのタンパク質を識別するバーコード配列，3'末端側にはmRNAと同様にPolyA配列が含まれている（図6A）。中央のバーコード配列を抗体ごとに変えることで，細胞表面の複数のタンパク質を同時に解析ができる。検出に必要な抗体のカクテルを作製してサンプルとあらかじめ反応させたのちに，カートリッジに細胞を注入すると，抗体と反応した状態の細胞がマイクロウェルに単離される。DNAタグのPolyA配列により，mRNAと同じようにビーズ表面上にDNAタグが捕捉され（図6B），次世代シーケンサーでDNAタグを解析することによって，標的タンパク質の発現量を知ることができる。上述のようにタンパク質の分子数がmRNAの分子数を大きく上回るため，抗体のDNAタグを増幅しすぎないような配慮が必要である。そのため，mRNA側のNested PCRに相当する工程が，抗体のDNAタグの増幅の工程ではスキップされている。また，同じタンパク質どうしでも，コピー数に差がある場合は解析が困難になるため，著しく発現量が異なる遺伝子は同時に解析しないような配慮も必要になる。BD AbSeqでは実験の目的に応じて，mRNA側とタンパク質側，双方のライブラリーの比率を1：4から4：1程度の範囲で調製し，細胞当たり20,000～60,000リードのデータ量で解析を行うことが多い。実例として，PBMCサンプルを用いて42の細胞表面に発現する遺伝子を標的に免疫細胞のセルタイプ解析を行った結果を図7に示す。DNAタグ化抗体によるタンパク質のデータを用いたtSNE解析では，mRNAデータを用いた場合に比べてT細胞サブセットの解像度（ナイーブ，メモリー細胞など）

A. DNAタグ化抗体の構造

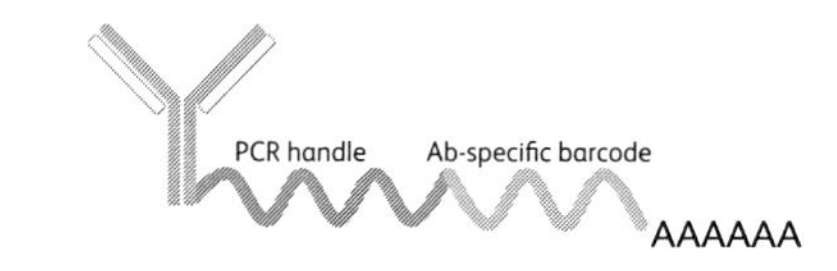

B. DNAタグのマイクロウェル内での捕捉像

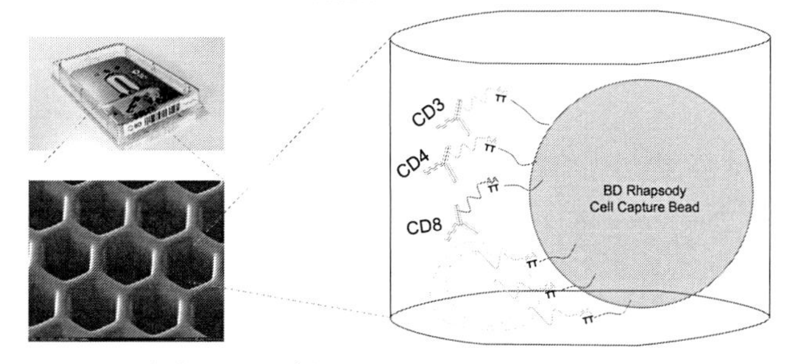

図6　BD AbSeq解析の原理（表面タンパク質と標的mRNAの同時検出）

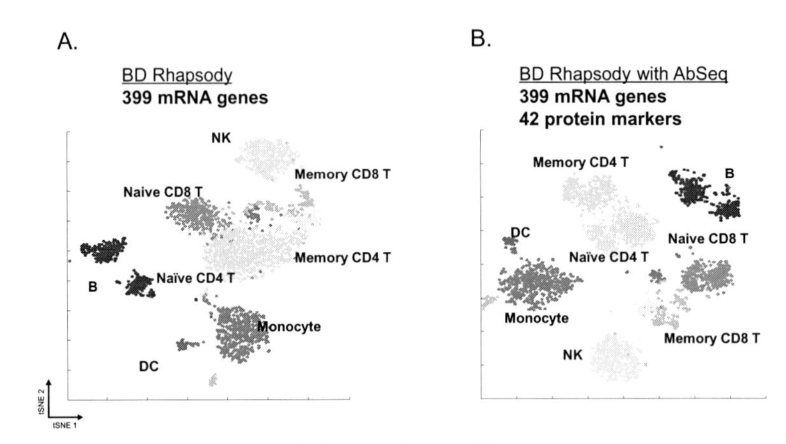

図7　tSNE における解像度の比較，mRNA vs 表面タンパク質

A. 399 遺伝子の mRNA データに基づいた tSNE 像。B. 遺伝子のタンパク質データに基づいた tSNE 像。

が大きく改善しており，セルタイプ解析の精度が向上することが確認されている（図7 A. および B.）。

BD AbSeq の技術は，サンプルマルチプレックス化にも応用されている。どの細胞にもユビキタスに発現している細胞表面抗原に対する 1 種類の抗体を用意し，DNA タグを結合させる。その際に中央のバーコード配列の異なる抗体を複数準備し，異なるサンプルを異なるバーコード配列でラベルすることで，サンプルのマルチプレックスが可能になる。サンプルのマルチプレックスにはサンプル当たりのコストの低下，実験の効率化とバッチエフェクトの低減，ダブレット検出の効率化といった効果がある。BD Rhapsody システムでは 1 カートリッジあたり最大で 12 サンプルを同時に解析することができる。

11.7　BD Rhapsody システムの解析ツール

現在，ハイスループットシングルセル解析において様々なオープンソースの解析ツールが提供されているが，多くは統計ソフト R や R の言語を使用した BioConductor など Script ベースのツールである[13)]。得られたシーケンスデータはリードの QC，ゲノムへのアラインメント，セルインデックスや UMI のエラー補正と割り当て，そしてどの遺伝子がどの細胞で何コピー（UMI）発現しているかを示す遺伝子発現データテーブルの作製がなされる。その後も，バッチ効果の補正，データのノーマライズ，PCA や tSNE などの次元削減の解析，クラスター解析，差次的発現解析や Pseudo-time をベースとした時系列解析などの 2 次元解析を Script ベースで解析を行う必要がある。膨大なデータを処理するため，自前で Linux ベースのハイスペックコンピュータを用意し，ツールを使いこなしながら解析を進めるためには高額の費用と莫大な労力を要する。そのため，外部のバイオインフォマティックスの専門家に解析を依頼することも多くなっている。BD 社では解析部分のコストと労力を軽減するために，Seven Bridge Genomics と提携して，クラウドベースの解析ツールを提供している。このツールはイルミナ社のシーケンサーから得られたFASTQファイルをアップロードすると自動でシーケンスリードのQCとアラインメント，独自のセルインデックス，分子バーコードの補正プログラムを実行し，遺伝子発現データテーブルを作製する機能を有している。2次解析としては，Targeted scRNAseq解析（mRNAとタンパク質の同時解析も含む）では，GUIベースのフリー解析ソフトウェア，Data ViewでPCAやtSNE解析などの次元削減解析，クラスターアノテーションや差次的発現解析を行うことができる。WTA-scRNAseq解析では有償ではあるがFlowJoのソフトウェアSeqGeq（https://www.flowjo.com/solutions/seqgeq）でデータの読み込みが可能で，スクリプトベースのコマンドを実行することなく，容易に上記の解析を行うことができる。プラグイン機能もあるので，SuratなどRベースのパッケージを取り込んで，ソフトウェア上で実行することも可能である。これらのツールを使用することで解析に要するコスト，時間，労力を最小限に抑えることができる。

11.8　おわりに

シングルセル解析のサンプル調製技術とシーケンス技術は今後さらなる進化を遂げ，ハイスループット化とマルチオミックス化がますます進む勢いである。装置も多様化し，選択が困難になりつつあるが，すべての研究でCell Atlasのような規模のスループットが必要であるわけではなく，研究の目的と，必要なアプリケーション，システムの感度・精度や解析の簡便性などを見極めながら，装置を選択する必要がある。BD Rhapsodyシステムは，WTA-scRNAseq，Targeted scRNAseq解析，mRNAとタンパク質の同時解析を行うことができ，細胞の状態を確認しながら確実にデータを出すことができるシステムである。アプリケーションの範囲はさほど広くないが，細胞の使用効率も高く，実験操作も簡便で，マイクロ流路で問題になる細胞の詰まりなどの心配もない。バイオインフォマティックスの専門家がいなくても解析が実行でき，初心者から熟練者まで広く利用いただける装置である。BD Rhapsodyシステムが様々な研究分野で生命現象や疾患の解明，薬剤開発などの一助となれば幸いである。

文　　献

1）A. Regev, *et al., eLife,* **6**, e27041（2017）
2）M. Bengtsson, *et al., Genome Res.,* **15**, 1388（2005）
3）A. R. Wu, *et al., Nat. Methods,* **11**, 41（2014）
4）E. Z. Macosko, *et al., Cell,* **161**, 1202（2015）
5）L. Valihrach, *et al., Int. J. Mol. Sci.,* **19**, 807（2018）
6）H. C. Fan, *et al., Science,* **347**, 1258367（2015）

7) C. Chang, *et al.,* BD Genomics Poster (2017)
8) E. M. Walczak, *et al.,* BD white paper (2018)
9) F. Birey, *et al., Nature,* **545**, 54 (2017)
10) M. Uhlén, *et al., Science,* **347**, 1260419 (2015)
11) M. Stoeckius, *et al., Nat. Methods,* **14**, 865 (2017)
12) V. M. Peterson, *et al., Nat. Biotechnol.*, **35**, 936 (2017)
13) B. Hwang, *et al., Exp. Mol. Med.,* **50**, 96 (2018)

第4章　マイクロデバイスの視点から

1　マイクロ流体デバイスによる微量生体分子計測の展開

細川正人*[1]，西川洋平*[2]

1.1　はじめに

1細胞や微量組織抽出物からの生体分子計測に対するニーズが高まる中，これらの高感度計測を達成する新しい技術が求められている。従来の理化学計測機器は，バルク細胞集団およびその抽出物を扱うことを目的として設計されたものであるため，多くの場合で感度・精度が微量生体分子の操作・計測に適さない。そこで，微量生体分子の分析や合成を行う場として，マイクロ・ナノメートルスケールの空間を利用する方法が提案されている。その中でも微細加工技術を用いてガラスやシリコン，プラスチック基板あるいは紙等の材料に，マイクロメートルからナノメートルサイズの微細な流路や構造物を作製し，その微小な空間内で化学・生化学の分析・合成を行う研究領域として，Micro Total Analysis Systems（μTAS）あるいはLab-on-a-chip（LOC）がある[1)]。これらの研究領域の目指す目標は，その名が示すとおりに，実験室の様々な分析に必要な機能を小型化・集積化し，1つの基板上で連続実行する統合分析システムをつくることである。特に，微細加工技術を用いて作製される微小流路や微小容器などを配した小型デバイスをマイクロ流体デバイスと呼び，ピコ・ナノリットルオーダーの微小量溶液の精密操作およびその自動化に利用されている。試料サンプルや廃棄物量が低減できるほか，操作の簡便化，自動化への応用などの観点から新しいバイオ分析ツールとしてマイクロ流体デバイスが注目されている。微小流路を反応・測定環境とすることで，分析試薬使用量を大幅に削減できるほか，微小環境下で生じる層流や比界面積の増大効果などの特徴を活かした分析が可能となる。微細加工技術を利用して加工したマイクロ流体技術を用いた研究では，キャピラリー電気泳動技術やオンチップクロマトグラフィーなどの分析法が報告されており，市販化されている。

特に近年では，細胞をシングルセルレベルの解像度で解析するツールとして広くマイクロ流体デバイスが活用されるようになっている。シングルセルレベルでの解析では，従来のバルク解析では不透明であった，細胞個々の多様性や不均質性を明らかにすることができ，希少な細胞集団までを対象として，細胞の機能・特徴を詳細に捉えることができる。一方で，これらの情報を獲得するためには，対象とする細胞集団中に含まれる多量のシングルセルを対象として網羅的な解

＊1　Masahito Hosokawa　早稲田大学　理工学術院総合研究所　次席研究員，研究院講師；科学技術振興機構　さきがけ研究者

＊2　Yohei Nishikawa　早稲田大学　先進理工学研究科　生命医科学専攻　日本学術振興会特別研究員（DC1）

析を実施することが必要である。このため，細胞内の微量生体分子を単に高感度に計測するだけでなく，一度に多くの細胞に対して解析を行うことのできるスループット性も強く求められる。この感度・スループット双方を解決するものとして，マイクロ流体デバイスが新たな展開を切り拓いている。

1.2 微量生体分子の操作環境をつくる

微量生体分子の操作・分析を行う際には，試料中の細胞や生体分子を選択位置に捉え，抽出・分離・増幅・検出などを目的とした各種試薬を反応させる必要があるが，この点でマイクロ流体デバイスは優れた機能を発揮する。細胞のような粒子状物体をデバイス中に捕捉する際には，マイクロメータースケールのウェルやチャンバーのほか，細胞1つを収容できる微小構造物等が利用されることが多い。このような細胞集積化アレイは細胞に対する刺激や染色といった処理を一括で行えるという特徴があるほか，イメージ解析と非常に相性が良い。イメージサイトメーターのような大型装置を用いて広範囲をスキャニングしなくとも，高密度に集積された細胞の情報を一括して読み取ることができる。また，基板に整然と並べられた細胞から標的を選別して回収する用途でも，細胞の位置情報を明確にする目的に利用される。これらの特徴によって，同一細胞の刺激前後における活性変化を読み取ることや蛍光タンパク質の局在を解析して細胞を選別することが可能である。また，流路中の微小構造物でシングルセルを捉えるシステムを採用したC1™ Single-Cell Auto Prep System（Fluidigm）では，微小構造物の下流に続くナノリットルサイズのマイクロ流路系で核酸の抽出から増幅までの連続反応を行う製品が販売されており，シングルセルからのゲノム・トランスクリプトーム解析に応用されている。

一方で，流路中に構造物を集積化するタイプでは，単一平面上への細胞サイズ粒子の集積限界から一度に処理できる細胞数は数千個程度が最大個数となる。また，1分子反応を個別に行う際には，細胞より遥かに小さい標的分子を網羅的に隔離封入できるような環境の構築が求められる。そこで，基板平面への集積化タイプではなく，微量生体分子の操作環境を網羅的に構築する方法として，マイクロドロップレットが近年注目されている。マイクロドロップレットは，ナノリットルからピコ・フェムトリットルの容量の非常に小さな液滴であり，撹拌操作等でオイル中に拡散した油中水滴エマルジョンと同様の状態をとる。ドロップレット内に，薬剤等の化学物質や生体分子，細胞等を封入すれば，微小反応液中での生化学反応を同時多平行に進行させることができるため，従来のマルチウェルプレートに代わるハイスループットな分析フォーマットとなる。その応用領域は，タンパク質の結晶化解析，生細胞の培養観察，核酸増幅など幅広い。この中でも特にシングルセル・単一生体分子レベルでの反応解析を行う際には，分析対象の分画および解析を連続的に行え，上述の基板平面への集積方式と比べて多くの細胞や分子を並列的に扱うことができる利点がある。また，基板集積時に課題となる基板表面への分子の非特異吸着がなく，微量生体分子や細胞を内部で制御する場として適している。

マイクロドロップレットの均質かつ大量な生成には，微細な流路構造を配したマイクロ流体デバイスが活用される。デバイスの素材としては，酸素透過性を有し生体適合性の高いPDMS（Polydimethylsiloxane）が広く用いられ，鋳型に合わせて様々な流路構造が設計・作製できる。一般的なドロップレット生成デバイスには，ドロップレット生成用の水溶液とキャリアオイルを導入するためのインレットと，生成されたドロップレットを回収するためのアウトレットが設けられる。ドロップレットの生成には，ドロップレットの構成成分となる水溶液と，分散媒であるキャリアオイルが必要であり，これら2種類の液体をポンプなどを用いてデバイス内に導入する。流路内で水溶液の流れが規則的にキャリアオイルにせん断されることで，均一なサイズのドロップレットが生成される。このドロップレット生成は様々な形状の流路構造で実現できる。代表的なものとして，内部に丁字もしくは十字型のジャンクション構造を配した設計や，水性溶液とオイルが並行に流れるような設計がある（図1）。通常，キャリアオイルには界面活性剤が含まれており，ドロップレットはWater in Oil（W/O）の形態のまま，回収後も融合することなく安定に保持される。代表的なキャリアオイルとして，シリコンオイル，炭化水素オイル，フッ素系オイルがある。代表的な界面活性剤としては，Triton XやSpan80，PEG-PFPE等の非イオン性の界面活性剤が使用される[2)]。特に，ドロップレット内に細胞を封入する場合には，酸素透過性の高いハイドロフルオロエーテル等のフッ素系オイルと，生体適合性の高いPEG-PFPE等の界面活性剤を組み合わせる例が多い。マイクロドロップレットの粒径は，流路の幅や高さ，液体の流量によって制御され，直径数マイクロメートルから数百マイクロメートルのドロップレットが毎秒10^2～10^4個の速度で生成される。

ドロップレット生成に用いる水性溶液中に，解析の対象となる生体分子や細胞を懸濁しておけば，これらを1分子あるいは1細胞レベルでドロップレットに封入することができる。この時，ドロップレット内に封入される分子・細胞の数の分布は，ポアソン分布に従う。また，デバイスの流路構造を工夫することによって，より効率的にシングルセルを封入する手法も開発されている[3)]。一般的にはマイクロ流体デバイスを使用することで，毎秒数百～数千個のシングルセルを

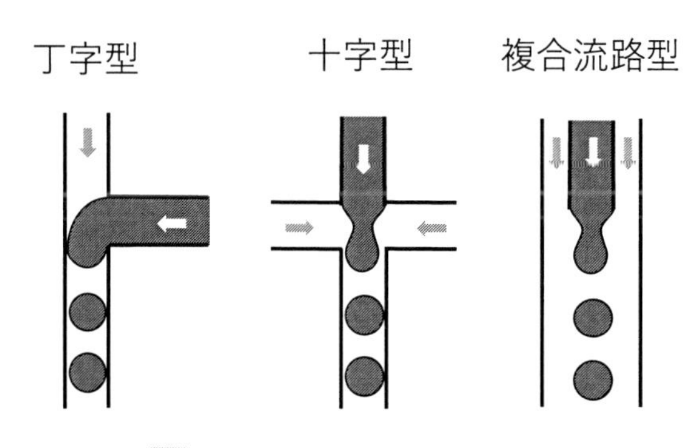

図1　マイクロ流体デバイスによるドロップレット生成パターン

ドロップレット内に分離することが可能である。解析の対象となる細胞集団の大きさや総数に応じて，反応場の数を調整することができる。また，一つ一つの反応場は非常に微量であり，反応チューブ1本の中で10^5個以上のシングルセルを対象としたドロップレット反応場を作り出すことができる[4)]。

1.3 ドロップレット技術のシングルセル解析への応用

シングルセル解析におけるドロップレット反応場の初期の応用例は，培地成分を含むドロップレットに細胞を封入し，個々の細胞の増殖や応答などの動態をモニタリングすることから始まった。現在までに，大腸菌等の真正細菌のほか，微細藻類・酵母などの幅広い微生物細胞の培養場としてドロップレットが応用されている。また，ヒト細胞をはじめとする動物細胞についても多数の報告がある。ドロップレット内で高い細胞生存率を保持しつつ，シングルセルや少数細胞からの増殖モニタリングが可能である。動物細胞のシングルセルモニタリングでは，特異的なタンパク質，抗体，サイトカインや代謝産物などの産生検出に用いられる。ドロップレット形成後の流路に検出部を組み入れることで，封入・反応・検出までを連続的に実行することができる。また，ドロップレットの中に化学修飾したビーズを含ませることや，反応溶液の追加や混合，熱サイクルの印加など，複雑な反応をドロップレット内で実行することが可能である[5)]。ドロップレットから発せられる蛍光シグナル等の情報をハイスループットに検出し，特定の蛍光シグナルを発するドロップレットを分取することも可能である[6)]。FACSを用いたドロップレット分取には，Water in Oil in Water（W/O/W）のドロップレット[7)]や，アガロースなどの担体を含んだドロップレット[8)]が用いられる。

特に，動物細胞のシングルセル解析において，2019年現在で最も盛んな領域が，遺伝子発現解析である。近年次世代シーケンサー（NGS）を用いたシーケンスによる遺伝子発現解析（RNA-seq）が広く用いられるようになったが，これまで細胞集団を対象とした研究が大半であった。2009年にシングルセル由来の遺伝子発現を網羅的に解析するSingle-cell RNA-seq: scRNA-seqが報告されて以降，この技術は細胞集団における個々の細胞の遺伝子発現の多様性および不均一性を解析するための有用な手段となった[9)]。しかし，他の解析と同様に，細胞不均質性の全体像を明らかにするためには，一度に多くのシングルセルを対象として遺伝子発現解析を行うことが重要である。そこで，ドロップレットがシングルセル遺伝子発現解析の反応場として積極的に活用されている。ドロップレットを用いたscRNA-seq手法としては，これまでにDrop-seq[10)]，Chromium[11)]，inDrop[12)]の3つの方法が開発されており，10X Genomics社などから装置および試薬キットが市販化されている。これらの技術では，ドロップレットにシングルセルとバーコード配列を保持したビーズを同時封入し，シングルセル毎に異なるバーコードで標識したcDNAを多並列に調製し，これをNGSで読み取る。配列解析後，個々のバーコード配列に従って配列を分配することにより，数千から数万個のシングルセルの遺伝子発現を一挙に解析する。本技術により，10^5個以上のシングルセルを対象とした遺伝子発現解析が1度の実験データから取得できるようになったため，多岐にわたる細胞試料に適用されており，国際的なコンソーシアムで進められているHuman Cell Atlas Projectでも活用されている。

また，動物細胞よりも小さく生体分子総量が少ない微生物の解析にもドロップレットは非常に適している。従来の一般的な微生物の薬剤応答や活性評価は，プレート培養でコロニー形成を観察し，その後クローンを単離し評価する手順が一般的であるが，ドロップレットを用いることで，多種の培養条件を低コスト・短時間に評価できる。例えば，ドロップレット内で多種の抗生物質の薬剤耐性菌に対する最小発育阻止濃度（MIC）を一度に測定する系が開発されている[13]。また，土壌や海水に存在する様々な難培養性の環境微生物の研究にも有効である。環境微生物の遺伝子をプールしたメタゲノムライブラリから特定の酵素遺伝子などを探索する目的にも，ドロップレットは優れたスクリーニングプラットフォームを提供する。メタゲノムライブラリ中の標的遺伝子を含むクローンは非常に少ないため，従来はスクリーニング作業に多大な労力と時間が必要であった。一方，上述の通り，ドロップレットを利用すれば反応・培養環境を大量に作り出すことができるため，スクリーニングに必要とされる試薬と時間を大幅に削減することが可能となる（図2）。筆者らは，本技術を用いて，土壌より作製したメタゲノムライブラリからエステラーゼ活性を有する新規酵素をスクリーニングした例を報告している[14]。このようなドロップレット形式のスクリーニング法は，人工改変した高活性酵素や分泌型酵素の獲得などにも利用されており[15,16]，小型で閉鎖的なドロップレット環境を大量に作り出し，反応を進行させる利点が活用されている[17]。

細胞一個に含まれる情報は非常に微量であるため，シングルセル解析では，外部からのノイズの混入が解析結果に大きく影響を与える。例えば，シングルセルからゲノムDNAの配列情報を読取るシングルセルゲノム解析では，ゲノムサイズが小さな環境微生物の解析においてコンタミ

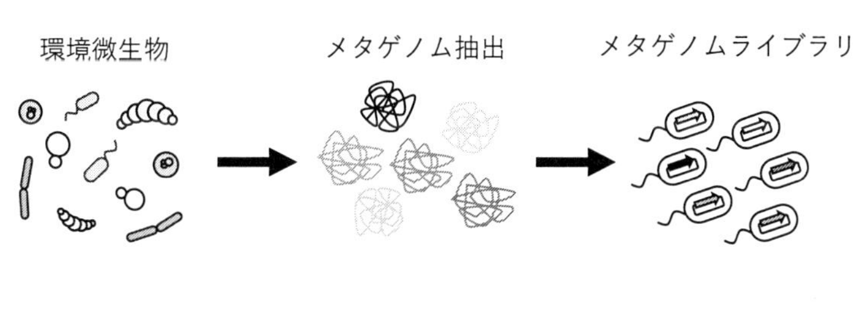

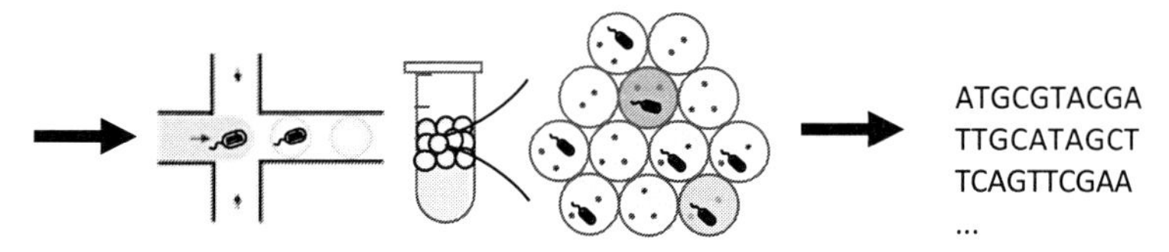

図2　メタゲノムライブラリのドロップレットスクリーニング

ネーションが深刻な問題となっていた[18,19]。一方，ドロップレットは，容積が非常に小さく，その一つ一つが独立した環境として機能するため，外部からの目的外物質の混入，およびサンプル間でのクロスコンタミネーションの影響を大幅に抑制することができる。筆者らは，この反応場を用いてDNA分子を増幅することにより，それぞれのDNA分子を均質に増幅可能であることを報告している[20]。この技術を応用することにより，2017年にシングルセルの超並列的な全ゲノム増幅を可能とするシステムを開発した[21]。ドロップレット中で細胞の封入から全ゲノム増幅までを微小空間内で一貫して行い，目的外DNAの混入を大幅に抑制できるため，汚染のない高精度ゲノム情報を高効率に得ることができる（図3）。本技術の環境微生物への応用として，バイオインフォマティクスによる配列解析技術を組み合わせることにより，未培養の土壌細菌やマウス腸内細菌から，直接的に高精度ドラフトゲノム情報を獲得できることを報告している[22]。さらに本技術は，真正細菌だけでなく動物細胞にも適用可能であることが示されており，幅広い生物種に対して効率的なシングルセルゲノム解析を行うために有用な手法である。

1.4 おわりに

本節では，マイクロ流体デバイスによる微量生体分子計測の展開として，特にドロップレット技術のシングルセル解析に着目し，微生物・動物細胞の生体サンプルへの応用例を紹介した。マイクロ流体デバイスを利用することで，従来の試験管スケールの反応では不可能であった精度・感度での計測を実現するとともに，微量な生体分子を高精度・並列的に扱うことが可能となった。特にドロップレット技術の登場により，様々な製品と試薬キットが市販化されており，ユーザーの拡大によって研究開発レベルでも様々な研究者によって応用展開が目指されている。ドロップレット技術は，今後も本分野において重要な研究ツールとして活用されていくものと考えられる。

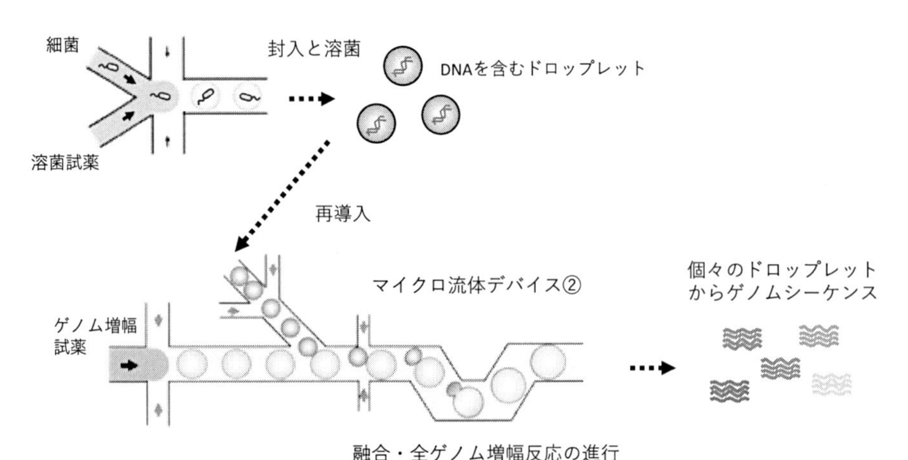

図3 ドロップレットを用いた並列的なシングルセル全ゲノム増幅とゲノムシーケンス

文　　献

1) Mark, D, *et al., Chemical Society Reviews*, **39**, 1153 (2010)
2) Baret, JC, *Lab on a chip*, **12**, 422 (2012)
3) Moon, HS, *et al., Lab Chip*, **18**, 775 (2018)
4) Guo, MT, *et al., Lab Chip*, **12**, 2146 (2012)
5) Kintses, B, *et al., Curr Opin Chem Biol*, **14**, 548 (2010)
6) Mazutis, L, *et al., Nat Protoc*, **8**, 870 (2013)
7) Yan, J, *et al., Micromachines*, **4**, 402 (2013)
8) Eun, YJ, *et al., ACS Chem Biol*, **6**, 260 (2011)
9) Tang, F, *et al., Nat Methods*, **6**, 377 (2009)
10) Macosko, EZ, *et al., Cell*, **161**, 1202 (2015)
11) Zheng, GX, *et al., Nat Commun*, **8**, 14049 (2017)
12) Klein, AM, *et al., Cell*, **161**, 1187 (2015)
13) Boedicker, JQ, *et al., Lab Chip*, **8**, 1265 (2008)
14) Hosokawa, M, *et al., Biosens Bioelectron*, **67**, 379 (2015)
15) Agresti, JJ, *et al., Proc Natl Acad Sci U S A*, **107**, 4004 (2010)
16) Gielen, F, *et al., Proc Natl Acad Sci U S A*, **113**, E7383 (2016)
17) Beneyton, T, *et al., Microb Cell Fact*, **16**, 18 (2017)
18) Gole, J, *et al., Nat Biotechnol*, **31**, 1126 (2013)
19) Zhou, Q, *et al., BMC Genomics*, **19**, 144 (2018)
20) Nishikawa, Y, *et al., PLoS One*, **10**, e0138733 (2015)
21) Hosokawa, M, *et al., Sci Rep*, **7**, 5199 (2017)
22) Kogawa, M, *et al., Sci Rep*, **8**, 2059 (2018)

2　遠心駆動マイクロ流体チップによるバイオアッセイ

齋藤真人*

2.1　はじめに

多数の細胞を扱ったバルクな計測・解析では平均値としての結果が示されるわけで，従来技術ではさらに踏み込んだ細胞機能解析を行うことは難しく，計測手法の破綻を迎えていると考えられている[1)]。同種の細胞のヘテロジェネイティの解明には，1細胞を直接捉える新規計測デバイス技術の創出が求められる。一方，医療現場における感染症の迅速診断，日常モニタリングによる健康管理・生活習慣病予防，エボラやデングなどのウィルス侵入に対する水際監視，加工食品・飲食関連設備での食中毒菌検査，農業現場における家畜疫病などの喫緊の課題に対して，各種現場にて特定項目を検査するポイントオブケアテスト（POCT）が可能な，つまり簡易・迅速・高感度な検知を可能とするチップデバイスの開発が求められている。

これらの課題に共通するところとして，数μm～十数μm程度の微小な細胞を一つ一つ捉えるために，また，微量化により迅速・高感度な検出を実現するために，マイクロスケールのデバイス構築が効果的である。微細加工技術についてはMEMS分野においてよく研究されていて，またマイクロ構造特有の特性や流体現象についてはμTASとして多くの情報や技術が示されている[2~4)]。また，マイクロ流体デバイスの制御にあたって，遠心力の利用は有効である。回転場に物質を置くことで，物質そのものに力を加えることができ，つまり回転動力を遠心力に変換して物質に動きを作り出すことができ，細胞の移送や溶液に2次的な流れを生み出すことができる。従来のシリンジポンピングよりも簡易で精緻な制御が見込める。

当研究室でも長らくナノ・マイクロ構造を利用したバイオセンシングチップや種々の細胞計測チップデバイスに関する研究を精力的に進めてきたが，その中でも遠心場を利用したマイクロ流体チップの開発とバイオアッセイ応用の例を紹介する。

2.2　POCT指向した遠心促進熱対流型PCRデバイスの開発

マイクロ流体を利用した核酸増幅の高速化がManzら[5)]によって示されて以来，迅速な熱交換や分子拡散の防止などマイクロデバイスとの相性の良さから，その後多くのオンチップPCRデバイスの研究が盛んにおこなわれてきた[6,7)]。筆者も，Polydimethylsiloxane（PDMS）／ガラス製の幅50μmのマイクロ流路がヒーター上を往復するPCRチップを開発し，新型インフルエンザウィルスをわずか9.5分で増幅可能なことを示している。ちなみに，PDMSの性質としてガス透過性が高いため，溶液が高温域を通過する際にPDMSと溶液の界面から気泡が発生する問題があったが，流路内圧を高めるよう流路出口を狭小化することにより気泡発生を防ぐことが可能

＊　Masato Saito　大阪大学　大学院工学研究科　助教，
産総研・阪大　先端フォトニクス・バイオセンシングオープンイノベーションラボラトリ

である[8,9]。一方で，チップ操作性の改善もPCRデバイス実用に向けて重要である。これには，マイクロ流路内に生じるキャピラリ力を利用した溶液自走，つまりシリンジポンプなどの外部駆動源の不要な溶液自走型の往復流路型PCRチップを開発し，流体制御の簡易化を示している[10,11]。

しかしながら，POCTの実現には，迅速性とセットアップの簡易化に加えて，PCR特有の試料調製の煩雑さが大きな課題である。そこで，これら課題を包括的に解決できる技術の創出に取り組んだ。まず，熱対流に注目し，これに関するベナール対流を表す基礎方程式を見てみると重力に依存するパラメータがあることがわかる。ここで重力の代わりに遠心場における相対重力加速度で考えることで，回転数によって熱対流速度を制御することが期待できる。つまりリング状マイクロ流路内の流体に温度差を与えると同時に遠心力を加えることで熱対流を発生させるとともに，その流速を変化させることができる（図1(a)）[12]。これを実証するため，2つのヒーター（95℃と60℃）を有し，温調と同時にモーター駆動により回転制御される回転温調装置と，COP製のリング状マイクロ流路（直径5 mm，流路幅500 μm）を試作した。ヒーター面とリング状マイクロ流路を接触させ，ハイスピードカメラを用いてニューコクシン着色したPCR液のマイクロ流路内での熱対流を観察したところ，流体の熱対流を発生させることに成功した（図1(b)）。さらに回転数（相対重力加速度）の変化に伴い，熱対流速度が変化することを確かめられた。また，120 pgヒトゲノムDNAを鋳型にヒトβ-ACT遺伝子領域のDNA増幅を試みたところ，わずか10分と迅速な増幅が可能で，またおよそ10細胞程度から増幅可能と見積もられた（図1(c)）。ちなみに，流体シミュレーション解析も行ったところ，遠心によるコリオリ力の寄与も見られ，二次流生成による液体混合促進の効果も期待された[12]。

また，PCR調製の煩雑さ克服のため，溶液自体に遠心力がかかることを利用して，PCRに必要な溶液量を分取する機能を付与したチップも開発している（図1(d)）。リング状マイクロ流路よりも回転中心側にV字型の流路を設け，一方から任意量の試薬を滴下するとキャピラリ現象によりV字型流路に進入し満たされる。このとき，V字奥の容積がリング状マイクロ流路と同容積となっており，回転により遠心力が付加された際にリング状マイクロ流路へ移動し，一方，V字手前の余剰液は分離し注入口方向へ排出される。検体液用，PCR液用，蒸発防止ミネラルオイル用の3流路を設け，それぞれ任意量を滴下するだけで，つまり精緻なピペッティングの熟練度を要さずにPCR実行が可能となることが期待できる。昨今，世界的に薬剤耐性細菌が懸念されているが，本デバイスを用いてヒト糞便検体中の薬剤耐性遺伝子（IMP-6）を指標に検証したところ，検体液のボイルと希釈のみで特段の前処理をせず，本チップを用いて簡易迅速にIMP-6のDNA検出に成功している（図1(e)）[13]。

2.3　遠心浮力駆動型ドロップレットPCRチップの開発

薬剤耐性菌の検出のみならず，健康維持・環境保全・食の安全など安心・安全な社会を実現するための基盤として，高感度で迅速かつ在宅や製造現場，流通過程で実施可能な簡易遺伝子定量

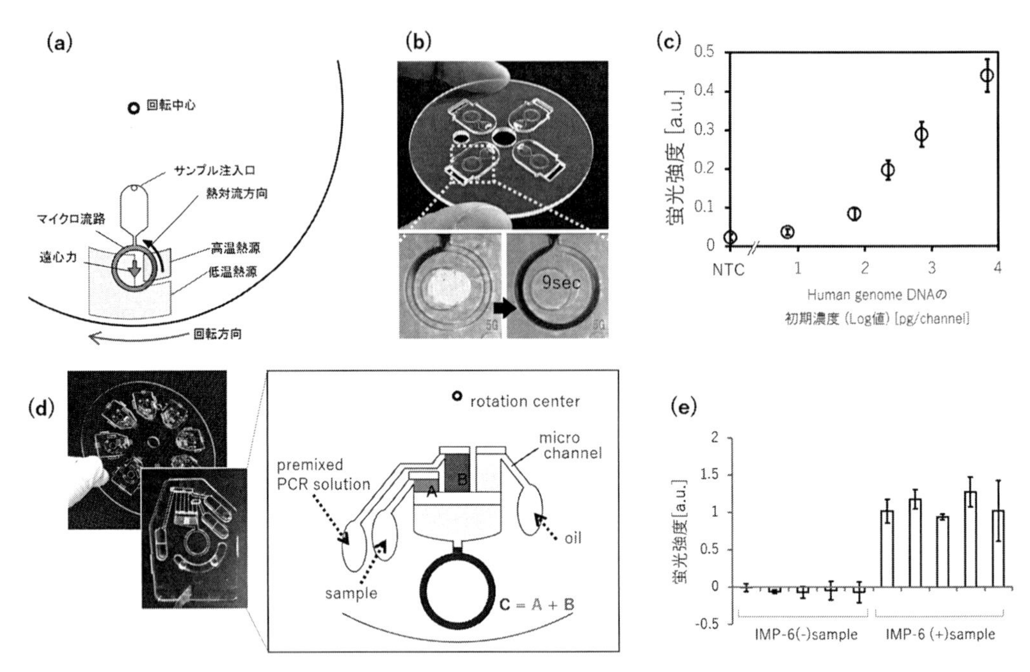

図1　遠心促進熱対流型 PCR 法と薬剤耐性遺伝子（IMP-6）の検出

(a)遠心熱対流の概略，(b)遠心熱対流 PCR チップと熱対流の様子，(c)ヒトゲノム DNA 初期濃度に対するチップ PCR 検量特性，(d)スキルフリー迅速 PCR デバイスの開発（分取機能付与），(e)ヒト糞便試料を用いた IMP-6 遺伝子の検出

検出システムは有用である。一般的にリアルタイム PCR を用いると相対定量が可能となるが，検量線が必要・阻害物質による定量の不安定化などの課題がある。一方，マイクロ流路を用いて作製した，オイルに囲まれた液滴＝ドロップレットを微小区画として PCR を行う，デジタルドロップレット PCR（ddPCR）が近年開発されている[14~20]。ddPCR では，各液滴内の増幅された遺伝子の有無をエンドポイントでカウントすることで，統計的により確からしい絶対定量が可能となる。しかし，研究室レベルで使用される ddPCR は，反応系全体を温調制御しており 2 ～ 3 時間を要する。一方，マイクロ流路内で ddPCR を行う迅速な核酸絶対定量も開発されているが，液滴の速度制御に外部ポンプが必要となるため簡便性に課題が残っており，POCT デバイスとして普及に至っていない。ここで液滴にかかる浮力に着目すると，$F_{buoyancy} = \Delta m \cdot g$ で表され，重力に依存する事が分かる（Δm：液滴の油相に対する相対質量 g：重力加速度）。重力を遠心力で生じる相対重力加速度に置き換える事で，浮力を制御し液滴挙動を迅速化した ddPCR への展開が期待される。そこで本研究では，ジグザグ状微小流路反応場の一部を加熱しながら同時に遠心させることで液滴に浮力を発生させ，液滴を自発的に移動させて迅速な PCR を行う，遠心浮力促進型ドロップレット PCR 法を開発した（図 2(a)）[21]。ジグザグ状流路内の一部を加熱し，遠心力によって液滴の浮力を発生させ，液滴温度と移動時間を制御しつつ，ドロップレット PCR を迅速に行うものである。

マイクロ流路チップは，インレットとフィードチャネルからなる領域と，ドロップレット生成のためのノズル（幅 25 μm，深さ 30 μm），PCR 流路（流路幅 150 μm，蛇行幅 3 mm，傾斜 4°，深さ 200 μm），液滴チャンバーから構成される（図 2(a)）。回転温調装置は，ヒーターステージとこれが直流モーターにより回転制御される。中央にセラミックヒーターを配置し，これにアルミブロックが接触している。高温用と低温用が積層した形になり，また2本のアルミブロックが外側に向かって伸長した形状となっている。これにチップを設置し，PCR の往復流路部分に熱を供給する形となる（図 2(b)）。ステージ回転数を 440 rpm，1000 rpm，1320 rpm で変化させて，生成液滴挙動（ニューコクシン添加着色）をハイスピードカメラにて観察した。回転を続けることで液滴がノズル部から次々に形成され，PCR 流路を浮力によって自発的に移動した。30 秒間の移動距離を見たところ，液滴移動速度は 440 rpm において 89 μm/sec，1000 rpm において 520 μm/sec，1320 rpm において 660 μm/sec となり，回転数が大きくなるに従って移動距離が長くなることが確認できた。PCR に必要な温度範囲になるようヒーター温度の調整を行い，サーモシールを用いて確認した。800 rpm の回転温調下，IMP-6 領域のアンプリコンを鋳型 DNA（2.17 ng/chip）として用いて遠心浮力駆動ドロップレット PCR を行った。液滴動作を観察したところ，1サイクル約7秒と PCR サイクルの迅速化に成功した。PCR 流路を通過後，液滴チャンバーに集められた液滴の蛍光観察を行ったところ，鋳型 DNA を含むドロップレットに有意な強度差を確認することができ（図 2(c)），遠心浮力駆動によるドロップレット PCR が可能であることが確かめられた。今後は，デジタル検出に向けて制御精度の改良を進めていく。

2.4　1細胞動態画像解析デバイスの開発

心筋細胞とその拍動計測は，心臓の機能や病態解明，毒物検査や診断などに用いられ[22~26]，

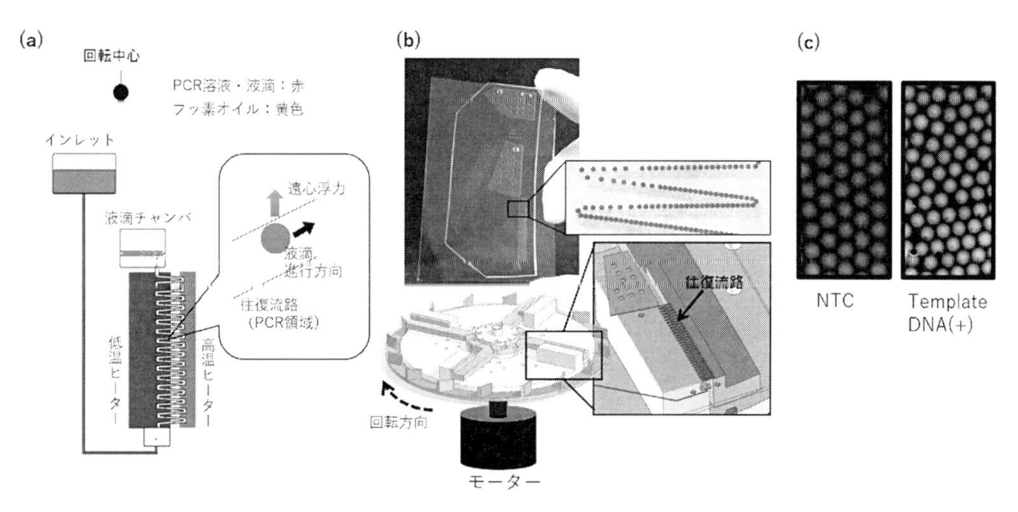

図2　遠心浮力駆動型ドロップレット PCR チップの開発

(a)チップおよびドロップレット遠心浮力駆動の仕組み，(b)チップおよびシステム概略，(c)PCR 後の液滴チャンバ内のドロップレットの観察

また創薬研究における新規化合物のスクリーニングや心臓毒性を早期診断するための被検細胞とされるなど研究における利用価値が高い。さらに，人工多能性幹細胞（iPS 細胞）研究により，心臓疾患遺伝子を持つ心筋細胞の培養が可能となりつつあり，オーダーメードな医薬品・再生医療への実現に向けた研究・開発が活発である[27~31]。従来，心筋細胞の活動評価にはパッチクランプ法による細胞膜の活動電位の計測[30,31]や，微小電極測定法による局所的な細胞塊の細胞外電位測定法[32,33]などがある。しかしながら，パッチクランプ法は細胞への侵襲性や，高い熟練度などがネックで，微小電極測定法は実際の心電図における P 波が再現できないことや，電極上に心筋細胞を培養する熟練技術を要するなど，技術習得に一定の難易さが伴う。これに対し，簡易な操作でかつ非侵襲な解析法として画像分析の手法を提案してきた。培養している心筋細胞の拍動の様子を撮影し，各フレーム（静止画像）間でピクセルごとの強度微分処理を行うことで，拍動による心筋細胞の動態の定量を可能とするものである[34]。細胞実験を行っていれば所有しているであろう CCD カメラと顕微鏡があれば実行可能である。心拍を抑える効果のあるバラパミルによる影響を評価したところ，平均拍動周期の変化（605 msec から 1120 msec），電位計測では難しい拍動強度変化の分析（最大最小比で 53％まで拡大）[35]が可能であった。このように画像分析手法によって，非侵襲かつ任意の心筋細胞の生理学的特性や薬物の心毒性評価がより簡便に行えることが期待できる。

画像解析技術をベースに心筋 1 細胞の解析も試みている。心筋細胞サイズ 12～15 μm の 1 細胞を捕捉するために，10 μm の間隙とピッチ 50 μm，20 μm，10 μm とする流路壁を有する PDMS 製流路チップを作製した。シャーレ上での培養では，細胞の配置はランダムになる。個々やクラスターの細胞動態を追跡したい場合には，細胞のポジションを任意に定められるほうが評価をより容易にすることが可能である。マイクロ流路チップに細胞液を注入し，遠心駆動により間隙に心筋細胞の捕捉が可能であった。その後，マイクロ流路チップ内において心筋細胞の拍動に至るまでの培養が可能であることも確認できた[36]。さらに，1 細胞捕捉が可能なギャップ構造に加え，数細胞の捕捉が可能なカゴ構造を作製した（図 3 (a)）。モデル薬剤として，目薬成分やムスカリン作動薬として知られるカルバコールを用いた評価を行った。カルバコールはムスカリンアセチルコリン受容体に作用し，拍動間隔を遅くすることが知られている。捕捉された心筋細胞 1 細胞とグループ細胞それぞれにカルバコールを添加し，心筋細胞挙動を分析した（図 3 (a)）。その結果，1 細胞のみでは拍動間隔が 94％遅くなったのに対して，グループ細胞では拍動 2.5 倍に速くなり，異なる挙動を示すことが分かった（図 3 (b)）。ぜんそく薬として知られるイソプロテレノールは拍動を早くすることが知られているが，この場合も上記同様に 1 細胞とグループ細胞の場合とで異なる挙動を示すことが明らかとなった[37]。このことは，培養シャーレ上では 1 細胞単独や少数細胞グループを効率的に形成することは難しく，マイクロ流体チップを用いることで細胞分離が行えるようになり見えてきた成果である。今後，その機序については詳細な検討を重ねる必要はあると思うが，マイクロ流路チップデバイスと動画解析を組み合わせることで，簡易且つ非侵襲的に 1 細胞レベルの薬剤応答評価が可能であることを示すことができた。

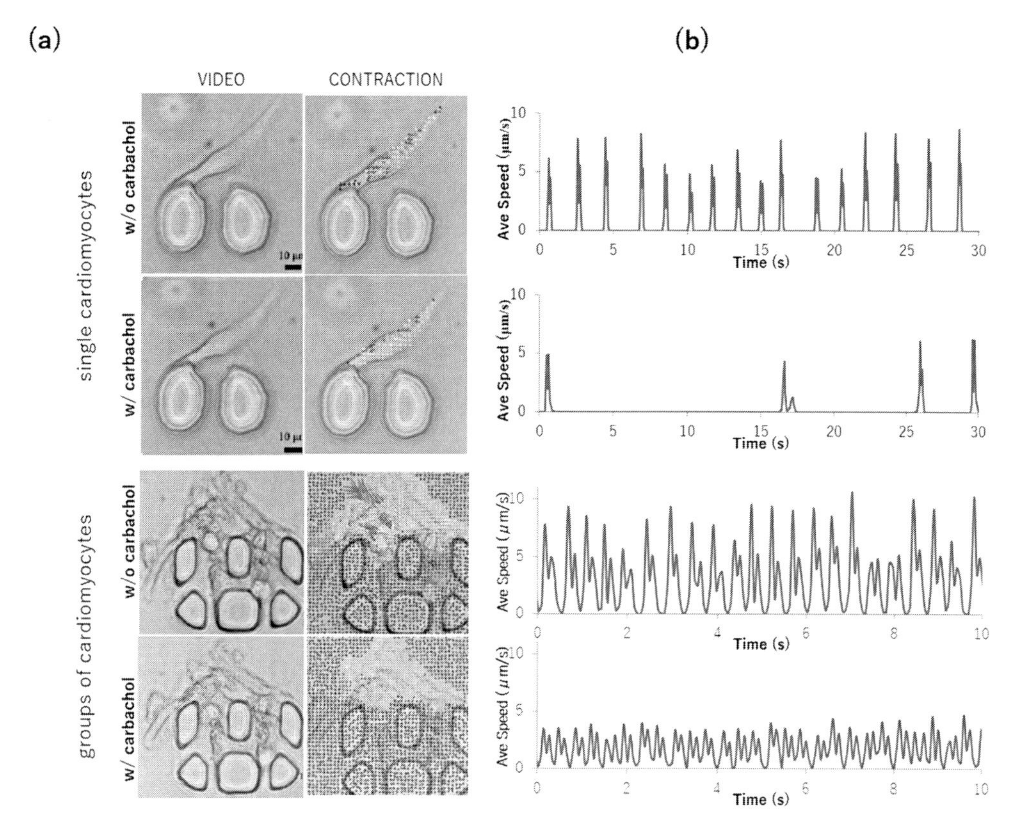

図3　チップ内に捕捉した心筋細胞（1細胞およびクラスタ形成）のカルバコール薬剤に対する応答の違い

(a)捕捉心筋細胞の弛緩強度分布，(b)拍動パターン変化

2.5　1細胞膜タンパク蛍光計測デバイスの開発

細胞膜にあるレセプタータンパクには，Gタンパク質共役型レセプター（GPCR），イオンチャネル連結型レセプター，酵素共役型レセプターなどがある。一般的には，セルソーターを用いる計測方法が用いられるが，例えば，レセプターリガンド結合に伴って誘起される下流の分子反応を連続的に測定できないことや，初期の微小ガンのように微量な細胞数の適用は難しい。そのため，個々のヘテロな細胞状態や変化を追跡・解明することが難しく，レセプタータンパクの細胞情報伝達機能の解析や関連性が予測される疾病病態の解明の支障となっている。これらのことはとくに免疫関連細胞において重要である。そこで，免疫関連細胞をターゲットとして1細胞レベルで発現するレセプタータンパクを網羅的に解析する1細胞レセプトーム解析技術の創成を目指している。

図4(a)に示すように，1細胞を独立に配置しつつ，試薬注入置換も順次可能なディスク型マイクロ流体デバイスを設計した。チップ中央に細胞注入口があり，遠心駆動により細胞はトラップサイトのある流路へと移動していく。トラップサイトには，6μmギャップを有する堰構造を設

け，そのギャップ前に細胞が捕捉される。これを51個×21チャンバー×6流路，計6426個配列させた。流体シミュレーション解析を行ってみたところ，溶液流れのみでは，トラップサイトを回避するようなフローラインができてしまうが，遠心力が加わるとトラップサイトのギャップを通過するフローラインが生じることが分かった（図4(b)）。このことは細胞がフローラインに沿い，また細胞自体にも遠心力がかかることから，細胞捕捉に効果的であることが予期される。実際，細胞捕捉を試みたところ，遠心力なしの場合10%程度の捕捉率であったのに対し，遠心力がある場合には95%となり，効果的に細胞捕捉することができるようになった。細胞を用いた評価も行った。THP-1株およびJurkat株をチップ内に注入，遠心移送と捕捉を行った後，マーカーとしてCD13およびCD3を指標に蛍光標識抗体による免疫染色を行った。結果，FACSと同様の2次元プロットを得られ，それぞれの細胞種の判別が可能であった（図4(c)）[38]。また，このときプロット中の特定シグナルと観察された個々の1細胞の対合も可能である。FACSでは細胞集団情報を得ることはできるが，個々の細胞をたどることは難しく，この点は本デバイスの特徴である。現在，抗体バラエティーを増やし，同種細胞の中からヘテロジェネイティを明らかにするべく取り組みを進めている。また，膜レセプター計測のみにとどまらず，殺傷能，認識能，遊走能なども明らかにするチップ開発も進めており，総合的な免疫機能・活性の理解への貢献を目指している。

2.6　さいごに

以上，遠心を利用したマイクロ流体核酸増幅技術，1細胞計測技術に関する取り組みについて紹介した。今後の課題としては，各チップの精度向上や高感度化，実試料への大規模展開が課題と考えている。これらの点を進展させ，医療や生化学研究，社会への貢献が果たせるよう邁進していきたいと考えている。

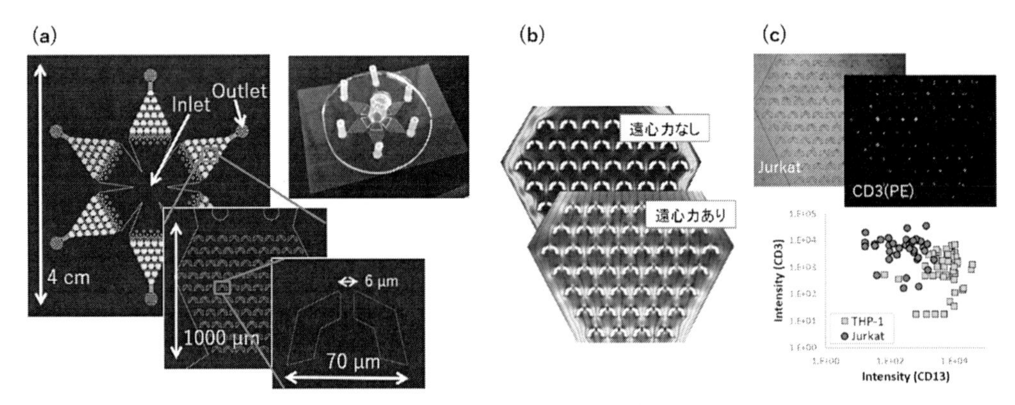

図4　レセプタータンパク解析チップの開発
(a)流路設計と試作チップ，(b)チップ内の流体シミュレーション解析，(c)アレイ状に捕捉された細胞の免染蛍光像とTHP-1株およびJurkat株の2次元プロット解析

文　　献

1) P. K. Chattopadhyay *et al., Nature Immunology*, **15**, 128 (2014)
2) 化学とマイクロ・ナノシステム研究会監修，北森武彦，庄子習一，馬場嘉信編，マイクロ化学チップの技術と応用，丸善出版 (2004)
3) H. Yang, M. A. M. Gijs, L. Shang *et al., Chem. Soc. Rev.,* **47**, 1391 (2018)
4) L. Shang *et al., Chem. Rev.,* **117**, 7964 (2017)
5) M. U. Kopp, A. J. de Mello, A. Manz, *Science*, **280**, 1046 (1998)
6) N. Y. Lee, *Microchimica Acta*, **185**, 285 (2018)
7) C. Zhang, J. Xu, W. Ma, W. Zheng, *Biotechnology Advances*, **24** , 243 (2006)
8) K. Yamanaka, M. Saito, K. Kondoh, M. M. Hossain, R. Koketsu, T. Sasaki, N. Nagatani, K. Ikuta, E. Tamiya, *Analyst*, **136**, 2064 (2011)
9) T. Nakayama, H. M. Hiep, S. Furui, Y. Yonezawa, M. Saito, Y. Takamura, E. Tamiya, *Anal. Bioanal. Chem.,* **396**, 457 (2010)
10) H. Tachibana, M. Saito, K. Tsuji, K. Yamanaka, L. Q. Hoa, E. Tamiya, *Sensors and Actuators B: Chemical*, **206**, 303 (2015)
11) H. Tachibana, M. Saito, S. Shibuya, K. Tsuji, N. Miyagawa, K. Yamanaka, E. Tamiya, *Biosensors and Bioelectronics*, **74**, 725 (2015)
12) M. Saito, K. Takahashi, Y. Kiriyama, W. Espulgar, H. Aso, T. Sekiya, Y. Tanaka, T. Sawazumi, S. Furui, E. Tamiya, *Anal. Chem.,* **89**, 12797 (2017)
13) M. Saito *et al.,* MicroTAS2017, 1244 (2017)
14) B. J. Hindson *et al., Anal. Chem.,* **83**, 8604 (2011)
15) S. Mohr *et al., Microfluid. Nanofluidics*, **3**, 611 (2007)
16) F. Schuler *et al., Lab Chip* (2015), doi:10.1039/C5LC01068C
17) F. Schuler, N. Paust, R. Zengerle, F. von Stetten, *Micromachines*, **6**, 1180 (2015)
18) D. Pekin *et al., Lab Chip*, **11**, 2156 (2011)
19) MM. Kiss *et al., Anal. Chem.,* **80**, 8975 (2008)
20) F. Schuler *et al., Lab Chip,* **16**, 208 (2016)
21) T. Mitsumaki, M. Saito *et al.,* MicroTAS2017, 13 (2017)
22) K. Takahashi, K. Tanabe, M. Ohnuki, M. Narita, T. Ichisaka, K. Tomoda, S. Yamanaka, *Cell*, **131**, 861 (2007)
23) K. Okita, T. Ichisaka, S. Yamanaka, *Nature*, **448**, 313 (2007)
24) E. M. Jolicoeur, C. B. Granger, J. L. Fakunding, S. C. Mockrin, S. M. Grant, S. G. Ellis, R. D. Weisel, M. A. Goodell, *Am. Heart J.,* **153**, 732 (2007)
25) L. Liao and R. C. Zhao, *Stem Cells Dev.,* **17**, 613 (2008)
26) A. Behfar, C. Perez-Terzic, R. S. Faustino, D. K. Arrell, D. M. Hodgson, S. Yamada, M. Puceat, N. Niederlander, A. E. Alekseev, L. V. Zingman and A. Terzic, *J. Exp. Med.,* **204**, 405 (2007)
27) C. Mauritz, K. Schwanke, M. Reppel, S. Neef, K. Katsirntaki, L. S. Maier, F. Nguemo, S. Menke, M. Haustein, J. Hescheler, G. Hasenfuss, U. Martin, *Circulation*, **118**, 507 (2008)
28) Y. Ohno, S. Yuasa, T. Onizuka, T. Egashira, K. Shimoji, S. H. Yoon, T. Arai, J. Endo, T.

Kageyama, H. Chen, *Circulation*, **118**, S_429 (2008)
29) G. Narazaki, H. Uosaki, M. Teranishi, K. Okita, B. Kim, S. Matsuoka, S. Yamanaka, J. K. Yamashita, *Circulation*, **118**, 498 (2008)
30) S. Nishikawa, R. A. Goldstein, C. R. Nierras, *Nat. Rev. Mol. Cell. Biol.*, **9**, 725 (2008)
31) I. Itzhaki, L. Maizels, I. Huber, L. Zwi-Dantsis, O. Caspi, A. Winterstern, O. Feldman, A. Gepstein, G. Arbel, H. Hammerman, M. Boulos, L. Gepstein, *Nature*, **471**, 225 (2011)
32) 浅井康行，医学の歩み，**232**, 117 (2010)
33) E. Delpón, C. Valenzuela, J. Tamargo, *Drug Safety*, **21**, 11 (1999)
34) H. M. M. Hossain, E. Shimizu, S. R. Rao, M. Saito, Y. Yamaguchi, E. Tamiya, *Analyst*, **135**, 1624 (2010)
35) T. Ikeuchi, W. Espulgar, E. Shimizu, M. Saito, J.-K. Lee, Xi. Dou, Y. Yamaguchi, E. Tamiya, *Analyst*, **140**, 6500 (2015)
36) W. Espulgar, Y. Yamaguchi, W. Aoki, D. Mita, M. Saito, J.-K. Lee, E. Tamiya, *Sensors and Actuators B: Chemical*, **207**, 43 (2015)
37) W. Espulgar,W. Aoki, T. Ikeuchi, D. Mita,M. Saito, J.-K. Lee and E.Tamiya, *Lab Chip*, **15**, 3572 (2015)
38) C. Zhu *et al.*, MicroTAS2018, Kaohsiung, Taiwan, p. 1326 (2018)

3　マイクロデバイスを活用した単一がん細胞解析の現状

吉野知子[*1]，根岸　諒[*2]

3.1　はじめに

がんとは，遺伝子変異により引き起こされ，無秩序な増殖，浸潤を繰り返すことで患者を死に追いやる，古来より人類を苦しめ続ける難病の一つである。医療技術の進歩した現代においても，がん根絶は達成されておらず，1981年以降，我が国の死亡原因の第一位を占め続けている。がんは，単一の細胞を起源とし，増殖するうちに複数のサブタイプを形成することが知られており，遺伝的・機能的に不均一な細胞集団である。従って，単一細胞レベルでの機能解析が求められている。

近年の次世代シーケンサーや全ゲノム，全トランスクリプトーム増幅など，微量核酸の増幅技術の発展により，単一細胞の核酸情報を高精度に解析することが可能となった。これにより，単一細胞解析は従来の細胞集団解析に並ぶスタンダードな解析技術の一つになりつつある。単一細胞解析の第一歩は細胞集団中から任意の単一細胞を分離することである。現在，単一細胞の分離には Fluorescence activated cell sorting（FACS）が使用されるケースがほとんどである。FACSは非常に高速で単一細胞をソーティングすることが可能だが，分離のために大量の細胞を必要とし大半の細胞を捨ててしまうため，がん幹細胞や血中循環腫瘍細胞（Circulating Tumor Cell：CTC）などの希少な細胞には適さない。また，装置自体が非常に高価であり，流路構造が複雑であるためコンタミネーションへの対策が煩雑になる。そのため，近年では微細加工技術により作製されるマイクロデバイスを用いた単一細胞分離技術の開発が活発に進められている。そこで本稿では，近年登場した新たな単一細胞分離システムのがん細胞解析への利用に関して現状を概説する。また，後半では著者らが開発を進めているCTC向けの単一細胞分離システムについて紹介する。

3.2　マイクロデバイスを用いた単一細胞分離システム

単一細胞解析技術の発展に伴い，近年では様々な単一細胞分離システムが開発されている（表1）。本節ではそれぞれの原理を概説し，その特徴を紹介する。

3.2.1　Droplet microfluidicsを用いた単一細胞分離システム

Droplet microfluidicsは水溶液をオイルにて切り取ることによって直径数十～数百μmの液滴“ドロップレット”を作製するマイクロデバイスである。連続的に送液することで秒間数百～数千個もの速度で作製することが可能である。サイズが非常に均質なドロップレットを作製でき，十分に希釈した細胞懸濁液を送液することによって，単一細胞を封入することが可能である。この特徴を利用した技術として，数千細胞のシークエンス解析を同時に行う超並列単一細胞

＊1　Tomoko Yoshino　東京農工大学　大学院工学研究院　生命機能科学部門　教授

＊2　Ryo Negishi　東京農工大学　大学院グローバルイノベーション研究院　特任助教

RNA-seq 法が2015年に開発・発表され，以降複数の企業から単一細胞解析装置が販売されている[1,2]。これらの技術は，ドロップレットに単一細胞と分子バーコード付きプライマーを固定したビーズを封入し，細胞ごとに異なる配列を核酸に標識することで，得られたシークエンスデータを細胞ごとにソートする基本的な原理は共通しているが，ドロップレットに対するビーズの封入方法によってDrop-seq方式とinDrop方式に分類することができる。

Drop-seq方式ではプライマーを固定した樹脂性のマイクロビーズを用いる。細胞とビーズはそれぞれポアソン分布に従いドロップレットに封入され，ドロップレット内で溶解した細胞から放出されたmRNAがビーズ上にトラップされ，逆転写，PCR増幅，アダプター付与を経てシークエンスに供される。Drop-seq方式は自作のデバイスで実施するためのプロトコルも公開されており，コストが低いメリットがあるが，細胞とビーズがそれぞれ確率的にドロップレットに封入されるため，双方が封入されたドロップレットが作製される確率が低く，導入した細胞の２％

表１　市販化されている単一細胞分離システム

原理	システム	メーカー	処理細胞数	細胞分離効率	スループット	アプリケーション	解析対象
Droplet microfluidics (inDrop type)	Chromium	10X Genomics	500-80,000 cells	～45%	—	RNA-seq, DNA-seq, Immuno Profiling, ATAC-seq	Cancer cell, Immune cell, Stem cell
	Tapestri Platform	MissionBio	<10,000 cells	-	—	Targeted DNA-seq	Cancer cell
Droplet microfluidics (Drop-seq type)	inDrop System	1CellBio	<3,000 cells	～24%	—	RNA-seq	Stem cell, Immune cell
	ddSEQ Single-cell isolator	Illumina -BIO RAD	100-10,000 cells	1%	—	RNA-seq	Immune cell
	Nadia Instrument	Dolomite Bio	>6,000 cells	1%	—	RNA-seq	Nerve cell
Microwell	ICELL8 cx	Takara Bio	<1,500 cells	10%	—	RNA-seq	Cancer cell, Immune cell, Stem cell
	Rhapsody Single-cell Analysis System	BD	100-10,000 cells	86%	—	Targeted RNA-seq	Immune cell
Integrated device	C1 Single-cell Auto Prep System	Fluidigm	96-800 cells	4%	—	RNA-seq, DNA-seq	Cancer cell, Immune cell, Stem cell, Tissue
Others	DEPArray NxT	Menarini Silicon Biosystems	<96 cells	100% (20% loss)	2 min/cell	DNA-seq	Circulating tumor cells, FFPE
	Puncher System	Vycap	<96 cells	90% (30% loss)	1 sec/cell	RNA-seq, DNA-seq	Circulating tumor cells

程度しか解析することができない。そのため，解析には大量の細胞が必要となる。本方式を採用している市販装置として，illumina-BIORAD 社の ddSEQ システム，Dolomite Bio 社の Nadia システムが挙げられる。

inDrop 方式ではプライマーの固定にハイドロゲルビーズを使用する。ゲルの利用と流路構造の工夫により，Drop-seq 方式と比較して高い効率でビーズをドロップレットに封入することができ，導入細胞に対する解析可能な細胞の割合が高い傾向がある（最大で導入細胞の 50%程度）。本方式を採用した装置として，1CellBio 社の inDrop システム及び 10X Genomics 社の Chromium システム，MissionBio 社の Tapestri Platform が市販化されている。さらに，Chromium ではビーズが溶解することで，inDrop，Tapestri Platform においては光照射によってプライマーとビーズの結合が解離することで，ドロップレット内にプライマーが拡散し，核酸のトラップ効率を向上させる工夫がなされている。また，inDrop 方式では DNA 解析用のプロトコルも展開されている（10X Genomics, MissionBio）。

Droplet microfluidics を基とした単一細胞分離技術は，他の技術と比較して大量の単一細胞を一度に解析することが可能である。そのため，近年では末梢血単核球や免疫細胞などの解析を中心に急速に普及している状況である[3~5]。また，遺伝子変異解析向けの試薬セットの販売も相次いでおり，がん細胞解析の報告例も増加すると考えられる。一方で，細胞の分離に大量の細胞を必要とすること，無作為に細胞を分離するため，タンパク質発現などのイメージング解析と併用することができないなどの制限がある。

3.2.2　マイクロウェルを用いた単一細胞分離システム

マイクロウェルを用いた単一細胞分離技術では，数十 μm 四方の微小なウェルが高密度にアレイ化されたチップを用いて細胞を分離する。本手法を用いた装置として Takara Bio 社の ICELL8 cx システム，BD 社の Rhapsody Single-Cell Analysis System が市販化されている。

ICELL8 cx システムでは，十分に希釈された細胞懸濁液をナノディスペンサーを用いて分注する。細胞はポアソン分布に従い分注され，5,184 個のマイクロウェルのうち 1,500 個程度に単一細胞が分離される。マイクロウェルには予め分子バーコード付きのプライマーが固定化されているため，全トランスクリプトーム増幅反応を行った上で超並列単一細胞 RNA-seq 解析を行うことができる[6,7]。

Rhapsody Single-cell Analysis System では，200,000 個のマイクロウェルが配置されたチップに対してプライマーが固定化された磁気ビーズと細胞懸濁液を導入し，単一細胞と磁気ビーズをそれぞれウェル内に分離する。約 10,000 個の単一細胞を分離することができ，ウェル内部で細胞を溶解することで，mRNA を磁気ビーズ上にトラップされる。プライマーには分子バーコードが付与されているため，磁気回収した mRNA を増幅した上で超並列解析を行うことができる。

これらの手法は Droplet microfluidics と比較して分離スループットは低いが，分離した単一細胞を観察することが可能であり，特に ICELL8 ではウェルごとの分子バーコードが管理されているため，細胞の形態情報と遺伝子情報を紐づけることができるメリットがある。一方で，分離操作そのものはランダムに行われるため，添加した細胞集団の10%程度しか解析に持ち込めないなどの制限がある。また，チップのランニングコストが高い傾向がある。

3.2.3 統合型デバイスを用いた単一細胞分離システム

上述の単一細胞分離システムは細胞の分離及び分子バーコードの付与までの操作をサポートする技術であり，その後の核酸増幅などは基本的にオペレーターのマニュアル操作で行われる。一方で，Lab on a chip の概念から，単一細胞の分離から核酸増幅までの一連の操作工程をデバイス内部で完了させるための統合型デバイスの開発も進められている。このようなデバイスで，2018 年時点で市販化されているものは C1 Single-cell Auto Prep System のみである。C1 Single-cell Auto Prep System は細胞捕捉チャンバー，核酸増幅反応槽及びこれらを区画化する空気圧バルブが統合された流路系を持つマイクロデバイスと，複数のポンプを内蔵する駆動装置からなるシステムであり，単一細胞の分離から核酸の抽出，増幅を一貫して実施することが可能である。DNA 解析用，RNA 解析用など，用途に応じたマイクロデバイスがラインナップされており，96 細胞～800 細胞までの同時処理を可能としている。さらに，プロトコルの開発環境も用意されており，ユーザーが開発したプロトコルを世界中に共有できるなど，高い拡張性を有する。また，他の技術と比較して早い段階で上市されているため，がん細胞を含めた様々な種類の細胞に対する利用例が報告されている[8~10]。

一方で，細胞の捕捉効率は低く，800 個の細胞を調整するために約 20,000 個の細胞を必要とするため，希少な細胞を分離する，という利用法には適さない。また，マイクロ流体デバイスが高額であることや，デバイスの構造上，捕捉可能な細胞のサイズに制限があり（5～25 μm），目詰まりを起こすトラブルが発生する場合があることが知られている。

3.2.4 その他の単一細胞分離システム

上記の単一細胞分離システムは数百から数万個の細胞を一括で取り扱うための技術であり，基本的に大量に細胞が用意できる条件での使用が想定されている。そのため，細胞集団中にわずかに存在する希少細胞をロスなく分離する，という用途には適していない。一方で，希少細胞向けの単一細胞分離システムもわずかではあるが開発されている。本項ではそれらの技術を紹介する。

(1) DEPArray NxT（Menarini Silicon Biosystems）

DEPArray NxT は誘電泳動による細胞操作技術に基づく単一細胞分離システムである。具体的には，CMOS センサー上に配列化された 320 × 320 個の微小な電極の電場を制御することにより細胞を操作する[11,12]。細胞一個に対し 3 × 3 個の電極を使用し，中央の電極と周囲の 8 個の電極に対し，逆位相の電圧を付与することで，中央の電極上に電場の窪み“DEP cage”を発生させる。これにより細胞を中央の電極直上の空間に静止させることが可能となる。その後，各電極の電圧を制御し，DEP cage を移動させることで，非接触で細胞を操作することができる。このとき，最大で約 30,000 の DEP cage を発生させ，10,000 個の細胞を同時に操作すること可能である。DEPArray のカートリッジは，細胞観察を行うためのメインチャンバーと，吐出前に細胞を保持するためのパーキングチャンバー，吐出チャンバーから構成されている。画像解析を行い，分離対象の細胞群をパーキングチャンバーに輸送した後，1個ずつ吐出チャンバーに輸送し，30～40 μl のバッファーとともに PCR チューブへと吐出する。このとき，細胞のチューブへの吐出を顕微鏡にてモニタリングすることで，高精度な単一細胞分離を実現している。細胞の画像取得からパーキングチャンバーへの輸送に約 70 分，その後の細胞の吐出は 1 細胞あたり約 2 分程度で行われる。

DEPArray NxT は半自動的に細胞を分離でき，画像解析した細胞をロスなく分離できることから，CTC 濃縮装置である CellSearch System にて濃縮したサンプルから CTC を分離する等，CTC の単一細胞解析での使用例が多く報告されている[13,14]。一方で，デバイスに導入可能なサンプルサイズが 12 μl と非常に小さいため，予め細胞懸濁液の濃縮操作が必要になることや，デバイスの構造上導入した細胞の 20％程度をロスする課題がある。

(2)　Puncher system（Vycap）

Puncher system は Self-seeding microwell と呼ばれるシリコン製のマイクロウェルと，チタン製のパンチニードルを利用した細胞分離装置である[15,16]。マイクロウェルは底部に微細貫通孔を有しており，細胞懸濁液を添加し，吸引することにより細胞をウェル上に捕捉することができる。その後，マイクロウェル全面を観察，標的の細胞が入ったウェルの座標を取得し，パンチニードルによりウェルを打ち抜く。ウェル内の細胞はウェルの破片と共に落下し，下部に配置された 384 ウェルプレートに回収される。細胞分離に要する時間は一細胞あたり約 1 秒であり，分離した細胞を全ゲノム増幅（Whole genome amplification），全トランスクリプトーム増幅（Whole transcriptome amplification）に用いることができる。一方で，マイクロウェルの細胞捕捉効率が約 70％，パンチニードルによる分離の成功率が約 90％であり，正味の細胞分離効率は 63％程度と，精度の面に課題を残している。

3.2.5　単一細胞分離システムの現状と課題

ここまでに紹介した単一細胞分離システムの処理可能な細胞数と，核酸情報以外に取得可能な情報量の関係を図 1 に示す。手法によって多少の差異はあるものの，基本的に処理細胞数が多いほど核酸以外の情報量が減少する傾向がある。数千，数万の単一細胞を一度に解析可能なハイスループットな単一細胞分離システムの登場により，新たな定義に基づいた細胞分類を行うことや，細胞系譜を解き明かすような実験が比較的容易に行えるようになってきている。また，ハイスループットなシステムにおいては得られるデータが核酸情報に限定される一方，マイクロウェルやマイクロ流体デバイスをベースとした千細胞前後を処理可能な，ミドルスループットな単一細胞分離システムは細胞の形態情報を組み合わせた解析が行える。そのため，ハイスループットなシステムにて得られた解析結果を補完するデータを得ることができると考えられ，今後は複数の手法を用いて多角的な解析データを得るようなアプローチが増えていくことが予想される。一方で，これらの技術は細胞集団の一部をランダムに取り出して解析を行うことから，サンプルとして大量の細胞が必要になる点が共通した課題となる。

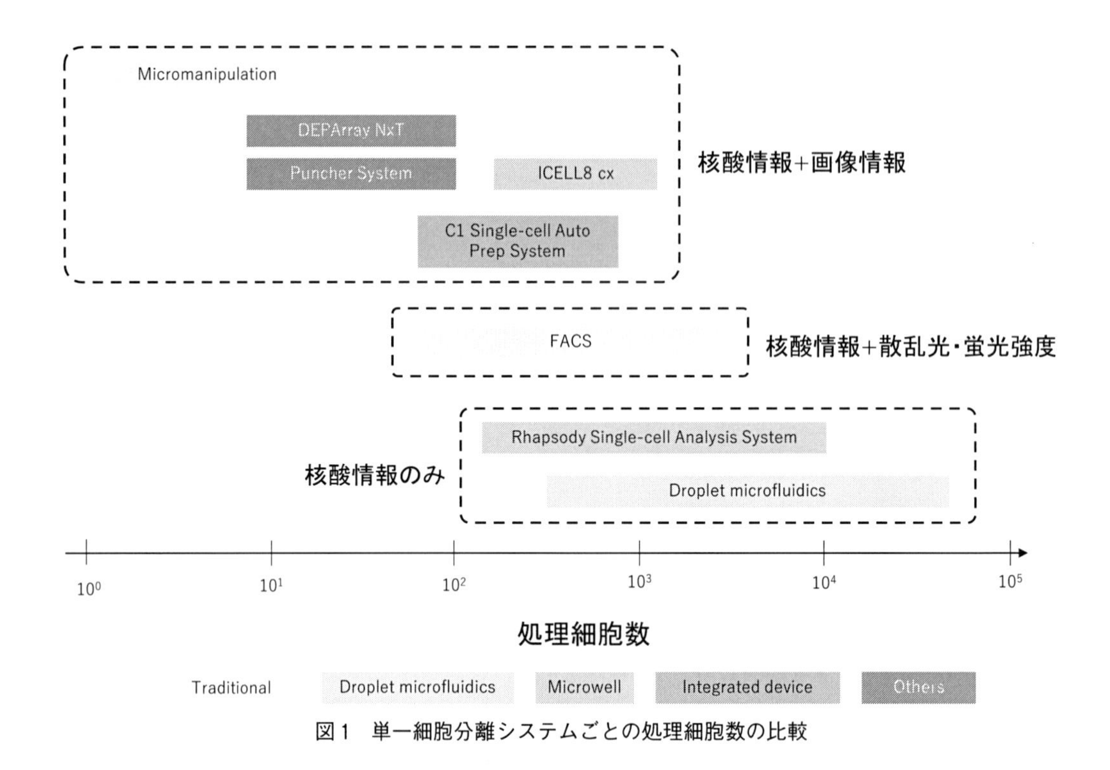

図1　単一細胞分離システムごとの処理細胞数の比較

ハイスループットなシステム開発と比較して小規模であるが，少数の細胞集団や，希少細胞向けの技術も開発が進められている。これらの技術は分離プロセスにおける標的細胞のロスを最小限にするための工夫がなされており，CTCなどの希少な細胞を対象にヒト由来の検体での使用例を着実に増やしている。一方で，これらは単一細胞分離操作に特化しており，血液中にごくわずかに含まれるCTCを分離するためには，予めCTCを濃縮する操作が必要になる。また，濃縮したサンプルのボリュームを単一細胞分離システムに合わせて変更する必要がある。例えばCellSearch SystemでCTCを濃縮し，DEPArrayで単一細胞を分離する場合，CellSearch Systemで得られた700 μl程度のCTC濃縮サンプルを100分の1程度まで再濃縮する必要があり，その際に細胞のロスが発生する可能性がある。従って，CTCのような希少細胞をロスなく分離するためには，希少細胞の濃縮操作から単一細胞の分離を一つのデバイス内で一貫して行うことが望ましいと考えられるが，現時点では実用化された技術は存在しない。

3.3　Microcavity arrayを用いた単一CTC解析システムの開発

著者らの研究グループではメンブレンフィルター型のデバイスである“Microcavity array (MCA)”を用いたCTCの解析システムの開発を進めており，本項では著者らの取り組みについて紹介する。

3.3.1　MCAを用いたCTC濃縮技術

MCAはNiやPETなどの基板に直径数マイクロメートルの貫通孔を高密度にアレイ化したデ

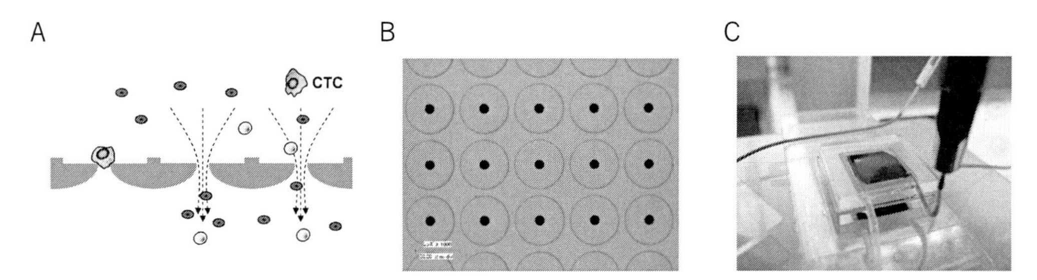

図2　Microcavity array（MCA）を用いたCTC濃縮システム
A：原理概要，B：MCAの表面構造，C：CTC濃縮デバイス

バイスであり，2006年頃から哺乳類細胞のアレイ化や単一細胞解析への利用法を報告してきた[17,18]。また，貫通孔のサイズを変更することにより，血球と比較してサイズが大きく，骨格タンパク質の発現量が高く変形能が低いCTCを選択的に捕捉・濃縮することが可能であることを発見し，CTC解析に向けた検討を進めている（図2）[19]。メンブレンフィルターを用いたCTCの濃縮技術は多数報告されているが，MCAの特徴的な点は，全血を前処理なくフィルトレーションできる点である。他のメンブレンフィルターでは，溶血処理や密度勾配遠心を行うことで赤血球を除去したり，バッファーなどで希釈した上でフィルトレーションを行う必要がある。溶血処理はCTCに対してダメージを与える可能性，密度勾配遠心はCTCのロスや再現性などの課題があることから，これらの前処理操作なしで全血をフィルトレーションできることは非常に強力なアドバンテージになると考えられる。また，実際のCTC濃縮性能を評価するために，静岡がんセンターの協力のもと，転移が認められる非小細胞肺がん患者22症例および小細胞肺がん患者21症例を対象に，MCAと，既存のCTC検出システムであるCellSearch SystemにてCTC検出試験を行った。結果，MCAでは，非小細胞肺がん17症例，小細胞肺がん20症例（残り1症例はMCAによる試験を非実施）から，CellSearch Systemでは，非小細胞肺がん7症例，小細胞肺がん12症例からCTCが検出され，MCAの方が多くの症例からCTCを検出することができた[20]。また，検出されたCTCの数は症例ごとに差異が見られたが，平均数はMCAの方が多かったことから，MCAがCTCの濃縮に有効であることが示された。

現在までに，小細胞肺がんなどの比較的小径のがん細胞の回収に向けた孔構造の改良や，MCA全面の一括撮像による高速CTC検出システム，MCAを内蔵した使い捨てカートリッジと送液システムを組み合わせた自動CTC濃縮システムなどの開発を進めており，一部は複数の医療機関で性能評価試験が行われている[21~23]。

3.3.2　Gel-based cell manipulation法による単一細胞分離技術

CTC濃縮向けのMCAの開発が進められていく一方で，MCA上に濃縮した細胞をシングルセルレベルで分離する方法はマイクロマニピュレーションを用いる手法に限定されていた。しかし，マイクロマニピュレーションは労働集約的でスループットが低い点が課題であった。そこで，著者らはMCA上から簡便に単一細胞を分離するための技術として，Gel-based cell

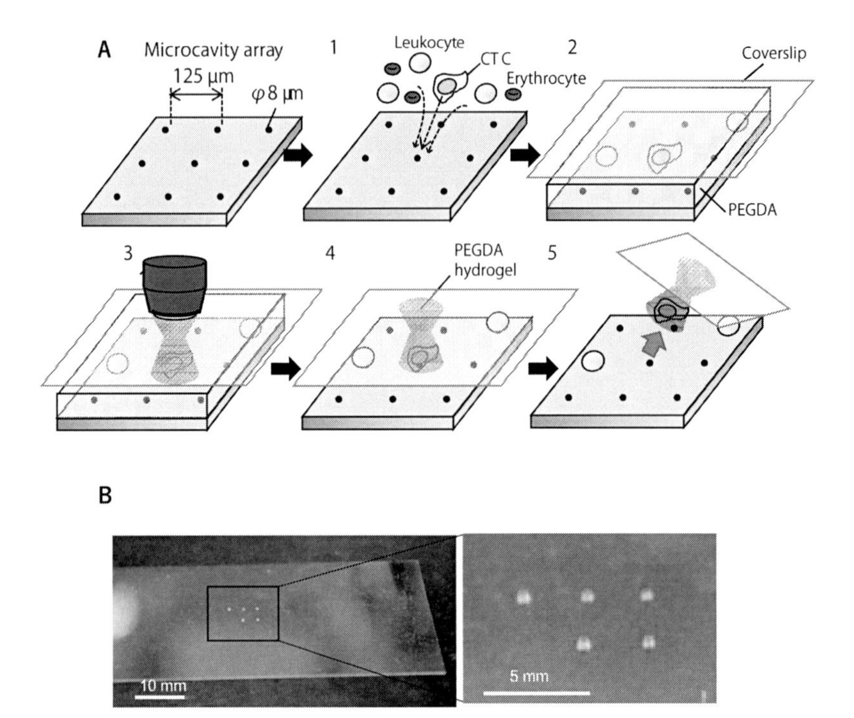

図3　Gel-based cell manipulation 法
A：操作概要，B：作製したハイドロゲル

manipulation（GCM）という手法を新たに開発した（図3）。

GCM 法は特定波長の光を照射することで硬化するハイドロゲルに標的の単一細胞を包埋し，分離する手法である。ハイドロゲルは直径 250 μm 程度であり，肉眼で確認し，ピンセットなどを用いて容易に取り扱うことができる。MCA による CTC 濃縮と連続的に単一細胞を分離することができ，テクニカルエラーによるサンプルのロスを最小限にすることができる。これまでに細胞株を対象にハイドロゲルや光照射条件の検討を行っており，MCA 上から 95%以上の精度で単一細胞を分離可能であることを示している[24)]。さらに，本手法で分離した単一細胞は部分的にハイドロゲルに埋め込まれた状態ではあるが，遺伝子変異解析や遺伝子発現解析への利用が可能であることを確認している。現在，都立駒込病院の協力のもと，転移性がん患者血液からの CTC の単一細胞遺伝子解析を進めている。また，現時点では顕微鏡を用いてそれぞれの細胞に対して光照射を行う必要があるが，作業効率の向上に向けて複数の細胞に対して一括で光照射を行うことが可能な光学システムの開発を進めている[25)]。

3.4　おわりに

本稿ではがん細胞の単一細胞解析に用いられているマイクロデバイスにフォーカスし，その技術的な特徴を概説した。近年では大量の単一細胞の遺伝子解析を行う方向で技術開発が積極的に進められている。一方で，CTCのような希少な細胞を対象とした技術はあまり多くない状況であり，技術的な課題は残されている。著者らのグループでは，CTCに特化した単一細胞解析システムの開発を進めており，CTCの濃縮から単一細胞分離を一貫して行うことが可能なユニークな技術の構築に至っている。これらの技術開発を通じ，がんの性質の理解とがん治療，診断方法の確立に寄与したいと考えている。

文　献

1） A. M. Klein, L. Mazutis, I. Akartuna, N. Tallapragada, A. Veres, V. Li, L. Peshkin, D. A. Weitz, M. W. Kirschner, *Cell*, **161**, 1187 (2015)
2） E. Z. Macosko, A. Basu, R. Satija, J. Nemesh, K. Shekhar, M. Goldman, I. Tirosh, A. R. Bialas, N. Kamitaki, E. M. Martersteck, J. J. Trombetta, D. A. Weitz, J. R. Sanes, A. K. Shalek, A. Regev, S. A. McCarroll, *Cell*, **161**, 1202 (2015)
3） H. M. Kang, M. Subramaniam, S. Targ, M. Nguyen, L. Maliskova, E. McCarthy, E. Wan, S. Wong, L. Byrnes, C. M. Lanata, R. E. Gate, S. Mostafavi, A. Marson, N. Zaitlen, L. A. Criswell, C. J. Ye, *Nature Biotechnology*, **36**, 89 (2018)
4） E. Azizi, A. J. Carr, G. Plitas, A. E. Cornish, C. Konopacki, S. Prabhakaran, J. Nainys, K. Wu, V. Kiseliovas, M. Setty, K. Choi, R. M. Fromme, P. Dao, P. T. McKenney, R. C. Wasti, K. Kadaveru, L. Mazutis, A. Y. Rudensky, D. Pe'er, *Cell*, **174**, 1293 (2018)
5） B. B. Lake, S. Chen, B. C. Sos, J. Fan, G. E. Kaeser, Y. C. Yung, T. E. Duong, D. Gao, J. Chun, P. V. Kharchenko, K. Zhang, *Nature Biotechnology*, **36**, 70. (2018)
6） R. Gao, C. Kim, E. Sei, T. Foukakis, N. Crosetto, L. K. Chan, M. Srinivasan, H. Zhang, F. Meric-Bernstam, N. Navin, *Nature Communications*, **8**, 228 (2017)
7） L. D. Goldstein, Y. -J. J. Chen, J. Dunne, A. Mir, H. Hubschle, J. Guillory, W. Yuan, J. Zhang, J. Stinson, B. Jaiswal, K. B. Pahuja, I. Mann, T. Schaal, L. Chan, S. Anandakrishnan, C. -w. Lin, P. Espinoza, S. Husain, H. Shapiro, K. Swaminathan, S. Wei, M. Srinivasan, S. Seshagiri, Z. Modrusan, *BMC Genomics*, **18** (2017)
8） A. A. Pollen, T. J. Nowakowski, J. Shuga, X. Wang, A. A. Leyrat, J. H. Lui, N. Li, L. Szpankowski, B. Fowler, P. Chen, N. Ramalingam, G. Sun, M. Thu, M. Norris, R. Lebofsky, D. Toppani, D. W. Kemp, 2nd, M. Wong, B. Clerkson, B. N. Jones, S. Wu, L. Knutsson, B. Alvarado, J. Wang, L. S. Weaver, A. P. May, R. C. Jones, M. A. Unger, A. R. Kriegstein, J. A. West, *Nature Biotechnology*, **32**, 1053 (2014)
9） A. K. Shalek, R. Satija, J. Shuga, J. J. Trombetta, D. Gennert, D. Lu, P. Chen, R. S. Gertner, J. T. Gaublomme, N. Yosef, S. Schwartz, B. Fowler, S. Weaver, J. Wang, X. Wang, R. Ding, R. Raychowdhury, N. Friedman, N. Hacohen, H. Park, A. P. May, Regev, A. *Nature*, **509**, 363 (2014)
10） S. Muller, G. Kohanbash, S. J. Liu, B. Alvarado, D. Carrera, A. Bhaduri, P. B. Watchmaker, G.

Yagnik, E. Di Lullo, M. Malatesta, N. M. Amankulor, A. R. Kriegstein, D. A. Lim, M. Aghi, H. Okada, A. Diaz, *Genome Biology*, **18**, 234 (2017)
11) N. Manaresi, A. Romani, G. Medoro, L. Altomare, A. Leonardi, M. Tartagni, R. Guerrieri, *Ieee Journal of Solid-State Circuits*, **38**, 2297 (2003)
12) A. B. Fuchs, A. Romani, D. Freida, G. AMedoro, M. bonnenc, L. Altomare, I. Chartier, D. Guergour, C. Villiers, P. N. Marche, M. Tartagni, R. Guerrieri, F. Chatelain, N. Manaresi, *Lab on a Chip*, **6**, 121 (2006)
13) M. Pestrin, F. Salvianti, F. Galardi, F. De Luca, N. Turner, L. Malorni, M. Pazzagli, A. Di Leo, P. Pinzani, *Mol Oncol.*, **9**, 749 (2015)
14) S. S. Yee, D. B. Lieberman, T. Blanchard, J. Rader, J. Zhao, A. B. Troxel, D. DeSloover, A. J. Fox, R. D. Daber, B. Kakrecha, S. Sukhadia, G. K. Belka, A. M. DeMichele, L. A. Chodosh, J. J. D. Morrissette, E. L. Carpenter, *Molecular Genetics & Genomic Medicine*, **4**, 395 (2016)
15) J. F. Swennenhuis, A. G. Tibbe, M. Stevens, M. R. Katika, J. van Dalum, H. Duy Tong, C. J. van Rijn, L. W. Terstappen, *Lab on a Chip*, **15**, 3039 (2015)
16) M. Stevens, L. Oomens, J. Broekmaat, J. Weersink, F. Abali, J. Swennenhuis, A. Tibbe, *Cytometry. Part A : the journal of the International Society for Analytical Cytology*, **93**, 1255 (2018)
17) T. Matsunaga, M. Hosokawa, A. Arakaki, T. Taguchi, T. Mori, T. Tanaka, H. Takeyama, *Analytical Chemistry*, **80**, 5139 (2008)
18) M. Hosokawa, A. Arakaki, M. Takahashi, T. Mori, H. Takeyama, T. Matsunaga, *Analytical Chemistry*, **81**, 5308 (2009)
19) M. Hosokawa, T. Hayata, Y. Fukuda, A. Arakaki, T. Yoshino, T. Tanaka, T. Matsunaga, *Analytical Chemistry*, **82**, 6629 (2010)
20) M. Hosokawa, H. Kenmotsu, Y. Koh, T. Yoshino, T. Yoshikawa, T. Naito, T. Takahashi, H. Murakami, Y. Nakamura, A. Tsuya, T. Shukuya, A. Ono, H. Akamatsu, R. Watanabe, S. Ono, K. Mori, H. Kanbara, K. Yamaguchi, T. Tanaka, T. Matsunaga, N. Yamamoto, *PLoS ONE*, **8**, e67466 (2013)
21) R. Negishi, M. Hosokawa, S. Nakamura, H. Kanbara, M. Kanetomo, Y. Kikuhara, T. Tanaka, T. Matsunaga, T. Yoshino, *Biosensors & Bioelectronics*, **67**, 438 (2015)
22) S. Yagi, Y. Koh, H. Akamatsu, K. Kanai, A. Hayata, N. Tokudome, K. Akamatsu, K. Endo, S. Nakamura, M. Higuchi, H. Kanbara, M. Nakanishi, H. Ueda, N. Yamamoto, *PLoS ONE*, **12**, e0179744 (2017)
23) T. Yoshino, K. Takai, R. Negishi, T. Saeki, H. Kanbara, Y. Kikuhara, T. Matsunaga, T. Tanaka, *Analytica Chimica Acta*, **969**, 1 (2017)
24) T. Yoshino, T. Tanaka, S. Nakamura, R. Negishi, M. Hosokawa, T. Matsunaga, *Analytical Chemistry*, **88**, 7230 (2016)
25) R. Negishi, K. Takai, T. Tanaka, T. Matsunaga, T. Yoshino, *Analytical Chemistry*, **90**, 9734 (2018)

4 細胞膜レセプターに対するハイスループットファンクショナルリガンドアッセイの構築

柳沼謙志[*1]，青木 航[*2]，植田充美[*3]

4.1 はじめに

GPCR（Guanine nucleotide binding protein（G-protein）coupled receptor）は7回膜貫通型受容体ファミリーに属するタンパク質であり，重要な生理活性に関わるシグナル伝達を仲介している。ヒト遺伝子の約3％がGPCRをコードしており，現在までに700～800種類のヒトGPCRが同定されている。これらのGPCRは，感覚，感情，認知，代謝，内外分泌，体循環，炎症，免疫などに深く関与しているため，GPCRの構造や機能を調べる基礎研究だけでなく，GPCRを薬のターゲットとして扱う研究も盛んに行われている。しかし，GPCRの新規アゴニスト探索のための効果的なスクリーニング法は未だ確立されていない。そこで本研究では，GPCR発現ヒト培養細胞を用いたFunctional assay system，ランダムペプチド分泌酵母，ドロップレットマイクロ流体デバイスを組み合わせることで，ハイスループットに新規アゴニストを探索できるGPCRリガンドアッセイ系の構築を行った。GPCRの新規アゴニストをハイスループットに同定可能とするシステムは，GPCRの基礎的理解のみならず，臨床応用にも重要な役割を果たすと期待される。

4.2 G-protein coupled receptor（GPCR）

GPCRは7回膜貫通型の受容体であり，ヒトでは最大の膜タンパク質ファミリーである。GPCRは細胞膜に存在し，細胞外のシグナルを細胞内応答として伝達する役割を担っている。生体内での天然リガンドの種類は多岐にわたり，ペプチドやタンパク質ホルモン，核酸，脂質，光，イオンなどが同定されている。また，GPCRが細胞外シグナルを細胞内に伝達することで生じる応答も多岐にわたり，感覚，感情，認知，代謝，内外分泌，体循環，炎症，免疫などに関わるとされている[1)]。これらの応答はヒトの疾病とも深く関わっているため，GPCRをターゲットとした創薬の研究も進められている。実際，現在の市販薬の50％がGPCRの関わるシグナル伝達系に作用しており，30％がGPCRに直接作用していると言われている[2)]。しかしながら，ヒトで同定されている700～800種類のGPCR[3)]のうちすでに薬が開発されているものは約100種類しかない[4)]。現在解明されている生理活性機能などから，薬剤ターゲットとなり得るヒトGPCRは約400種類と言われており，今後もGPCRをターゲットとした薬の開発の重要性は増していくと考

＊1 Kenshi Yaginuma 京都大学 農学部 応用生命科学科 学生

＊2 Wataru Aoki 京都大学 大学院農学研究科 応用生命科学専攻 助教；JST-さきがけ，JST-CREST

＊3 Mitsuyoshi Ueda 京都大学 大学院農学研究科 応用生命科学専攻 教授；JST-CREST

えられる[4)]。

4.3 シグナル伝達受容体をターゲットとした創薬

薬として開発される物質としては，低分子医薬品，抗体などの高分子医薬品，そしてペプチドなどの中分子医薬品が代表例としてあげられる。低分子医薬品は，一般的に500 Da以下の分子量であり，低コストで，入手しやすく，細胞膜の通過性や安定性にも優れている。しかし，ターゲットの選択性と特異性が比較的低く，副作用が生じやすい問題がある。一方で，分子量10 kDaを超えるような高分子のバイオ医薬品は，ターゲットの選択性には優れているが，生産コストが高く，細胞膜を通過できず，生体内で不安定である。最近では，これらに加えて，ペプチド医薬品が注目を集めている。ペプチドは分子量的にこれら2つの中間であり，両者の利点を得ることができると考えられる。

ペプチドをベースとした医薬品候補を探索する場合，ファージディスプレイなどを用いて，GPCRに対する結合性を指標としてスクリーニングするアッセイ系がよくつかわれる。しかしこのようなアッセイでは，受容体の下流の応答を調べることができないため，アゴニストやアンタゴニストの同定が行えない。ゆえに，GPCRをはじめとするシグナル伝達受容体の新規機能性リガンドの発見には，受容体の活性を検出するFunctional assayを用いることが重要である。

当研究室では，ペプチド医薬の有用性を踏まえ，酵母を用いたGPCRペプチドリガンドライブラリの構築およびFunctional assayによるGPCRの活性評価法を報告している[5)]。この研究では，酵母 *Saccharomyces cerevisiae* をペプチドリガンドの生産宿主として利用している。*S. cerevisiae* は哺乳類細胞と同種のたんぱく質フォールディング機能とペプチド分泌機構を持つ。また，遺伝子操作の簡便性や，ペプチド生産コストの低さなどから，巨大ライブラリの作製に有効である。我々は，このペプチド分泌酵母を，GPCRを発現する培養細胞と混ぜ合わせることで，簡便かつ低コストにGPCRのFunctional assayが実現できることを示してきた。しかし，活性評価には96穴プレートを用いており，スループット性が低く，巨大ライブラリから新規機能性リガンドを発見することは困難であった。

4.4 ドロップレットマイクロ流体デバイスを用いたハイスループットGPCRリガンドアッセイ系のデザイン

よりハイスループットにGPCRのリガンドアッセイを行うため，我々はドロップレットマイクロ流体デバイスに注目した。ドロップレット流体デバイスとは，直径がマイクロメートルオーダーの微小液滴をハイスループットに作製するものである。このドロップレット内でFunctional assayを行えれば，感度やスループットの向上，試薬コストの削減などが可能であり，従来のプレートベースのアッセイよりも優れていると考えられる。また，ドロップレットを利用した，ハイスループットシングルセル解析[6)]や，ドロップレット内での微生物や培養細胞の一時的な培養も可能であることも報告されており[7)]，生細胞を用いたアッセイにも応用可能であることが分かっている。加えて，FACSを用いたソーティングも可能であるため，巨大ライブラリのスクリーニングにも有効な技術であると考えられる。

我々は，ドロップレットマイクロ流体デバイスを基盤技術とし，ランダムペプチド分泌酵母，機能的GPCRレポーター細胞を組み合わせることで，代表的なGPCRの一つであるglucagon-like peptide 1 receptor（GLP1R）[8]の機能的リガンドをハイスループットに探索可能なシステムを構築した。本研究の概略図を図1に示す。まず，GLP1Rの活性に応答してLacZを分泌する機能的レポーター細胞およびGLP1Rのペプチド分泌酵母を構築する（図1(a)）。次に，それらをドロップレットに同時に封入し，共培養を行う（図1(b)）。酵母によって分泌されたペプチドがGLP1Rを活性化すると，LacZが細胞外に分泌され，その酵素活性によりドロップレット全体が強い蛍光を発する。その後，蛍光を発するドロップレットを単離する（図1(c)）。次に，プレート培地でドロップレット中の酵母を再培養する（図1(d)）。最後に，酵母のペプチド配列をシーケンシングし，リガンドの配列を調べる（図1(e)）。このストラテジーにより，従来の手法に比べてスループットおよび感度が高い，細胞膜受容体の新規機能性リガンドの発見法を構築できると期待される。

4.5　LacZ分泌レポーター細胞を用いたFunctional assay system

本研究で使用するレポーター細胞として，GLP1Rを発現し，その活性化によってLacZを分

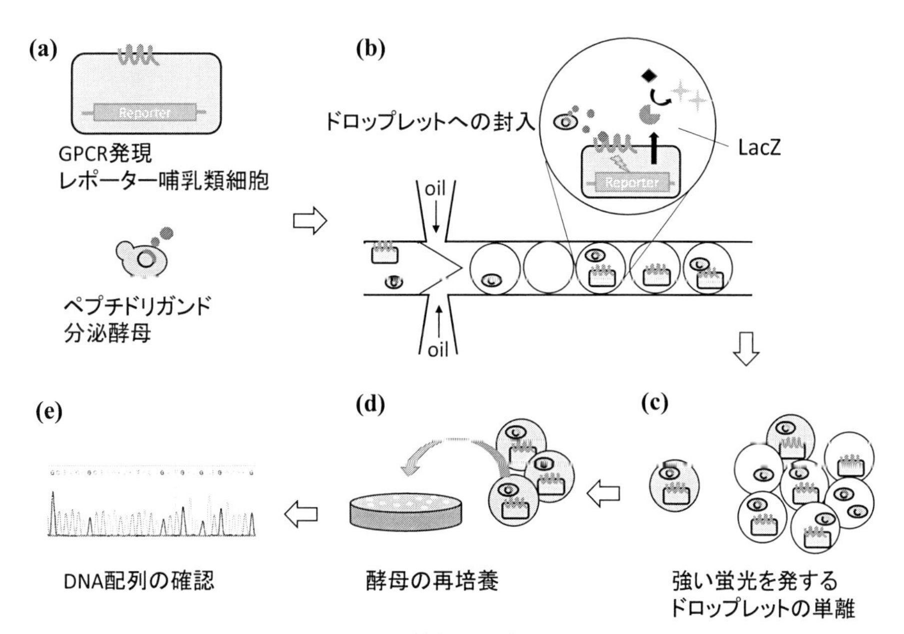

図1　GPCRに対するリガンドアッセイ

(a)GPCR発現レポーター哺乳類細胞とそのペプチドリガンドを分泌する酵母の構築，(b)マイクロ流体デバイスを用いてドロップレットにレポーター細胞と酵母を同時に封入，(c)強い蛍光を発するドロップレットの単離，(d)ドロップレット内の酵母をプレートレベルで再培養，(e)単離された酵母が保有するリガンドのDNA配列確認。

泌するHEK293細胞を構築した（GLP1R/LacZ-293）。また，GLP1Rのアゴニストである Exendin-4（Ex4）[9]やランダム化ペプチドリガンドの分泌のために，酵母*S. cerevisiae* BY4742を用いた（図2）。

Functional assay systemの評価を行うため，GLP1R/LacZ-293に，標品Ex4（図3(a)），Ex4分泌酵母（Yeast-Ex4）の12時間培養後の培養上清（図3(b)），Yeast-Ex4を懸濁したDMEM培地（図3(c)）を作用させた。LacZの活性を蛍光で検出したところ，すべてのサンプルでGLP1Rの活性化を確認できた。

特筆すべきはレポーター細胞と分泌酵母の一時的な共培養によってGLP1Rの活性測定が可能であったことである。この結果から，ドロップレット内での共培養による活性測定も可能であると予想された。

4.6 ドロップレットマイクロ流体デバイスを用いたGLP1RのFunctional assay

酵母を用いることによりペプチドライブラリの拡大は容易になるが，プレートを用いたアッセイではスループット性が低いことが課題であった。一方で，ドロップレットマイクロ流体デバイスを用いたアッセイ系では，1秒間に1000以上の液滴の生成が可能であり，リガンドアッセイを超並列的に評価することができる。我々は，1つのドロップレット内にレポーター細胞と単一の酵母を封入することで，GLP1Rの活性測定から，目的の酵母の単離・解析までをハイスループットに行えると考えた。

実際に行ったドロップレット内活性測定の評価結果を図4に示す。GLP1R/LacZ-293を種々の培地に懸濁し，直径約30 μmのドロップレットへ封入した。培地には，DMEM培地（図4(a)），標品Ex4含有DMEM培地（図4(b)），WTの*S. cerevisiae*（Yeast-WT）懸濁DMEM培

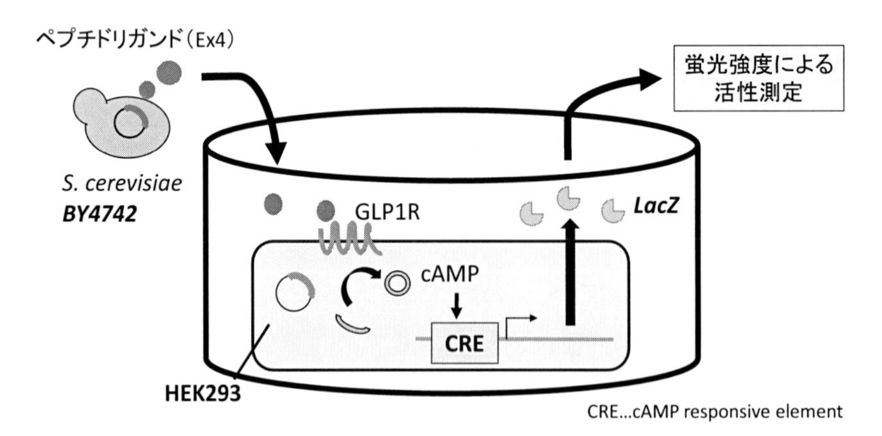

図2　GLP1Rとリガンド分泌酵母を用いたFunctional assay system

酵母が分泌したペプチドリガンド（Ex4）がHEK293上に発現させたGLP1Rを活性化させると，細胞内でcAMPが生産される。CREはこのcAMPに応答し，下流のレポーター遺伝子（*LacZ*）を転写する。これにより生産されたLacZ分子が細胞外に分泌され，基質分解によって蛍光を発する。

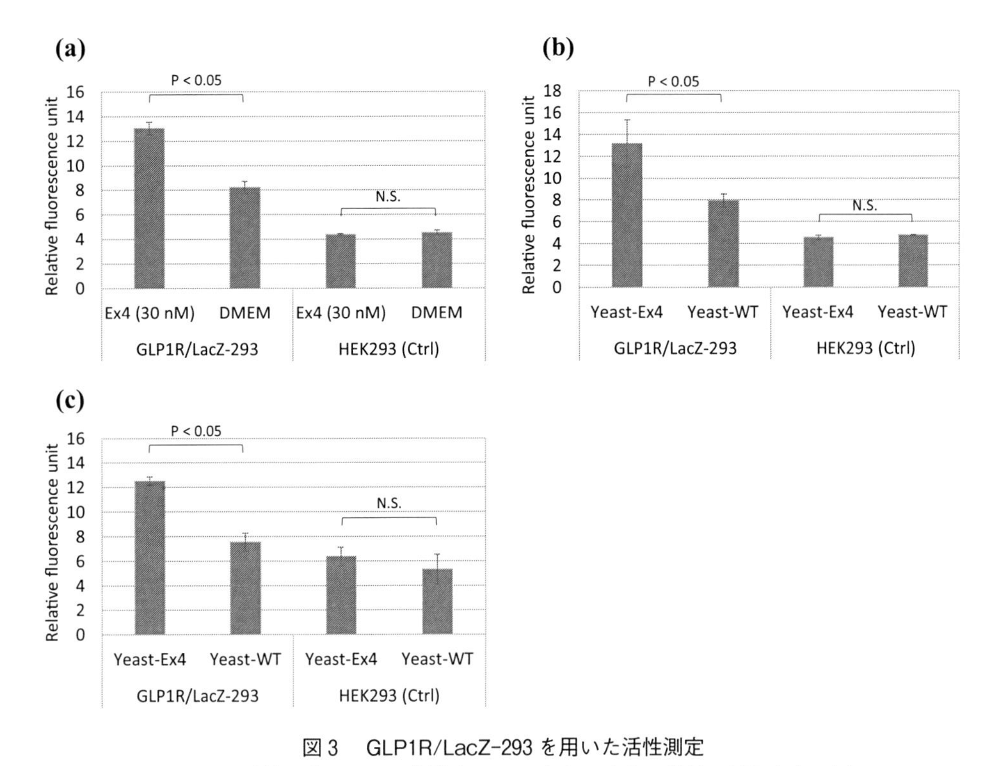

図3　GLP1R/LacZ-293を用いた活性測定

(a)標品Ex4を用いた活性測定。Ex4は終濃度30 nMとなるように培地に添加した。(b) Yeast-Ex4培養上清を用いた活性測定。(c) GLP1R/LacZ-293とYeast-Ex4の共培養による活性測定。データはN＝3の実験のmean ± SDを示す。N. S., not significant。

地（図4(c)），Ex4分泌*S. cerevisiae*（Yeast-Ex4）懸濁DMEM培地（図4(d)）を用いた。封入後，30℃で6時間インキュベートした結果，GLP1R/LacZ-293と標品Ex4またはYeast-Ex4を封入した場合において，強い蛍光を発するドロップレットが検出された。この結果から，ドロップレット内での共培養によるGLP1Rの活性測定が可能であることが分かった。

また，ドロップレットを用いて目的の酵母細胞のみを単離できるかどうかを評価するために，Yeast-WTとYeast-Ex4を100対1の割合で混合・懸濁したDMEM培地を用いて，ドロップレット内での活性測定を行った（図5(a)）。その後，得られたドロップレットの中から強い蛍光を発するものを単離した（図5(b)）。結果として，強い蛍光を発するドロップレットから，Yeast-Ex4のみが単離され，本スクリーニング系が機能していることを確認することができた（図5(c)）。

4.7　ランダム化Ex4ライブラリから機能性リガンドの同定

GLP1Rの活性化機構には，ペプチドリガンドのN末端2アミノ酸が大きく関与していることが知られている[8]。我々は今回構築したドロップレットアッセイ系を用いて，Ex4のN末端の2

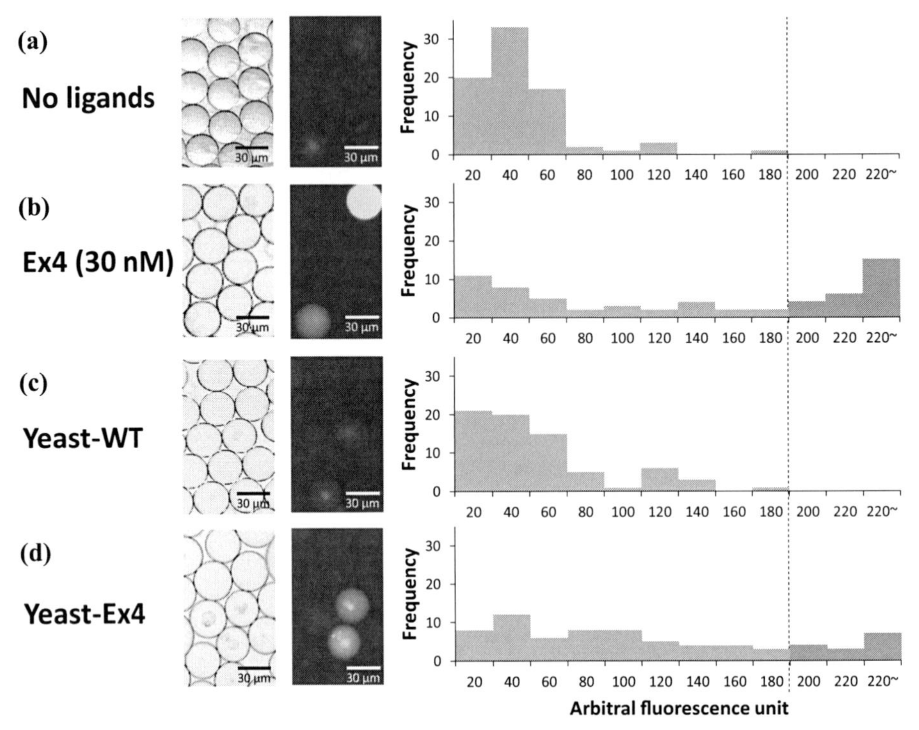

図4　GLP1R/LacZ-293 を用いたドロップレットベースでの活性測定

GLP1R/LacZ-293 の培地として(a) DMEM 培地，(b) 30 nM の標品 Ex4 含有 DMEM 培地，(c) WT の *S. cerevisiae*（Yeast-WT）懸濁 DMEM 培地，(d) Ex4 分泌 *S. cerevisiae*（Yeast-Ex4）懸濁 DMEM 培地を用いてドロップレットへの封入を行った。それぞれについて明視野（写真左），蛍光写真（写真右），ドロップレットごとの蛍光強度ヒストグラムを示す。ヒストグラムは細胞が封入されているドロップレットを対象にし，画像解析によって作成した。

アミノ酸をランダム化したペプチドライブラリから，新規配列を含む機能性リガンドの同定を試みた。ランダム化 Ex4 分泌酵母を用いて，ドロップレットアッセイを行い，強い蛍光を発するドロップレットの中から 6 つを無作為に選び単離した。その後，選ばれたドロップ内の酵母をそれぞれ別の YPD プレート培地で再培養した。結果として，計 6 枚のプレート中，1 コロニー形成されたプレートが 2 枚，2 コロニー形成されたプレートが 1 枚，3 コロニー形成されたプレートが 1 枚，全くコロニーが形成されなかったプレートが 2 枚得られた。全くコロニーが形成されなかったプレートに関しては，ドロップレットの単離から YPD プレートにおける再培養までの過程で酵母をロスしたものと考えられる。

コロニーを形成した酵母については，GLP1R が活性化されると nanoLuc を分泌する細胞[4]を用いて活性を再度測定するとともに，ペプチドの DNA 配列を調べた。結果として，Ex4 と同等の機能を持ち，かつ，異なる N 末端配列を持つペプチドリガンドを複数同定することができた（図 6 ）。この結果は，レポーター哺乳類細胞と分泌酵母の共培養による Droplet functional assay

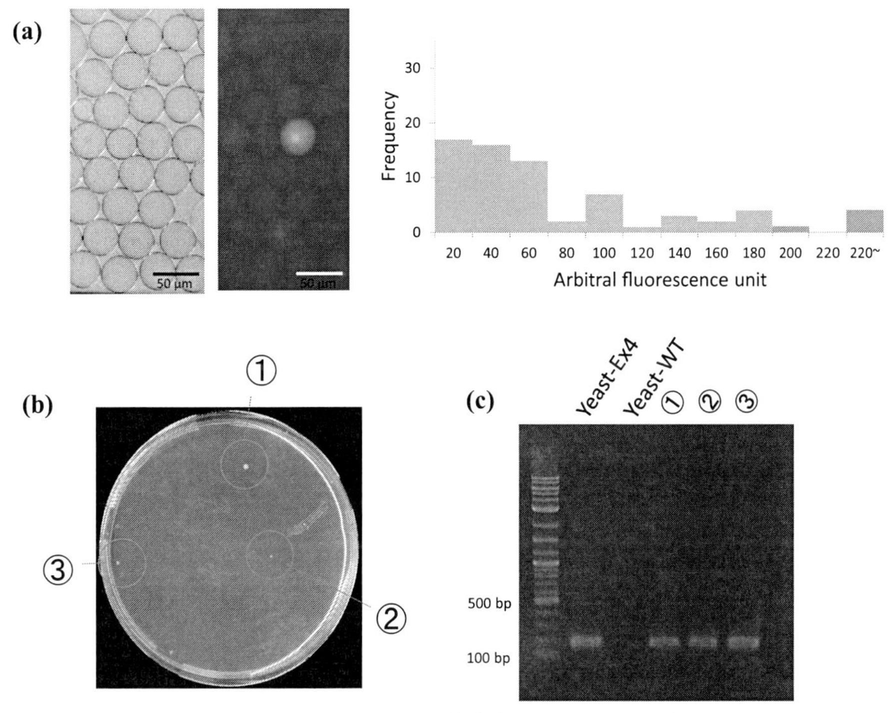

図5　Yeast-Ex4 と Yeast-WT の混合溶液を用いたドロップレットアッセイ
(a) Yeast-WT と Yeast-Ex4 を混合したスクリーニング実験。明視野（写真左），蛍光写真（写真右），ドロップレットごとの蛍光強度ヒストグラムを示す。Arbitral fluorescence unit が 220 以上のドロップレットを単離し，ドロップレットに含まれる酵母をプレートレベルで再培養した。(b) ①－③のコロニーについて PCR による同定結果。

により，ペプチドアゴニストをハイスループットに探索可能であることを示している。

4.8　まとめと展望

本稿では，シグナル伝達受容体の機能的リガンドをハイスループットに行うための新規方法論を紹介した。具体的には，代表的な GPCR の一つである GLP1R の活性を検出できるレポーターヒト培養細胞と，GLP1R のペプチドリガンドを分泌する酵母をマイクロスケールのドロップレット内で共培養することで，機能性リガンドのスクリーニングを行える手法の構築を行った。本手法は，FACS を用いたハイスループットソーティングや Drop-seq と組み合わせることにより，より効率な GPCR の新規リガンド発見が可能になると期待される。本研究は，JST-CREST (grant number JPMJCR16G2) の支援により推進された。

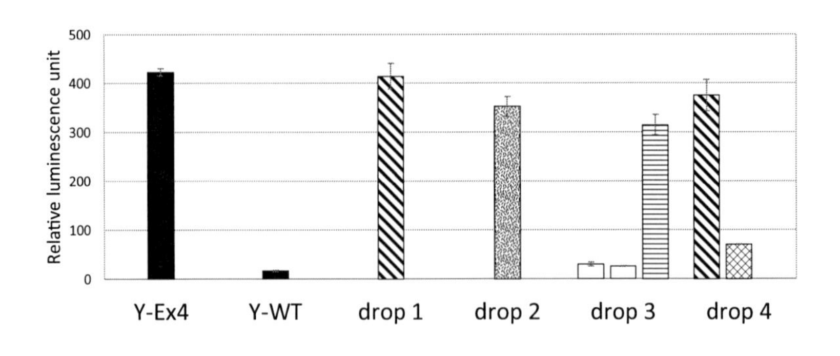

Ex4 HGEGTFTSDLSKQMEEEAVRLFIEW･･･
FSEGTFTSDLSKQMEEEAVRLFIEW･･･
HAEGTFTSDLSKQMEEEAVRLFIEW･･･
ALEGTFTSDLSKQMEEEAVRLFIEW･･･
TGEGTFTSDLSKQMEEEAVRLFIEW･･･
SCEGTFTSDLSKQMEEEAVRLFIEW･･･

図6　ドロップレットアッセイによって獲得したペプチドリガンドと機能性評価
Ex4のN末端の2アミノ酸をランダム化したペプチドライブラリからドロップレットアッセイにより機能性ペプチドリガンドを同定した結果。プレート培地でコロニーを獲得できた酵母について，分泌するペプチドの再活性能測定と配列の確認を行った。グラフは各ドロップレットから形成されたコロニーごとの結果を示している。データはN＝3の実験のmean±SDを示す。N.S., not significant。

文　　献

1)　J. Bockaert *et al., The EMBO Journal,* **18**, 1723 (1999)
2)　A. L. Hopkins *et al., Nature Reviews Drug Discovery,* **1**, 727 (2002)
3)　E. Jacoby *et al., ChemMedChem : Chemistry Enabling Drug Discovery,* **1**, 760 (2006)
4)　S. H. Alexander *et al., Nature Reviews Drug Discovery,* **16**, 829 (2017)
5)　T. Shigemori *et al., Journal of Biotechnology,* **209**, 96 (2015)
6)　Y. Nishikawa *et al., PloS ONE,* **10**, e0138733 (2015)
7)　T. Beneyton *et al., Microbial Cell Factories,* **16**, 18 (2017)
8)　L. L. Baggio *et al., Gastroenterology,* **132**, 2131 (2007)
9)　B. L. Furman *et al., Toxicon,* **59**, 464 (2012)

5　合成生物学のためのプラットフォームとしての Microfluidics 研究

瀧ノ上正浩*

5.1　はじめに

近年，生細胞の遺伝子改変をしたり，細胞を３次元的に人工的に組み上げたりすることで，新規な細胞や組織を構築する合成生物学が発展している。再生医療を含む基礎・応用研究から，植物や昆虫などの細胞の機能と電気・機械デバイスとを融合したハイブリッドデバイスの構築まで，様々な分野において研究がなされ，注目を集めている。さらには，細胞の再構成プロセスを通した生命現象の物理科学的な理解[1)]や，細胞を模倣した化学リアクタのために，人工細胞[2,3)]の構築も盛んに行われるようになっている。

このような技術を推し進める上で，細胞や組織と同程度のサイズの空間や溶液を制御する技術として，マイクロ流体デバイスの開発が盛んに行われている[4)]。本節では，ドロップレットマイクロ流体工学による，非平衡開放系のリアクタとバクテリアマイクロ灌流培養システム（マイクロケモスタット）への応用に関する研究[5~7)]について解説する。

まず，このシステムのコンセプトの基になっている，Szostak らによる原始的な細胞の細胞成長・分裂サイクルの概念図を示す（図１）[1)]。これによると，細胞は，細胞内の代謝や成長に必要な基質をミセル・ベシクルの融合を通して獲得し，ある程度成長したら，膜の熱力学的な不安定化や周囲の流体から受ける応力等によって分裂し，より安定なもとのサイズに戻るというプロセスを繰り返す。この一連のプロセスの中で，反応基質によるエネルギー供給に加え，反応物の散逸によるエントロピーの減少によって，代謝のような動的な秩序が形成される（Prigogine の

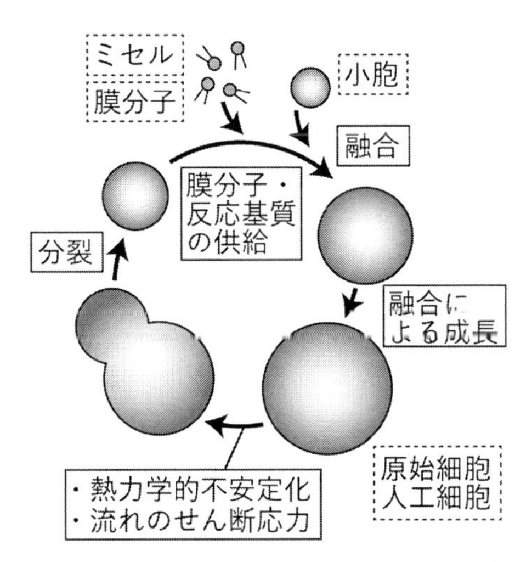

図１　原始細胞の融合・成長・分裂サイクルの模式図[1)]

＊　Masahiro Takinoue　東京工業大学　情報理工学院　情報工学系　准教授

散逸構造[8)])。筆者らは，このようなプロセスを模倣し，マイクロ流路中で油中水滴の融合・分裂をコンピュータ制御して物質流入出を実現した液滴によるマイクロリアクタを報告している[5-7)]。この方法では，油中水滴の融合・分裂の頻度によって，化学物質の流入出の速度を制御することができる。以下では，このマイクロ流体システムのメカニズムと実際のマイクロ流体デバイスの構造と化学反応の制御の実際と，バクテリアケモスタットへの応用のための理論と実験について解説する。

5.2 マイクロ流路によるコンピュータ制御型の非平衡開放系のマイクロリアクタ

まず，細胞の培養などにおいて重要なのは，細胞への栄養の供給と細胞が出した老廃物の除去であり，物理学的には非平衡開放系を実現するということである。いろいろな方法が考えられるが，従来の方法では化学物質の流入出（つまり，栄養の供給と老廃物の除去）はある程度できても，その制御精度の低さや，応答時間の遅さといった問題があった。たとえば，図2のような栄養供給用のメイン流路とそれに付随した細胞トラップ用のサブ流路や窪みがあるタイプでは，基本的には流路中の分子拡散の速度に頼っているため，流体デバイス上に作り込まれた流路の太さや流速で制御するしかなく，動的に変化させたり微調整したりすることは難しい。このような状況のため，外部から任意のタイミングで任意のコントロールを加えることや，溶液や細胞の状態の情報を元にフィードバックをして制御することなど，非平衡な状態をより精密かつ動的に制御することは困難だった。

著者らは，前述のように原始的な細胞の細胞成長・分裂サイクルに着想を得た，液滴の融合と分裂による物質の流入出が可能な非平衡開放系のマイクロ流体システムを構築した（図3）。このシステムは，化学反応や細胞培養の場として用いる油中水滴ベースのマイクロリアクタと，マ

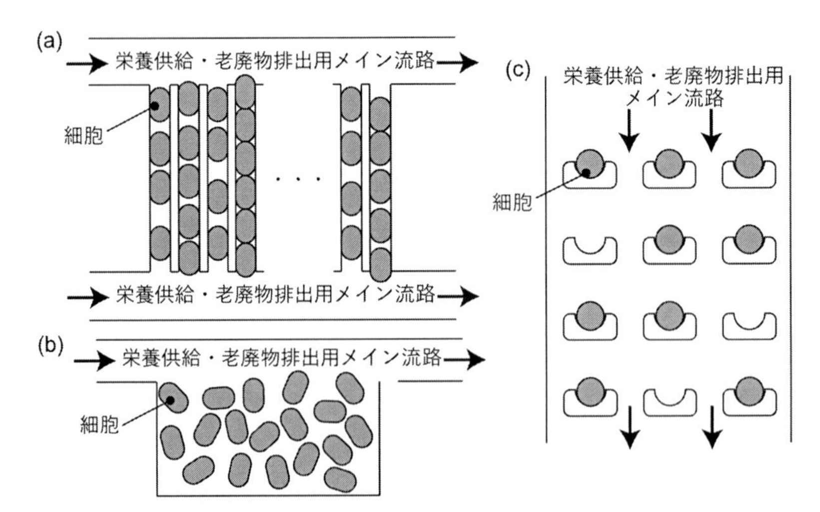

図2 細胞培養・観察用のマイクロ流体デバイスの例

(a)(b)太いメイン流路につながった細い流路(a)や窪み(b)の中で細胞がトラップされながら成長し過剰になった細胞はメイン流路に流される。(c)1つ1つ細胞をトラップして観察。

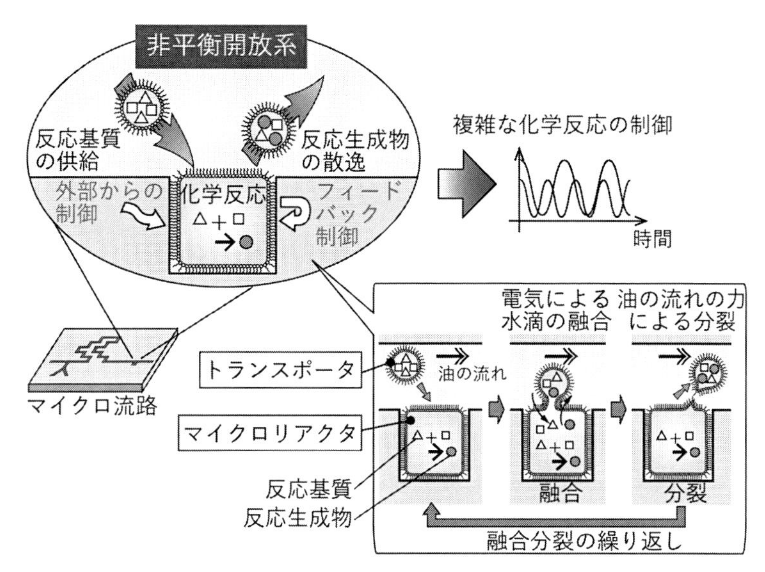

図3　非平衡開放系のマイクロリアクタ[6)]

マイクロ流路の窪みに固定されたマイクロリアクタ用油中水滴に，化学物質輸送用の油中水滴（トランスポータ）が融合と分裂を繰り返すことによってマイクロリアクタへの栄養の供給と老廃物の排出を実現する。

イクロリアクタと融合することで，化学物質を供給したり排出したりするトランスポータの油中水滴からなる。マイクロリアクタはマイクロ流路中の側壁の窪みに固定され，反応基質を内包したトランスポータの水滴はマイクロ流路上流で生成されて，マイクロ流路を通ってマイクロリアクタまで到達する。マイクロリアクタの油中水滴もトランスポータの油中水滴も，界面活性剤によって油相中で安定化されているため，トランスポータがマイクロリアクタに接触しただけでは融合せず，通過してしまう（図4(a)）。流路の外側から，マイクロリアクタ部分を挟む形で電極が配置されており，交流電圧を印加した状態で，トランスポータがマイクロリアクタに接触すると，両者は融合する（図4(b)）。流路中は油相の流れがあるため，融合したトランスポータは，その後，流れの応力によってマイクロリアクタから引きちぎられるように分裂する（図4(b)）。

まず，このマイクロリアクタで，化学物質の流入出の速度が制御できていること，つまり，非平衡開放系がうまく制御できていることを示すため，bromate-sulfite-ferrocyanide（BSF）反応（図5(a)）[9)]と呼ばれている溶液のpHが振動する反応の振動状態を制御する実験を行った。BSF反応は，化学物質の流入出の速度が適切な場合のみpHの振動を発生するため，非平衡開放系がうまく制御できていることを実証するのに適していると考えられる。図5(b)は，pHが振動する条件でのマイクロリアクタの蛍光顕微鏡像である。この蛍光強度の時間変化をプロットしたものが図5(c)であり，グラフからpHが振動していることがわかる。

次に，化学物質の流入出の速度のより高度な制御能力を実現するために，下記のような制御のための理論の定式化を行った。

(a) 交流電圧 OFF
融合しない
トランスポータ
マイクロリアクタ
0 ms
167 ms
500 ms
500 μm
(b) 交流電圧 ON
融合
分裂
0 ms
183 ms
500 ms
533 ms
500 μm

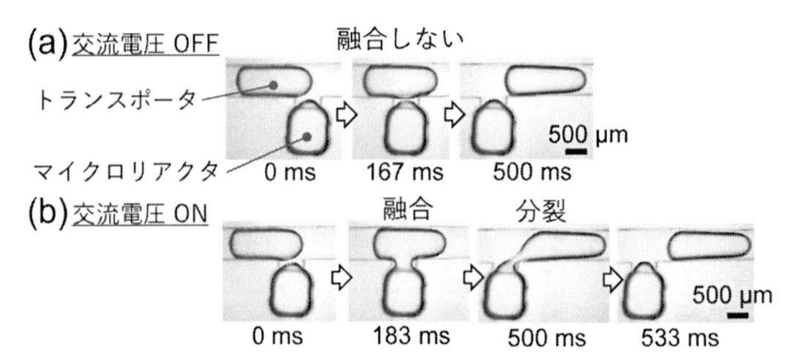

図4　流路中に固定された人工細胞用油中水滴と，流路を左から右へ流れている化学物質輸送用の油中水滴

電圧を印加しない場合，人工細胞用油中水滴と化学物質輸送用の油中水滴は接触するのみで融合しないが(a)，電圧を印加した場合，両者は融合する(b)。流路には油相が流れ続けているので，流れの応力で両者は分裂させられる。

(a)

$$SO_3^{2-} + H^+ \rightleftharpoons HSO_3^-,$$

$$HSO_3^- + H^+ \rightleftharpoons H_2SO_3,$$

$$BrO_3^- + 3HSO_3^- \rightarrow 3SO_4^{2-} + Br^- + 3H^+,$$

$$BrO_3^- + 3H_2SO_3 \rightarrow 3SO_4^{2-} + Br^- + 6H^+,$$

$$BrO_3^- + 6Fe(CN)_6^{4-} + 6H^+ \rightarrow 6Fe(CN)_6^{3-} + Br^- + 3H_2O.$$

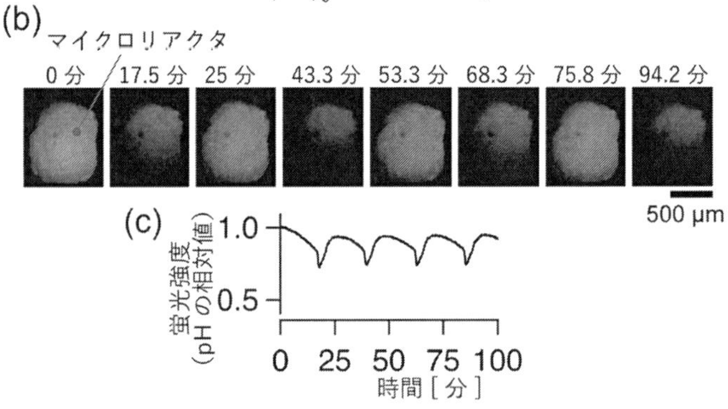

(b)
マイクロリアクタ
0 分
17.5 分
25 分
43.3 分
53.3 分
68.3 分
75.8 分
94.2 分
500 μm
(c)
蛍光強度
(pH の相対値)
1.0
0.5
0
25
50
75
100
時間 [分]

図5　(a)非平衡化学反応 pH 振動反応 bromate-sulfite-ferrocyanide（BSF）反応[9]

反応基質の流入と反応生成物の流出を適切に制御した場合のみ pH の振動が発生する。(b)非平衡開放系マイクロリアクタで，反応基質の流入と反応生成物の流出を制御し，BSF 反応を発生。明るい状態（白い状態）は pH が高い時で，暗い状態（黒い状態）は pH が低い時を示す。(c)水素イオン濃度の増減を pH の相対値で表示してグラフ化した。この pH 振動では，pH 値がおよそ 3 から 7 の間を振動する。

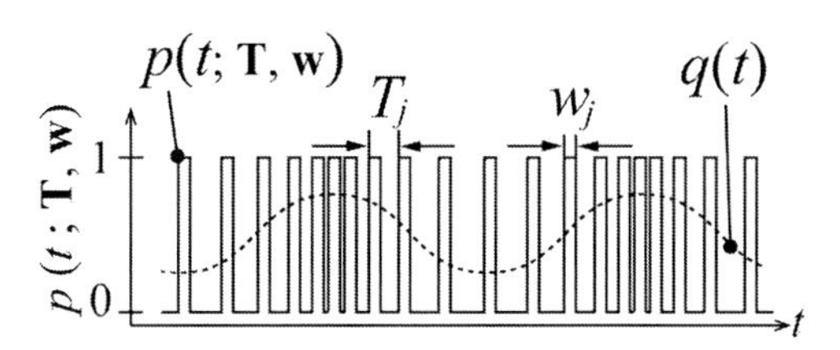

図6　パルス密度変調制御の原理
パルス波 p によって，時間変化する物質流入出速度 q を実現する。パルスの密度が高いところでは物質流入出速度が大きくなる。T_j はパルスの周期，w_j はパルスの幅。

$$\frac{du_i}{dt}=f_i(\mathbf{u})+p(t;\mathbf{T},\mathbf{w})\,k_i\,(c_i-u_i) \tag{1}$$

ここで，u_i はマイクロリアクタ内での化学物質 i（$=1,\cdots,N$）の濃度，$fi(\mathbf{u})$（$\mathbf{u}=\{u_i\}$）は化学反応による物質 i の濃度変化，$k_i(c_i-u_i)$ の項はトランスポータ融合の際の化学物質の流入出による物質 i の濃度変化（ki は拡散速度係数；ci はトランスポータ内の化学物質 i の濃度）である。$p(t;\mathbf{T},\mathbf{w})$ はパルス波状の関数であり，$p(t;\mathbf{T},\mathbf{w})=1$（融合している時），$p(t;\mathbf{T},\mathbf{w})=0$（融合していない時）である（図6）。ここで，融合時間を w_j（$\mathbf{w}=\{w_j\}$），融合・分裂イベントの時間間隔を T_j（$\mathbf{T}=\{T_j\}$）とする。近似的には，$p(t;\mathbf{T},\mathbf{w})\approx w_j/T_j$ とみなせる。図6の $q(t)$ のような時間に依存する関数の化学物質の流入出速度を実現したいとすると，パルス列 $p(t;\mathbf{T},\mathbf{w})$ のパターンによってそれを近似することができ，パルス列と同等の電圧 ON/OFF のシグナルをコンピュータで生成すれば良いということになる。パルスの密度が高い時には化学物質の流入出速度が速く，低い時は遅いため，ある種のパルス密度変調制御となっている。簡潔に言うと，図6の $q(t)$ のような時間に依存する関数の化学物質の流入出速度を実現したいとすると，$p(t;\mathbf{T},\mathbf{w})$ のような0または1の値のみをとるパルス波のパターンによってそれを近似することができ，パルス波 $p(t;\mathbf{T},\mathbf{w})$ の0が融合していない状態，1が融合した状態となるように，コンピュータで制御して電圧を ON/OFF すれば良いということになる。つまり，化学物質の流入出の速度を融合・分裂の頻度で制御できるということである。

これを用いると，任意の関数を生成することができるだけでなく，フィードバック制御を行うことができる。つまり，設定した反応状態（たとえば，振動状態およびその周期など）に合うように，融合・分裂の頻度を微調整しながら実際の反応状態を変化させていくことができる。

5.3　非平衡開放系のマイクロリアクタのバクテリアケモスタットへの応用

上記の非平衡開放系のマイクロリアクタを用いて，実際にバクテリアを灌流培養するシステム（ケモスタット）を実現した（図7）[7]。まず，一般的なケモスタットの数理モデルは，

$$\frac{dx}{dt}=\mu x-Dx \tag{2}$$

$$\frac{ds}{dt}=-\mu\frac{x}{Y_{s/x}}-D(s-S_f) \tag{3}$$

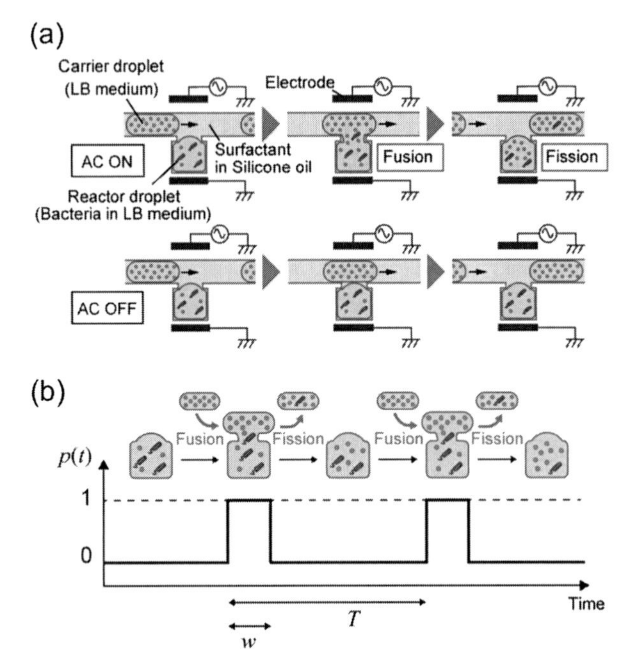

図7　非平衡開放系のマイクロリアクタによるバクテリアケモスタットの原理[7]

(a)バクテリアはマイクロリアクタにトラップされている。トランスポータの融合・分裂により，栄養の供給と老廃物の排出が行われる。(b)合・分裂の頻度によって，栄養の供給と老廃物の排出の速度を制御する。

$$\mu = \frac{\mu_{\max} S}{K_s - s} \tag{4}$$

と表せる[7,10]。ここで，x は細胞濃度，s は栄養濃度，μ は細胞の増殖率，D は一定時間に培養槽内がどれだけ入れ替わるかを表す希釈率，$Y_{s/x}$ は増殖するときにどれだけの栄養が必要かを表す菌収率，S_f は流入する栄養の濃度である。式(2)の第一項は増殖による細胞濃度の増加，第二項は流出による細胞濃度の減少を表し，式(3)の第一項は細胞の増殖に伴う栄養濃度の減少，第二項は栄養の流入出に伴う栄養濃度の変化を表す。式(4)において，$\mu_{\max}$ は細胞の最大増殖率，K_s はMichaelis–Menten 定数であり，式(4)は栄養濃度の減少に伴う細胞の増殖率の減少を表現している。

ここで，非平衡開放系のマイクロリアクタで実現する場合を考えると，一定時間に培養槽内がどれだけ入れ替わるかを表す希釈率 D（定数）を $p(t;\mathbf{T},\mathbf{w})D \approx Dw_j/T_j$ と置き換えれば良いことになる。つまり，図7(a)に示したように，融合時に栄養の供給と老廃物の排出が起こり，非融合時には物質の出入りがないという状態である。融合と分裂の頻度によって，栄養の供給と老廃物の排出の速度が決まる（図7(b)）。実際に開発したマイクロ流路が図8である。

図8のマイクロリアクタの中での大腸菌の培養の様子が図9(a)である。時間とともに大腸菌密度が高くなり，吸光度が上がっていく（大腸菌部分が暗く見えるようになっていく）のが分かる。

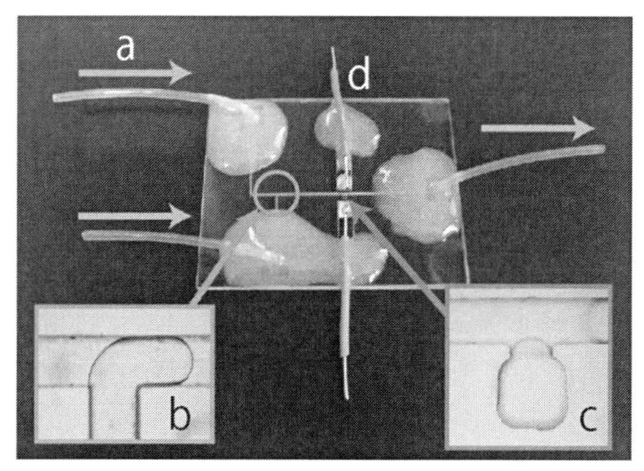

図8　非平衡開放系のマイクロリアクタによるバクテリアケモスタットのマイクロ流体デバイス
(a)油相の inlet。(b)トランスポータの生成。(c)バクテリアをトラップして培養するマイクロリアクタ。(d)電圧印加用の電極。

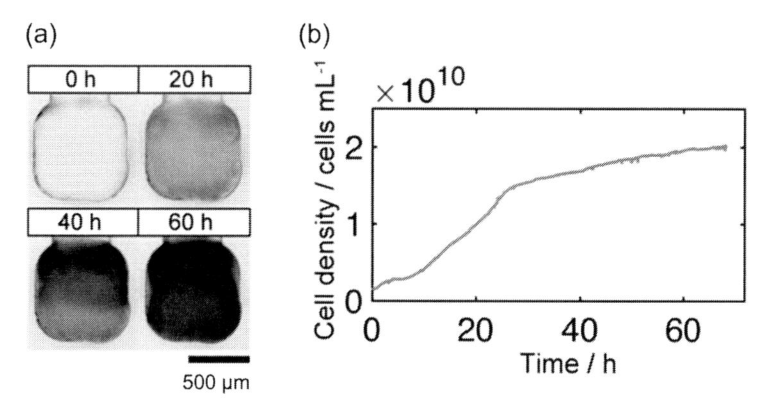

図9　バクテリアマイクロケモスタットによる大腸菌の培養
(a)大腸菌の菌数の増加の様子を経時観察した落射型顕微鏡像（透過光による画像）。
(b)菌数へ換算したグラフ。

この吸光度から算出した実際の大腸菌数の変化をグラフ化したのが図9(b)である。このような大腸菌の成長曲線は，融合分裂の頻度を変えることで制御できることが実証できている[7]。

5.4　おわりに

本節では，非平衡開放系のマイクロリアクタとバクテリアマイクロケモスタットへの応用について示した。マイクロリアクタのコンピュータ制御の技術はウェットな細胞システムの世界とドライな数理・コンピュータの世界を橋渡しすることができ，生命システムを物理学・化学的な観点から研究するためのプラットフォームとなるだろう。さらに，データ駆動型およびモデル駆動型の化学反応制御システムや細胞状態制御システム[11]の構築などにより，より高度な分析／合成化学やバイオメディカルサイエンスへの貢献にもつながると考えられる。

謝辞

本稿で紹介した研究は，主にJST さきがけ「細胞機能の構成的な理解と制御」領域の支援を受けて実施されたものであり，東京工業大学の杉浦晴香氏，伊藤真奈美氏，鮎川翔太郎博士，木賀大介教授，奥秋知也氏，お茶の水女子大学の森義仁教授，千葉大学の北畑裕之准教授との共同研究の成果である。

文　　献

1) J. W. Szostak, D. P. Bartel, P. L. Luisi, *Nature*, **409**, 387 (2001)
2) K. Powell, *Nature*, **563**, 172 (2018)
3) M. Takinoue, S. Takeuchi, *Anal. Bioanal. Chem.*, **400**, 1705 (2011)
4) M. R. Bennett, J. Hasty, *Nat. Rev. Genet.*, **10**, 628 (2009)
5) M. Takinoue, H. Onoe, S. Takeuchi, *Small*, **6**, 2374 (2010)
6) H. Sugiura, M. Ito, T. Okuaki, Y. Mori, H. Kitahata, M. Takinoue, *Nature Commun.*, **7**, 10212 (2016)
7) M. Ito, H. Sugiura, S. Ayukawa, D. Kiga, M. Takinoue, *Anal. Sci.*, **32**, 61 (2016)
8) G. Nicolis, I. Prigogine, "Self-Organization in Nonequilibrium Systems: From Dissipative Structures to Order through Fluctuations", Wiley (1977)
9) E. C. Edblom, Y. Luo, M. Orban, K. Kustin, I. R. Epstein, *J. Phys. Chem.*, **93**, 2722 (1989)
10) H. L. Smith, P. Waltman, 竹内康博（訳），微生物の力学系―ケモスタット理論を通して，日本評論社 (2004)
11) 北野宏明，実験医学，**33**, 100 (2015)

第5章　研究対象の視点から

1　大型海藻類からのバイオエネルギー創成

高木俊幸*

1.1　はじめに

化石燃料の過度の消費は地球温暖化や大気汚染などの様々な問題を引き起こしており，資源の有限性の観点からも代替クリーンエネルギーとしてバイオエタノールの開発は急務となっている。そこで，石油などの化石燃料に依存した「オイルリファイナリー」から，バイオマスを原料とする「シュガープラットホーム」への転換が重要になっており，それを実現するためのバイオテクノロジー開発が求められている。現在，アメリカやブラジルにおけるバイオエタノール生産量は突出しており，それぞれトウモロコシやサトウキビを中心的な原料として利用し，恒常的に燃料として利用している[1)]。ところが，それらのバイオエタノール原料としての利用は食料価格の上昇をもたらすことに加え，そもそも日本は国土面積が狭く，大規模農業が行われていないため，このようなバイオマスを原料とするには限界がある。また，非可食資源であるリグノセルロース系バイオマス（農業残渣，間伐材，古紙など）を原料として利用するためのテクノロジー開発[2〜6)]も盛んに行われているが，難分解のリグニン含有量が高くエタノール生産の原料となる単糖への分解に多段階の処理が必要であるため，生産コスト面での課題が未だに解決できていない。

このような情勢を踏まえて，筆者が注目したのは海洋で生育する海藻類などの海洋バイオマスである。日本は約447万平方キロメートルと国土面積の約12倍の広大な排他的経済水域を持つため，海洋での養殖技術が確立している海藻類は非常に有望なバイオマス資源であり，一部の食用海藻類（コンブ，ワカメ，テングサなど）を除けばそのほとんどが未利用である。また海藻類はリグノセルロース系バイオマスに特有なリグニンをほとんど含んでいないため[7)]，簡単な処理で多糖成分を抽出できる。海藻類は緑藻類，紅藻類，及び褐藻類という3つの大きなグループに分類されるが[8)]，その中でも最も大型に成長し生育速度も非常に速い褐藻類の利用に焦点を絞った。褐藻類は陸上植物と炭水化物成分が大きく異なり，ラミナラン，アルギン酸，及びマンニトールといった特有の多糖・糖アルコールを多く含むため[9)]，既存技術に基づく手法ではエタノールへの変換効率が低い。近年，これらの炭水化物から効率的にエタノール生産するための微生物をプラットフォームとした様々なバイオテクノロジーが開発されている。本節では，筆者の成果も含めた褐藻類から効率的にエタノール生産するための最新技術を紹介する。

---

*　Toshiyuki Takagi　東京大学　大気海洋研究所　海洋生命科学部門　分子海洋生物学分野　助教

1.2 酵母によるラミナランからのエタノール生産

ラミナランはグルコースを構成単糖とするβ-1,3-グルカンであり，部分的にはβ-1,6-グルカンも存在する褐藻類の貯蔵多糖である。ラミナラン含有量は，日変化，成長，季節，種類などによっても異なるが，最大で乾燥重量の35%程度を占めることが知られている[10)]。ラミナランからエタノール生産するためには，まずβ-1,3-グルカナーゼやβ-1,6-グルカナーゼなどのラミナリナーゼによってグルコースへの分解が必要である。これまで細菌，酵母，糸状菌など様々な微生物によってラミナランからのエタノール生産が試みられてきたが[11~16)]，著者らは古来より清酒製造などの様々な発酵産業に利用されてきた出芽酵母 *Saccharomyces cerevisiae* を分子育種することで，ラミナランから直接エタノール生産を行なった[17)]。

はじめに，アメリカ合衆国東海岸にあるチェサピーク湾の塩湿地帯に生息するイネ科植物から分離培養された海洋細菌 *Saccharophagus degradans* に着目した[18)]。本菌は高い多糖分解活性を備えており，セルロース，ヘミセルロース，アルギン酸，ラミナランなどの褐藻含有多糖類を栄養源として利用する資化能力が極めて高い[19)]。寒天の主要な多糖成分であるアガロースも分解することができるため，数日培養を行うと寒天プレートを溶かす様子を確認できるほどの高い多糖分解能を備えている。本菌は，2008年に全ゲノム解読が完了しており[19)]，そのゲノム情報をもとに，新規ラミナリナーゼ遺伝子の同定を試みた[17)]。まず *S. degradans* をグルコースとラミナランをそれぞれ炭素源とする培地で培養したのち，定性プロテオーム解析によって生産していた全タンパク質の比較解析を行なった。ラミナラン含有の培地で特異的に92種類のタンパク質を生産し，そのうち6種類が糖質加水分解酵素ファミリーに属していた。糖質関連酵素データベースであるCAZy（http://www.cazy.org）での検索や分子量の比較によりGly5Mを新規ラミナリナーゼの候補として選抜し，酵母細胞表層工学技術により *S. cerevisiae* の細胞表層上に提示することで，ラミナラン分解酵母の育種を試みた。本手法は，目的のタンパク質を細胞壁アンカータンパク質であるα-アグルチニンと融合発現することで，酵母の細胞表層上に提示することができる（図1）[20)]。エタノール生産能の優れた *S. cerevisiae* にバイオマス分解能を付与することができるため，細胞表層で多糖を分解し，分解産物である糖を細胞内に取り込んでエタノールへ変換するという，糖化プロセスと発酵プロセスを同時に行うことができる統合型プロセスが実現可能である。複数の酵素を同時に提示することができるため，細胞表層上で近接した酵素同士が共役することで効率的にバイオマスを分解することができる[21)]。また，グルコースなどの分解産物を酵母細胞表層上で生産することで，細胞内への効率的な取り込みを可能にし，培養液中のグルコース濃度を低濃度に維持することができるため，雑菌によるコンタミネーションのリスクを抑えるというメリットもある[22)]。

酵母細胞表層工学技術により構築したGly5M提示酵母はラミナリナーゼ活性を示し，ラミナラン分解酵母を育種した。高速液体クロマトグラフィーによる分析の結果，分解産物はグルコース2分子がβ-1,6-結合したゲンチオビオースであることが判明したので，糸状菌 *Aspergillus aculeatus* 由来のβ-グルコシダーゼ（BG）を提示したBG提示酵母との共培養系を構築するこ

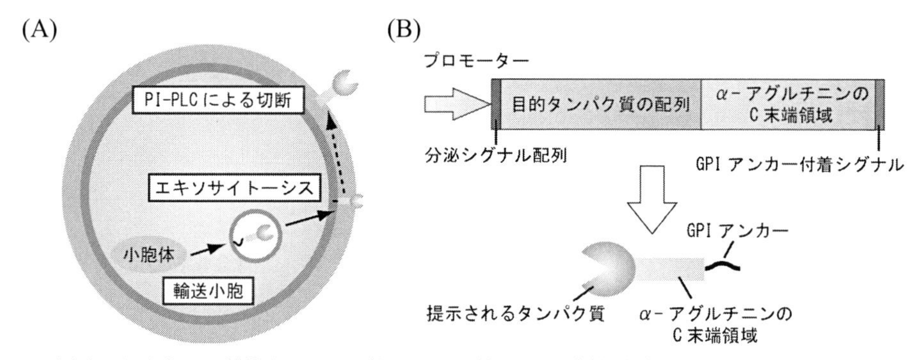

図1　(A)酵母細胞表層工学技術による目的タンパク質の提示，(B)細胞表層提示のための分子デザイン

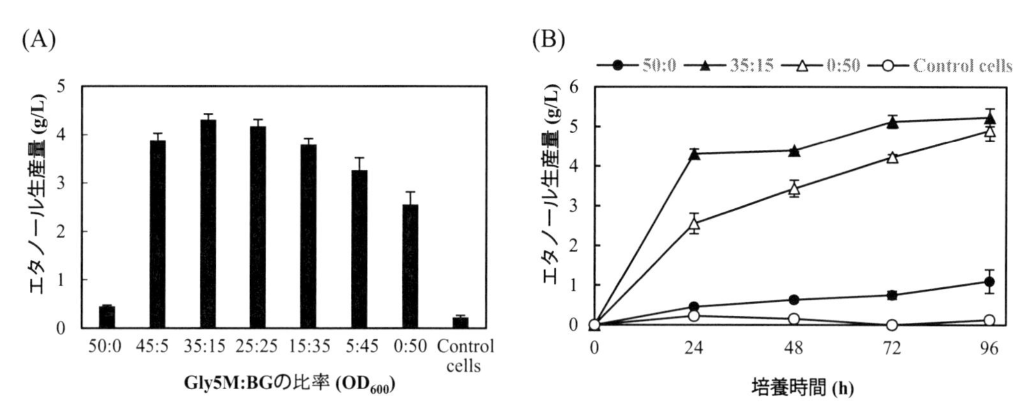

図2　(A) Gly5M及びBG提示酵母の共培養系によるラミナランからのエタノール生産（発酵開始24時間後），(B)ラミナランからのエタノール生産量の経時変化

とにより，ラミナランのグルコースへの完全分解を目指した。Gly5M提示酵母とBG提示酵母を，初期菌体量を35：15（OD_{600}相当）に調整した共培養系は最もエタノール生産効率が高く，24時間で20 g/Lのラミナランから4.3 g/Lのエタノールを生産した（図2(A)）。さらに継時的にエタノール生産量を観察すると，96時間で最大となり5.2 g/L（変換効率46%）に達した（図2(B)）[17]。

1.3　スフィンゴモナス属細菌を用いたアルギン酸からのエタノール生産

アルギン酸は，マンヌロン酸とグルロン酸が直鎖状に重合したヘテロポリマーであり，マンヌロン酸（M）からなるMブロックとグルロン酸（G）からなるGブロック，そしてそれらがランダムに連なったMGブロックによって構成されているが，それらの比率は褐藻の種類，藻体の部位や季節などによって変動する[23]。またアルギン酸は褐藻類の主要多糖の1つであり，種類や採取時期によっても大きく変動するが，最大で乾燥重量に対して40%程度含まれる[24]。アルギン酸資化微生物は，海洋や土壌などの様々な環境から分離されてきたが，その中でも土壌由来のスフィンゴモナス属細菌（A１株）は最も詳細にそのメカニズムが明らかになっている[25]。筆者らがラミナランからのエタノール生産のために利用した *S. degradans* をはじめとする，ほとんどの海洋細菌はアルギン酸を分解するアルギン酸リアーゼという酵素を細胞外に分泌し，アルギン酸をオリゴ糖または単糖などの小さい分子へ分解したのち細胞内へ取り込む[26]。それに対して，A１株は非常にユニークなアルギン酸資化メカニズムを備えており，アルギン酸リアーゼを細胞外へは分泌せずに，細胞表層に巨大な体腔を形成しアルギン酸をポリマーのまま丸呑のみにするのである（図３）[25,27]。細胞内へ取り込まれたアルギン酸はオリゴ糖を生成するエンド型アルギン酸リアーゼと，単糖を生成するエキソ型アルギン酸リアーゼによって 4-deoxy-L-erythro-5-hexoseulose uronic acid（単糖 DEH）へ変換される。単糖 DEH はアルギン酸代謝の鍵酵素となる DEH 還元酵素（DEH Reductase：DehR）によって 2-keto-3-deoxy-D-gluconic acid（KDG）へ変換され，さらに KDG を 2-Keto-3-deoxy-6-phosphogluconate（KDPG）に変換する KDG キナーゼ（KDG Kinase：KdgK）と，KDPG をピルビン酸へ変換する Kdpg アルドラーゼ（Kdpg Aldolase：KdpgA）によって代謝されていく[28]。

Murata らは，このＡ１株を代謝改変することで，世界で初めてアルギン酸から直接エタノール生産する技術を確立した[29]。まず，エタノール生産細菌 *Zymomonas mobilis* 由来のピルビン酸デカルボキシラーゼ（Pyruvate decarboxylase：PDC）とアルコールデヒドロゲナーゼ

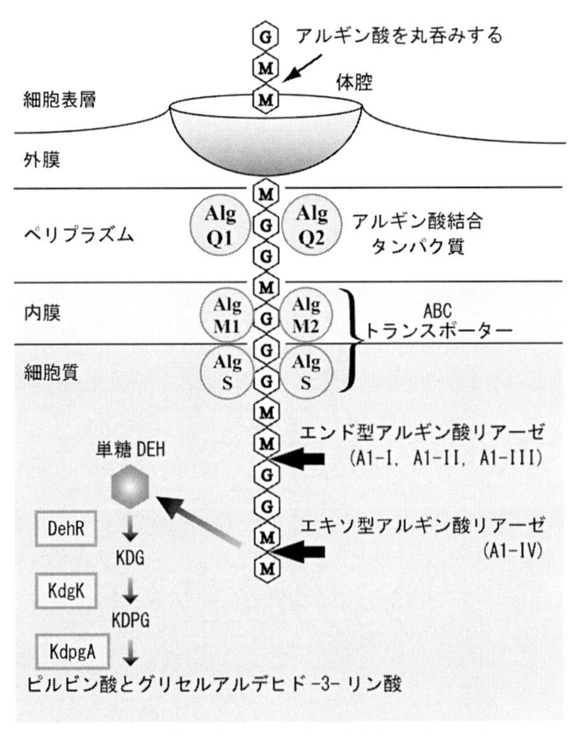

図３　A1 株によるアルギン酸資化メカニズム
Hayashi *et al.* (2014)[25]の図を改変

(Alcohol dehydrogenase：ADH）をコードする遺伝子を導入することで，ピルビン酸からエタノールへの代謝経路をA 1株内に構築し，77時間培養で2.0 g/Lのエタノール生産を確認した。さらにエタノール生産性向上のために，高発現プロモーターの利用と多コピー化による*pdc*遺伝子および*adh*遺伝子の発現強化，さらには乳酸脱水素酵素（Lactate dehydrogenase：LDH）をコードする遺伝子の破壊による副産物生成の阻害を行った。これらの改変により構築した株は，3日間培養で60 g/Lのアルギン酸から13 g/Lのエタノールを生産した[29)]。

1.4　大規模改変した大腸菌を用いた褐藻類からのエタノール生産

野生型の大腸菌のゲノム上にはアルギン酸資化に必要な，アルギン酸リアーゼ，分解物のトランスポーター，単糖DEHの鍵酵素であるDehRに相当する遺伝子が存在しないため，A1株よりも大規模な遺伝子改変が必要である。アメリカ合衆国カリフォルニア州のベンチャー企業「Bio Architecture Lab（BAL社）」は，フォスミドライブラリーなどを用いて大腸菌を多段階で遺伝子改変し，アルギン酸を直接エタノールへ変換する大腸菌を構築した[30)]。まず大腸菌へアルギン酸分解能を付与するために，アルギン酸リアーゼの中でも，32 kDと分子量の小さい*Pseudoalteromonas* sp. SM0524株由来のSM0524 Alyを選択して，大腸菌による細胞外分泌システムの構築を試みた。培養の初期段階で恒常的にアルギン酸リアーゼを発酵槽へ分泌生産して効率的な分解を行うために，大腸菌のオートトランスポータータンパク質であるAntigen43を用いたSM0524 Aly分泌発現システムを構築し，アルギン酸をオリゴ糖まで分解した。次に海洋細菌*Vibrio splendidus*のゲノムDNAを断片化したDNAフラグメントを用いてフォスミドライブラリーを構築し，大腸菌へオリゴ糖資化能を付与した。アルギン酸代謝関連酵素が局在する遺伝子クラスターを導入したフォスミドpALG1を保持していた大腸菌は，オリゴ糖を炭素源とする最小培地で生育した。この遺伝子クラスターから選抜した遺伝子群（*toaA*，*kdgpA*，*kdgK*，*oalBC*，*toaB*，*oalA*，*dehR*）とその近接領域に存在していたアルギン酸資化の補助遺伝子群（*kdgN, toaC, alyABC, kdgM, alyD*），さらに*Z. mobilis*からエタノール生産に必要な遺伝子（*pdc*及び*adhB*）を全て大腸菌の染色体へ導入することで，アルギン酸から直接エタノール生産する大腸菌を構築した。最後に乳酸などの副産物生産を抑制するために遺伝子破壊を行い（*pflB-focA, frdABCD, ldhA*），SM0524 Aly分泌発現システムを染色体へ導入した。構築したBAL1611株は，コンブ乾燥粉末130 gを含んだ培地から37.8 g/Lのエタノールを生産した[30)]。

1.5　酵母をプラットフォームとしたアルギン酸・マンニトールからのエタノール生産

前述の通り，出芽酵母*S. cerevisiae*はエタノール生産能に優れた微生物であり，産業スケールでのエタノール生産において最も利用されてきた。エタノールへの耐性も非常に高く，約20%という高濃度のエタノール存在下でも一部の酵母は生き延びることができる[31)]。*S. cerevisiae*にアルギン酸資化能を付与するためには，アルギン酸分解，単糖DEH取込み，及び単糖DEH代謝に関わる全ての遺伝子群を全てプロモーターとターミネーターの間に一つずつ挟み込んだ形で導入する必要がある。また大腸菌において用いたフォスミドライブラリーなどを利用することができないという技術的な制約も存在した。BAL 社のグループは，*S. cerevisiae* の育種についても世界で初めて成功し，褐藻類からエタノール生産するプラットフォームを構築した[32]。まず *S. cerevisiae* において機能する単糖 DEH トランスポーターの効率的なスクリーニングを行うために，単糖 DEH をピルビン酸へ変換する代謝酵素である DehR，KdgK，KdpgA を全て酵母細胞内で発現量を高めるためにコドンを最適化してゲノムへ挿入した BAL2193 株を構築した。アルギン酸資化能を備えている海洋由来の糸状菌 *Asteromyces cruciatus* に着目し，RNA-Seq 解析を用いてアルギン酸資化に対して特異的に発現している遺伝子を探索する手法と，cDNA ライブラリーを用いる手法を同時に行うことで *A. cruciatus* 由来の単糖 DEH トランスポーターである DHT1 を特定した。DHT1 発現ベクターを導入した BAL2193 株は，単糖 DEH を炭素源とする培地で生育することを確認した。次に単糖 DEH とマンニトールを同時に資化することによって，細胞内のレドックスバランスを調整するために，マンニトール-2-デヒロドゲナーゼ遺伝子（*YNR073C*）やマンニトールトランスポーター遺伝子（*HXT17*）などを強制発現させた。単糖 DEH 及びマンニトール資化関連遺伝子の発現カセットを全てゲノムへ挿入したのち，資化能を向上させるために，単糖 DEH を炭素源とする培地で数ヶ月におよぶ継代培養を行なった。この継代培養の過程で，倍加時間は 16〜64 時間から 4 〜 5 時間へ減少し，単糖 DEH を炭素源とする培地での生育速度が向上した。さらに，嫌気条件下で単糖 DEH 及びマンニトール資化能が最も高かった BAL3125 株を選抜し，98 g/L の混合糖（単糖 DEH とマンニトールをモル比 1：2 で含む）から 36.2 g/L のエタノールを生産した[32]。

BAL 社のグループは，酵母を用いて単糖 DEH とマンニトールからエタノール生産する方法を示したが，統合型プロセスを実現するためにはさらにアルギン酸分解能を酵母に付与する必要がある。そこで，筆者らは前述の酵母細胞表層工学技術を利用して，アルギン酸分解酵母を育種した[33]。*S. degradans* 由来のアルギン酸リアーゼを α-アグルチニンと融合して発現させ，酵母細胞表層に提示した。薄層クロマトグラフィーによる糖の分離検出により，アルギン酸分解活性を調べたところ，Alg7A，Alg7D，Alg18J 提示酵母はアルギン酸をオリゴ糖に分解するエンド型活性を示した。一方，Alg7K 提示酵母は，オリゴ糖を単糖 DEH まで分解するエキソ型活性を示した。さらに，効率的にアルギン酸を分解するためにエンド型/エキソ型アルギン酸リアーゼ共提示酵母を構築した。Alg7A/7K，Alg7D/7K，Alg18J/7K 共提示酵母は，いずれも単独でアルギン酸リアーゼを提示した酵母よりもより高いアルギン酸分解活性上昇を示した。Alg7A/7K 共提示酵母が最も高い活性を示し，1 時間あたり 1.98 g/L（36.8%のアルギン酸を分解）のアルギン酸分解還元糖を生産した（図 4）[33]。

さらに酵母によりアルギン酸からの直接エタノール生産を行うために，アルギン酸分解能と単糖 DEH 代謝能の両方を 1 つの酵母へ付与した[34]。*S. degradans* 由来のアルギン酸リアーゼ Alg7A 及び Alg7K，*A. cruciatus* 由来 DHT1，*V. splendidus* 由来 DehR，*Escherichia coli* 由来 KdgK，*V. splendidus* 由来 KdpgA を全て一つの酵母で恒常発現させることで，アルギン酸資化

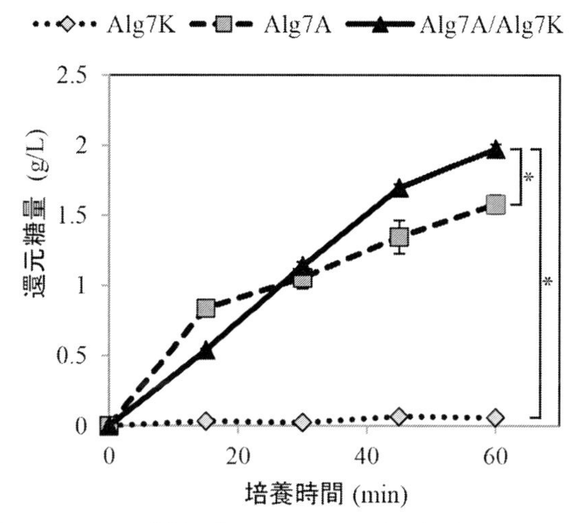

図4　Alg7A/7K 共提示酵母によるアルギン酸分解と還元糖生産

酵母を育種した。アルギン酸資化酵母をアルギン酸培地で馴致培養することで，資化能が増強したAlg1株を育種した。さらにアルギン酸とマンニトールの同時資化によりレドックスバランスを調整するために，Alg1株をマンニトール含有の最小培地で長期培養し，マンニトール資化能を付与したAM1株を育種した（図5）。提示したアルギン酸リアーゼと酵母によるエタノール生産に最適な条件（pH 6.0，37℃）に調整後，60 g/L の混合糖（アルギン酸とマンニトールを1：2の比率で含む）から8.8 g/L のエタノールを生産した（図6）[34]。

1.6　おわりに

世界各国でバイオエタノールの実用化が急速に進んでおり，自給率が100%を超えているアメリカやブラジルなどの主要生産国では，日本などの諸外国への輸出を行なっている。一方で，日本のバイオエタノール自給率はわずか数%程度である。資源の少ない日本で安定的にバイオエタノールを供給し，自給率を向上していくためには，陸上由来のバイオマスだけではなく，より資源量の多い大型海藻類などの海洋バイオマスを利用することが必要不可欠である。またエネルギー安全保障の観点から考えても，海洋バイオマスの活用のようにエネルギーを多様化することは最重要課題の一つである。

海藻類からのバイオエネルギー生産の実用化の鍵となるのは，エタノール生産効率を増大させるバイオテクノロジー開発であり，特に本節で扱った褐藻類からのエタノール生産においては，近年急速に技術開発が進んだ。しかしながら，ほとんどの研究事例が一種類または二種類程度の炭水化物のみをターゲットとしているため，褐藻類という実バイオマスからのエタノール生産効率は依然として，実用化のレベルに達していない。今後は，褐藻類の全ての炭水化物を効率的にエタノールへ変換するために，複数の微生物を用いた共培養システムなどの構築も必要になるだろう。このような合成生物学・発酵工学分野における研究開発に加えて，発酵基質として適した

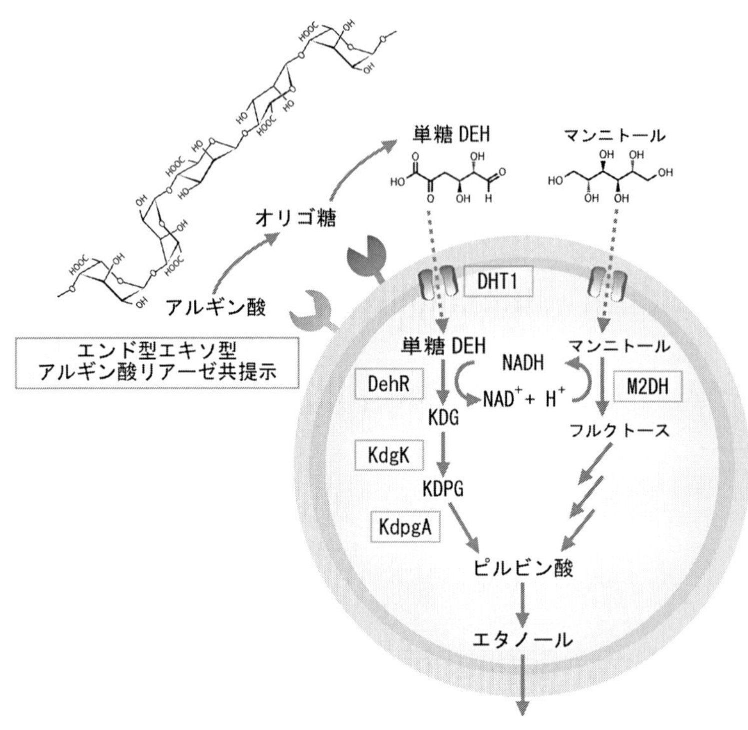

図5　細胞表層工学と代謝工学の融合により創出したアルギン酸とマンニトールから直接エタノール生産する酵母

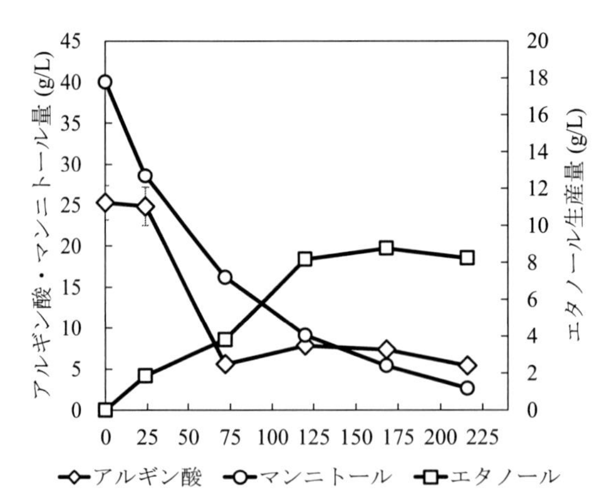

図6　AM1 株によるアルギン酸とマンニトールから直接のエタノール生産

褐藻類の育種技術の開発も求められている。前述のように，褐藻類の炭水化物は種や季節などにより大きく変動するため，それをエタノールへ変換する微生物はダイレクトにその影響を受けてしまい（例えばアルギン酸とマンニトールなどの比率に大きな偏りが生じた場合），結果としてエタノール生産効率が極端に減少することが予想される。また，褐藻類には抗菌・抗アレルギー活性を示すフロロタンニンなどのポリフェノール類が存在することが知られており，このような付加価値化の高い物質を同時に抽出利用していくことも重要である。このような複数分野にわたるバイオテクノロジー開発と，それを実用するための海洋インフラなどの整備は，日本のエネルギー問題に貢献し，我が国の沿岸地域を支える漁村の農林水産業を活性化するバイオイノベーションをもたらすことが期待される。

文　　献

1）大聖泰弘，バイオエタノール最前線，p. 47, 工業調査会（2004）
2）R. Velmurugan *et al., Bioresour. Technol.,* **102**, 7119（2011）
3）K. Okamoto *et al., Enzyme and Microb. Tech.,* **48**, 273（2011）
4）Y. Shinozaki *et al., J. Biosci. Bioeng.,* **111**, 320（2011）
5）S. Mclntosh *et al., Bioresour. Technol.,* **110**, 264（2012）
6）A. Nakanishi *et al., Renew. Energ.,* **44**, 199（2012）
7）S. G. Wi *et al., Bioresour. Technol.,* **100**, 6658（2009）
8）A. Demirbas, *Energ. Convers. Manage.,* **51**, 2738（2010）
9）T. Takagi *et al., J. Biosci. Bioeng.,* **125**, 1（2018）
10）S. U. Kadam *et al., Int. J. Food Sci. Technol.,* **50**, 24（2015）
11）J. M. Adams *et al., J. Appl. Phycol.,* **21**, 569（2009）
12）J. M. Adams *et al., Bioresour. Technol.,* **102**, 9976（2011）
13）S. J. Horn *et al., J. Ind. Microbiol. Biotechnol.,* **25**, 249（2000）
14）S. J. Horn *et al., J. Ind. Microbiol. Biotechnol.,* **24**, 51（2000）
15）S. M. Lee *et al., Bioresour. Technol.,* **102**, 5962（2011）
16）D. O. Mountfort *et al., Appl. Environ. Microbiol.,* **57**, 1963（1991）
17）K. Motone *et al., J. Biotechnol.,* **231**, 129（2016）
18）G. Andrykovitch *et al., Appl. Environ. Microbiol.,* **54**, 1061（1988）
19）R. M. Weiner *et al., PLoS Genet.,* **4**, e1000087（2008）
20）K. Kuroda *et al., Biomolecules,* **3**, 632（2013）
21）J. Bae *et al., Appl. Environ. Microbiol.,* **81**, 59（2015）
22）Y. Fujita *et al., Appl. Environ. Microbiol.,* **70**, 1207（2004）
23）山田信夫，新訂増補版 海藻利用の科学，p. 136, 成山堂書店（2013）
24）Y. Qin *et al., Polym. Int.,* **57**, 171（2008）

25) C. Hayashi *et al.*, *J. Bacteriol.*, **196**, 2691 (2014)
26) T. Takagi *et al.*, *Mar. Biotechnol.*, **18**, 15 (2016)
27) Y. Maruyama *et al.*, *Structure*, **23**, 1643 (2015)
28) R. Takase *et al.*, *Biochim. Biophys. Acta*, **1804**, 1925 (2010)
29) H. Takeda *et al.*, *Energ. Environ. Sci.*, **4**, 2575 (2011)
30) A. J. Wargacki *et al.*, *Science*, **335**, 308 (2012)
31) Y. Ogawa *et al.*, *J. Biosci. Bioeng.*, **90**, 313 (2000)
32) M. Enquist-Newman *et al.*, *Nature*, **505**, 239 (2014)
33) T. Takagi *et al.*, *Appl. Microbiol. Biotechnol.*, **100**, 1723 (2016)
34) T. Takagi *et al.*, *Appl. Microbiol. Biotechnol.*, **101**, 6627 (2017)

2　機能的セロミクスによる線虫脳機能の網羅的アノテーション

青木　航*

2.1　本節の概要

線虫 *Caenorhabditis elegans* は最もシンプルな神経ネットワークを持つモデル生物である。その神経系の構造は既に解明され，302 個のニューロンと約 7000 個のニューロン間結合を持つことがわかっているが，その機能はいまだよくわかっていない。そこで我々は，各ニューロンが行動に与える機能を網羅的にアノテーションするための新規方法論—機能的セロミクス—を提唱してきた。我々は，Cre/lox システムとオプトジェネティクスを応用し，ひとつひとつのニューロンに対して光作動性チャネルであるオプシンを制御された確率で標識できる技術を開発した。この技術を用いて，ランダムなパターンでオプシンが発現した線虫ライブラリを構築し，そのライブラリに対して光照射下で行動実験を行い，特徴的な行動を見せた線虫を単離する。さらに，どのニューロンがオプシンで制御されていたかを後から同定することで，ニューロンの機能を 1 細胞レベルで仮説フリーにアノテーションすることができる。我々は，この方法論を線虫の産卵行動に適用し，ひとつの HSN ニューロンの活性化が産卵行動の十分条件であることを示した。機能的セロミクスをさまざまな行動系に適用することで，普遍的な脳の計算メカニズムを理解できるようになると期待される。

2.2　背景

脳が行動を生み出すメカニズムは，生命科学における最大の謎のひとつである。脳は，感覚ニューロン・介在ニューロン・運動ニューロンが相互に接続しあった複雑なネットワーク構造を形成している。感覚ニューロンにインプットされた情報は，介在ニューロンで計算され，行動という形で運動ニューロンがアウトプットするが，その過程でどのようなメカニズムが働いているのかはよくわかっていない。

このような複雑な生物学的システムを理解するためには，データ駆動型の方法論が強力な武器となる。データ駆動型の方法論とは，あらかじめ仮説を立てずに膨大なデータを蓄積し，モデルを構築することで特徴を抽出し，生物学的システムを理解しようと試みるものである。このようなアプローチでは，あらかじめ仮説を構築する必要がないので，まったく新しい生命現象を発見できる可能性が高い。近年，次世代シーケンサーや高度な質量分析器が開発されたことで，ゲノム・トランスクリプトーム・プロテオーム・メタボロームを対象としたデータ駆動型解析（オミックス解析）が簡便に行えるようになり，生命科学が大きく効率化された。しかしながら，これらの従来型オミックス解析はあらゆる生命現象に適用できるわけではない。例えば，動物の行動のように，多数の神経細胞が集まることで創発する個体レベルの現象を取り扱うことは難しい。こ

*　Wataru Aoki　京都大学　大学院農学研究科　応用生命科学専攻　助教；JST-さきがけ，JST-CREST

のような個体レベルの現象を効率的に解析するためには，まったく新しい方法論—細胞ネットワークレベルのオミックス解析（cell-omics，セロミクス）—が必要であると考えられる。

近年，構造的セロミクスと呼べるアプローチが神経科学に変革をもたらしつつある。構造的セロミクスとは，ミクロトームもしくは収束イオンビームを電子顕微鏡と組み合わせることで，サブナノメートルの分解能で神経ネットワークの3D構造をハイスループットに取得可能とする技術である。この連続電子顕微鏡法を利用することで，ショウジョウバエからヒトにいたるさまざまな動物種で，全ニューロンの接続パターン（コネクトーム）が解明されつつある。このような網羅的な構造情報は，脳の機能を理解する上で，神経科学に貴重な知見をもたらすだろう。

しかし，構造的セロミクスだけでは脳を理解することは難しい。例えば線虫 *Caenorhabditis elegans* は，302個のニューロンから成る神経ネットワークを持っており，ニューロンの全結合パターンであるコネクトームも既に解明されている[1)]。線虫コネクトームの解明から30年以上が経つが，神経ネットワークと行動の関係はいまだ多くの謎に包まれている。その原因のひとつは，個々のニューロンが行動に与える影響を網羅的に調べるための方法論が存在しないことである。そこで我々は，複雑なニューラルネットワークにおいて，それぞれのニューロンが行動に与える影響を網羅的に調べるための方法論—機能的セロミクス—を確立しようと試みてきた[2)]。構造的セロミクスの情報と，機能的セロミクスから取得される個々のニューロンの生理学的・行動学的データを網羅的に蓄積することで，全脳レベルのニューラルネットワーク動作モデルを構築できるのではないかと期待される。

2.3 新規研究手法—機能的セロミクス—

各ニューロンが行動に与える影響を網羅的に調べるためには，仮説フリー・ハイスループット・1細胞分解能で，任意のニューロンの活性を自由に制御できる必要がある。そこで我々は，オプトジェネティクスとブレインボウに注目した。オプトジェネティクスとは，光作動性イオンチャネルであるオプシンをニューロンに発現させることで，高い時空間分解能でニューロンの活性を自由に制御できる技術である[3)]。オプトジェネティクスによりニューロンと高次行動の関係を調べられるようになり，神経科学にブレークスルーがもたらされた。しかし従来のオプトジェネティクスには，いくつかの弱点がある。第一に，オプトジェネティクスは仮説を必要とするため，まったく新しい発見が得られにくい（図1(a)）。なぜなら，オプシンをニューロンに発現させる際にプロモーターを選択する必要があり，この段階において，どのニューロン群が関与していそうかあらかじめ想定する必要があるからである。そのため，従来のオプトジェネティクスは，既存仮説を高い時空間分解能で検証するためには極めて有効だが，データ駆動型の方法論としては適していない。第二に，それぞれの仮説に合わせて変異体を構築する必要があるため，スループットが低い。第三に，シングルセル特異的なプロモーターがほとんど存在しないため，マクロな解析になってしまう。

そこで我々は線虫 *C. elegans* をモデルとして選択し，事前に仮説を必要としない新しいオプト

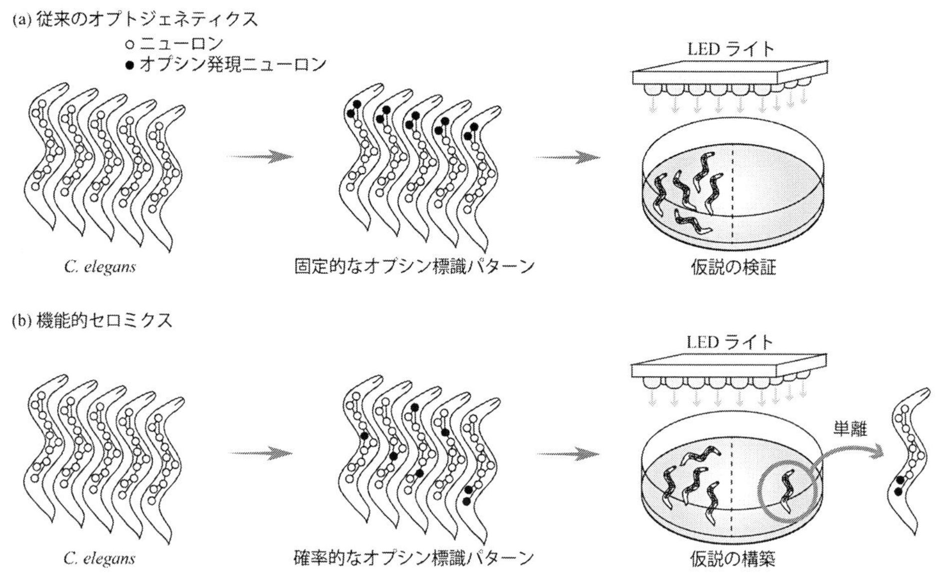

図１　機能的セロミクスの戦略

(a)従来のオプトジェネティクス：特異的プロモーターを用いて，特定の神経細胞のみをオプシンで標識する。光照射下で行動実験を行うことで，そのニューロンが行動に影響を与えるかどうかを検証する。このアプローチは仮説検証型であり精密な実験が可能だが，網羅的解析には適していない。

(b)新規方法論「機能的セロミクス」：従来のオプトジェネティクスとは逆のアプローチであり，オプシンを発現するかどうかは１細胞ごとに確率的に決定される。オプシン発現パターンがランダム化された線虫ライブラリに対して光照射下で行動を観察することで，行動とニューロンの関係を網羅的に調べることができる。

ジェネティクスを開発しようと試みた（図１(b)）。この方法論では，確率的遺伝子発現制御システムであるブレインボウ[4)]を応用した。ブレインボウとは，Cre/lox 組み換えシステムを利用することで，遺伝子の発現を確率的に制御するものである。我々は，この手法を応用することで，それぞれのニューロンがオプシンで標識されるかどうかが１細胞ごとに確率的に決定されるシステムを考案した。オプシン標識がランダム化された線虫ライブラリが得られれば，光照射下で行動実験を行うことで，ノンスタンダードな行動を示す個体が単離できると期待される。さらに，その個体においてどのニューロンがオプシンを発現していたかを同定すれば，各ニューロンの機能を推定できる。このアプローチは，ノンスタンダードな行動を示す線虫を先に単離し，それに関与するニューロンを後から同定するため仮説フリーである。また，１度の実験で多数の標識パターンを検証できるため，スループットが高い。さらに，オプシンで標識されるかどうかは１細胞ごとに独立して決定されるため，１細胞分解能である。

2.4　線虫 *C. elegans* への機能的セロミクスの実装

機能的セロミクスを線虫に実装するために，４つのプラスミドを設計した（図２(a)）。pCre プラスミドは，ヒートショックに応じてCreリコンビナーゼを発現する。pSTARプラスミドは，ブレインボウ技術に基づく確率的標識を実現するための核となる要素である。具体的には，全ニューロンで働くプロモーター（*F25B3.3p*）の下流に，2種類の*lox*配列（*loxP*配列と*lox2272*配列）を交互に配置し，その間に蛍光タンパク質mCherryと転写因子QF2^{w}をコードする遺伝子を配置した。*loxP*配列と*lox2272*配列は機能的に直交しており，どちらか片方のみがCreによって認識されて組み換えられる。pQUAS_ChR2_GFPは，転写因子QF2^{w}に依存してオプシン（チャネルロドプシン2，ChR2）とGFPの融合タンパク質（ChR2-GFP）を発現させる。さらに，Creが働いた後もmCherryの標識を継続させるために，pF25B3.3p_mCherryを構築した。

これらのプラスミドを線虫に導入すると，初期状態では全ニューロンでmCherryが発現するが，Creによって*lox2272*間の配列が組み換えられた場合のみに，転写因子QF2^{w}が発現しはじめる。QF2^{w}が誘導されると，ChR2-GFPが発現し，そのニューロンを光依存的に活性化できるようになる。蛍光タンパク質GFPがChR2と融合しているので，どのニューロンでオプシンが発現しているかは，蛍光顕微鏡で簡単に同定可能である。実際に，線虫*C. elegans*の形質転換体を樹立し，ヒートショックを与え，ChR2-GFPが制御された確率で標識されているかどうかを確認した。独立した3つの個体を観察したところ，ChR2-GFPは各個体において異なるパターンで発現していることがわかった（図2(b)）。

機能的セロミクスの概念実証を目指して，我々は線虫の産卵行動に着目した。線虫の産卵行動は，2つのHermaphrodite-Specific Neurons（HSNs，HSNRおよびHSNL）を中心とした比較的シンプルなサブネットワークによって制御されていることが知られている。もし機能的セロミクスを用いてHSNsのリアノテーションを迅速に行うことができれば，機能的セロミクスの概念を実証できると考えた。まず，ChR2-GFPが確率的にラベルされた線虫ライブラリを構築した。次に，その線虫ライブラリに光を照射し，動画で行動を撮影した（図3(a)(b)）。多数の線虫個体を解析したところ，65%の線虫が光依存的な産卵行動を示すことがわかった（図3(c)）。ネガティブコントロールとして，オプシンの補因子であるall-*trans*-retinal（ATR）を含まない条件で同様の実験を行ったところ，産卵行動は認められなかった。最後に，産卵個体および非産卵個体を共焦点顕微鏡で撮影したところ，産卵個体においてはChR2-GFPがHSNニューロンで発現していたが，非産卵個体では発現していないことがわかった（図4(a)(b)）。面白いことに，2つ存在するHSNsのうち，片方のみの活性化で産卵行動が誘導されることもわかった。これらの結果は，機能的セロミクスによるハイスループットなニューロン機能のアノテーションを実証するものと考えられる。

2.5　神経ネットワーク動作原理の解明に向けて

我々は世界で初めて，仮説フリー・ハイスループット・シングルセル分解能でニューロンの機能を網羅的にアノテーションする新規方法論―機能的セロミクス―のコンセプトを提唱し，その概念を実証した。この方法にはさまざまな強みが存在する。第一に，特別な機器を必要としない

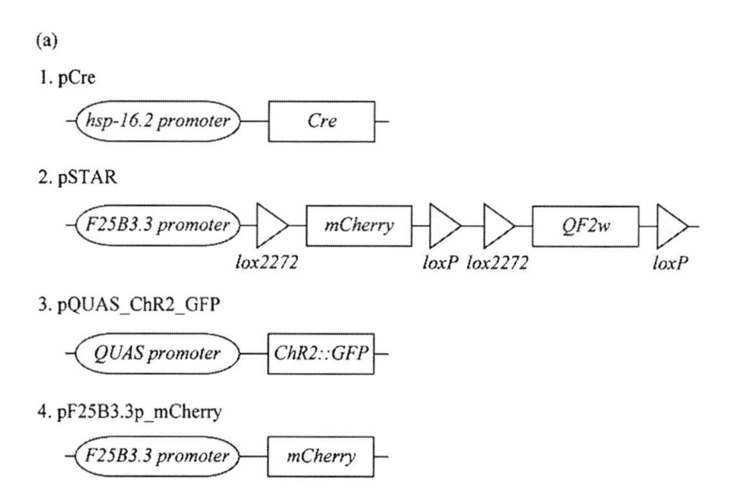

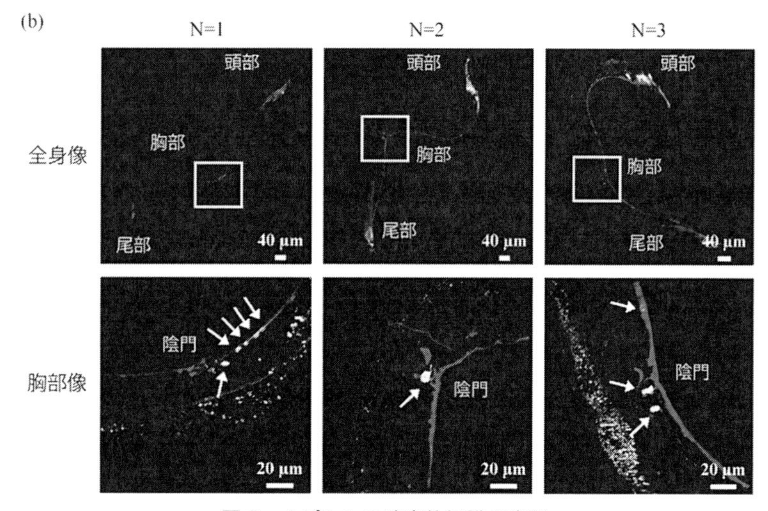

図２　オプシンの確率的標識の実証

(a)機能的セロミクスを線虫に実装するために，４つのプラスミドを構築した。pCre は，ヒートショックにより Cre を誘導する。pSTAR は mCherry を全ニューロンで発現するが，*lox2272* 間で組み換えが起きた場合に限り転写因子 QF2^{w}を発現する。pQUAS_ChR2_GFP は，転写因子 QF2^{w}に依存してチャネルロドプシン２と GFP の融合タンパク質 ChR2-GFP を発現させる。pF25B3.3p_mCherry は，組み換え後も全ニューロンを mCherry で標識する蛍光マーカーである。

(b)４つのプラスミドを導入した *C. elegans* にヒートショックを与え，12 時間後に蛍光を観察した。その結果，ChR2-GFP を発現するニューロンはランダム化されていた。矢印で示された白い細胞が，ChR2-GFP で標識された細胞である。

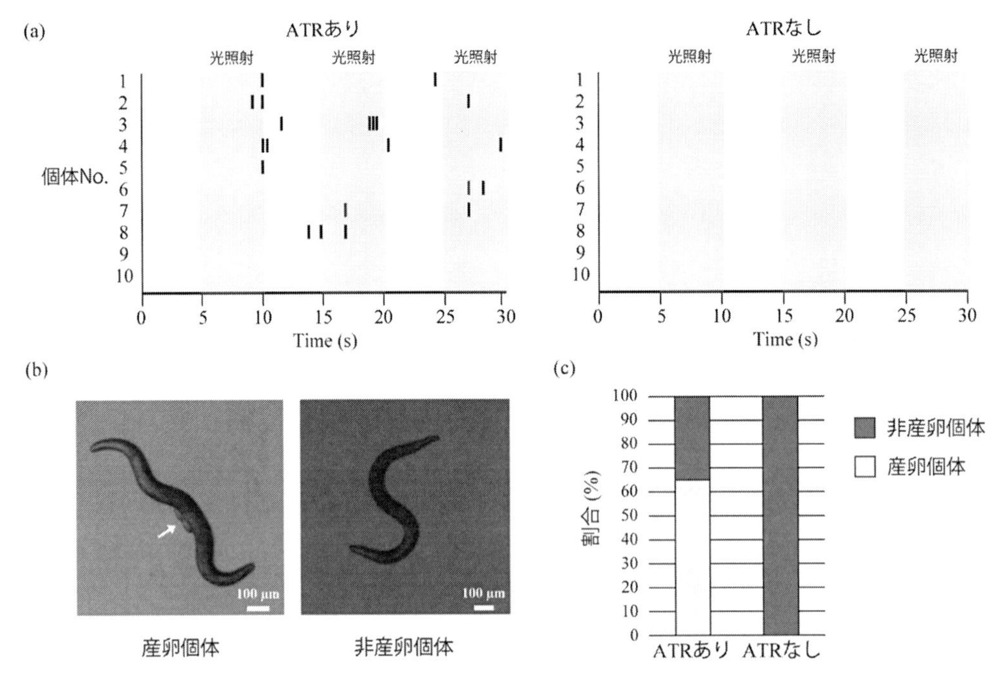

図３　光依存的な線虫産卵行動の誘起

(a)光照射に依存して線虫が産卵行動を起こすかどうかを調べるために，光照射下で動画を30秒間撮影した。5秒間隔で光を照射している。短い黒の線が，産卵行動が起きたタイミングである。オプシン（ChR2）の補因子である all-*trans*-retinal（ATR）存在下では光依存的な産卵行動が観察されたが，ATRなしでは産卵行動は観察されなかった。

(b)産卵個体と非産卵個体の代表的な画像。卵を矢印で示す。

(c) ATRありの条件では65％の線虫個体が産卵行動を示したが，ATRなしでは光依存的な産卵行動を示した線虫は見られなかった。

ため，導入コストが低い。第二に，一匹の遺伝子組み換え体から無数の標識パターンを生み出せるため，仮説フリーかつハイスループットである。第三に，オプシンが発現するかは１細胞ごとに望みの確率で決定されるため，１細胞分解能である。線虫においては，左右対称のニューロン対をプロモーターで区別することは比較的難しいが，機能的セロミクスではそのようなニューロン間でも特異的標識が可能になる。第四に，オプシンに限らずさまざまなエフェクターを利用できるため，拡張性が高い。ニューロンの活性化・抑制・除去・遺伝子発現制御など，さまざまな介入が可能になるだろう。機能的セロミクスは，従来の仮説主導型オプトジェネティクスと相補的な役割を果たすことで神経系の動作原理解明に寄与すると考えられる。将来的には，構造的セロミクスの情報，機能的セロミクスによる網羅的アノテーション，さらに機械学習を組み合わせることで，個体レベルの神経ネットワーク動作モデルの構築が可能になると期待される（図５）。

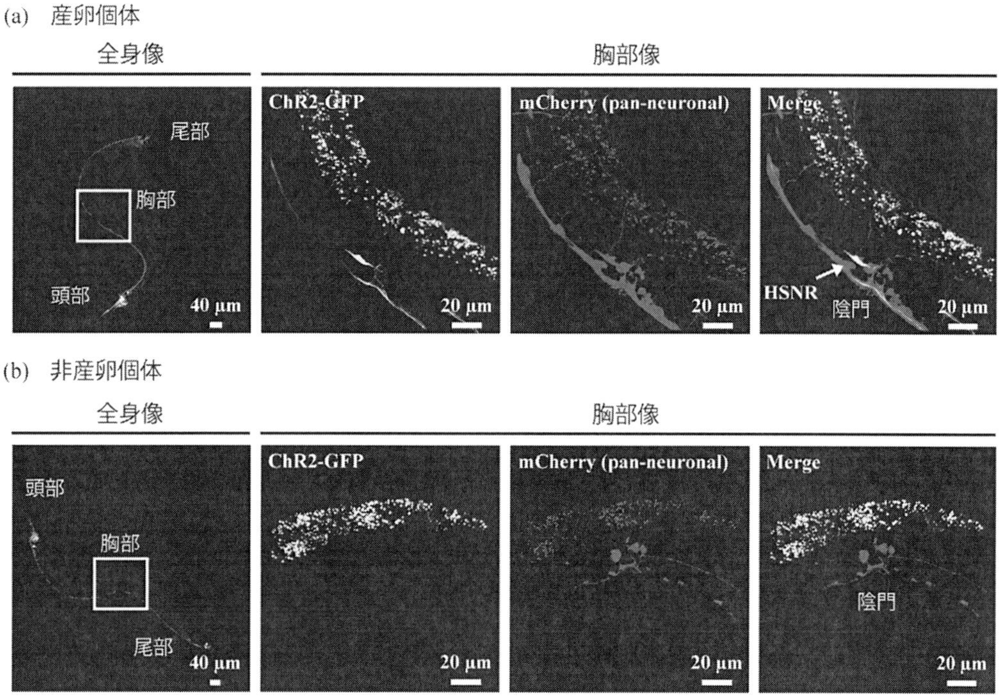

図４　共焦点顕微鏡による産卵ニューロンのアノテーション

(a)産卵個体を共焦点顕微鏡で観察したところ，HSN ニューロンにオプシンが発現していた。ChR2-GFP を発現しているニューロンを矢印で示す。

(b)非産卵個体を共焦点顕微鏡で観察したところ，HSN に ChR2-GFP は発現していなかった。

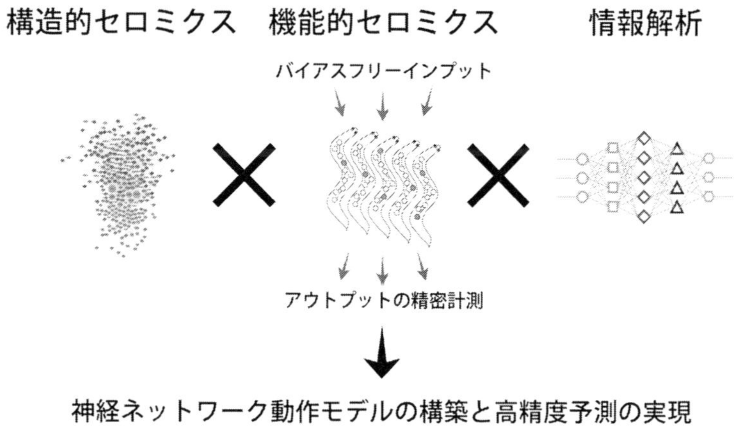

図５　機能的セロミクスによる神経ネットワークモデリングへの展開

機能的セロミクスとは，神経ネットワークにバイアスフリーインプットを与え，その「機能」を１細胞レベルで網羅的に調べるための方法論である。機能的セロミクスと構造的セロミクスから得られる情報を掛け合わせ，機械学習などの情報処理と組み合わせることで，個体レベルの神経ネットワーク動作モデルを構築できると期待される。

文　　献

1) J. G. White, E. Southgate, J. N. Thomson, S. Brenner, *Philos. Trans. R. Soc. Lond. B Biol. Sci.*, **314**, 1 (1986)
2) W. Aoki, H. Matsukura, Y. Yamauchi, H. Yokoyama, K. Hasegawa, R. Shinya, M. Ueda, *Sci. Rep.*, **8**, 10380 (2018)
3) E. S. Boyden, F. Zhang, E. Bamberg, G. Nagel, K. Deisseroth, *Nat. Neurosci.*, **8**, 1263 (2005)
4) J. Livet, T. A. Weissman, H. Kang, R. W. Draft, J. Lu, R. A. Bennis, J. R. Sanes, J. W. Lichtman, *Nature*, **450**, 56 (2007)

3　線虫―嗅覚によるがんの検知

広津崇亮[*1]，吉田早祐美[*2]

3.1　はじめに

多くの生物は視覚，聴覚，触覚，そして嗅覚などの感覚によって外界の状況を常に把握し，自らの行動決定に役立てている。その中でも嗅覚は，餌の探索や外敵の素早い察知などにおいて多くの生物で重要な役割を果たしている。高等生物の嗅覚研究において，最もメジャーなモデル生物の１つが線虫 *C. elegans* である。線虫の嗅覚神経は10個の感覚神経細胞から成るシンプルな構成だが，保有している嗅覚受容体の数はヒトやマウスをも上回ると推定され，多様な匂いを嗅ぎ分ける能力を持つと考えられている。筆者らは近年，線虫ががん由来の匂いを嗅ぎ分け，特異的に正の走性行動を示すことを発見した。現在はこの現象を応用し，線虫によるがん検査システムの開発を進めている。

本稿では，モデル生物としての線虫の魅力とその嗅覚メカニズムの概要，そして線虫の嗅覚を用いたがん検査について紹介する。

3.2　モデル生物としての線虫

線虫の１種である *Caenorhabditis elegans*（*C. elegans*）は，透き通った線形の体を持つ1 mm程の小さな生き物である（図1(a)）。成虫でも細胞数は1000個程度（雌雄同体で959個，雄で1031個）と少なく，その全てについて発生過程の系譜が明らかにされている[1]。寄生性はなく野生では主に土壌中で細菌類を食べて生活しており，研究室では一般的に餌となる大腸菌を生やした寒天プレート上で飼育される。更に，特殊な条件下を除いては大部分の個体が雌雄同体であり，加えて増殖も速いため，短時間で簡単に大量の遺伝的に均一な個体が入手できる。以上に述べたような生体構造の単純さと飼育の容易さから，*C. elegans* は生物学の幅広い分野においてモデル生物として採用されている。*C. elegans* をモデル生物として用いた代表的な例の１つは，Howard Robert Horvitz博士らによるプログラム細胞死研究である。Horvitz博士らは身体が透明かつ全細胞の発生系譜が明らかであるという線虫の特徴を生かした変異体スクリーニングにより，プログラム細胞死の制御に関わる複数の遺伝子の特定に成功した。これらの遺伝子は哺乳類を含む他の生物においても広く保存されており，種を超えて共通したプログラム細胞死の制御メカニズムがこの研究により明らかになった[2~5]。Horvitz博士はこの研究で2002年にノーベル医学生理学賞を受賞している。

神経学の視点から見ると，*C. elegans* は上記の特徴以外にも他のモデル生物にはない優位性を持っている。まず，身体が透明であることから，カルシウム蛍光指示薬を神経細胞に導入することで，非侵襲的に細胞レベルで神経活動が観察できる。また，神経細胞が302個と非常に少なく，

＊1　Takaaki Hirotsu　㈱HIROTSUバイオサイエンス　代表取締役
＊2　Sayumi Yoshida　㈱HIROTSUバイオサイエンス　中央研究所　研究員

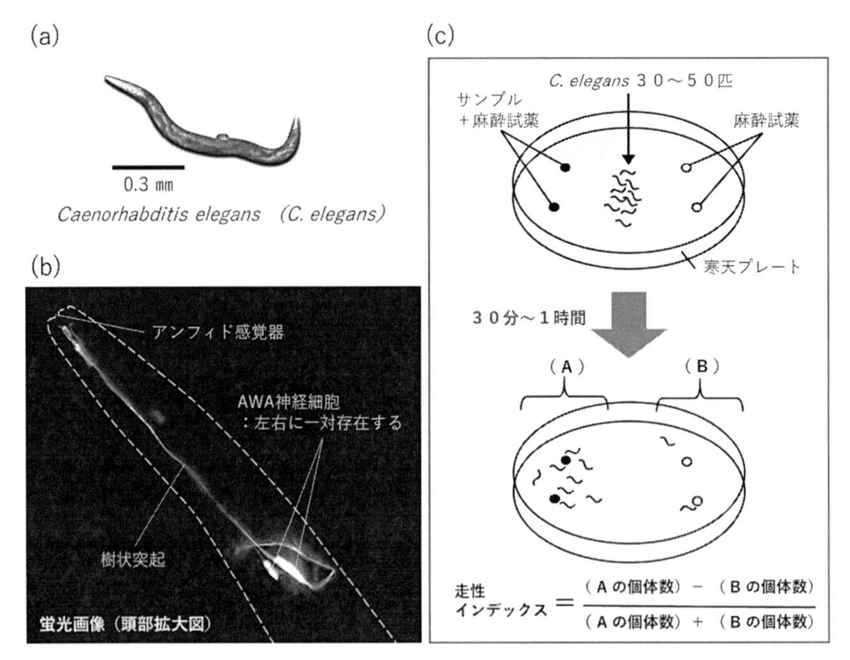

図1 (a) C. elegans の外観，(b) 頭部神経細胞の様子，(c) 走性解析の流れ
(b) AWA 嗅覚神経細胞を蛍光タンパク質で標識し観察した。嗅覚神経細胞は頭部に集中して存在し，頭部先端のアンフィド感覚器に樹状突起を伸ばし匂い刺激を受容している。

それぞれの神経間の連絡が解剖学的に明らかになっている為，神経回路レベルでの解析も可能である[6]。個体レベルでは，前進，後退，屈曲の3種で構成されるシンプルな行動パターンを持つことから，刺激と行動の関係性を定量的に解析できるという特徴をもつ。更に，遺伝子工学の手法が充実している為分子レベルの解析も容易である。以上のように，*C. elegans* は神経のメカニズムに各階層からアプローチできる稀有な存在として，感覚受容や運動出力のほか，記憶や学習の研究など様々な事象の研究に用いられている。

3.3 線虫の嗅覚

C. elegans は頭部先端のアンフィド感覚器と尾部のファスミド感覚器で外部の刺激を受容している。その内アンフィド感覚器には12種類24個の感覚神経細胞から伸びた樹状突起が集まっており，化学物質や温度の感覚受容が行われている（図1(b)）。化学物質の中でも特に揮発性の物質の感知を一般に嗅覚と呼ぶが，アンフィドに存在する感覚神経細胞の内，嗅覚に関与していることが分かっているのはAWA，AWB，AWC，ASH，ADLの5種（10個）である[7]（図1）。この数は，ヒトが約1000万個の嗅覚神経細胞を持つことを考えると圧倒的に少ない。また，ヒトを含む哺乳類は1つの嗅覚神経細胞につき1種類の嗅覚受容体しか持たないが，*C. elegans* の場合は1つの細胞に複数の受容体が存在することが分かっている。このように哺乳類と *C. elegans* の嗅覚には異なる点も存在するが，タンパク質分子レベルで見ると非常に似た機構を持

つことも研究から明らかになっている。まず，線虫が持つ嗅覚受容体は哺乳類と同様に7回膜貫通型のGタンパク質共役型受容体（7TMGPCR）である。7TMGPCRは匂い物質が結合すると構造変化を起こし，Gタンパク質を活性化させる。この下流でセカンドメッセンジャーである環状ヌクレオチドの濃度が上昇し，CNGチャネルが開口することで陽イオンの細胞内流入が生じ神経細胞が活性化する。匂いの受容に伴うこの一連の流れも，哺乳類と線虫の両方で共通して確認されている[8]。線虫の場合，それぞれの嗅覚神経細胞で受容された匂いのシグナルは，介在神経，運動神経を経て匂いに対する走性行動として出力される。走性行動は匂いに向かって近寄っていく誘引行動と匂いから遠ざかる忌避行動の2種類に大別されるが，前述した5種の神経細胞の内，誘引行動を引き起こす匂いの受容にはAWAとAWC，忌避行動を引き起こす匂いの受容にはAWB，ASH，ADLが関わることが分かっている。一方，これらの神経細胞は匂い以外の刺激も受容することが分かっており，例えばAWCは温度刺激の受容，ASHは水溶性化学物質や浸透圧刺激の受容も行う[9]。このように，1つの神経細胞が異なる種類の複数の刺激に対する感受性を有することで，少ない神経細胞でも多様な刺激に対応する複雑な感覚受容が可能になっていると考えられる。

3.4　生物が持つ嗅覚の産業利用

ここまで線虫の嗅覚について述べてきたが，「嗅覚が優れた生き物」として多くの人々が真っ先に思い浮かべるのはおそらく犬であると思う。実際に特別な訓練を受けた多くの犬たちが，麻薬探知犬や地雷探知犬としてその嗅覚を用いて人間の生活に貢献している。医療の分野においても，犬ががんやマラリアなどの患者を匂いでかぎ分けることが出来るという報告がある[10〜12]。犬以外にアフリカオニネズミやミツバチでも匂いを指標にした病気の検出について研究が行われており，嗅覚による医療検査は生物が持つ能力の新しい利用方法として期待を集める分野である[13,14]。しかし，嗅覚による検査は訓練や飼育に要する費用の問題や，個体ごとの適性の差に起因する精度の不安定さなどから，実際の医療現場で普及するには至っていないのが現状である。本稿の初めで紹介した通り，*C. elegans*は優れた嗅覚を持つだけではなく，クローン個体を得られる為に性質に個体差が生じず，また，コストをかけずに大量飼育が可能であるという特徴を持つ。よって，嗅覚に基づく医療検査の実用化において*C. elegans*の利用は他の生物と比べて優位性が高いと考えられた。また，*C. elegans*が匂いに対して示す反応は誘引行動と忌避行動の2種類に大別できる為，結果を定量的に判断しやすいという点も検査に適性が高い。このような背景から，*C. elegans*の嗅覚を医療検査に応用できる可能性について，特にがんの検出という観点から検証を行った。

3.5　線虫の嗅覚によるがんの検出

*C. elegans*ががんの匂いを嗅ぎ分けることが出来るかを調べるために，まずがん細胞由来の培養細胞を用いた走性解析を行った。解析には線虫の化学走性の定量化に一般的に用いられる手法

を用いた（図１(c)）。まず，寒天プレートの左右に２点ずつ *C. elegans* を固定するための麻酔試薬（NaN_3）を置き，更に片側の２点にのみ走性を調べたいサンプルを滴下する。続いてプレート中央に30〜50匹程度の *C. elegans* を配置し，そこから一定時間自由に行動させる。終了後，サンプル側と逆側にトラップされた個体数の比率から，そのサンプルに対する誘引・忌避の度合いを走性インデックスとして算出した。走性インデックスは－1.0から＋1.0の間の値を取り，正の方向に値が大きいほどサンプルに対して強く誘引されたことを示す。大腸がん，胃がん，乳がんの細胞を一定期間培養した培養液をサンプルに用い実験を行った結果，コントロールとして用いた線維芽細胞の培養液と比較して，*C. elegans* はがん細胞の培養液に有意に誘引行動を示した（図２(a)）。この結果から，がん細胞は *C. elegans* が受容できる何らかの誘引物質を分泌していることが示唆された。次に，がん細胞培養液に対する誘引行動と嗅覚の関わりを調べるため，嗅覚シグナル伝達不全変異体 *odr-3* を用いて同様の解析を行ったところ，この変異体ではがん細胞培養液に対する誘引行動が観察されなかった（図２(b)）。以上の結果から，*C. elegans* が嗅覚によってがん細胞培養液に含まれる誘引物質を検知していることが推定された[15]。

次に，生体内に存在するがんの検出に *C. elegans* が利用可能か調べる為，健常者とがん患者それぞれから得た尿をサンプルに用い実験を行った。尿の原液を用いた場合，*C. elegans* は健常者とがん患者どちらの尿に対しても同様に忌避行動を示した。しかし，低濃度に希釈した尿を用いて実験を行うと，健常者の尿に対しては変わらず忌避行動を示す一方で，がん患者の尿に対しては誘引行動を示すようになった[15]。*C. elegans* が同じ物質でも濃度によって異なった反応を示す例はいくつか知られており，例えば，強力な誘引物質の代表例として知られるイソアミルアルコールも，高濃度で与えた場合には忌避行動を誘導する[16]。この現象は高濃度忌避と呼ばれる

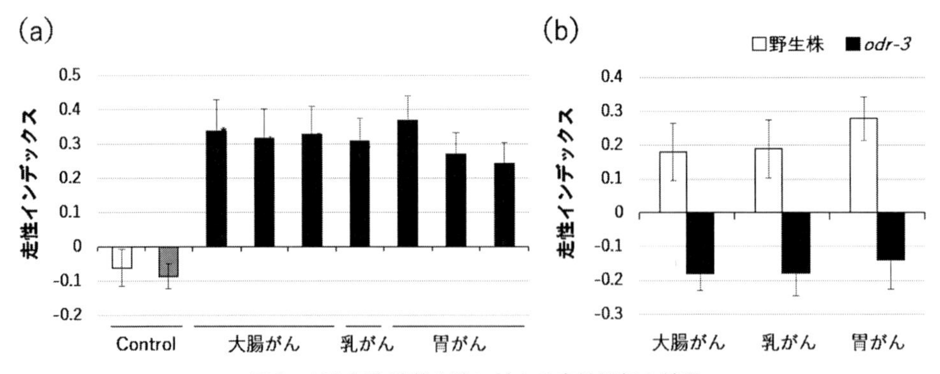

図２　がん細胞培養上清に対する走性解析の結果

※ Hirotsu *et al., Plos One*（2015）より改編

(a) 大腸がん，乳がん，胃がん細胞の培養上清に対する *C. elegans* の走性行動を調べた。コントロールとして使用した未培養の液体培地（白）と線維芽細胞の培養上清（灰色）では忌避行動を示したが，各種がん細胞の培養上清には誘引行動を示した。

(b) 嗅覚シグナル伝達不全変異体 *odr-3* の走性行動を調べた。野生株の場合と異なり，*odr-3* は各種がん細胞の培養上清に対して忌避行動を示した。

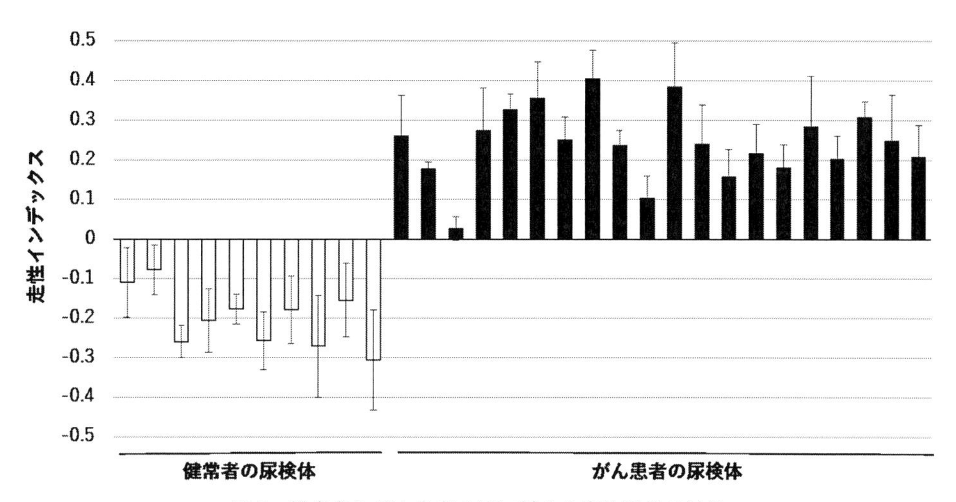

図3　健常者とがん患者の尿に対する走性解析の結果

※ Hirotsu *et al.*, *Plos One*（2015）より改編

健常者尿10検体，がん患者尿20検体に対する *C. elegans* の走性行動を調べた。その結果，健常者尿には忌避行動，がん患者尿には誘引行動を示した。

が，がん患者の尿でもこの現象が起こった可能性があると考えられる。図3では，10倍に希釈した健常者の尿10検体，がん患者の尿20検体について走性行動を解析した結果を示す。このように，*C. elegans* は生体内のがんに由来する尿中の何らかの物質を感知できることが示された。

C. elegans が尿に対して示した反応が嗅覚に依存していることを確認するために，嗅覚神経細胞を破壊した個体を用いて走性行動を観察した。すると，誘引性嗅覚神経細胞であるAWA，AWCを破壊した個体ではがん患者の尿に対する誘引行動は有意に減少した。また，忌避性嗅覚神経細胞のAWB，ASHを破壊した個体では健常者の尿に対する忌避行動が観察されなくなった[15]。この結果より，がん患者特有の匂いの受容にはAWA，AWCが関わることが示された。

次に，これらの神経細胞の反応をより直接的に調べるために，カルシウム蛍光指示薬であるGCaMP3をAWC嗅覚神経細胞で発現させ，その蛍光強度を指標に神経活動の測定を行った。尿による刺激を与えた際のAWC細胞の様子を観察したところ，健常者の尿よりもがん患者の尿に対して強く反応することが分かった（図4）。AWA神経細胞でも同様の実験を行ったが，こちらでは健常者の尿とがん患者の尿で有意な差は見られなかった。以上の結果から，*C. elegans* はがん患者の尿に含まれる誘引物質をAWC嗅覚神経細胞で感じていることが明らかになった[15]。

3.6　線虫の嗅覚を利用したがん検査法N-NOSE

我々は *C. elegans* が生来的にがん患者の尿の匂いには誘引行動，がんを持たない健常者の尿には忌避行動を示すことを発見し，この習性を利用したがん検査“N-NOSE”を考案した。検査には患者から採取後最適濃度に希釈した尿検体を用い，前述の走性解析と同様の手法で得た走性

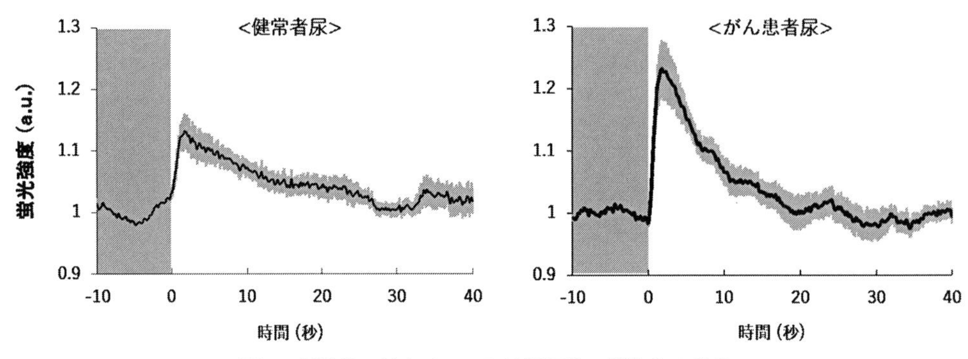

図4　尿検体に対するAWC神経細胞の活性化の様子

※ Hirotsu *et al., Plos One* (2015) より改編

AWC神経細胞にカルシウム蛍光指示薬 GCaMP3を発現させた *C. elegans* を用い，健常者とがん患者それぞれの尿による刺激を与えた際のAWC神経細胞の活動の様子を観察した。健常者の場合（左）に比べ，がん患者の尿（右）ではより大きな神経反応が確認された。

インデックスの値を指標にがんの有無を判断する。犬やマウスを利用する検査と異なり，N-NOSEは *C. elegans* が元々持つ特性を利用している為訓練が不要である。

N-NOSEは生物の能力を活かした検査であるという点で既存のがん検査とは大きく異なっているが，それ以外にも以下に紹介する3つの特徴を持っている。

①　受診者の負担が少ない

がんは早期に治療を開始するほど治癒率が高い為，定期的な検診による早期発見が非常に重要であるとされている。しかし，検査が痛みを伴うことや，時間と労力を要すること，費用が高額なこと等を理由に，国民の5大がん検診受診率は4割程度と極めて低いのが現状である。N-NOSEは尿で検査するため非侵襲であり，採尿以外には時間的な拘束も生じない。また，特別な検査機器を用いない為費用も安価に抑えられると想定される。身体面，時間，費用面の全てにおいて受診者の負担が非常に少ない為，N-NOSEの普及は受診率の向上及び早期発見の推進にも有効であると期待される。

②　感度が高い

N-NOSEの精度を調べるために，242検体（がん患者：24，健常者：218）の尿を用いて検証を行った。すると，がん患者24例中23例が陽性，健常者218例中207例が陰性を示した（感度95.8%，特異度95.0%）。また，同じ被験者について同時に腫瘍マーカー検査も実施したが，その結果と比較してもN-NOSEは感度が圧倒的に高かった。更に，がん患者のうち半数の12検体は従来の検査では検出が困難とされるステージ0，1の早期がんだったが，これらについてもN-NOSEは感度が変わらないという結果が得られた[15]。

③　がん種網羅的に検査できる

N-NOSEは一度の検査で種類が異なる多数のがんについてその有無を調べることが出来る。既存の検査では多くの場合がん種毎に異なる検査を受け1種類ずつその有無を確認する必要があるが，N-NOSE では受診者は尿を提出するだけで 18 種のがんの有無を知ることが出来る。この特徴に加え，前述のように感度が非常に高く取りこぼしが少ない，安価である，微量な尿で検査でき健康診断と同時実施可能であるなどの点から，N-NOSE は 1 次スクリーニング検査として有効であると考えられる。我々は，1 次スクリーニングとして N-NOSE で網羅的にがんの有無を検査し，陽性の可能性がある場合は，次のステップとして既存のがん検査で部位を特定するという新たながん検査のシステムを提案する。N-NOSE が陰性だった場合は，通常の健康診断と同様に N-NOSE を定期的に受診することで継続的にがんの早期発見を促進できる。この新たなシステムが普及すれば，現在国民全体に推奨されている定期的な 5 大がん検診の受診が不要になる為，受診者の時間的・肉体的な負担が格段に軽減され，更に，国と国民の両方にとって医療費の削減効果が見込まれると考えている。

3.7　N-NOSE の実用化に向けた研究

これまで述べたように，我々は N-NOSE が人々の健康増進と医療費の削減に効果を発揮する画期的な検査となり得ると考えている。しかし，一般の方々に対して N-NOSE の検査サービスを提供できるようになるまでには，クリアしなければならない 2 つの課題がある。1 つ目は十分数の検体を用いた精度の確認である。現在，全国の大学病院，がんセンターなどを含む 17 の医療施設と提携して大規模な臨床研究を進めている。これまでに約 1000 例のがん患者症例を含む臨床検体を用い試験を実施し，基礎研究と同程度の精度を示す結果が得られている。また，全国に複数設置した研究所で解析を行い，検査を行う場所や検査の実施者に依らず同様の結果が得られることも確認されている。2 つ目の課題は，大量の検体を効率よく処理できる検査システムの確立である。検査員の手動による検査では想定される需要に対応できない為，検査精度は維持しつつ処理速度を向上させた新しい検査システムの確立は必須である。現在機器メーカーと共同で N-NOSE 自動解析装置の開発を進めており，この装置を中心としたハイスループットな検査システムの構築に向けた研究開発を行っている。

3.8　N-NOSE のメカニズム解明と今後の展開

実用化に向けた課題は前述の通りだが，基礎研究の観点における目下の課題は N-NOSE において *C. elegans* が感知しているがんの匂い物質の同定，及びその受容体の特定である。これらの情報は N-NOSE のメカニズム解明という側面で意味を持つだけではなく，N-NOSE の更なる精度向上やコストの削減に応用できると期待される。受容体の特定については，タンパク質の構造や発現部位情報などを元に選抜した候補遺伝子について，欠損変異体を用いたスクリーニング解析を実施しており，一定の成果が得られている。また，これまでに実施した実験で，がんを有する臓器の違いによって尿検体の匂いが異なることを示唆するデータが得られていることから，今後は N-NOSE を応用したがん種識別検査の実現性についても検討を進めていく予定である。

3.9 まとめ

本稿では，モデル生物としての線虫 *C. elegans* の特徴とその嗅覚の概要，及び *C. elegans* の嗅覚を用いたがん検査 N-NOSE の紹介を行った。本文中で提示した *C. elegans* が腫瘍マーカーを上回る精度でがんを検出した例のように，生物の優れた感覚能力は時に人工物をも上回る。嗅覚に限らず，生物が持つ能力には未知の部分が多いが，そのメカニズムついて理解を深めることは今後も人類の進歩に大きく寄与すると期待される。

文　献

1) S. Brenner, *Genetics*, **77**, 71 (1974)
2) H. R. Horvitz, *Am. Assoc. Cancer Res.*, **59**, 1701 (1999)
3) H. M. Ellis, H. R. Horvitz, *Cell*, **44**, 817 (1986)
4) J. Yuan *et al.*, *Cell*, **75**, 641 (1993)
5) B. Conradt, D. Xue, *Warm Book* (2005)
6) J. G. White *et al.*, *Philos. Trans. R. Soc. B Biol. Sci.*, **314**, 1 (1986)
7) C. I. Bargmann, *Worm Book*, 1 (2006)
8) C. M. Coburn, C. I. Bargmann, *Neuron*, **17**, 695 (1996)
9) T. Sassa *et al.*, *Neurosci. Lett.*, **555**, 248 (2013)
10) M. McCulloch *et al.*, *Integr. Cancer Ther.*, **5**, 30 (2006)
11) J. Church, H. Williams, *Lancet*, **358**, 930 (2001)
12) C. M. Willis *et al.*, *BMJ*, **329** (2005)
13) B. J. Weetjens *et al.*, *Int. J. Tuberc. Lung Dis.*, **13**, 737 (2009)
14) M. F. Neto *et al.*, *J. Clin. Tuberc. Other Mycobact. Dis.*, **4**, 44 (2016)
15) T. Hirotsu *et al.*, *PLoS One*, **10**, 1 (2015)
16) K. Yoshida *et al.*, *Nat. Commun.*, **3**, 711 (2012)

4　ヒト死後脳のさまざまな細胞種におけるゲノム・エピゲノム研究

文東美紀*1，岩本和也*2

4.1　はじめに

疾患の病因研究において，遺伝研究がこれまで果たしてきた役割は大きい。特に単一遺伝子疾患においては，多くの疾患において原因遺伝子が同定され，診断や治療法の確立に貢献してきた。多因子疾患の一つである統合失調症は，幻覚や妄想といった精神病症状や意欲・自発性の低下などの機能低下，認知機能低下などを主症状とする重篤な精神疾患であるが，病因は未だほとんど解明されていない。しかし統合失調症の疫学研究において，二卵性双生児と比較した際，一卵性双生児間において高い発症一致率を認める[1)]という結果などから，本疾患も発症に遺伝要因が関与していることは確実であると考えられている。2014年に出版された，約3万人の統合失調症患者を対象として行われた全ゲノム関連解析（Whole Genome Association Study, GWAS）では，疾患に有意に関連のあるゲノム領域が108ヶ所同定され，それらの多くは神経機能に重要な遺伝子の近傍に存在していた[2)]。しかし同定されたSNPのオッズ比は0.9-1.2ほどと低いため，それぞれの座位が発症に寄与する割合は比較的少ないと考えられる。この結果から，①複数の疾患感受性遺伝子の変異が原因となり，個々の変異が表現型に与える影響はわずかであるが，それらが蓄積することで発症にいたる（Common Diseases-Common Variant仮説），②頻度が稀であるため通常のGWAS研究では検出されないが，表現型に与える影響が大きい変異によって疾患が引き起こされる（Common Disease-Rare Variant仮説），③一卵性双生児間においても発症一致率が100%ではないことから，発症には遺伝要因に加えて環境要因が関与し，ヒストン修飾やDNAメチル化などの変化を介して発症にいたる（エピジェネティクス仮説）などの多くの仮説が提唱されてきた。

また従来からの仮説に加えて，近年提唱され始めた説が体細胞変異仮説である。体細胞変異とは，受精後の発生過程で生じた，個体内の一部の細胞だけが持つゲノム変異を指す。これまで行われてきた多くの遺伝研究は，個体内のすべての細胞は同一の塩基配列情報を持つことを前提として，採取が比較的容易な血液や唾液のDNAを使用して行われてきた。しかし近年になり，ヒトの脳細胞のゲノムは，健常者においても，細胞ごとに特有の体細胞変異を多く持つという報告が多くなされてきている。これらの体細胞変異としては，一塩基変異（Single Nucleotide Variation, SNV）やコピー数変異（Copy Number Variation, CNV），トランスポゾンの新規挿入などが挙げられる。Lodatoらは健常者の前頭葉・海馬歯状回の単一神経細胞由来DNAを用いて，検体の年齢上昇と共に検出されるSNV数が増加しており，90歳台の死後脳から一細胞あたり数千のSNVが検出されたことを報告している[3)]。またCoufalらはレトロトランスポゾンの一

＊1　Miki Bundo　熊本大学大学院　生命科学研究部　分子脳科学分野　准教授；
科学技術振興機構　さきがけ
＊2　Kazuya Iwamoto　熊本大学大学院　生命科学研究部　分子脳科学分野　教授

種であるLong Interspersed Nuclear Elements（LINE-1またはL1）が神経前駆細胞で転移活性を有しており，同一ヒト個体の脳以外の細胞と比較すると，脳ゲノムにおいてLINE-1のコピー数が上昇していることを示した[4)]。このように脳ゲノムは従来考えられているより，ダイナミックに塩基配列が変化していることが分かってきた。

またこれらの体細胞変異は精神神経疾患の原因になりうる可能性も示されている。Poduriらは，一部の片側巨脳症患者はAKT3遺伝子（脳のサイズを制御する遺伝子）に，血液ゲノムには存在せず，脳ゲノムにのみ存在するSNVを有しており，これが病気の原因になりうることを報告している[5)]。また我々は，統合失調症患者の神経細胞のゲノムDNAでは，健常者の神経細胞と比較してLINE-1のコピー数が上昇していること，患者の脳ゲノムで認められたLINE-1新規挿入は，神経機能に重要な遺伝子の近傍に多くおきていることを明らかにした[6)]。

エピジェネティクス変異や体細胞変異を考える場合，脳のどの細胞種におきているかは重要な問題である。さらに同一の細胞種内でも，個々の細胞によって異なったプロファイルを持っていると考えられるため，これらの変異を詳細に調べるためには，シングルセルレベルによる解析が必要になると考えられる。これまで我々はヒトの死後脳組織からさまざまな細胞種由来の細胞核を分画し，エピジェネティクス研究や体細胞死後脳研究を行ってきた。本稿では，1. ヒト死後脳からのさまざまな細胞種由来の細胞核の分画，2. さまざまな細胞種画分のDNA・RNAを使用したエピジェネティクス研究・遺伝子発現解析，3. さまざまな細胞種由来の単一細胞核を使用した体細胞変異解析について概観したい。

4.2　ヒト死後脳からの細胞種ごとの細胞核分画

脳は神経細胞，アストロサイト・オリゴデンドロサイト・マイクログリアといったグリア細胞など，さまざまな種類の細胞が複雑に配置された，極めてヘテロジニアスな組織である。これらの細胞はそれぞれ固有の遺伝子発現やエピジェネティクスプロファイルを持つため，解析組織に含まれる細胞の割合の違いの影響を大きく受ける。このため脳組織を使用した解析の際には，細胞種の分画を行うことが理想的である。

我々はヒト死後脳組織から細胞種特異的な細胞核を単離する方法を確立してきた[7)]。原理として，脳試料から粗核画分を調整し，細胞種特異的に細胞核で発現しているタンパク質に対する蛍光標識抗体で染色を行ったのち，セルソーターを用いて分画を行う。使用する脳組織は，新鮮凍結されたものを使用するほうが高品質のDNAを得ることができるものの，パラフォルムアルデヒドなどで固定された組織でも実験は可能である。脳組織をホモジナイズし，パーコール密度勾配遠心を行うと，細胞核は他の細胞小器官と比較して比重が重く，遠心後に最下層に沈降するため，遠心チューブの底に注射針で穴を開けて液滴を回収することによって，比較的純度の高い核画分を得ることができる。このようにして調製した細胞核粗画分を，神経細胞の核に特異的に発現しているNeuNタンパク質に対する抗体で蛍光染色を行ったのち，セルソーターを使用してNeuN陽性（神経細胞）・陰性（非神経細胞）核分画を分取する（図1）。約0.1 gの前頭葉組織

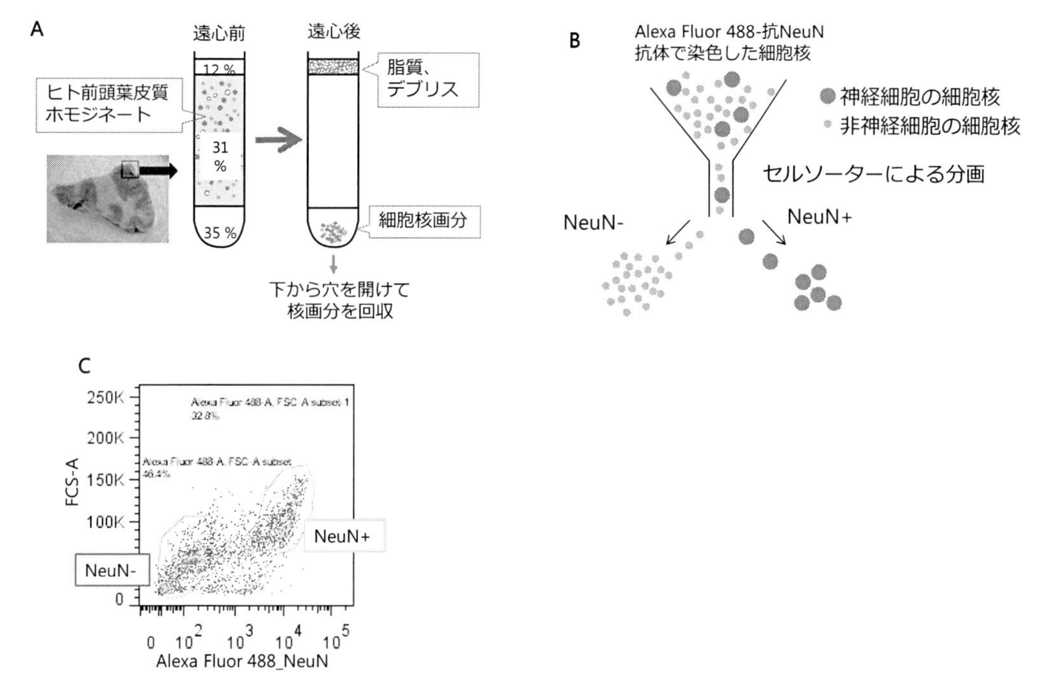

図1　ヒト脳組織からの神経・非神経細胞由来の細胞核分離

A. パーコール密度勾配遠心法による細胞核粗画分の精製。%はパーコールの濃度を示す。
B. Alexa Fluor 488-NeuN による蛍光抗体染色とセルソーターによる分画
C. セルソーターにおけるプロット図

から，10^6 オーダーの個数の細胞核を回収することが可能である。これまでに，ヒト死後脳前頭葉から，神経細胞・オリゴデンドロサイト・アストロサイト・活性型マイクログリアの細胞核を分画することに成功している（unpublished data)。またヒト以外の動物種においても，マウス，ブタ，マーモセット，チンパンジーなどで，脳組織から同様な細胞核調製が可能である。

4.3　細胞種を考慮した DNA メチル化解析・遺伝子発現解析

分画した細胞核からは，通常のプロトコールを使用して核内の DNA・RNA を抽出することが可能である。1×10^5 個の細胞核から約 300 ng の DNA および，約 1-5 ng の RNA を得ることができる。核内 RNA は細胞種により含まれる量が異なっており，神経細胞の細胞核には他の脳細胞種と比較して，多くの RNA が含まれている（unpublished data)。DNA・RNA を同時抽出しておくと，DNA メチル化と RNA 発現を対応させたデータを取得することも可能になる。死後脳細胞核 DNA を使用した DNA メチル化研究として，我々は健常者ヒト死後脳前頭葉（n＝24）から，上記の方法で神経細胞・非神経細胞核の分画・DNA 抽出を行った。それらの DNA を断片化したのち，メチル化シトシンと高い結合親和性をもつ MBD2b/MBD3L1 複合体を用いてメチル化シトシンを含む DNA 断片を濃縮し，プロモータータイリングアレイによる網羅的な

DNA メチル化解析を行った[8]。その結果，神経細胞・非神経細胞では DNA メチル化プロファイルは大きく異なっており，それぞれの分画において特異的な DNA メチル化領域を同定した。また神経細胞における DNA メチル化は，非神経細胞 DNA と比較すると，大きな個人間差異を示すことを明らかにした（図 2）。

RNA 発現解析の場合，細胞核ではなく，細胞そのものを分画することが理想的ではあるが，成熟した個体の脳細胞表面に存在する複雑な突起構造を壊さずに細胞を単離することは非常に困難であるため，本法のような手法で単離した細胞核を用いることが多い。近年では脳の特定の細胞種から調製した核 RNA の解析の報告も多く，核 RNA と細胞質 RNA の発現相関も報告されている[9]。また単一細胞核を使用した RNA-seq 技術も改良が進んでいる。

4.4　さまざまな細胞種由来の単一細胞核を使用した体細胞変異解析

シングルセルレベルで DNA 解析を行う際，一細胞に含まれる DNA は約 6 pg と非常に微量であるため，全ゲノム増幅反応（Whole Genome Amplification, WGA）を行い，DNA を増量するプロセスが不可欠である。ただし現行のすべての WGA 反応では，シトシンのメチル化などの DNA 修飾はすべて消去されてしまうため，増幅産物はエピジェネティクス研究には使用できず，塩基配列解析のみが可能であることに注意が必要である。我々はさまざまな細胞種の単一細胞核

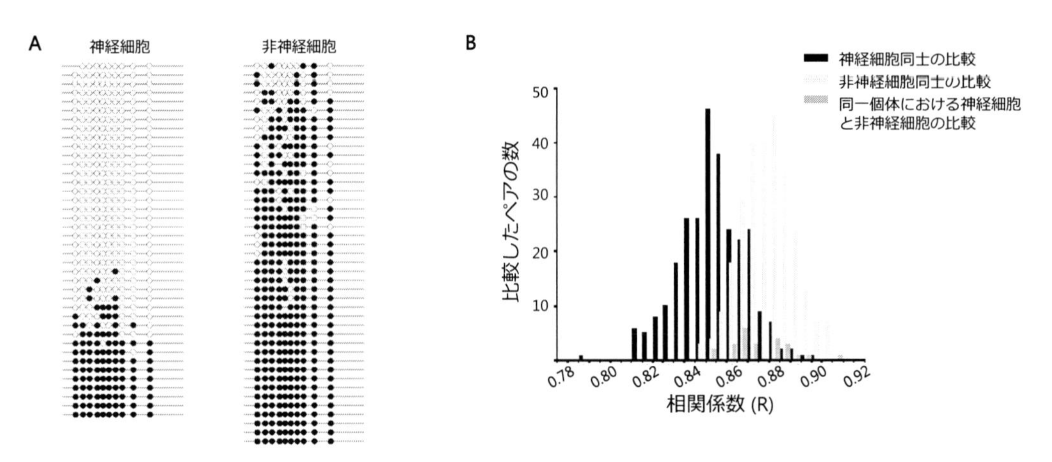

図 2　ヒト前頭葉から分画した神経細胞・非神経細胞の DNA メチル化解析の例

A．ニューログラニン（NRGN）遺伝子における神経細胞・非神経細胞の DNA メチル化の例。1 つの丸が 1 ヶ所のシトシン塩基を示し，○がメチル化，●が非メチル化シトシンを示す。1 行が 1 アレルを示し，神経細胞では 40 アレル，非神経細胞では 43 アレルにおける結果を示している。神経細胞では，ニューログラニンはあまり DNA メチル化を受けず，逆に非神経細胞ではほとんどメチル化を受けていることが分かる。B．24 名の死後脳由来の神経細胞核と非神経細胞核を用いて，全てのプロモーター領域で DNA メチル化定量を行い，個体間での類似度を相関係数で示した。24 名それぞれについて，他の 23 名との相関を計算し，合計 276 回の比較を行い，ある相関係数の範囲に収まるようなペアの数を縦軸に示した。神経細胞の方が低い相関係数を示し，DNA メチル化状態の個人差が大きいことが分かる（文献 8 より改変）。

から，フリューダイム社の装置C1を使用して，Phi29 DNAポリメラーゼを利用したMultiple strand Displacement Amplification（MDA）法によるWGA反応を行っており，DNAを約100 ngまで増幅することができている。単一細胞を使用したWGA反応でしばしば問題視されるのは，ゲノムの一部の領域において，アレルの片側もしくは両側が増幅されないアレルドロップアウトと呼ばれる現象や，ゲノム上の2つの離れた領域が相補的に結合して増幅されるキメラなどのアーティファクトの形成である。C1は300 nLという微量のマイクロ流路を使用した反応系であるが，反応系を少量にすることによって，これらのアーティファクト形成を抑えることができることが報告されている[10)]。我々も一般的な0.2 mLのチューブを使用し，10 μLの反応系で単一細胞核由来のWGAを行った反応物より，C1から得られた反応物のほうがアレルドロップアウトがより少ないことを確認している。

WGA産物からはさまざまなゲノム解析が可能である（図3）。シングルセルレベルにおけるSNV解析の例として，我々は93歳・健常日本人女性の死後脳前頭葉組織を使用し，単一神経細胞の全ゲノム解析を行った。C1で単一神経細胞核から全ゲノム増幅反応を行い，イルミナ社のNovaSeqを使用して深度30×程度の全ゲノムシークエンシングデータを取得した。バイオインフォマティクス解析により，同検体のバルク脳DNAからは検出されず，一細胞からのみ検出されるSNVの同定を試みた。その結果，神経細胞ごとに異なる新規SNVが多数検出された

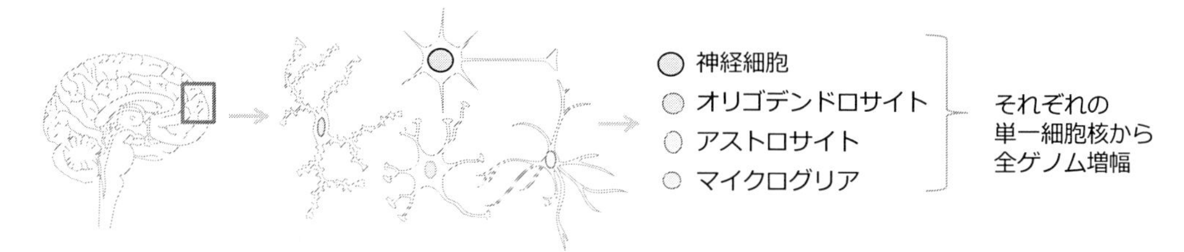

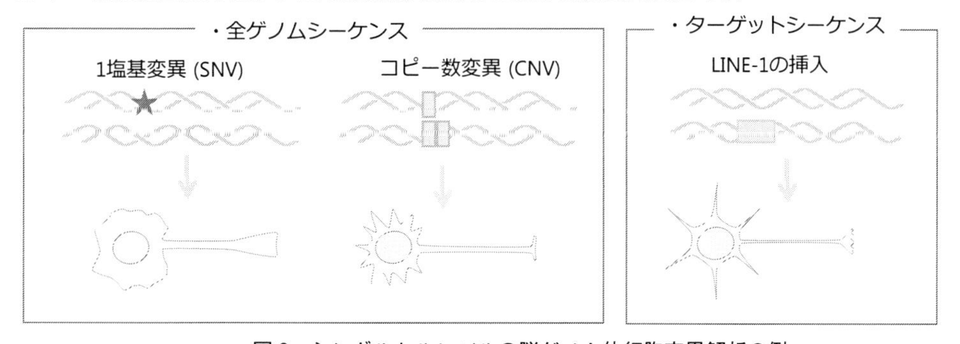

図3　シングルセルレベルの脳ゲノム体細胞変異解析の例

ヒト死後脳を使用したシングルセルレベルでの体細胞変異解析の例を示す。このような体細胞変異が，遺伝子内や遺伝子の近傍に生じた場合，遺伝子産物の機能や発現量が変化し，その結果として個々の脳細胞の形態・機能が変化する可能性がある。

(unpublished data)。また同定された新規SNVのうち数ヶ所について，脳領域や細胞種における分布を調べたところ，これらのSNVは特定の脳領域の神経細胞でのみ検出され，脳ゲノムにおける少なくとも一部のSNVは，脳領域特異的かつ細胞種特異的に存在していることが示された。

さらに我々は，シングルセルレベルでレトロトランスポゾンの一種であるLINE-1の挿入部位の決定を行った。まず我々はヒトに特異的なLINE-1配列であるL1Hs配列の挿入位置を網羅的に決定するための技術として，L1Hs-seq法を開発した（図4）。93歳・健常日本人女性の死後脳前頭葉組織から，神経細胞・オリゴデンドロサイト・活性型マイクログリア・その他の細胞由来の細胞核分画を行ったのち，それぞれの単一細胞核を使用してWGA反応を行い，L1Hs-seq法でL1Hsの挿入位置の決定を行ったところ，それぞれの細胞種において一細胞につき数十ヶ所の新規LINE-1挿入が確認された。このように，健常者の脳においても，個々の細胞がさまざまなタイプの体細胞変異を持つことが示された。これらの変異の一部は遺伝子内や遺伝子近傍に存

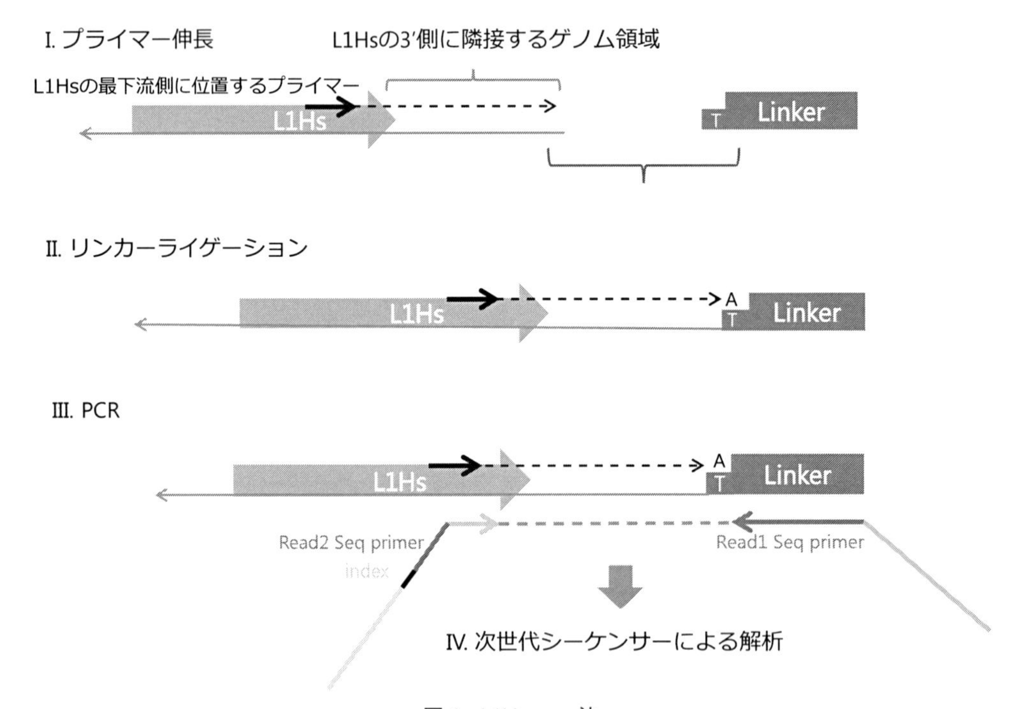

図4　L1Hs-seq法
ヒト特異的なLINE-1配列であるL1Hsのゲノムにおける挿入位置を網羅的に決定する方法であり，下記のステップからなる。
(Ⅰ)断片化したゲノムDNAに対し，L1Hs配列の最下流側のプライマーを使用して，3'方向にTaqポリメラーゼによってプライマー伸長を行う，(Ⅱ)3'側にリンカーをライゲーションさせる，(Ⅲ)L1Hs挿入位置の3'側に隣接するゲノム領域を，イルミナシーケンサー用のアダプターを付加したプライマーでPCR法増幅する，(Ⅳ)次世代シーケンサーで網羅的にL1Hsの挿入位置を決定する。

在すると考えられ，遺伝子の機能や発現量を変動させることによって，個々の細胞の機能や形態を変化させていることが予想される。

4.5　おわりに

ヒト脳組織，特にシングルセルレベルのゲノム・エピゲノム解析を詳細に行うためには，今後さらに多くの技術開発が不可決である。例えば，現状よりアレルドロップアウトやキメラ形成のようなアーティファクトが生じにくい，一細胞内の塩基情報を忠実に保ったままWGAが可能な反応系の開発などが必要となってくるだろう。また塩基配列情報とエピジェネティクス情報，あるいはエピジェネティクス情報とRNA発現情報など複数の情報を同時に取得する技術も求められてくるだろう。

また精神疾患は，一部の脳領域や脳回路の異常が原因として考えられているため，脳部位の位置情報を保持しながらゲノム・エピゲノム情報を得る技術が今後必須になってくると思われる。近年では，脳組織をハイドロゲル化し3次元構造を保ったまま，*in-situ*で数百個程度の遺伝子の発現解析を行う技術も開発されている[11]。このように，脳画像データ取得と同時にゲノム解析を行うといった，顕微鏡技術と合わせた技術革新が求められてくるだろう。

文　献

1） M. McGue, II. Gottesman, *Eur. Arch. Psychiatry Clin. Neurosci.,* **240**, 174（1991）
2） Schizophrenia Working Group of the Psychiatric Genomics Consortium, *Nature*, **511**, 421（2014）
3） M. A. Lodato *et al., Science*, **359**, 555（2018）
4） N. G. Coufal *et al., Nature*, **460**, 1127（2009）
5） A. Poduri *et al., Neuron*, **74**, 41（2012）
6） M. Bundo, *et al., Neuron*, **81**, 306（2014）
7） M. Bundo, T. Kato, K. Iwamoto, *Neuromethods*, **105**（2016）
8） K. Iwamoto *et al., Genome. Res.,* **21**, 688（2011）
9） R. V. Grindberg *et al., Proc. Natl. Acad. Sci. U S A*, **110**, 19802（2013）
10） J. Gole, *et al., Nat. Biotechnol.,* **31**, 1126（2013）
11） X. Wang *et al., Science*, **361**（2018）

5 臓器・全身の細胞回路解析手法の発展

洲﨑悦生*

5.1 はじめに

生命は構成単位である細胞が多数集合して成り立つシステム（多細胞システム）である。多細胞システム全体の振る舞いや内包するメカニズムを観察・解析するためには，一細胞レベルでの生命現象の観察を可能とするゲノミクス，トランスクリプトミクス，プロテオミクスなどの各種オミクス技術に加え，生体内全ての細胞を対象とした網羅的な細胞回路観察技術（セルオミクス）が必要である。このような観点から，観察対象とする細胞群を回路構造，機能，細胞種等の特徴で蛍光ラベルし，蛍光顕微鏡と組織透明化技術を組み合わせて３次元的に臓器全体や全身を丸ごと観察するスキームが発展しつつある（図１）。本稿では，セルオミクス実現に向けた最先端の技術革新について概説する。

5.2 組織透明化技術

近年，種々の組織透明化技術を利用して，光学顕微鏡で観察可能な深度を拡張する技術が発展してきている。特にここ数年で透明化技術の高度化が進み，臓器全体や動物の全身を容易に３次

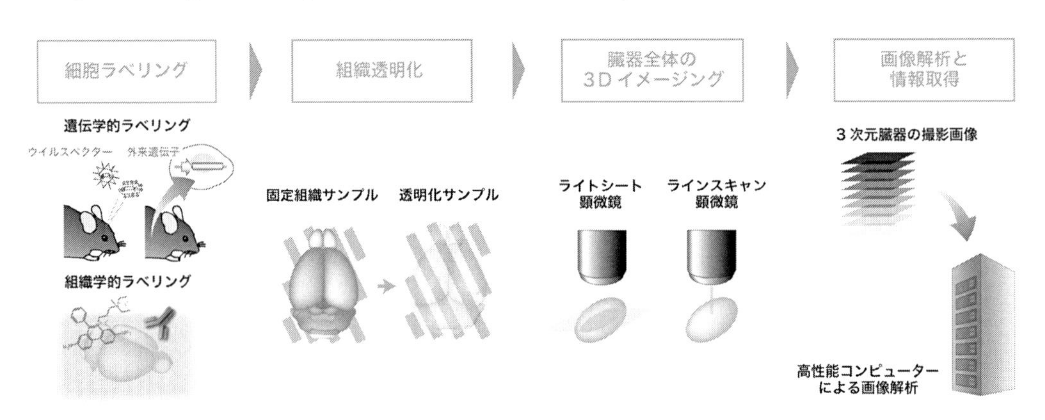

図１　セルオミクスの実施スキーム

臓器・全身の細胞を網羅的に捉え，細胞回路からなるシステム（多細胞システム）を解析するためのスキームとして細胞のオミクス（セルオミクス）を提唱する。サンプル内の全ての細胞を検出するため，光学顕微鏡を用いた３次元観察を実施する。このため，サンプルをまず光学的に透明化し（組織透明化），ラインスキャン顕微鏡やライトシート顕微鏡（図２参照）などを用いて３次元イメージングを行い，サンプル全体をカバーする画像を撮像する。撮像データは細胞の検出，定量などを行うための解析パイプラインで使用する。この際，データサイズが一般的に非常に大きくなる（GB から TB オーダー）ため，ハイスペックな解析用コンピューターが必要となる。また，観察対象となる細胞や細胞回路は適切なラベリング手法で可視化しておく必要がある。

* Etsuo A. Susaki　東京大学　大学院医学系研究科　機能生物学専攻　システムズ薬理学教室　講師；科学技術振興機構　さきがけ研究者；(国研)理化学研究所　生命機能科学研究センター　合成生物学研究チーム　客員研究員

元観察することが可能となってきており，例えば神経回路や神経活動を全脳スケールで捉えて解析を行う研究が複数のグループにより実現している。組織透明化技術はヒト組織への適応も始まっており，実験動物を用いたセルオミクス実現にとどまらず，ヒト組織学・病理学の3次元観察もさらに後押しすると期待されている。

生体組織はもともと3次元的な構築を持つが，光学的に不透明な物体であり，内部構造を肉眼あるいは顕微鏡で観察するためには切片等を作製して内部構造を露出させる必要があった。一方，100年ほど前のドイツの解剖学者Spalteholzによる有機溶剤を用いた試薬の開発[1)]が，組織をそのまま3次元的に観察できる組織透明化試薬の開発の端緒を開いた。その後，1990年代にロシアのTuchinらが，医療応用を目的にアルコールや糖，DMSO等の溶剤を用いてヒトの皮膚や強膜を透かして深部観察する試みを進めていた[2)]が，2000年代に入るまで大きな医学生物学応用につながる発展はなかった。2007年，ドイツのDodtらが，Spalteholzの有機溶剤試薬を発展させた組成の組織透明化試薬と，大型サンプルを光学的にセクショニングして3次元イメージングを行える特殊な蛍光顕微鏡（ライトシート顕微鏡）を組み合わせてマウス全脳を光学観察した例を報告した[3)]。この報告を皮切りに，2010年代に入り種々の組織透明化試薬の開発が進み，近年の当該分野の発展へとつながっている。現在，組織透明化手法は大別して①有機溶剤を用いる方法（BABB法，3DISCO法とその派生プロトコル，ECi法など）[3~7)]，②水溶性化合物を使用する方法（Sca*l*e，*Clear*^{T}，SeeDB，CUBIC，ClearSee，TDE法，UbasM，Ce3Dなど）[8~18)]，③組織をアクリルアミドゲルなどのハイドロゲルで固定し透明化する方法（Hydrogel-tissue chemistry）[19,20)]に分類される（表1）。①の有機溶剤を用いる方法は最も先行した研究開発であり，透明化の効率は非常に高いが，試薬の危険性，環境への影響（ジクロロメタンなど一部の試

表1　組織透明化試薬のまとめ

透明化試薬の分類	主な試薬・プロトコル名	特徴
有機溶媒試薬	BABB 3DISCO/uDISCO iDISCO uDISCO ECi など	短期間で高度な透明化を達成可能な一方，安全性や蛍光タンパク質のシグナル保持性などで問題が指摘される。近年ではシグナル保持性を改善したプロトコルや，抗体・nanobody等でシグナルを増強する方法などが報告されている。
水溶性化合物試薬	Sca*l*e SeeDB CUBIC UbasM Ce3D など	糖・アルコール・尿素等の生体適合性の高い水溶性化合物で透明化を達成。界面活性剤やアミノアルコールで脱脂・脱色を高度に行うプロトコル，脱脂を最小限にし微小構造の保存性を高めたプロトコルなど，目的に応じた複数のプロトコルが存在。
組織ハイドロゲル法	CLARITY PACT/PARS SWITCH SHIELD など	組織をアクリルアミドゲル，グルタールアルデヒド，エポキシ樹脂などで強固に固定し，SDSを含むバッファーで強力に脱脂して透明化する。RNAなどの分子も保存できる一方，プロトコルが煩雑になりがち。

薬は，環境への排出が厳しく制限されている），蛍光タンパク質の保持性などの問題が指摘されていた。開発者らもこれらの問題点を意識し，特に蛍光タンパク質のシグナル保持性についてはFluoClearBABB法[21]，やuDISCO[6]などによる改善が試みられている。②の水溶性化合物を用いる方法は，蛍光タンパク質を消退させる有機溶剤の欠点を克服することが一つの目的であった。2011年に日本の宮脇（理研）らが，尿素を主要成分とする試薬（Sca*l*e）を発表し，水溶性溶剤による透明化・3次元蛍光イメージングの道を開いた[8]。その後現在に至るまで，糖・アルコールなどの水溶性化合物を主成分とする様々な透明化試薬・プロトコルが発表されている。③のハイドロゲル包埋を行う方法は，Deisserothら（アメリカ・スタンフォード大）によって報告された手法（CLARITY）[19]に端を発する。組織をアクリルアミドゲル中に包埋し，界面活性剤（SDS）を含むバッファーで電気泳動して脱脂することで透明化する。初期の方法では電気泳動の条件のコントロールが難しく，再現性に難があったが，その後電圧を確率的にランダムに付加して泳動する方法（stochastic electrotransport）[22]や，SDSバッファー中でpassiveに脱脂を行う方法（passive CLARITY，PACT）などが考案されている[20,23]。また，組織を強力に固定するという同様の発想から，アクリルアミドの代わりにグルタールアルデヒドを利用したSWITCH法や，エポキシ樹脂の一種を利用したSHIELD法なども提案されている[24,25]。

透明化の原理に関する深い考察がこれら多数の透明化手法の報告から進められている[26~28]。大まかには，①組織内光散乱の抑制，および②組織内光吸収の抑制の2点を達成することが重要である。①については，特に組織中で散乱体として機能する脂質を除去し，残ったタンパク質に光学的物性（特に屈折率）の近い化合物で溶液を置換することが重要である。さらに近年では，骨を透明化するために脱灰処理を組み合わせたプロトコルが複数提案されている[14,29~31]。②については組織の主な光吸収体であるヘムを除去することが重要である。従来は漂白などの強い化学処理が必要であったが，アミノアルコールが脱脂に加えて強い脱色活性を持つことが発見され，現在主要な脱脂・脱色化合物として使用されるに至っている[13,29~32]。さらに近年，顕微鏡の光学解像度を，組織を膨潤させることで達成する新しいアイデア（Expansion Microscopy：ExM）が報告された[33]。本技術は顕微鏡解像度を向上させるだけでなく，組織の透明度も上昇させることができる。このため，組織透明化の3番目のメカニズムとして組織の膨潤が有用であると考えられる。上田（理化学研究所・東京大学）らのグループは，これらの組織透明化の素過程をプロファイリングする系を確立し，1600以上の水溶性化合物から高度な脱脂，脱色，脱灰，膨潤，屈折率調整の各素過程の化学的な原理を明らかにしつつある[14,34]。

組織透明化技術は従来神経科学分野での活用が先行していたが，脱脂・脱色・脱灰・屈折率調整の要素をすべて伴った高効率な透明化手法が開発されるに至り，マウス全身臓器やヒト臓器を含む霊長類を対象とした応用も可能となってきている。強力な脱脂を伴うCUBICやCLARITYの改良版であるPACT/PARS法，3DISCOを改良したuDISCO法では，成体マウス全身の透明化が可能であることが報告されている[6,20,32,35]。近年では骨透明化法を組み合わせてさらに高度な全身透明化を達成したvDISCOやPEGASOSなどの方法も報告されている[30,31]。これらの動きから，組織透明化手法のプロトコル開発はほぼ飽和期に入っており，多数の実用的プロトコルを用いて生物学的課題へと応用するフェーズに入っていると考えられる。

これらの手法はそれぞれ目的とする主要なアプリケーションが異なっており，利点・欠点があることに注意が必要である。例えばCUBIC法は脱脂・脱色を実施し全臓器や全身のまるごとイメージングを目指す手法であり，透明度は高いが一部の脂溶性試薬等が使用できない。一方，Sca*l*eS[9]やSeeDB2[12]は電子顕微鏡や超解像イメージングとの組み合わせによるコネクトーム解析を目指した方法であり，細部構造の保存性が高いが透明化能は中程度である。

5.3　3次元イメージング

組織透明化の目的は，3次元観察が可能な光学顕微鏡技術と組み合わせることで，組織サンプル内の細胞を網羅的に観察することにある。特に，臓器全体や全身を3次元観察するためには，従来3次元観察に用いられているラインスキャン顕微鏡（コンフォーカル顕微鏡，多光子顕微鏡）ではスピードやカバー範囲が不足する。このため，ライトシート顕微鏡と呼ばれる特殊な光学顕微鏡の適応が進められている（図2）。ライトシート顕微鏡は，サンプルの側方からシート状に広げた励起光を照射し，サンプル中に光学切片を作製できる。この光学切片をサンプルの上部から下部まで平面画像として連続撮影することで，サンプルを3次元的にカバーするz-stack画像が取得できる。組織透明化技術とライトシート顕微鏡の組み合わせは，2007年にドイツのDodtらのグループがマウス全脳を撮影した例を報告[3]し，2014年に上田らがCUBIC技術との組み合わせを[13]，また同じく2014年にDeisserothらがCLARITYで透明化したサンプルを撮影するライトシート顕微鏡（COLM）の開発例[23]を報告した。現在，市販機としてドイツのZeissや

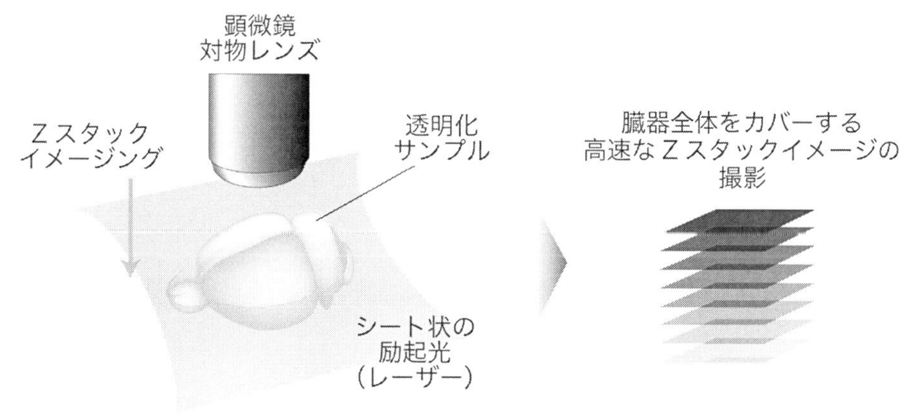

図2　ライトシート顕微鏡

透明体の側方からシート上に広げた励起光（レーザー）を照射し，サンプル内に光学切片を作製する。cMOSカメラなどのxy平面画像が撮影できるカメラを接続した顕微鏡で，この光学切片像をサンプル全体のzスタックイメージとして収集する。本顕微鏡は高度に透明化したサンプルが必要なため，適切な組織透明化技術との組み合わせが重要である。

LaVision Biotecから透明化サンプルを3次元撮影可能なライトシート顕微鏡が販売されており，世界中のimaging facilityで利用が進んでいる。

5.4 細胞ラベリング法

組織を3次元的に観察するには，細胞の適切なラベリング法との組み合わせが重要である。ウイルスベクターを用いた全脳神経回路観察[36,37]，交配を必要としない高速（次世代）マウス遺伝学によるトランスジーンの新規導入と解析[13,32,38]など，遺伝学的手法による細胞ラベリングの適応は早期から適応が進んでいた。近年ではアデノ随伴ウイルス（AAV）ベクターを改良し，末梢投与でほぼ全脳がラベル可能な改変AAVベクターも報告されている[39]。さらに，低分子蛍光プローブ，核酸プローブ，抗体などを用いた組織化学的な染色技術を利用する試みも相次ぎ，アルツハイマー病のアミロイド蓄積や神経活動の全脳可視化（c-Fosタンパク質の全脳免疫染色），ヒト胎児の3次元観察などの応用が進んでいる[9,40~42]。また，3次元組織学はマルチチャンネルな情報を容易に取得できる強みがあり，この利点を活かした多数のターゲットをラベルするための抗体のmultiplexラベリングや組織サイトメトリーなどの適応例が報告されている[18,24]。さらに，病理診断などの臨床応用を目指した透明化・3次元染色技術の適応例もすでに複数報告されている[43,44]。しかしながら，3次元的な染色については染色剤や抗体の深部浸透の問題が解決しておらず，臓器全体や全身への適応は限られている。近年，nanobodyをマウス全身に還流して蛍光タンパク質のシグナルを高度に増強し，全身の神経回路を可視化する方法（vDISCO）[31]が報告されたが，内在性タンパク質に対するnanobodyのラインナップは限られているため，汎用性の問題が解決できていない。また，電気泳動を使用して大型サンプルを深部まで染色するプロトコル[22]も報告されているが，染色剤や抗体を大量に使用するという問題がある。このため，組織中への溶質浸透を原理から解明し，高効率な染色プロトコルとして確立する必要があると考えられる。

5.5 3次元組織データ解析

これらの手法から取得される臓器の3次元データの解析について，特に臓器全体の3次元イメージを解析することを目的としたデータ解析パイプラインが，複数の研究グループから報告されている。上田らのグループは先んじてCUBIC法における画像解析パイプラインを開発し，神経活動をラベルできるトランスジェニックマウスを用いたオミクス的な全脳神経活動解析例を報告した[13,45,46]。続いて，内田らのグループ（アメリカ・ハーバード大）が狂犬病ウイルストレーサーを導入した脳の解析例を報告[36]，またTessier-Lavigneらのグループ（アメリカ・ロックフェラー大）が，cFosの全脳免疫染色により神経活動をラベルした脳を解析するパイプライン「ClearMap」を報告[41]，Deisserothらのグループが，神経活動によって遺伝学的に細胞をラベルできるマウス系統やアデノ随伴ウイルスツールを用いて，ある条件下で活動した神経とその軸索のプロジェクションを同時にラベルし，CLARITYによる透明化と3次元イメージングで観察・

定量化するパイプライン「CAPTURE」を構築し報告している[47]。さらに近年では，全脳アトラスと細胞解像度のイメージデータを用いてインタラクティブに解析を行えるマウス全脳のコンピュータ解析フレームワークが，スウェーデンのカロリンスカ研究所を中心としたグループから報告されている[48]。また上田らのグループも，マウス全脳からすべての細胞の位置を取得して「点描画」として描出し，各細胞の位置に解剖学的情報を付加した細胞解像度アトラス「CUBIC-atlas」を報告している[34]。本アトラスでは各細胞位置の周囲にある種の確率分布をもたせることで，レジストレーションしたサンプルデータ中の細胞位置をアトラス中の最も近傍と考えられる細胞位置にアノテーションする手法が用いられている。

5.6　展望

これまで述べたように，生体内の多細胞システムを網羅的に観察する技術は，現在までにかなりの開発が進められ技術として成熟しつつある。また，神経科学，がん，臨床病理等への各分野への応用も多数報告されている。一方で，分子階層と細胞階層の各オミクス技術をつなぐ試みはまだ発展途上である。これらの技術がつながることにより，すべての細胞の分子発現情報と，それらの細胞の細胞回路内での位置付けや役割が同時取得されるようになり，各細胞や細胞回路の働きが試験管内ではなく組織・臓器内のコンテクストで詳しく調べられるようになると期待される。

文　　献

1）W. Spalteholz, Über das Durchsichtigmachen von menschlichen und tierischen Präparaten, S. Hirzel, Leipzig (1914)
2）V. V. Tuchin *et al.*, in *Proc. SPIE*, 10.
3）H. U. Dodt *et al.*, *Nat. Methods*, **4**, 331 (2007)
4）A. Ertürk *et al.*, *Nat. Protoc.*, **7**, 1983 (2012)
5）N. Renier *et al.*, *Cell*, **159**, 896 (2014)
6）C. Pan *et al.*, *Nat. Methods*, **13**, 859 (2016)
7）A. Klingberg *et al.*, *J. Am. Soc. Nephrol.*, **28**, 452 (2017)
8）H. Hama *et al.*, *Nat. Neurosci.*, **14**, 1481 (2011)
9）H. Hama *et al.*, *Nat. Neurosci.*, **18**, 1518 (2015)
10）T. Kuwajima *et al.*, *Development*, **140**, 1364 (2013)
11）M.-T. Ke *et al.*, *Nat. Neurosci.*, **16**, 1154 (2013)
12）M.-T. Ke *et al.*, *Cell Rep.*, **14**, 2718 (2016)
13）E. A. Susaki *et al.*, *Cell*, **157**, 726 (2014)
14）K. Tainaka *et al.*, *Cell Rep.*, **24**, 2196 (2018)

15) D. Kurihara *et al., Development,* **142**, 4168 (2015)
16) Y. Aoyagi *et al., PLoS ONE,* **10**, e0116280 (2015)
17) L. Chen *et al., Sci. Rep.,* **7**, 12218 (2017)
18) W. Li *et al., Proc. Natl. Acad. Sci. U.S.A.,* **114**, E7321 (2017)
19) K. Chung *et al., Nature,* **497**, 332 (2013)
20) B. Yang *et al., Cell,* **158**, 945 (2014)
21) M. K. Schwarz *et al., PLoS ONE,* **10**, e0124650 (2015)
22) S. Y. Kim *et al., Proc. Natl. Acad. Sci. U.S.A.,* **112**, E6274 (2015)
23) R. Tomer *et al., Nat. Protoc.,* **9**, 1682 (2014)
24) E. Murray *et al., Cell,* **163**, 1500 (2015)
25) Y. G. Park *et al., Nat. Biotechnol.,* **37**, 73 (2018)
26) E. A. Susaki *et al., Cell Chem. Biol.,* **23**, 137 (2016)
27) K. Tainaka *et al., Annu. Rev. Cell Dev. Biol.,* **32**, 713 (2016)
28) V. Gradinaru *et al., Annu. Rev. Biophys.,* **47**, 355 (2018)
29) A. Greenbaum *et al., Sci. Transl. Med.,* **9**, eaah6518 (2017)
30) D. Jing *et al., Cell Res.,* **28**, 803 (2018)
31) R. Cai *et al., Nat. Neurosci.,* **22**, 317 (2019)
32) K. Tainaka *et al., Cell,* **159**, 911 (2014)
33) F. Chen *et al., Science,* **347**, 543 (2015)
34) T. C. Murakami *et al., Nat. Neurosci.,* **21**, 625 (2018)
35) S. I. Kubota *et al., Cell Rep.,* **20**, 236 (2017)
36) W. Menegas *et al., Elife,* **4**, e10032 (2015)
37) L. Wang *et al., Nature,* **558**, 127 (2018)
38) E. A. Susaki *et al., NPJ Syst. Biol. Appl.,* **3**, 15 (2017)
39) K. Y. Chan *et al., Nat. Neurosci.,* **20**, 1172 (2017)
40) T. Liebmann *et al., Cell Rep.,* **16**, 1138 (2016)
41) N. Renier *et al., Cell,* **165**, 1789 (2016)
42) M. Belle *et al., Cell,* **169**, 161 (2017)
43) S. Nojima *et al., Sci. Rep.,* **7**, 9269 (2017)
44) N. Tanaka *et al., Nat. Biomed. Eng.,* **1**, 796 (2017)
45) E. A. Susaki *et al., Nat. Protoc.,* **10**, 1709 (2015)
46) F. Tatsuki *et al., Neuron,* **90**, 70 (2016)
47) L. Ye *et al., Cell,* **165**, 1776 (2016)
48) D. Fürth *et al., Nat. Neurosci.,* **21**, 139 (2018)

6 狂犬病ウイルスベクターを用いた神経回路解析法

山口真広*[1]，森本菜央*[2]，小坂田文隆*[3]

6.1 はじめに―脳神経回路が担う生理学的機能を解き明かす

我々は，周囲の環境を知覚し，状況に応じて行動を選択し，実行することができる。このような機能を実現するためには，感覚器で得られた情報が適切に処理される必要がある。脳内では，それぞれ多様な性質を持つ神経細胞がシナプスを介して接続し，一定の規則をもって階層的に神経回路を構成している[1,2)]。このように精緻に組み上げられた神経回路が破綻すると，我々の認知・実行機能は著しく損なわれる。したがって，多様な神経細胞種とその結合様式が，我々の認知機能を担う生物学的基盤であると考えられる。近年，トランスクリプトーム解析などの発展により，脳を構成する神経細胞が従来考えられていた以上に多様であることが分かってきた[3,4)]。このような細胞レベルでの解析が進展してきた一方で，それらの神経細胞同士が生体内でどのような神経回路を構成しているのか，そしてそれらがどのような生理学的機能を担うのか，といった神経回路レベルでの解析は技術的に困難であった。我々は，狂犬病ウイルスの経シナプス感染能を利用し，神経回路レベルで解析するための遺伝子導入法の開発を進めている。本稿では，これまでに行われてきた神経回路解析手法を紹介するとともに，狂犬病ウイルスベクター解析による研究進展とその新たな可能性について概説する。

6.2 ウイルスベクターを用いた神経回路トレーシング

これまでに，どのような神経回路を構成しているかを明らかにするアプローチとして，神経細胞の軸索が伸ばす投射パターンによる脳領域間の接続の解析および個々の神経細胞同士のシナプス結合の有無の解析が行われてきた。まず領域間の投射パターンを調べるためには，軸索の投射先に色素（トレーサー）を微量注入することで，特定の脳領域に投射する神経細胞を逆行性に標識する手法がある[5)]。また，神経細胞の細胞体および軸索に電極を取り付け，神経細胞の自発発火に合わせて，投射先の軸索末端を電気刺激する。接続があった場合は，刺激した軸索を逆行性に伝播する発火と自発発火との衝突により記録細胞の発火が消失する。このような電気生理学的に調べる collision test によって，神経細胞の軸索投射パターンを調べる手法もある[6)]。しかし，

＊1 Masahiro Yamaguchi 名古屋大学 大学院創薬科学研究科 細胞薬効解析学分野 大学院生

＊2 Nao Morimoto 名古屋大学 大学院創薬科学研究科 細胞薬効解析学分野，高等研究院 神経情報処理研究チーム 助教

＊3 Fumitaka Osakada 名古屋大学 大学院創薬科学研究科 細胞薬効解析学分野，高等研究院 神経情報処理研究チーム，未来社会創造機構 ナノライフシステム研究所 准教授；科学技術振興機構 CREST

いずれの方法も単一の神経細胞レベルで細胞種特異的な神経回路構造の解析はできなかった。次に，神経細胞のシナプス結合パターンを調べるためには，電子顕微鏡を用いて超薄切の脳切片を連続で撮像しその像を３次元に再構築することで，神経細胞同士が形成するシナプス結合を調べる手法がある[7]。また，急性単離した脳切片から２つの神経細胞に電極を取り付け，一方を刺激した時の他方の応答を調べることで，シナプス結合の有無を調べる paired recording や，神経細胞を記録しながら，光照射で局所にグルタミン酸を放出し，特定の神経細胞を活性化させることで，シナプス結合の有無を調べる uncaging 法がある[8]。これらの手法で長距離の投射パターンを記述するには，電子顕微鏡の場合は超薄切片を３次元再構築するために長時間を要するという問題点があり，電気生理学実験の場合は切片を超えてシナプス接続を解析することが技術的に困難であるという問題点がある。また，これらの手法は神経回路の解剖学的な解析に留まり，神経回路の生理学的機能を解析することは困難である。

その中で近年，新たな神経回路解析ツールとして，組換えウイルスベクターが注目されている。組換えウイルスベクターは長距離投射であっても細胞種特異的に標識可能であり，単一細胞レベルの解像度での神経回路解析も期待できる。さらに，ウイルスベクターは蛍光タンパク質をはじめ，細胞機能を操作できるタンパク質など，様々な目的遺伝子を神経細胞に導入することができるため，生理学的解析への適用が可能であることも利点である[9]。

現在，神経回路解析に用いられている主な組換えウイルスベクターとして，アデノ随伴ウイルスベクター（AAV），レンチウイルスベクター，G 欠損狂犬病ウイルスベクター（RVΔG）が挙げられる[9]。その中でも，RVΔG は標的遺伝子発現ベクターとしての機能のみならず，逆行性感染能および経シナプス感染能を持つベクターとして非常に特徴的である[10]。RVΔG は，特定の領域に入力する細胞群を逆行性に標識できる，あるいは，特定の細胞に入力する細胞群を経シナプス性に標識できる有用なウイルスベクターである[10〜12]。このように，標識した神経回路の構造を基に，その神経回路がどのような生理学的機能を持つかを解析することで，神経回路の構造と機能を対応付けて理解することができる。

6.3　狂犬病ウイルスについて

狂犬病ウイルス（RV）は個体内ではシナプスを介して感染が伝播する。RV に感染したイヌなどに咬まれると，唾液から他個体の筋肉組織にウイルスが侵入する。その後，ウイルスは筋肉に入力する神経細胞の軸索終末から取り込まれ，細胞体へ逆行性に移動する。細胞内で十分に増殖したウイルスは，その感染細胞から出芽し，前シナプス細胞に軸索終末から逆行性に侵入・感染する（図１）[13]。RV が脳内で経シナプス感染を繰り返すことで，感染動物は狂犬病を発症する。

RV はラブドウイルス科に属する（－）一本鎖 RNA ウイルスである。ウイルスゲノムを覆うカプシドの外側にエンベロープを持つ（図２A）。RV ゲノムには，3'末端側から N, P, M, G, L の５つのタンパク質の遺伝子がコードされる（図２B）[14,15]。ウイルスゲノムや各ウイルスタンパク

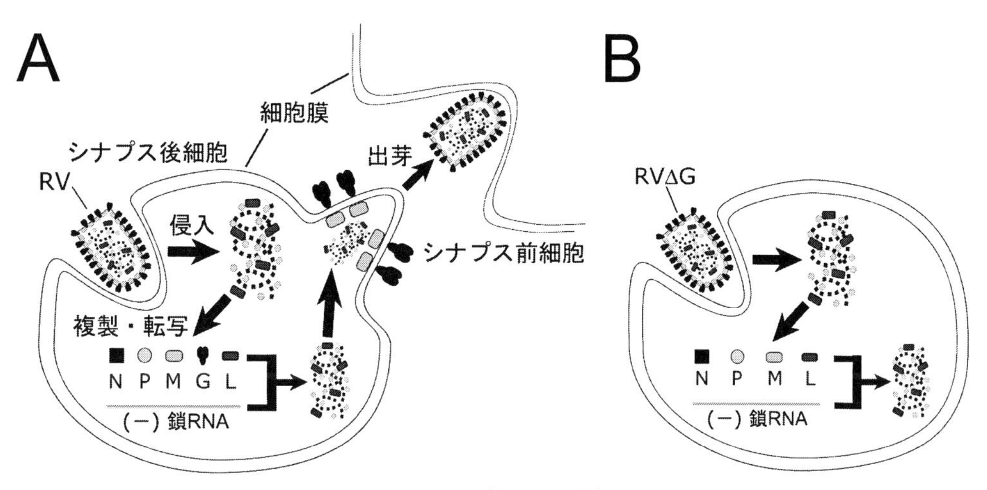

図１　RV の侵入から出芽

A：RV が細胞に感染すると，感染細胞内で RV のウイルスゲノム RNA の複製や構成タンパク質の発現が起こる。シナプス後細胞から出芽したウイルス粒子は，軸索を伸ばすシナプス前細胞へ取り込まれ，シナプスを介して感染を起こす。

B：RVΔG は RV-G 遺伝子を欠損しているため，感染後にウイルスの感染拡大は起こらない。

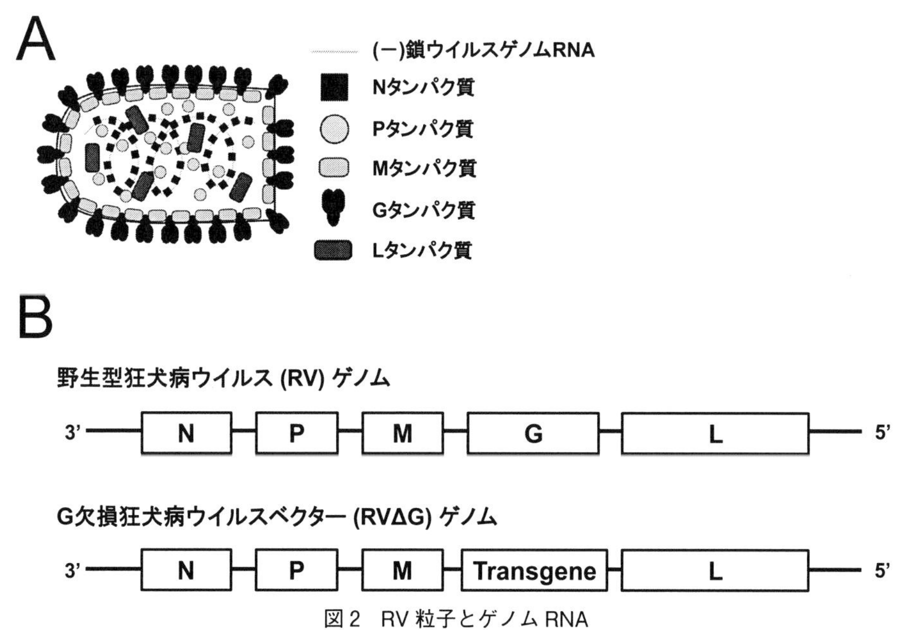

図２　RV 粒子とゲノム RNA

A：RV のウイルス粒子は，５つのタンパク質から構成される。

B：RV および RVΔG のゲノム構造。G 遺伝子をゲノムから欠損した RVΔG は，組換え外来遺伝子を発現できる。

質は宿主細胞の機能を利用して細胞質で合成される。細胞質に存在する(－) 鎖 RNA ゲノムはNタンパク質と複合体を形成したリボヌクレオタンパク質 (RNP) の状態で，Lタンパク質とPタンパク質からなる RNA 依存性 RNA ポリメラーゼと結合し，mRNA の転写が開始される。RNA ポリメラーゼはゲノムの複製にも関与する。合成された N, P, L タンパク質が協調して(－) 鎖 RNP から (＋) 鎖 RNP を合成する。RNA ポリメラーゼは (＋) 鎖 RNP も認識し，(－) 鎖 RNP を合成する。このようにして増幅された(－) 鎖 RNP の一部は，細胞膜上にMタンパク質とGタンパク質 (RV-G) と共に集合し，ウイルス粒子が形成し，細胞外へ出芽する (図1)。他の (－) 鎖 RNP は転写・複製のための鋳型となり，mRNA と(＋) 鎖 RNP が合成される。

6.4 G 欠損狂犬病ウイルスベクターによる単シナプス性神経回路トレーシング

RV の有する逆行性経シナプス感染能は神経回路を解明するために非常に有用である。しかし，経シナプス感染が複数回起こると，標識された細胞が直接入力を受けているのか，または，間接入力を受けている細胞なのかを区別できないという問題があった。そこで，直接入力のみを標識可能な，単シナプス結合に限定した神経回路トレーシング法が開発されてきたので，ここに紹介する[10~12)]。

Schnell らが cDNA から RV 粒子の再構成に成功して以来[16)]，ウイルス構成タンパク質それぞれの機能解析が行われてきた。その中で，Mebatsion らは，RV のエンベロープを構成する RV-G 遺伝子をウイルスゲノムから欠損した RVΔG は，感染性のウイルス粒子を出芽しないことを見出した[17)]。また Etessami らは，RVΔG に感染した細胞に RV-G を発現させることで，RV-G が補完され新たなウイルス粒子の産生・出芽が起こることを観察した[18)]。このことから，RV-G が RV の経シナプス感染に必要であることが示された。これを機に，RVΔG を用いることで，単シナプス性に経シナプス感染を制御できるシステムが注目されるようになった。

その後，Wickersham らが標的細胞特異的に RVΔG を感染させるシステムとして，トリ白血病肉腫ウイルス (ASLV) のエンベロープ構成タンパク質である EnvA とその受容体である TVA を利用した EnvA/TVA システムを適用した[11,19)]。RVΔG は RV-G 遺伝子が欠損しているため，エンベロープを別のウイルスのエンベロープに置換する pseudotyping が可能である。EnvA/RV-G というキメラ糖タンパク質で pseudotyping した RVΔG を作製することで，TVA を発現する標的細胞にのみ特異的に感染する。

これらを組み合わせると，特定の神経細胞に単シナプス結合する集団を特異的に標識することができる。具体的には，①起点となる標的細胞に TVA および RV-G を発現させる。② EnvA/RV-G で pseudotyping した RVΔG を TVA 発現細胞に感染させる。③起点細胞中において，RV-G が補完されているため，新規ウイルス粒子が産生・出芽され，標的細胞に入力する細胞群にウイルス感染が広がる。この RVΔG によるウイルストレーシング法を用いることで，標的細胞が形成する神経回路を全脳レベルで効率良く標識・解析することができる (図3)[11,12)]。

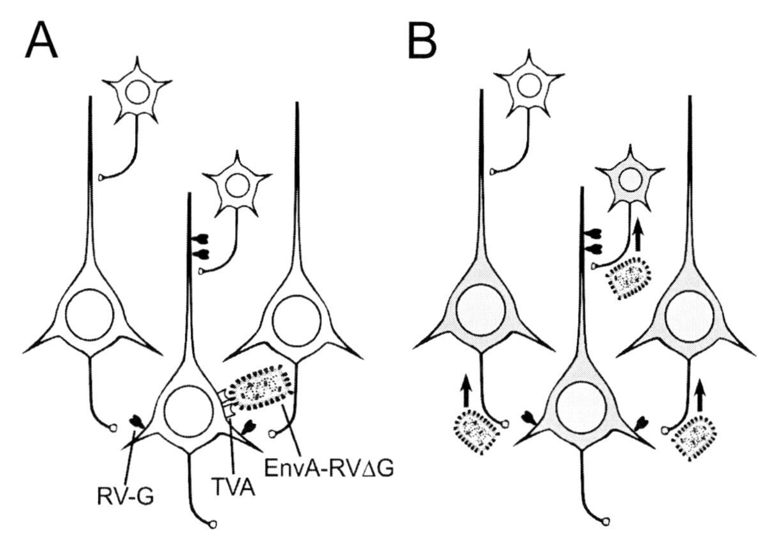

図3　RVΔG を用いた神経回路トレーシング法
A：標的細胞（起点細胞）に TVA および RV-G を発現させることで，EnvA-RVΔG は標的細胞に特異的に感染を起こす。
B：RVΔG 感染細胞（起点細胞）内で RV-G が補完されることで，新たな RVΔG ウイルス粒子が出芽し，起点細胞にシナプスを形成する入力細胞群に二次感染を起こす。

6.5　狂犬病ウイルストレーシングに必要なヘルパータンパク質の発現方法

特定の細胞が形成する神経回路構造を解析するためには，起点となる標的細胞特異的に TVA や RV-G を発現させる必要がある。起点細胞を限定する目的で，最もよく使用されている手法は，細胞種特異的に Cre recombinase（Cre）などの遺伝子組換え酵素を発現する遺伝子組換えマウスを使用する方法である。このマウスに，Cre 依存的に TVA と RV-G を発現可能な AAV を微量注入することで，標的となる細胞種のみに TVA と RV-G を導入できる[20,21]。さらに，単一細胞の神経接続を解析するために，1つの標的細胞に electroporation あるいは記録電極を用いて TVA および RV-G 遺伝子を組み込んだプラスミドを導入する方法が存在する[22~24]。

6.6　RVΔG トレーシング法による神経回路構造の解明

これまでに RVΔG を用いて従来手法では解明できなかった重要な課題が解決されてきた。例として，ドパミン作動性神経細胞が密に存在する神経核の領域である腹側被蓋野や黒質緻密部に入力する神経細胞を標識した例[21]や，腹側被蓋野の中でもドパミン作動性神経細胞，GABA 作動性神経細胞，グルタミン酸作動性神経細胞それぞれに入力する神経細胞を標識した例[25]が挙げられる。また，覚醒剤であるコカインの投与による回路構造変化を解剖学的に調べる目的で[26]，腹側被蓋野のドパミン作動性神経細胞への入力細胞を全脳レベルで解析したところ，コカイン摂取により淡蒼球外節の神経細胞からの入力が増加することを明らかにした[27]。以上から，RVΔG

は標的神経細胞に入力する細胞群を効率良く標識することができる強力な神経回路トレーシングのツールとして利用可能である。さらに，再生医療の分野においても，幹細胞から分化させた神経細胞を移植した後に，移植細胞と宿主が神経回路を形成することも，RVΔG を用いたトレーシングで評価できる[28~30]。

6.7 神経回路の構造と機能を対応付ける

多くの研究で AAV やレンチウイルスベクターが神経回路解析に使用されている。これらのベクターは，微量注入した脳領域に存在する神経細胞に感染を起こすので，感染細胞の軸索を可視化することで投射先の脳領域の同定に使用できる。近年，逆行性に感染を起こす AAV やレンチウイルスベクターも開発されている[31,32]。さらに，これらのウイルスベクターは，解剖学的な解析だけではなく，機能解析にも極めて有用である。これらのウイルスベクターでチャネルロドプシン（ChR2）などを導入し，感染細胞の活動を操作することで，動物個体の行動変化を解析することも可能である[33,34]。特に，AAV やレンチウイルスベクターは，細胞毒性が極めて低いことから，学習のような長期に渡り観察する必要がある実験系にも適用が可能である[35]。

それに対して，RVΔG は，標的細胞とその細胞に入力する神経細胞群を含んだ神経回路を標識することができる。そのため，入力元をそれぞれ区別した神経回路解析が可能である。例えば，ある神経細胞が異なる脳領域から入力を受けている場合，どの入力元の神経細胞を操作することで，どのような生理機能の変化が起こるかを解析することができる。

近年，技術の発展により神経回路研究の新しい時代が訪れている[9,36]。例えば，2 光子励起顕微鏡と GCaMP や RCaMP[37~39] などのカルシウム感受性蛍光タンパク質を組み合わせたカルシウムイメージングや，ChR2 やハロロドプシンなど光応答性チャネル[40,41] を用いた生理学実験や行動実験の解析が有用となる。このように RVΔG とイメージングや電気生理学的解析とを組み合わせることで，特定の神経接続が担う生理機能を解析することができる。以上のように，RVΔG は機能神経回路の構造と機能を対応付けることができる極めて有用なツールと言える（図 4）[12]。

6.8 組換え狂犬病ウイルスベクターの低毒化

RV は経シナプス感染能という極めて特徴的な性質を有する。一方でウイルス感染細胞は感染 10〜14 日後に細胞死を起こす。このため，AAV やレンチウイルスベクターを用いて行われるような，長期実験への適用が困難であり，長期に渡る生理学実験や行動実験への適用可能な低毒性の RVΔG の開発が求められている。RV 感染細胞が細胞死を起こす詳しいメカニズムは未だ解明されていないが，感染細胞内で RV ゲノムが過剰に増加することで，感染細胞のアポトーシスが誘導されると考えられる。近年，長期実験への適用を目指し，感染細胞内で RV ゲノムが過剰に増加しないように工夫した低毒性の組換え狂犬病ウイルスベクターの報告がされたので，それら 3 つのウイルスベクターについて紹介する[42~44]。

Reardon らは，ウイルス株の 1 つである CVS（Challenge. Virus Standard）-N2c 株の方が

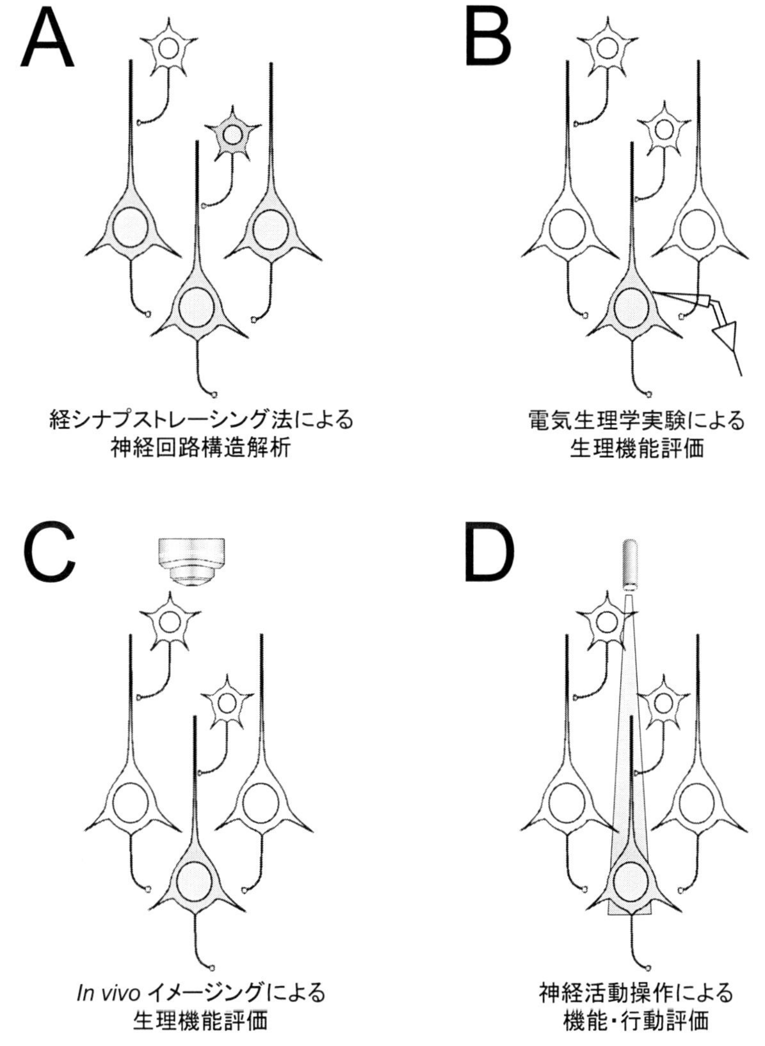

図４　RVΔG を神経細胞の機能評価へ適用拡大

RVΔG ベクターは神経回路の解剖学的解析に加え，生理機能評価や行動解析と組み合わせることで，神経回路の機能を明らかにすることが可能となる。

SAD（Street Alabama Dufferin）B19 株よりも低毒性であることに着目し[45,46]，CVS-N2c 株由来の G 欠損型ウイルスゲノムベクターを作製し，経シナプストレーシングに成功した[42]。さらに，彼らが着目した CVS-N2c 株はマウス胎児脳由来神経芽細胞で産生されており，神経向性が高い。そのため，CVS-N2c 株由来の RVΔG は，腎臓由来線維芽細胞の BHK-21 細胞で産生された SAD-B19 株由来である従来の RVΔG に比べ，経シナプス感染効率が高かった[42]。

Ciabatti らは，ウイルス構成タンパク質を PEST 配列付加により分解させ，感染細胞内での RV ゲノムの複製を抑制した Self-inactivating RVΔG（SiR）ベクターを作製したところ，感染数か月後であってもウイルス感染細胞から神経活動を記録できた[43]。ただし，RV ゲノムの複製を

表1 RVΔGベクターの比較

Vectors	Strain	Toxicity	Trans-synaptic efficiency	References
SAD-B19ΔG	SAD-B19	△	◎	Osakada *et al.*, ***Neuron***, 2011
CVS-N2cΔG	CVS	○	◎	Reardon *et al.*, ***Neuron***, 2016
SiR	SAD-B19	○	○	Ciabatti *et al.*, ***Cell***, 2017
RVΔGL	SAD-B19	◎	×	Chatterjee *et al.*, ***Nat Neurosci.***, 2018

現在最も良く用いられている狂犬病ウイルスベクターはSAD-B19ΔGベクターである。高効率な経シナプス感染が実現可能な改変型RV-G（oG）が開発されており[47]，oGを用いることでSAD-B19ΔGベクターは解剖学的な解析には非常に適している。また，クローニングベクターもaddgeneから入手でき，様々な外来遺伝子を導入し，自由に発現させることが容易である。CVS-N2cΔGベクターは毒性を軽減したベクターであるが，外来遺伝子の発現に時間を要する。SiR（Self-inactivating RVΔG）ベクターはCreなどの組換えを利用し，GFPなどのレポータータンパク質を発現する遺伝子組換え動物と組み合わせることで有効である。しかし，SiRベクターは非常に低くはあるが経シナプス感染能を保持しているため，ウイルスゲノムの複製が起こり，細胞毒性を生じる。RVΔGLベクターはウイルスゲノムからG遺伝子とL遺伝子の両者を欠損したベクターであり，ウイルスゲノム由来のポリメラーゼの発現はない。ウイルスゲノムの複製がほぼ起きないため，毒性はほぼ生じない。Cre依存的なレポーター発現遺伝子組換え動物に，Creを発現するRVΔGLベクターを適用することで，感染細胞を可視化することができる。

抑制するため，外来遺伝子ならびにウイルスタンパク質遺伝子の発現効率が低下する。このため，感染細胞においてウイルス由来のタンパク質が十分に発現しない。そこで，彼らはウイルスゲノムにCreを組み込んだSiR-Creを，Cre依存的にレポータータンパク質を発現する遺伝子組換えマウスに用いることで，2次感染細胞でもレポータータンパク質をCre依存的に発現させ，入力細胞を同定することに成功した。このシステムにより，経シナプストレーシングが可能であると報告されたが，その再現性の確認が待たれる[43]。

Chatterjeeらは，RVゲノムからRV-G遺伝子だけでなくRNA依存性RNAポリメラーゼの役割を持つLタンパク質遺伝子も欠損した狂犬病ウイルスベクター（RVΔGL）を作製した。初期感染細胞内では，ウイルス粒子中に含まれる微量なLタンパク質を利用して，RVゲノムの複製・転写が起こり，一過性に外来遺伝子が発現する。感染後にはウイルスゲノムは感染細胞内から消失する。したがって，このシステムではRVΔGLにCreを組み込み，宿主動物のゲノムを組換えることによってレポータータンパク質を発現する必要がある。このシステムにより，数か月後であっても感染細胞が生存していた[44]。しかし，Lタンパク質遺伝子のサイズが大きいなどの問題から，起点細胞にLタンパク質を発現させる手段が乏しく，RVΔGLを用いた経シナプストレーシングは達成されていない。表1にそれぞれのウイルスベクターの特徴をまとめる。

6.9 終わりに

脳機能を解き明かすためには，解剖学的な解析が必須である。RVΔGは神経回路を全脳レベルで単一細胞の解像度で網羅的に明らかにすることができる。さらに，低毒性を目指した新規の組換え狂犬病ウイルスベクターの開発が進んでおり，神経回路の構造と機能を結び付けることで脳機能を解明するというアプローチが現実味を帯び始めている。

今後は，例えば学習の実態として考えられているシナプス可塑性の解析にもRVΔGが適用できると考えられる。学習は長期に渡る経験を経て得られるものである。学習中の生理機能や学習後の構造変化および生理機能を同一個体で観察することが可能になれば，学習の過程で起きる神経接続の変化を明らかにできると考えられる。

また，脳機能の基盤と考えられる神経回路の破綻は，うつ病や統合失調症などの精神疾患，パーキンソン病やアルツハイマー病などの神経変性疾患を引き起こすと考えられる。したがって，神経回路の機能を明らかにすることは，これら神経疾患の病因解明や治療法の開発に繋がると考えられる。例えば，低毒化RVΔGと疾患モデル動物を用いることで，個体レベルでの疾患の発症前に観察されうる神経回路内で起こる変化を生理機能解析より発見できれば，発症の予測に繋がる可能性がある。

RVΔGを用いた神経回路解析法はさらなる発展を遂げつつあり，この手法により神経解剖学ならびに神経生理学，さらには神経変性疾患および精神疾患の理解をより深めるものになることを願う。

文　献

1） D. J. Felleman and D. C. Van Essen, *Cereb. Cortex*, **1**, 1 (1991)
2） K. D. Harris and T. D. Mrsic-Flogel, *Nature*, **503**, 51 (2013)
3） B. Tasic *et al.*, *Nat. Neurosci.*, **19**, 335 (2016)
4） B. B. Lake *et al.*, *Nat. Biotechnol.*, **36**, 70 (2018)
5） J. L. Lanciego and F. G. Wouterlood, *J. Chem. Neuroanat.*, **42**, 157 (2011)
6） C. J. Wilson, *J. Comp. Neurol.*, **263**, 567 (1987)
7） J. W. Lichtman *et al.*, *Nat. Rev. Neurosci.*, **9**, 417 (2008)
8） E. M. Callaway and L. C. Katz, *Proc. Natl. Acad. Sci. U. S. A.*, **90**, 7661 (1993)
9） L. Luo *et al.*, *Neuron*, **98**, 256 (2018)
10） 小坂田文隆，日薬理誌，**146**, 98 (2015)
11） I. R. Wickersham *et al.*, *Neuron*, **53**, 639 (2007)
12） F. Osakada *et al.*, *Neuron*, **71**, 617 (2011)
13） M. J. Schnell *et al.*, *Nat. Rev. Microbiol.*, **8**, 51 (2010)
14） N. Tordo *et al.*, *Proc. Natl. Acad. Sci. U. S. A.*, **83**, 3914 (1986)
15） K. K. Conzelmann *et al.*, *Virology*, **175**, 485 (1990)
16） M. J. Schnell *et al.*, *EMBO J.*, **13**, 4195 (1994)
17） T. Mebatsion *et al.*, *Cell*, **84**, 941 (1996)

18) R. Etessami *et al., J. Gen. Virol.*, **81**, 2147 (2000)
19) J. A. Young *et al., J. Virol.*, **67**, 1811 (1993)
20) N. R. Wall *et al., Proc. Natl. Acad. Sci. U. S. A.*, **107**, 21848 (2010)
21) M. Watabe-Uchida *et al., Neuron*, **74**, 858 (2012)
22) J. H. Marshel *et al., Neuron*, **67**, 562 (2010)
23) E. A. Rancz *et al., Nat. Neurosci.*, **14**, 527 (2011)
24) A. Wertz *et al., Science*, **349**, 70 (2015)
25) L. Faget *et al., Cell Rep.*, **15**, 2796 (2016)
26) M. A. Ungless *et al., Nature*, **411**, 583 (2001)
27) K. T. Beier *et al., Nature*, **549**, 345 (2017)
28) Y. Li *et al., Proc. Natl. Acad. Sci.*, **110**, 9106 (2013)
29) A. F. Adler *et al., Stem cell reports*, **8**, 1525 (2017)
30) A. Sarkar *et al., Cell Stem Cell*, **22**, 684 (2018)
31) D. G. R. Tervo *et al., Neuron*, **92**, 372 (2016)
32) S. Kato *et al., J. Neurosci. Methods*, **311**, 147 (2019)
33) A. M. Aravanis *et al., J. Neural Eng.*, **4**, S143 (2007)
34) D. Huber *et al., Nature*, **451**, 61 (2008)
35) T. Kitamura *et al., Science*, **356**, 73 (2017)
36) 小坂田文隆，化学と生物，**53**, 673 (2015)
37) L. Tian *et al., Nat. Methods*, **6**, 875 (2009)
38) T.-W. Chen *et al., Nature*, **499**, 295 (2013)
39) H. Dana *et al., Elife*, **5**, 1 (2016)
40) E. S. Boyden *et al., Nat. Neurosci.*, **8**, 1263 (2005)
41) X. Han and E. S. Boyden, *PLoS One*, **2**, e299 (2007)
42) T. R. Reardon *et al., Neuron*, **89**, 711 (2016)
43) E. Ciabatti *et al., Cell*, **170**, 382 (2017)
44) S. Chatterjee *et al., Nat. Neurosci.*, **21**, 1 (2018)
45) K. Morimoto *et al., Proc. Natl. Acad. Sci. U. S. A.*, **95**, 3152 (1998)
46) G. Ugolini, *J. Neurosci. Methods*, **194**, 2 (2010)
47) E. J. Kim *et al., Cell Rep.*, **15**, 692 (2016)

7 ムーンライティング酵素の展開

三浦夏子[*1]，片岡道彦[*2]

7.1 はじめに

「1種類のポリペプチドが複数の機能を発揮する」ことで知られるムーンライティングタンパク質は，2005年以前には50程度しか報告がなかった[1]が，2019年現在では延べ700近いタンパク質がムーンライティング機能を持つ[2]ことが示唆されている。こうしたムーンライティングタンパク質は多くがヒトの疾患にも寄与し，疾患治療に向けた創薬標的としても用いられつつある。ムーンライティングタンパク質として知られるタンパク質の大部分は，中心代謝系をはじめとする代謝系酵素群が占めており，他にも転写・翻訳・恒常性の維持に関わるタンパク質やシャペロン等が含まれる。ムーンライティングタンパク質の報告例が蓄積し，データベースが整備されるとともに，タンパク質の構造と機能についても新たな視点が加わってきた[3]。本節ではムーンライティングタンパク質，特にムーンライティング酵素に関する最新の知見を取り上げるとともに，ムーンライティング酵素研究の多機能タンパク質創出に向けた貢献と実用化への道筋についてまとめて概観する。

7.2 ムーンライティングタンパク質の発見

ムーンライティングタンパク質の発見は，タンパク質の単離・精製・配列決定が広く行われていた1980年代にさかのぼる。鳥類（アヒル）や爬虫類（亀・クロコダイル）のクリスタリンの精製とアミノ酸配列決定を行っていたWistowとPiatigorskyは，単離されたクリスタリンのうちいくつかのアミノ酸配列がAldolase，Enolase，Lactate dehydrogenaseと同一であり，しかも単離された各酵素は酵素活性を保持していることを見出した[4,5]。

クリスタリンは目の水晶体を占める主なタンパク質群の総称である。水晶体内には非常に高密度のタンパク質が存在しており，生涯にわたってタンパク質の交換は起こらないことが知られているが，クリスタリンはタンパク質密度や老化に伴うタンパク質の凝集を抑制したり光の屈折率を高めたりする機能があると考えられている[6]。

Piatigorskyはクリスタリンにみられるような，同一のタンパク質が異なる機能を果たす現象を“Gene sharing”と呼んだ[7]。1999年，“Gene sharing”を行うタンパク質群はJefferyによってムーンライティングタンパク質と命名[8]され，以後その名称で広く呼ばれるようになった。現在までに，ムーンライティングタンパク質は真正細菌，真核微生物，ヒト，古細菌，植物，ウィルスに至るまで，幅広い生物に共通してみられることが知られている[9]。

＊1　Natsuko Miura　大阪府立大学　大学院生命環境科学研究科　応用生命科学専攻　発酵制御化学研究グループ　助教

＊2　Michihiko Kataoka　大阪府立大学　大学院生命環境科学研究科　応用生命科学専攻　発酵制御化学研究グループ　教授

ムーンライティングタンパク質は，異なる局在，相互作用タンパク質の存在，あるいは異なる翻訳後修飾や構造変化によって，異なる機能を発揮するタンパク質群の総称である。融合遺伝子や選択的スプライシングから生じたスプライスバリアントはムーンライティングタンパク質には含まれない。Jeffery が 1999 年に提唱した当時は，ムーンライティングタンパク質のもつ元の機能以外の機能（二次機能）は元の機能に関連したもの（触媒機能の変化など）や翻訳後修飾による機能獲得は含まないという比較的厳しいものだった[8]が，現在ではより緩やかな定義になっており，新形質のムーンライティングタンパク質（Neomorphic moonlighting proteins）という名称で，異なる触媒機能や 1 アミノ酸変異による機能獲得等も認めている[9]。したがって，単一の遺伝子にコードされている同一のポリペプチドからなり，かつ複数の機能を発揮する場合，そのタンパク質をムーンライティングタンパク質と呼んで差し支えないと言えよう。広義のムーンライティングタンパク質と同義的に使われる用語としては，他にもマルチタスクタンパク質（multitasking proteins）や超多機能タンパク質（extreme multifunctional proteins）等がある[10]が，本節ではこうしたタンパク質も全てムーンライティングタンパク質として取り扱う。

7.3 ムーンライティングタンパク質の生物学的な意義

ゲノム解読が進んだ 2000 年代に入り，ムーンライティングタンパク質の生物学的な意義が一躍注目されるようになった。ヒトゲノム解読完了以前に予測されていた遺伝子の数は，実際の遺伝子数よりもはるかに多かったことから，推定される機能の数＞遺伝子の数というギャップが起こったのである[11]。また，より単純な生物である大腸菌でも，生命を維持するために必要なプロセスの数が，遺伝子数よりも少ない[12,13]ことが判明したことから，少ない遺伝子数で多くの機能を果たす仕組みの存在が示唆された。こうした状況下で，“ジャンク”と呼ばれていたゲノム上の non-coding 領域[14]や RNA スプライシング[15]が生み出す多様な機能に注目が集まる一方で，RNA 中心の機構とは異なって，同一のポリペプチドが果たす多様な機能の観点から，ムーンライティングタンパク質への注目も高まってきた。

いくつかのムーンライティングタンパク質は，連携して発揮する必要のある 2 つ以上の機能を持つことが知られている。発現のタイミングと機能発揮のタイミングを合わせた 2 つ以上のタンパク質を用いる場合に比べて，1 つのムーンライティングタンパク質を用いることができればゲノムサイズや細胞への負荷は劇的に小さくなる[16]。

ムーンライティングタンパク質にはまた，タンパク質表面を最大限に利用する意味があるとする見方もある[9]。例えば酵素の場合，分子によっては触媒活性をもつ領域以外にも広い表面領域をもつ。従来は立体構造をとるためだけに必要であると考えられてきた領域が，他の機能を発揮するために使われてきたという考え方である。次の項では実例を挙げながらムーンライティングタンパク質の機能を概観する。

7.4　ムーンライティング酵素の機能

ムーンライティングタンパク質の中でも，第一の機能として酵素活性をもつムーンライティング酵素は，一次機能は言うまでもなく酵素機能であるが，その二次機能は大きく2通りに分かれる。1つはタンパク質の外部に位置する部位を用いた，他の分子との結合を基盤に機能するものであり，もう1つは触媒部位を用いた異なる酵素機能である（図1）。前者では，ムーンライティング酵素は触媒部位を含む分子表面，あるいは構造変化により表出した新たな分子表面を用いて他のタンパク質や低分子，糖鎖，脂質，DNA，RNA等と結合し，それぞれ本来の酵素機能とは異なる機能をもつタンパク質集合体の形成や物質への吸着等を行う。後者ではタンパク質の修飾や構造変化，触媒部位の変異等によって，ムーンライティング酵素が新たな酵素機能を得る。ムーンライティング酵素が元々多量体をとっており，何らかの原因で単量体化した場合には，新たな相互作用部位の露出と酵素機能の喪失が同時に起こる場合もある。以下に，いくつかの特徴的なムーンライティング酵素について例を挙げて述べる。

7.4.1　環境変化に応答するムーンライティング酵素

一次機能として酵素機能を持ちながら，細胞内の環境変化に応答して転写調節を行うムーンライティング酵素の代表例として知られるのは，TCAサイクルの酵素であるAconitaseである（図2）。Aconitaseは環境変化（鉄イオン濃度低下）に応じて自身の鉄硫黄クラスターを失って構造変化を起こし，鉄イオンの取り込みに関わる遺伝子の転写調節を行う[17~20]（図2）。鉄硫黄クラスターを失ったAconitaseは，mRNA上の特定の配列（iron-responsive element, IRE）に結合し，鉄結合性タンパク質の一種であるフェリチンの転写を抑制するほか，トランスフェリンレセプター等の鉄イオン恒常性に関わる遺伝子をコードするmRNAの分解を抑制することで，鉄イオン濃度の上昇に働くとされる（図2）[20]。

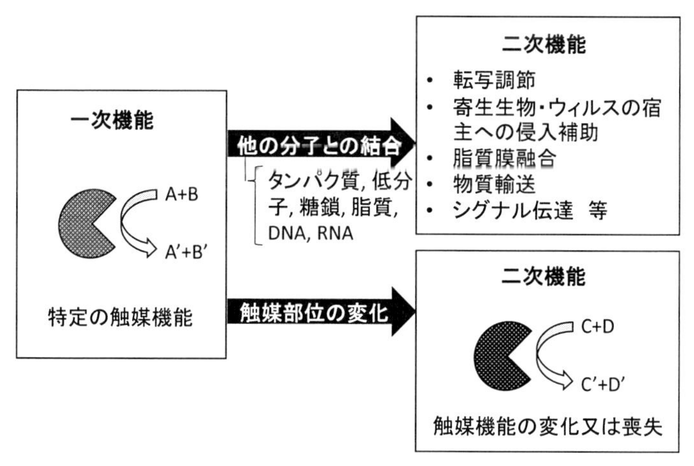

図1　ムーンライティング酵素の二次機能概観

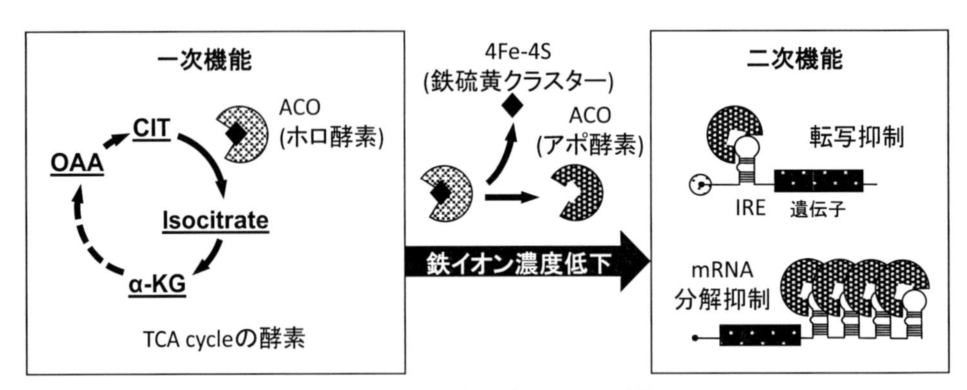

図2　Aconitase（ACO）が示す二次機能

7.4.2　新形質のムーンライティング酵素

ここでいう新形質とは，以前まではムーンライティングタンパク質の範疇に入っていなかったが，定義の拡張後に加えられたものである。新形質のムーンライティングタンパク質である，ヒトのIsocitrate dehydrogenase（IDH）の場合は，1アミノ酸変異によって新たな二次機能を獲得する。細胞質に存在するIDH1とミトコンドリアに存在するホモログIDH2は，元々はTCAサイクルの酵素として知られており，イソクエン酸（Isocitrate）からα-ケトグルタル酸（α-KG）の変換反応を触媒する（図3）。IDH1,2は，それぞれR132，R172部位の1アミノ酸変異によってα-KGからD-2-ヒドロキシグルタル酸（D-2-HG）への変換の触媒活性を獲得する（図3）。変異型IDHによる2-HGの合成は不可逆な反応であるため，2-HG代謝酵素を持たない細胞では2-HGは細胞内に蓄積し，多様な生理作用を引き起こす[21~23]。

7.4.3　疾患に関与するムーンライティング酵素

2018年のFranco-Serranoらによる解析では，テキストマイニングにより選出したヒトのムーンライティング酵素のうち，78%が疾患に関与していることが明らかとなった[24]。疾患関連タンパク質が研究対象となりやすい可能性を加味しても，UniProtに登録されているタンパク質全体のうち疾患に関与するものが18%程度である[24]ことをみれば，ムーンライティング酵素がヒト

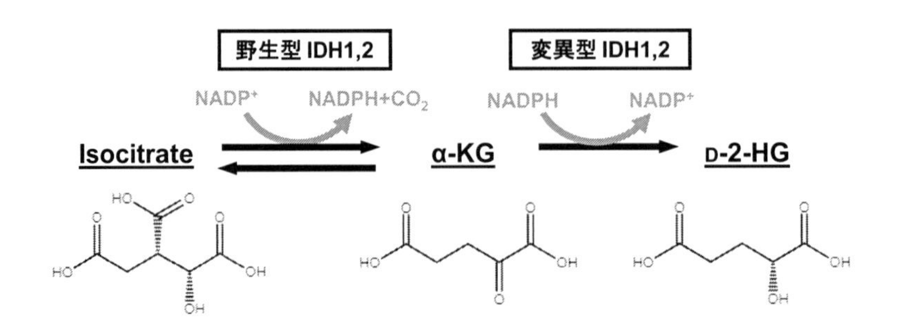

図3　ヒトの変異型Isocitrate dehydrogenase（IDH）が示す二次機能

表1　疾患に関与するムーンライティング酵素の例

	ムーンライティング酵素	文献
真菌アレルギー症	Alcohol dehydrogenase	75,76)
	Aldehyde dehydrogenase	75,77)
	Enolase	75,77~84)
	Formate dehydrogenase	85)
	Mannitol dehydrogenase	86,87)
	Mitochondrial malate dehydrogenase	88)
宿主への侵入	Alcohol acetoaldehyde dehydrogenase	28)
	Enolase	29~31)
	Phosphoglycerate kinase	32)
がん	Isocitrate dehydrogenase	22,23,33)
	Phosphoglucose isomerase	34,35)
	Threonyl aminoacyl-tRNA synthetase	36)

の疾患に寄与する確率は極めて高いと言える。疾患の中でも特にムーンライティング酵素の関連が報告されているのは，真菌アレルギー症，病原菌・ウィルスによる宿主への侵入，がんなどである（表1）。

(1)　真菌アレルギー症に関連するムーンライティング酵素

真菌アレルギー症を引き起こすアレルゲンタンパク質[25]のうち少なくとも6つのタンパク質，すなわち Alcohol dehydrogenase, Aldehyde dehydrogenase, Enolase, Formate dehydrogenase, Mannitol dehydrogenase, Mitochondrial malate dehydrogenase は分泌シグナルをもたず，かつ一次機能として酵素機能をもつムーンライティング酵素である[26]。こうしたアレルゲンとして働くムーンライティング酵素の場合，細胞内から細胞外への局在変化を起こすことによって機能を発揮する。Enolase をはじめとするいくつかの解糖系酵素は，酵母 *Saccharomyces cerevisiae* では分泌シグナルなしに細胞外へ移行することが実験的に明らかになっている[27]ものの，分泌に寄与する詳細な分子機構は未だ不明である。

(2)　病原菌等による宿主への侵入補助に関連するムーンライティング酵素

病原菌等による宿主への侵入補助には，細胞外に存在するムーンライティング酵素の中でも，宿主の細胞表層に結合する機能を持つものが働く。例えば，Alcohol acetoaldehyde dehydrogenase は食中毒病因菌である *Listeria monocytogenes* が宿主に侵入する際に，宿主細胞の表層レセプターである Hsp60 分子に結合し，侵入を助けるとされる[28]。また，*Candida albicans* をはじめとする病原菌において，Enolase は細胞表層レセプターであるプラズミノーゲン[29]やフィブロネクチン[30]等に結合し，宿主への侵入を補助する[31]。その一方で，細胞外の Phosphoglycerate kinase は一部のレンサ球菌による細胞内への侵入を阻害する[32]ことが知られており，細胞外に存在するムーンライティング酵素の全てが病原菌を補助するとは限らないことに注意が必要である。

(3) がんに関連するムーンライティング酵素

前述した新形質のムーンライティング酵素，IDHの変異はある種の脳腫瘍において高確率で認められ，該当する腫瘍では2-HGの蓄積がみられる[33)]。蓄積した2-HGはhistone demethylaseをはじめとしたα-KGを基質とする酵素を阻害することで，ゲノムワイドなヒストンやDNAのメチル化状態に影響し[23)]，転写をかく乱することで発がんに寄与すると考えられている[22)]。

他のムーンライティング酵素では，Phosphoglucose isomeraseは細胞外でサイトカインとして機能し，乳がん細胞の浸潤能を高めることが知られている[34,35)]。また，Threonyl aminoacyl-tRNA synthetaseはTNFa，VEGF依存的に血管内皮細胞から分泌され，血管新生を促進する[36)]。

7.5 ムーンライティングタンパク質のデータベース整備に向けた試み

ムーンライティングタンパク質の分子基盤を探るためにはまず，ムーンライティングタンパク質のデータを集積する必要がある。2014年，スペインのHernandezらのグループにより，テキストマイニングにより収集された初めてのムーンライティングタンパク質（原著では“多機能性タンパク質”）データベースMultitaskProtDB[37)]が構築された。288種の多機能性タンパク質を登録したMultitaskProtDBは，2018年にはMultitaskProtDB-II[2)]として改訂され，多機能性タンパク質の登録数は694にのぼる。

ムーンライティングタンパク質をデータベース化する試みは他にも少なくとも2件存在する。2015年，アメリカのManiやJefferyらのグループにより，実験的に証明されたムーンライティングタンパク質を登録したMoonProt[38)]（登録タンパク質数200以上）が報告された。2018年にはその改訂版であるMoonProt2.0[39)]が発表されている。同じく2015年には，フランスのChappleらが登録タンパク質数430のMoonDB[40)]を発表し，2018年にはその改訂版であるMoonDB 2.0[10)]が発表された。MoonDB 2.0ではヒトを中心にマウス，ハエ，線虫，酵母由来のタンパク質も取り扱っており，初期バージョンのMoonDBから238タンパク質を更新している。

2018年12月現在，MoonProtは稼働していないが，MoonDB2.0とMultitaskProtDB-IIはともに稼働中であり，ムーンライティングタンパク質の分子基盤解明に向けたデータベース活用の道筋が開けつつある。

2018年12月時点におけるMultitaskProtDB-IIの検索によれば，解糖系酵素の登録数は118（発酵に関与するタンパク質を含めると150），TCAサイクルの酵素では登録数は17である。その他の主だったタンパク質では，シャペロンタンパク質とリボソームタンパク質がそれぞれ49であるが，その他のタンパク質群の大多数は一次機能として酵素機能をもつムーンライティング酵素である。ただし登録数1つあたりに参考文献一点が充てられており，同じムーンライティン

表2　MultitaskProtDB-II における解糖系酵素等の登録数内訳

酵素名	登録数
Enolase	50
Glyceraldehyde-3-phosphate dehydrogenase	34
Phosphoglycerate kinase	13
Aldolase	8
Hexokinase	8
Triose phosphate isomerase	6
Fructose-1,6-bisphosphatase	5
Fructose bisphosphate aldolase	4
Phosphoglucose isomerase	4
Phosphoglycerate mutase	4
Pyruvate kinase	4
Phosphoglycerate mutase	3
Alcohol dehydrogenase	2
Glucose-6-phosphate isomerase	2
Lactate dehydrogenase	2
Phosphofructokinase	2
Alcohol acetaldehyde dehydrogenase	1
Aldehyde dehydrogenase	1
Glycerol kinase	1

グ機能に対しても報告された生物種が異なれば登録が異なるため，登録数イコールムーンライティング機能の数とは限らないことに注意が必要である。また，ムーンライティング機能の登録もれも散見される。例えば解糖系酵素の中でも随一の登録数をもつ Enolase（表2）では，主にデータベースに登録されている Plasmin（ogen）への結合に加えて，シロイヌナズナにおける転写活性化[41]や酵母の液胞融合[42]，酵母ミトコンドリアへの tRNA 輸送[43]等をはじめとするムーンライティング機能が知られている。

完全なデータベースの整備にはまだ時間が必要であるものの，簡便にムーンライティングタンパク質の情報が入手可能になったことで，分子基盤の解明に大きく資すると期待できる。次の項ではムーンライティングタンパク質，特にムーンライティング酵素の多機能性を支える分子基盤についてこれまでの知見をまとめて概観する。データベースの効率的な利用により，ムーンライティングタンパク質の分子基盤を読み解く試みの促進にもつながると期待できる。

7.6　ムーンライティング酵素の分子基盤

ムーンライティング酵素が二次機能を発揮する際にみられる条件は，翻訳後修飾に加えて大きく2つの視点がある。すなわち，タンパク質の構造変化あるいは局在変化という視点である。本項ではそれぞれの視点について述べる。

7.6.1 構造からの視点

タンパク質の構造変化が異なる機能発揮につながる[44]ことは広く受け入れられつつある。真核生物では，25%のタンパク質が可変的な複数の構造をとるほか，50%のタンパク質が部分的に可変的な構造をもつ[3]。異なる構造は異なる他のタンパク質との相互作用を可能とし，新たな相互作用の創出により新規な機能が創発されることから，ムーンライティングタンパク質の機能は特定のタンパク質との相互作用に依存する[45]とされる。

構造の可変性やタンパク質間相互作用をもとに，ムーンライティングタンパク質の機能を予測しようという実験的あるいはバイオインフォマティクスを駆使した試みが行われてきたが，いずれも成功とは言い難い[37,46,47]ことから，ムーンライティングタンパク質の理解はまだ不十分であるとする考え方もある[48]。一方で，モチーフをベースとした機能予測により，新たなシグナル伝達経路を発見したという報告もある[49]。ムーンライティングタンパク質データベースの解析が進むことで，全てのムーンライティングタンパク質を包括的に，あるいは，適切な分類によりムーンライティングタンパク質それぞれの働く法則を個別に導き出すことが期待される。

7.6.2 局在変化からの視点

ムーンライティング酵素の局在変化は，ある特定のアミノ酸残基あるいはドメインに依存することが知られている。*Bacillus subtilis* 由来の Enolase では疎水性の α ヘリックス[50]が，*Escherichia coli* 由来の Enolase では K341 のアミノ酸置換[51]がそれぞれ分泌を阻害する。また，*S. cerevisiae* のミトコンドリアに局在する Aldehyde dehydrogenase からミトコンドリア局在化シグナルを排除すると，細胞質内で新たな局在を示すという報告もある[52]。

2018 年，細胞内オルガネラ間を移動するタンパク質のデータベース Translocatome が整備された[53]。対象はヒトのタンパク質のみであるが，登録タンパク質数 13,066 のうち 1,133 以上のタンパク質について，詳細な局在予測が入手可能である。ムーンライティング酵素の局在も示されており，α-Enolase では細胞質・細胞膜・核・細胞外にそれぞれ該当するスコアが割り当てられる。近年では細胞内局在ごとに着目したプロテオーム解析を行う試みも行われていること[54,55]から，こうしたプロテオーム解析による局在データ等を取り入れたデータベースの拡張が進めば，将来的にはムーンライティング酵素の局在を網羅的に得ることができると期待される。

7.7 ムーンライティングタンパク質の創出

広義の定義において，ムーンライティングタンパク質の創出は多機能性タンパク質の創出と同義である。多機能性タンパク質の創出には，抗体酵素や遺伝子融合をはじめとした様々な試みがなされてきた。本項では多機能酵素発見と創出の試みを概観する。

これまでに見出された多機能酵素の例としては，当初は工業的な実用化目的で微生物から単離され，後に本来の機能が見出されたものも存在する。フルオレン資化性細菌である

Acinetobacter calcoaceticus F46株から単離された3,4-Dihydrocoumarin hydrolase（DCH）[56]は，各種エステル化合物に対して立体特異的あるいは位置選択的に作用し，有用カルボン酸を生産する[57]。一方で，生体内でDCHは過酸による酸化ストレス除去に働くことが示唆されている[58]。DCHのような多機能酵素はムーンライティングタンパク質としては従来注目されてこなかったが，自然界には存在しない，あるいは通常使われていない基質の変換能を見出す試みは，酵素のムーンライティング機能を新しく見出す試みとも言える。

新形質のムーンライティング酵素は1アミノ酸変異という比較的実験的なアプローチのしやすい原理により多機能性を発揮するため，スクリーニング系の設定が可能であれば従来の変異酵素ライブラリ構築法により創出できる可能性が高い。近年発展の目覚ましい酵素進化法[59,60]やハイスループットスクリーニング法[61~67]を用いることで，変異酵素ライブラリを迅速に探索可能である。

7.8　ムーンライティング酵素の展開

7.8.1　細胞機能の解明と利用に向けて

ムーンライティング酵素は生命維持に必須な代謝機能を司りながら，最小単位の遺伝子でその他の生命機能を果たす分子であると言える。ムーンライティングタンパク質の進化については諸説あり[45,48,68~70]，実験的な証明が困難であるため本節では取り上げなかったが，これまでに議論されてきたような，遺伝子重複等によりタンパク質の機能を増大・縮小させる仕組み[71]が存在するならば，多様な機能を調節する生物の生存戦略に対して深い洞察が得られると考えられる。また，基質量に応じて自己の転写・翻訳量を調節する酵素システムや一度にシグナル伝達経路の複数地点を制御する機能を利用することができれば，分子機械やスマートセル創成の観点からは，特定の刺激に応答して自己の遺伝子発現量を調節するなどの複雑な細胞応答を最小のゲノムで実現・導入することが可能になると期待できる。

7.8.2　新規な酵素の創発に向けて

ムーンライティング酵素が異なる機能を発揮するために必要な分子基盤の解明は，いわゆる“Enzyme evolution”，すなわち，酵素の特異性を変化させる，あるいはある酵素を新規な機能を持つ酵素に改変する，さらには既存のタンパク質に新たな酵素機能を付与するといった試みに新たな視点を加えることが可能である。ムーンライティングタンパク質の二次機能には相互作用が重要な位置を占めているため，酵素単体ではなく，新たな基質や相互作用相手と協奏的に酵素進化を行うことにより，望みの機能をもつ酵素創発が可能になると期待できる。

7.8.3　疾患治療に向けて

2018年のFranco-Serranoらによる調査では，MultitaskProtDB-IIデータベースに登録されているヒトのムーンライティング酵素のうち，78%が疾患に関与しており，48%が現在用いられている薬剤の標的となっていた[24]。Uniprotに登録されているタンパク質のうち疾患に関与するものが17.9%，創薬標的が9.8%を占める[24]ことと比較すれば，多機能酵素が疾患において比較的重要な機能を果たしかつ創薬標的として適していることは明らかである。疾患に寄与するムーンライティング酵素のさらなる機能が明らかになるにつれ，創薬標的となりうるタンパク質の数はさらに増大すると考えられる。

感染症，特に宿主への結合や侵入に関与するムーンライティングタンパク質を創薬ターゲットとする試みは以前から知られてきた。例えば，真菌症を引き起こす *Candida albicans* では，Enolase を始めとする *C. albicans* の細胞外タンパク質に特異的な抗体を投与することにより，マウスの生存率が上昇したという報告がある[72]。

ムーンライティングタンパク質はその多くが生命活動の根幹に関わる機能を保持しているため，個体内のムーンライティングタンパク質を創薬ターゲットとするためには，疾患に関係する機能のみを特異的に狙い撃つ必要がある[73]。疾患関連時にみられる特異的なタンパク質の立体構造や，局在変化に寄与するタンパク質部位，あるいは新形質のムーンライティングタンパク質でみられるような1アミノ酸変異を標的とすることで，疾患特異的なムーンライティング機能を制御することが可能になると考えられる。

7.9 おわりに

ムーンライティングタンパク質は多くの場合偶然から発見され，生物学的な意義において注目されてきたのみならず，近年では多機能性タンパク質のデザインにおいても，重要な知見をもたらしつつある[74]。多様な相互作用分子の中にあって，構造変化と局在変化により異なる機能を発揮するムーンライティングタンパク質の分子基盤を解き明かすことにより，生命の恒常性維持機構が明らかになると期待される。

文　献

1) G. Sriram *et al., Am. J. Hum. Genet.,* **76**, 911 (2005)
2) L. Franco-Serrano *et al., Nucleic Acids Res.,* **46**, D645 (2018)
3) R. V. Mannige, *Proteomes,* **2**, 128 (2014)
4) G. J. Wistow *et al., J. Cell. Biol.,* **107**, 2729 (1988)
5) G. Wistow *et al., Science,* **236**, 1554 (1987)
6) U. P. Andley, *Prog. Retin. Eye Res.,* **26**, 78 (2007)
7) J. Piatigorsky *et al., Proc. Natl. Acad. Sci. U S A,* **85**, 3479 (1988)
8) C. J. Jeffery, *Trends Biochem. Sci.,* **24**, 8 (1999)
9) C. J. Jeffery, *J. Proteomics,* **134**, 19 (2016)
10) D. M. Ribeiro *et al., Nucleic Acids Res.* (2018)
11) C. Willyard, *Nature,* **558**, 354 (2018)

12) I. Thiele *et al., PLoS Comput. Biol.,* **5**, e1000312 (2009)
13) J. D. Orth *et al., Mol. Syst. Biol.,* **7**, 535 (2011)
14) A. F. Palazzo *et al., Front. Genet.,* **6**, 2 (2015)
15) B. Modrek *et al., Nat. Genet.,* **30**, 13 (2002)
16) C. J. Jeffery, *Front. Genet.,* **6**, 211 (2015)
17) S. Banerjee *et al., J. Bacteriol.,* **189**, 4046 (2007)
18) M. C. Kennedy *et al., Proc. Natl. Acad. Sci. U S A,* **89**, 11730 (1992)
19) C. C. Philpott *et al., Proc. Natl. Acad. Sci. U S A,* **91**, 7321 (1994)
20) A. Castello *et al., Trends Endocrinol. Metab.,* **26**, 746 (2015)
21) M. Carbonneau *et al., Nat. Commun.,* **7**, 12700 (2016)
22) R. Janke *et al., Elife,* **6** (2017)
23) W. Xu *et al., Cancer Cell,* **19**, 17 (2011)
24) L. Franco-Serrano *et al., Protein J.,* **37**, 444 (2018)
25) B. Simon-Nobbe *et al., Int. Arch. Allergy Immunol.,* **145**, 58 (2008)
26) N. Miura *et al., Cells,* **7** (2018)
27) N. Miura *et al., Eukaryot. Cell,* **11**, 1075 (2012)
28) B. Jagadeesan *et al., Microbiology,* **156**, 2782 (2010)
29) A. Y. Jong *et al., J. Med. Microbiol.,* **52**, 615 (2003)
30) A. Kozik *et al., BMC Microbiol.,* **15**, 197 (2015)
31) R. C. Silva *et al., Front. Cell. Infect. Microbiol.,* **4**, 66 (2014)
32) C. A. Burnham *et al., Microb. Pathog.,* **38**, 189 (2005)
33) L. Dang *et al., Nature,* **462**, 739 (2009)
34) T. Funasaka *et al., Cancer Res.,* **69**, 5349 (2009)
35) A. Ahmad *et al., Cancer Res.,* **71**, 3400 (2011)
36) A. C. Mirando *et al., Sci. Rep.,* **5**, 13160 (2015)
37) S. Hernandez *et al., Nucleic Acids Res.,* **42**, D517 (2014)
38) M. Mani *et al., Nucleic Acids Res.,* **43**, D277 (2015)
39) C. Chen *et al., Nucleic Acids Res.,* **46**, D640 (2018)
40) C. E. Chapple *et al., Nat. Commun.,* **6**, 7412 (2015)
41) H. Lee *et al., EMBO J.,* **21**, 2692 (2002)
42) B. L. Decker *et al., J. Biol. Chem.,* **281**, 14523 (2006)
43) N. Entelis *et al., Genes Dev.,* **20**, 1609 (2006)
44) A. F. Dishman *et al., ACS Chem. Biol.,* **13**, 1438 (2018)
45) P. Tompa *et al., Trends Biochem. Sci.,* **30**, 484 (2005)
46) F. Barona-Gomez, *Microb. Biotechnol.,* **8**, 2 (2015)
47) C. Gancedo *et al., Microbiol. Mol. Biol. Rev.,* **72**, 197 (2008)
48) A. Espinosa-Cantu *et al., Front. Genet.,* **6**, 227 (2015)
49) A. Wong *et al., Comput. Struct. Biotechnol. J.,* **16**, 70 (2018)
50) C. K. Yang *et al., J. Bacteriol.,* **193**, 5607 (2011)
51) G. Boel *et al., J. Mol. Biol.,* **337**, 485 (2004)
52) C. Noree, *Sci. Rep.,* **8**, 6186 (2018)

53) P. Mendik *et al., Nucleic Acids Res.* (2018)
54) D. N. Itzhak *et al., Elife,* **5** (2016)
55) A. H. Millar *et al., Front. Plant Sci.,* **5**, 55 (2014)
56) M. Kataoka *et al., Eur. J. Biochem.,* **267**, 3 (2000)
57) K. Honda *et al., Appl. Microbiol. Biotechnol.,* **60**, 288 (2002)
58) K. Honda *et al., Eur. J. Biochem.,* **270**, 486 (2003)
59) P. Mazurkiewicz *et al., Nat. Rev. Genet.,* **7**, 929 (2006)
60) Z. Sun *et al., Sci. Rep.,* **6**, 33195 (2016)
61) M. Mei *et al., Microbiol. Res.,* **196**, 118 (2017)
62) K. Zhang *et al., Methods Mol. Biol.,* **1319**, 245 (2015)
63) J. J. VanAntwerp *et al., Biotechnol Prog.,* **16**, 31 (2000)
64) L. Rosenfeld *et al., J. Biol. Chem.,* **290**, 26180 (2015)
65) G. P. Nolan *et al., Proc. Natl. Acad. Sci. U S A,* **85**, 2603 (1988)
66) J. C. Baret *et al., Lab Chip,* **9**, 1850 (2009)
67) J. J. Agresti *et al., Proc. Natl. Acad. Sci. U S A,* **107**, 4004 (2010)
68) S. D. Copley, *Curr. Opin. Chem. Biol.,* **7**, 265 (2003)
69) S. D. Copley, *Biochem. Soc. Trans.,* **42**, 1684 (2014)
70) S. Hernández *et al., J. Proteomics Bioinform.,* **5**, 262 (2012)
71) G. C. Conant *et al., Nat. Rev. Genet.,* **9**, 938 (2008)
72) S. Shibasaki *et al., Sci. Pharm.,* **82**, 697 (2014)
73) C. J. Jeffery, *Philos. Trans. R. Soc. Lond. B Biol. Sci.,* **373** (2018)
74) J. Aguirre *et al., Open Biol.,* **8** (2018)
75) G. Achatz *et al., Mol. Immunol.,* **32**, 213 (1995)
76) H. D. Shen *et al., Clin. Exp. Allergy,* **21**, 675 (1991)
77) G. S. Westwood *et al., Clin. Mol. Allergy,* **4**, 12 (2006)
78) H. Chou *et al., Int. Arch. Allergy Immunol.,* **138**, 134 (2005)
79) M. J. Holland *et al., J. Biol. Chem.,* **256**, 1385 (1981)
80) A. Ishiguro *et al., Infect. Immun.,* **60**, 1550 (1992)
81) H. Y. Lai *et al., Int. Arch. Allergy Immunol.,* **127**, 181 (2002)
82) A. B. Mason *et al., J. Bacteriol.,* **175**, 2632 (1993)
83) V. Sharma *et al., J. Clin. Immunol.,* **26**, 360 (2006)
84) B. Simon-Nobbe *et al., J. Allergy Clin. Immunol.,* **106**, 887 (2000)
85) A. Muthuvel *et al., Clin. Chim. Acta,* **374**, 122 (2006)
86) P. B. Schneider *et al., Clin. Exp. Allergy,* **36**, 1513 (2006)
87) B. Simon-Nobbe *et al., J. Biol. Chem.,* **281**, 16354 (2006)
88) Y. Onishi *et al., Eur. J. Biochem.,* **261**, 148 (1999)

バイオイノベーションに向けて
―バイオテクノロジーの新技術からの新しい視点―

2019年3月25日　第1刷発行

監　　修　植田充美　(T1108)
発 行 者　辻　賢司
発 行 所　株式会社シーエムシー出版
東京都千代田区神田錦町1－17－1
電話 03(3293)7066
大阪市中央区内平野町1－3－12
電話 06(4794)8234
http://www.cmcbooks.co.jp/
編集担当　井口　誠／門脇孝子

〔印刷　尼崎印刷株式会社〕

ISBN978-4-7813-1411-2 C3045 ¥76000E